地上と地下の
つながりの生態学
生物間相互作用から環境変動まで

Aboveground–Belowground Linkages
Biotic Interactions, Ecosystem Processes, and Global Change

地上と地下の
つながりの生態学
生物間相互作用から環境変動まで

リチャード・バージェット、デイヴィッド・ワードル 著
深澤 遊、吉原 佑、松木 悠 訳

東海大学出版部

Aboveground-Belowground Linkages: Biotic Interactions, Ecosystem Processes, and Global Chainge, First Edition

By Richard D. Bardgett and David A. Wardle
Copyright© Richard D. Bardgett and David A. Wardle 2010

Aboveground-Belowground Linkages: Biotic Interactions, Ecosystem Processes, and Global Change, First Edition was originally published in English in 2010.

This translation is published by arrangement with Oxford University Press.

Tokai University Press is solely responsible for this translation from the original work and Oxford University Press shall have no liability for any errors, omissions or inaccuracies or ambiguities in such translation or for any losses caused by reliance thereon.

日本語版への序文

　地上と地下の生物群集の相互作用がどのように陸上生態系の機能を制御し，地球環境変動への生態系の応答を左右しているのか，最新の研究成果を本書にまとめました．ここ30年ほどで，この分野への関心は非常に高まり，いくつもの重要な発見や新しい概念の構築がなされてきました．その成果をまとめ，未解決の問題点を明らかにしよう思ったのが，本書を執筆した動機です．本書の第1版は2010年に出版され，それから今日までの間にも，この分野は大きく発展してきましたが，本書のメッセージの多くは今日でも通用するものであることと思います．私たちは最近，日本生態学会の大会にも参加させていただいたことがあり，日本の生態学者との交流をとても楽しんできましたので，本書の日本語版が出版されると聞いて非常に喜んでいます．これにより，本書の内容がより多くの日本の生態学者に届きやすくなると思います．

　本書の重要なメッセージの一つは，陸上生態系の機能や，地球環境変動への応答についての理解を深めるうえで，地上と地下の生態系を同時に調べることが不可欠だということです．これについて本書では，土壌中の生物間相互作用，植物群集からの影響，地上の植食者の影響，そして種数の増加や減少による影響といった，地上と地下のつながりに関する四つの観点から説明しました．さらに，地上と地下のフィードバックは空間的・時間的スケールの違いによりどう異なるのか，生物群集や生態系にどういった影響を与えるのか，人為による地球環境変動とどう関わってくるのかといった，分野横断的なテーマについても述べ，最近の研究成果やこれからの研究の方向性についてまとめてみました．本書では，世界中のさまざまなタイプの生態系から得られた幅広い分野の研究成果を引用しています．しかし，地上と地下のつながりに関する膨大な文献を網羅的に解析することを目的としているわけではありません．代表的な研究例をピックアップし，この分野における重要な概念や最近の進展について紹介することで読者の興味を呼び起こし，自分で研究したくなるような効果を狙っています．

　本書の執筆に際しては，多くの方にご協力いただきました．まず，本書の日本語への翻訳を企画された東北大学の深澤遊博士に大変感謝しております．本書の執筆を薦めてくれたオックスフォード大学のBob Mayと，執筆を始める

にあたって応援していただいたオックスフォード大学出版局（OUP）のIan Shermanに感謝します．本書の執筆が滞りなく進んだのは，OUPのHelen Eatonの絶え間ないサポートがあったおかげです．また，本書の内容に関して有益な助言を下さり，重要な文献を紹介して下さった同僚のみなさま，文章の分かりやすさについてコメントを下さった以下の方々に感謝いたします．Hans Cornelissen, Franciska de Vries, Doug Frank, Micael Jonsson, Paul Kardol, Marie-Charlotte Nilsson, Kate Orwin, Heikki Setälä, Carley Stevens, Wim Van der Putten, そしてRene Van der Wal．また，とてもここに全員のお名前は挙げられませんが，これまで20年以上にわたり私たちと共同で研究に取り組んでくださった方々に感謝いたします．これらの方々との議論が，陸上の生物群集や生態系がどのようにして機能しているのかを理解するための私たちのアイデアや，研究プログラムの発展にさまざまなかたちで寄与していることはいうまでもありません．これらの方々との共同研究や議論がなければ，本書が世に出ることはなかったでしょう．最後に，私たちの家族，特に本書の執筆中私たちを支え，応援し続けてくれたJillとAnnaに感謝いたします．

Richard D. Bardgett & David A. Wardle
April 2016

序文

　地上と地下の生物群集の相互作用関係にはどのようなものがあるのか，そういった相互作用関係がどのようにして陸上生態系を調節しているのか，そして地球規模の環境変化はそれにどう影響するのか，といったことに関する最新の知見をまとめるのが本書の主な目的である．この分野の研究は，ここ20年間，特に最近5年間で飛躍的に進み，新しい重要な概念がいくつも提案されているので，この機会にまとめておく必要を感じて本書を執筆した．私たちが本書の執筆を思いついたのは2007年，ニュージーランド南島の山中でのことだったが，その後のこの分野の進展には目を見張るものがある．本書の執筆中にも次々と新しい重要な研究結果が報告されたので，そのつど記述を改めなければならなかった．本書には，2009年12月末までの知見を盛り込んでいる．もし本書からこの分野の飛躍的な進展が読者に伝わらないようなら，それは著者の表現力が不十分だったためである．

　本書で伝えたいことは，陸上生態系がどのように維持されていて，地球規模の環境変化にどういった影響を受けるのかといったことは，地上と地下を両方理解しなければ分からないということだ．本書では，以下の4つの観点：土壌中の生物間相互作用；植物群集が土壌中の生物群集に与える影響；地上の消費者の役割；種多様性の影響，から地上と地下の関係について紹介していく．また，異なる時間的・空間的スケールで地上と地下の関係性がどのように現れるのか，地上と地下の関係は生物群集や生態系にどういった影響を与えるのか，地上と地下の関係は人為による環境改変とどう関係するのか，といった横断的なテーマについても扱う．さらに，最近の進展が特に著しいテーマや，将来発展するであろうテーマについても紹介する．本書を執筆するにあたり，世界中のさまざまな生態系に関する幅広い分野の文献を引用したが，地上と地下の関係に関する膨大な文献をすべて網羅するのが本書の目的ではない．本書ではむしろ，代表的な研究例を選んで取り上げることで，この分野の主要な概念や最近の進展について紹介したい．さらに，読者が自分で研究したくなるような新しいテーマの提案も行う．

　本書を執筆するにあたり，数多くの方々にお世話になった．まず，オックスフォード大学のRobert Mayに本書の執筆を勧めていただいたことを感謝した

い．オックスフォード大学出版局のIan Shermanには本書の執筆を始めるにあたり激励をいただいた．オックスフォード大学出版局のHelen Eatonの絶え間ないサポートがなければ，本書の執筆はこれほどスムーズに進まなかっただろう．本書の内容や構成について建設的な意見をくれ，また文献を紹介してくれた多くの同僚，特に以下の方々に感謝したい：Hans Cornelissen, Franciska de Vries, Doug Frank, Micheal Jonsson, Paul Kardol, Marie-Charlotte Nilsson, Kate Orwin, Heikki Setälä, Carley Stevens, Wim Van der Putten, Rene Van der Wal．さらに，あまりにも大勢いるため個々に挙げることはできないが，これまで20年以上にわたりさまざまな方法で私たちのアイデアや研究の発展に関わってくれた同僚の方々に感謝したい．これらの同僚たちとの関わりや協力，議論がなければ，本書が執筆されることはなかっただろう．最後に，家族に感謝したい．特にJillとAnnaは本書の執筆中，私たちを支え，耐え，そして励ましてくれた．

Richard D. Bardgett
David A. Wardle
2009年12月

目　次

日本語版への序文　　v

序文　　vii

第 1 章　導　　入 ··· 1
1.1　陸上生態系の制御因子についての研究史 ······························ 3
1.2　生態系の駆動要因としての種と生物間相互作用 ····················· 6
1.3　生態系の駆動要因としての地上と地下の相互作用 ················· 9
1.4　地上と地下の相互作用と地球規模の環境変動 ······················ 11
1.5　最新の課題と動向 ··· 14

第 2 章　生態系の駆動要因としての土壌中の生物間相互作用 ············ 17
2.1　はじめに ··· 17
2.2　分解者が地上の群集や生態系プロセスに与える影響 ············· 19
　　2.2.1　独立生活の土壌微生物と養分の無機化，植物成長の関係　　20
　　2.2.2　土壌中の捕食－被食関係と養分動態，植物成長の関係　　26
　　2.2.3　土壌食物網の機能における栄養カスケードの影響　　29
　　2.2.4　細菌系，菌系のエネルギー経路と養分循環　　31
2.3　根圏生物が植物群集や生態系プロセスに与える影響 ············· 35
　　2.3.1　共生微生物と植物群集の動態　　35
　　2.3.2　地下の病原菌，植食者と植物群集の動態　　42
2.4　土壌の生態系エンジニアと植物群集動態 ···························· 44
2.5　土壌中の生物間相互作用，炭素動態，気候変動 ··················· 50
　　2.5.1　土壌の生物間相互作用と生態系の炭素動態　　50
　　2.5.2　土壌の生物間相互作用が炭素動態を介して気候変動に与える
　　　　　影響　　57
　　2.5.3　気候変動が土壌の生物間相互作用に与える複合的な影響　　62
2.6　結論 ··· 65

第3章　植物群集から土壌生物群集への影響 ………………………………… 69
3.1　はじめに …………………………………………………………………… 69
3.2　植物は地下のサブシステムにどのように影響をおよぼすか ………… 71
　3.2.1　種による効果の違い　71
　3.2.2　種内変異の効果　75
　3.2.3　空間的および時間的な変異　77
　3.2.4　複数種による効果　80
3.3　植物の形質からの強い影響 …………………………………………… 83
　3.3.1　種と形質の違い　83
　3.3.2　形質の優占度や相違，複数種による効果　89
　3.3.3　生態系化学量論　93
3.4　植物と土壌の間のフィードバック …………………………………… 94
3.5　遷移と攪乱 ……………………………………………………………… 100
　3.5.1　遷移の発達期　100
　3.5.2　生態系の衰退　103
　3.5.3　植物−土壌フィードバックと植生遷移　107
3.6　地球規模の環境変動が植生を介して地下に与える間接的な影響 …… 109
　3.6.1　気候変動が地下に与える間接的な影響　110
　3.6.2　窒素負荷による地下への間接的な影響　117
3.7　結論 ……………………………………………………………………… 121

第4章　地上部の消費者が生態系に与える影響 ………………………… 125
4.1　はじめに ………………………………………………………………… 125
4.2　食植者が植物−土壌フィードバックと生態系プロセスに与える影響 …… 128
　4.2.1　地下の特性や生態系機能に食植者が与える正の効果　128
　4.2.2　地下の生物群集や生態系機能に食植者が与える負の効果　135
　4.2.3　景観スケールと食植者の効果，複数の安定状態　144
4.3　植物の形質が食植者の影響を左右する ……………………………… 148
4.4　地上の栄養カスケードが地下に与える影響 ………………………… 151
4.5　消費者による資源の空間的な移動 …………………………………… 156
　4.5.1　陸上生態系間の資源移動　156

4.5.2 水圏生態系から陸上生態系への資源移動　160
4.6 地上の消費者と炭素動態，地球規模の環境変動……………………167
4.7 結論………………………………………………………………………178

第5章　種の絶滅や移入が地上と地下に与える影響……………………181
5.1 はじめに…………………………………………………………………181
5.2 絶滅による種の消失と地上−地下の関係……………………………183
5.2.1 地上−地下の視点からみた「多様性−機能」問題　183
5.2.2 絶滅の影響評価のための除去実験　190
5.2.3 実際の生態系における種消失の影響　197
5.3 侵入による種の加入と地上・地下のつながり………………………201
5.3.1 植物の侵入　201
5.3.2 地下の侵入者　209
5.3.3 地上の消費者の侵入　214
5.4 環境変動によって引き起こされる種の増減…………………………220
5.5 結論………………………………………………………………………227

第6章　展　　望……………………………………………………………231
6.1 はじめに…………………………………………………………………231
6.2 生物間相互作用およびフィードバックと生態系プロセス…………232
6.2.1 地上と地下の相互作用とフィードバック　232
6.2.2 生態系の駆動要因としての生物の形質　234
6.3 時空間的な変化をもたらす要因………………………………………237
6.3.1 時間に伴う変化をもたらす要因　237
6.3.2 空間的な変異をもたらす要因　239
6.3.3 生態系間での違い　241
6.3.4 世界規模での比較　243
6.4 地球規模の環境変動……………………………………………………244

訳者あとがき　　249

引用文献　　253

索引　　315

第1章

導　　入

　生物間の相互作用や生物と環境の相互作用が陸上の生態系機能に与える影響についての理解は，この20年間で急速に進んだ．これはいくつかの理由によるが，最も大きな理由は，人為による生物群集の劇的な変化が生態系や地球全体にどのような影響を与えるのか，理解しておく必要性が増したためである（Pimm et al. 1995; Vitousek et al. 1997c; Sala et al. 2000; Millennium Ecosystem Assessment 2005）．その重要な成果として，陸上生態系が地上と地下の二つのサブシステムから成り立っており，それらの間のフィードバック関係が生物群集の構造や生態系機能の維持に非常に重要であることが分かってきた（e.g. Hooper et al. 2000; Van der Putten et al. 2001; Wardle 2002; Wardle et al. 2004a; Bardgett 2005）．現在では，人為による地球の環境変動に対する陸上生態系の応答が，地上と地下の生物群集間の相互作用に大きく依存しているということが広く知られるようになってきている（Wolters et al. 2000; Wardle et al. 2004a; Bardgett et al. 2008; Van der Putten et al. 2009）．

　本書の主な目的は，地上と地下の生物群集間の相互作用が陸上の生態系機能や環境変動に対する生態系の応答に果たす役割についての，最新の知識をまとめることである．地上と地下の生物間相互作用については，根と微生物間の相互作用が養分獲得にどう影響するかについて植物個体レベルで検証したものから，地球規模の環境変動に起因するバイオームレベルの植生変化が炭素循環にどうフィードバックされるかという地球規模の研究まで，生態学的・生物地球科学的な幅広い観点から数多くの研究が行われてきており，その時空間スケールも多岐にわたっている．本書では陸上生態系を駆動する地上と地下の相互作用について，新事実の提示ではなく，既存の知識を整理し，まとめることを目的とした．

地上と地下の生物間相互作用については，著者らがこれまでに出版した本（Wardle 2002; Bardgett 2005）も含め，多くの文献がある．しかし，これらの本ではここ数年間の研究の進展を紹介できておらず，また，複数の栄養段階にまたがる生物間相互作用（Scheu 2001; Van der Putten et al. 2001）や植食者との関係（Bardgett et al. 1998b; Bardgett and Wardle 2003），土壌の生物多様性（Hooper et al. 2000; De Deyn and Van der Putten 2005; Wardle 2006; Fierer et al. 2009），植物の群集動態（Van der Putten 2003, 2009; Van der Heijden et al. 2008; Van der Heijden and Horton 2009），生態系の養分・炭素循環（Schimel and Bennett 2004; Bardgett et al. 2005; De Deyn et al. 2008; Frank and Groffman 2009），それらの気候とのフィードバック関係（Wardle et al. 1998c; Wolters et al. 2000; Bardgett et al. 2008; Wookey et al. 2009）といった，特に最近注目されているトピックについては紹介できていなかった．本書ではこれらの情報も含め，地球規模の環境変動下での陸上生態系における地上と地下の相互作用の役割についてまとめる．

　地上と地下の生物間相互作用や，それらと環境との相互作用の時空間スケールにおける違いは非常に複雑である（Wardle 2002）．そこで本書では，陸上の生態系機能に特に大きな影響を与える三つの主要な生物群に注目する．一つ目は地下の消費者で，これは第2章で扱う．続く第3章では植物群集，第4章では地上の消費者に注目する．第5章では，それまでの章の内容をふまえ，人為による生物多様性の減少あるいは増加といった生物的な変化が，地上と地下の相互作用を通じてどのように生態系に影響するのか検証する．最後に，第6章では前章までの議論をまとめて結論を述べるとともに，現在進行中の研究やこれから研究すべきテーマについて紹介する．本書では，全ての章にわたって地球規模の環境変動の問題が意識されている点が一つの特徴となっている．この問題は，これまでの書籍でも個別の章として扱われたことはあるが（e.g. Wardle 2002; Bardgett 2005），本書で扱う三つの主要な生物群全てにとって地球規模の環境変動は重要な意味をもち，実際たくさんの文献が出ているので，本書では全ての章でこの問題を扱うのが最も効率的だろうと判断した．

　この章では，地上と地下の相互作用を生態系生態学の広い枠組みのなかに位置づけ，この分野の研究の歴史と生態学の他の分野との関係を紹介していく．まずはじめに，生態系生態学の歴史について，特に非生物的・生物的要因が生態系に与える影響に注目して紹介する．次に，生物や生物間相互作用が生態系

に与える影響，さらに地上と地下の生物間の相互作用やフィードバックが生態系に与える影響について紹介する．最後に，以上の議論を地球規模の環境変動の問題のなかに位置づける．特に，人為による地球環境の変化に対する陸上生態系の応答において，地上と地下の相互作用がどのような役割を果たすのかについて注目する．

1.1 陸上生態系の制御因子についての研究史

　生物とその周辺を取り巻く無機的環境の相互作用を総体として扱う生態系の科学は，比較的新しい研究分野である．「生態系」という用語が初めて使われたのは 1935 年，イギリスの植物生態学者アーサー・タンズレーが，生物と無機環境の間の物質のやりとりの重要性を強調するためにこの用語を作った（Tansley 1935）．その後，生態系を研究するための方法論はレイモンド・リンデマンによってさらに体系的に発展した．生態系におけるエネルギーの流れに関するリンデマンの古典的研究（Lindeman 1942）と，さらにオダム兄弟（ユージーンとハワード）による放射性トレーサー物質を用いた先駆的な研究により，生態系生態学の分野が開かれたといえる．そして，ユージーン・オダムが生態系の発達に関する古典的な戦略理論（Odum 1969）を発表してから，特にこの 20 年程の間に，生態系の科学は急速に発展してきた．広域の生態系レベルの操作実験（e.g. Likens et al. 1997; Carpenter et al. 1985）や，明瞭な環境傾度を利用した研究（e.g. Vitousek 2004）により，陸上生態系の構造や機能の制御因子に関する理解は急速に進み，生態系管理の基礎ができ上がってきた．人為による地球環境への影響が注目されるなか，生態系の科学の重要性は今後さらに高まるだろう．

　生態系生態学の発展におけるもう一つの重要な出来事は，ジェニーによる state factor concept の登場である（Jenny 1941）．この概念では，陸上生態系の構造や機能が気候・母材・地形・時間・生物相といったいくつかの生成因子によって決定されていると考える．これにより，各生成因子が生態系に与える相対的重要性を研究するための概念的な枠組みが整備された．例えば，生成年代の異なる複数の生態系を比較することで時間変化を推定するクロノシーケンス的研究法は，植物や微生物群集の時間変化，土壌の発達，さまざまな生態系プロセスの時間変化を研究する手法として広く用いられてきている．これについ

ては第3章で扱う（e.g. Crocker and Major 1955; Whittaker 1956; Chapin et al. 1994; Crews et al. 1995; Wardle et al. 2004b; Bardgett et al. 2007a）．同様に，生態系プロセスに対する生物的要因（例えば植食動物など）と無機的環境の相対的重要性に関する研究では，地形や気候，母材といった無機的環境の傾度が使われてきている．これについては第4章で扱う（e.g. Tracy and Frank 1998; Augustine and McNaughton 2006; Anser et al. 2009）．また，草地生態系への木本植物の侵入過程における植物生産や炭素動態への影響では，気候の傾度が注目されている．これについては第5章で扱う（e.g. Jackson et al. 2002; Knapp et al. 2008）．さらに近年，陸上生態系の動態に，相互作用の複雑なネットワークが強く影響するということが認識されるようになってきた（DeAngelis and Post 1991）．例えば第3章に述べているように，負のフィードバック関係は植物群集の動態に強く影響することが分かってきている（e.g. Bever 1994; Van der Putten et al. 1993; Klironomos 2002; Bezemer et al. 2006; Kardol et al. 2007）．同様に，植食者と土壌養分循環，そして植物の間にみられるような正のフィードバック関係も生態系の動態に重要であることが認識されつつある（McNaughton 1983, 1985; Bardgett et al. 1998b; Bardgett and Wardle 2003）．さらに，地上と大気の間の炭素循環のフィードバック関係も，気候や地球全体のシステムと強い関係があると考えられ始めている（Jenkinson et al. 1991; Cox et al. 2000; Heimann and Reichstein 2008; Chapin et al. 2009）．

　生物やその相互作用は，生態系生態学の概念のなかでも中心的な役割を果たしているが，生態学や地球科学のなかで生物間相互作用が扱われ始めたのは比較的最近のことである．これは，群集生態学と生態系生態学がそれぞれ独立に発展してきたためだと思われる．群集生態学は，生物群集が環境条件（例えば気候や攪乱，土壌の肥沃度など）や生物的要因（例えば競争や捕食，共生など）によってどのように形作られるかを理解しようとしてきた．一方，生態系生態学はエネルギーや養分の流れを研究することに焦点を当ててきた．しかしこの20年で，生物種が生態系のなかで果たしている役割についての認識が高まり，今では群集生態学と生態系生態学の要素を同時に扱った生態学の論文も普通にみられる．後述するように，この変化にはいくつもの理由があるが，地上と地下の生物群集や複数の栄養段階にまたがる相互作用が生態系プロセスに果たす役割についての理解が進み（Grime 1979; Coley et al. 1985; Lawton and Jones 1995; Van der Putten et al. 2001），生物多様性と生態系機能の関係に関す

る研究が蓄積してきた（Hooper et al. 2005）ことも理由として挙げられる．さらに，地球環境変動に対する生物群集の応答が，分解や養分循環といった生態系プロセスに与える影響を予測する必要性から，生物の機能群，特に植物の機能形質の違いが生態系機能に果たす役割に関する関心が高まっている（e.g. Grime 1998; Lavorel and Garnier 2002; Vile et al. 2006; Diaz et al. 2007）．

　生態系生態学におけるもう一つの重要な進展は，非生物的・生物的な環境条件の変化が養分や炭素の循環といった生態系プロセスに与える影響を予測するための数理モデルの利用である．例えば，炭素循環に関するモデルだけでも，全球スケールのもの（全球大気循環モデル：Global circulation models, GCMs）から調査地スケール，サンプルスケール，より微細なスケールまで，さまざまなものが開発されている．さらに，全球大気循環モデルと動的全球植生モデル（Dynamic global vegetation models, DGVMs）を組み合わせ，広域スケールでの植生の（機能群レベルでの）変化が気候に与えるフィードバックに関する研究も行われている．これらの研究は，気候変動が植生や土壌炭素蓄積に与える影響を予測するのにも使える（Cox et al. 2000; Sitch et al. 2003; Woodward and Lomas 2004）．土壌炭素循環に関するモデルの多くは，土壌炭素を単に有機物の総和としてしか扱っていないが（Paustian 1994），土壌の食物網を詳しく理解して土壌炭素循環への影響を解明しようとする試みも行われている．例えばHunt et al. (1987) は，北米のステップ草地における研究から先駆的な土壌食物網モデルを作り，土壌生物を機能群に分けてモデルに組み込むことで，炭素・窒素循環や無機化の速度を算出している．このモデルには，土壌生物に関するさまざまな推定値，例えばC/N比，世代時間，同化・生産効率，個体群サイズなどが組み込まれている．第2章で述べられているように，このモデルにより食物網のエネルギー経路のシフトによる生態系機能の変化（Moore and Hunt 1988）や，ある機能群が消失することによる生態系への影響（Hunt and Wall 2002）などが土壌食物網を舞台として検証されてきた．これらの知見を統合することは，全球規模での環境変化が生態系に与える影響や，それが地球全体のシステムにおよぼすフィードバックの予測精度を上げるために必要不可欠だが，生態系モデルに生物間相互作用を正確に反映させるためには，明らかにすべき事が山積している（Van der Putten et al. 2009）．

1.2 生態系の駆動要因としての種と生物間相互作用

　生物種間の違いがどのように生態系に影響するのかという問題は，長いこと生態学者の関心を集めてきた．例えば Müller (1884) は，植物の種や種内変異が，植物個体の下に発達する土壌のタイプ（ムル，モダー，モル）や土壌無脊椎動物群集，土壌から植物への養分供給に非常に強い影響を与えると主張した．さらに Handley (1954, 1961) は，ツツジ科の低木ギョリュウモドキ（*Calluna vulgaris*）がタンニン－タンパク質複合体を形成して他の植物による窒素利用を制限することを明らかにした．このように，植物種の違いが生態系に与える影響について古くから研究されているにも関わらず，種の違いが生態系の強力な駆動要因だという認識や，「種は生態系にどう関わるのか？」(Lawton 1994) といった問いかけが生態学者の間に広く認識されたのはごく最近のことである．Jones and Lawton (1995) による著書「Linking Species and Ecosystems (種と生態系をつなぐ)」が出版されて以来，このトピックは生態学の分野で急速に中心的なテーマとなりつつある．

　生物群集の中では，特定の種が他種よりも生態系に大きな影響を与えることが知られている．これは単純にその種が大きなバイオマスを占めている（優占種）ためか，あるいはバイオマスに不釣り合いに大きな影響を与える何らかの性質をもっている（キーストン種）ためである (Paine 1969; Power et al. 1996)．植物群集では，Grime (1998) が Mass Ratio Hypothesis を提唱し，ある生物が生態系に与える影響は，その生物のバイオマスが生物群集内に占める割合によると主張した．一方，窒素固定細菌との共生系を確立している植物などでは，群集内でごくわずかなバイオマスしか占めないにも関わらず，群集や生態系に大きな影響をもたらす種が存在することが知られている．古典的な研究例としてはハワイ島の窒素の乏しい森林に侵入した外来の窒素固定植物のヤマモモ属 *Myrica faya* に関する Vitousek et al. (1987) や Vitousek and Walker (1989) がある．植物の生存戦略や形質についての研究も急速に増えつつあり，植物が種によって生態系に異なる影響を与えることが明らかになってきている．古典的な r-K モデル (Macarthur and Wilson 1967) のように，速やかに成長して資源を獲得することに適応した生物と，ゆっくり成長して資源を節約することに適応した生物との間にトレードオフが存在することは古くから認識されてきた．植物の生存戦略と形質についてのさらに複雑なモデルも提案されてきている．最

も有名なのは Grime (1977) の C-S-R（競争戦略−ストレス耐性戦略−攪乱依存戦略）モデルだろう．地域スケール，地球スケールで多種の植物を対象に行われた植物形質データベースの解析結果（Grime et al. 1997; Díaz et al. 2004; Wright et al. 2004）からも，進化的に資源獲得に適応した植物種と資源の節約に適応した種に分けられることが確かめられている．これらの形質は，その種が生産する資源の質，そして究極的にはその種が地上や地下の生態系に与える影響を理解するうえで非常に重要だということが分かってきている（Wardle et al. 2004a）．このことについては第3章で扱う．

　植物種によって生態系に与える影響が異なる大きな要因は，リターの質の違いにある．土壌微生物や土壌動物によるリターの分解速度やリターからの養分無機化パターンは植物種によって大きく異なり，養分循環や植物の養分利用，土壌有機物の動態や質，土壌生物群集，生態系の炭素貯留などに影響を与える．この分野に関しては，特に Swift et al. (1979) の著書「Decomposition in Terrestrial Ecosystems（陸上生態系における分解）」が出版されてから数多くの研究が行われてきており，植物リター分解に関わる化学的・物理的制御要因（C/N 比，養分／リグニン比，リグニンやポリフェノールの濃度など）や，それらの植物種間における違いが注目されてきた（e.g. Taylor et al. 1989; Berg and Ekbohm 1991）．そして，Cadisch and Giller (1997) の著書「Driven by Nature: Plant Litter Quality and Decomposition（自然の駆動要因：植物リターの質と分解）」が出版されてからは，植物とリターの質が生態系を駆動するという考え方はさらに注目を集めている．このように，この15年間に，植物の形質（特に，資源獲得戦略と資源節約戦略の違い）がリターの質に与える影響の重要性と，リターの質が生態系に与える影響の重要性が急速に認識されてきた（e.g. Cornelissen 1996; Grime et al.1996; Wardle et al. 1998a; Cornwell et al. 2008; Fortunel et al. 2009）．

　植物の形質が生態系に与える影響のもう一つの側面は，植食者との関係である．植食者やその捕食者と植物の生産性との相互作用に関する栄養動態理論には長い歴史があり（Hairston et al. 1960; Menge and Sutherland 1976; Oksanen et al. 1981），餌の質が相互作用に影響することが知られている（e.g. White 1978; Lawton and McNeill 1979）．その後，植物と植食者の相互作用には植物の形質が重要な役割を果たすことや（e.g. Grime 1979; Coley et al. 1985; Díaz et al. 2006），資源獲得戦略をとる種は資源節約戦略種よりも餌としての質が高い

リターを生産すること（Grime et al. 1996）などが分かってきた．餌としての質が高いリターを生産する種は成長も速く，土壌の肥沃度も増加させるなど植食者との間に正のフィードバックがあることがセレンゲティの草地での古典的な研究から分かってきている（McNaughton 1983, 1985）．同様に，アメリカ合衆国ミシガン州のロイヤル島で行われたヘラジカ（*Alces alces*）に関する古典的研究からは，生産性の乏しい生態系における植食動物による摂食は，餌としての質の高い植物を減少させ，質の低いリターを生産する植物を増加させて，ひいては土壌の肥沃度や生態系の生産性を低下させるという負のフィードバックをもたらすことが知られている（Pastor et al. 1988）．そして，植食者の生態系への影響は捕食者によって調節されている．陸上生態系における捕食者による栄養カスケード効果の重要性について疑問視する意見もあるが（Strong 1992; Polis 1994），この10年間の研究からは，少なくともいくつかの陸上生態系では，植食者による植物群集への影響に，捕食者によるカスケード効果が強く影響しており，生態系に大きな影響を与えていることが分かっている（e.g. Pace et al. 1999; Terborgh et al. 2001）．

　植物群集は多種の植物の共存で成り立っており，植物種の組み合わせがどのように生態系に影響するのかという問題は長いこと生態学者の関心を集めてきた（Odum 1969）．例えば初期の研究の多くは，複数種の組み合わせや種の多様性が生態系の安定性（McNaughton 1977），生産性（Trenbath 1974），土壌生物相（Christie et al. 1974, 1978; Chapman et al. 1988）などに与える影響に関して行われた．1990年代半ばにSchulze and Mooney (1993) が著書「Biodiversity and Ecosystem Function（生物多様性と生態系機能）」を出版してからはこの分野はさらに大きな注目を集め，種多様性が生態系プロセスに与える影響に関する研究が多く行われ（e.g. Naeem et al. 1994; Tilman et al. 1996; Hector et al. 1999），さらなる議論を巻き起こしてきた（Aarssen 1997; Huston 1997; Kaiser 2000; Hooper et al. 2005）．一方，他の研究者らは，植物の多様性がいかに地下の生物やプロセスに影響を与え（e.g. Hooper and Vitousek 1997, 1998; Wardle et al. 1997b, 1999），逆に地下の生物の多様性が地上の生物やプロセスにどう影響するか（e.g. Van der Heijden et al. 1998b; Laakso and Setälä 1999a）という，地上−地下関係に注目してきた．第5章で述べられている通り，野外の（自然の，実験的でない）生態系プロセスにおける種多様性の重要性については，まだ未解決の問題がたくさんあり，共通の見解は得られていない（e.g. Tilman

1999; Leps 2004; Grace et al. 2007; Duffy 2009; Wardle and Jonsson 2010).

1.3 生態系の駆動要因としての地上と地下の相互作用

　地上と地下の生態系は個別に扱われることが多かったが，上述したようにこの20年間に地上と地下の関係と陸上生態系に果たすその重要性に関する研究が急激に増えてきている．本書でこれから述べていく通り，地上と地下の相互作用は陸上生態系を駆動する要因であり，生態系生態学の重要な要素であることが認識されつつあるといえるだろう（Wardle et al. 2004a）．これには，上で述べたような植物種とリターの質が分解系を制御するといったことがら（e.g. Swift et al. 1979; Cadisch and Giller 1997）に関する理解が進んでいることも貢献しているが，他にも要因がある．ここではそれらについて述べる．

　他でも書いたが（e.g. Wardle 2002），土壌生物学を含む土壌の科学は，地上の生態学にくらべて注目されることが歴史的に少なかった．しかし1970年代後半から1980年代初頭にかけて，分解や養分循環に関わる生物間の捕食-被食関係が注目された時期があった．（Coleman et al. 1977; Anderson et al. 1981; Anderson and Ineson 1984; Clarholm 1985; Coleman 1985）．これらの研究から，土壌中の捕食-被食関係は植物が利用可能な養分の供給量を増やし，植物の養分獲得や成長に影響することが示された．例えば，Ingham et al. (1985) の古典的な実験によれば，微生物食の線虫を土壌に添加すると，イネ科草本 *Bouteloua gracilis* の窒素吸収と成長が向上した．同様に，Setälä and Huhta (1991) は，多様な土壌動物の存在下ではカバノキ（*Betula pendula*）の実生の葉・幹・根のバイオマスが増加することを明らかにした．これらの研究を契機として，土壌における複数の栄養段階にわたる相互作用が，植物の栄養獲得と成長（e.g. Alphei et al. 1996; Bardgett and Chan 1999; Laakso and Setälä 1999a, b; Cole et al. 2004）や植物の群集構造（Brown and Gange 1990; Bradford et al. 2002），植物を利用する生物（e.g. Gange and Brown 1989; Scheu et al. 1999; Bonkowski et al. 2001）に与える影響に関する数多くの研究が行われた．さらに，第2章で詳しく紹介するが，これらの研究により土壌と植物群集の間に養分のやりとりを介さない関係も存在することが明らかになった．例えば，土壌動物が植物の成長ホルモンを生産する細菌に影響を与えることで，植物群集に影響する（Jentschke et al. 1995; Alphci et al. 1996; Bonkowski 2004）．今日では，

地下の生物群集が植物の成長に与える影響は非常に複雑であり，栄養・非栄養のさまざまな関係が含まれることが知られている．

　植物と地下の生物群集が，根圏に生息する共生性・寄生性・病原性・根食性の生物の活動を通じてつながっていることは古くから知られている．陸上の植物種の約80％と関係を結んでいる菌根菌（Smith and Read 1997）は特に注目されてきた．重要なのは，菌根菌のタイプによって優占する生態系が違い，その機能も異なるということだ（Harley 1969; Read 1994）．例えば，温帯や寒帯の森林や低木林，特に養分の乏しい立地に生育する木本は，外生菌根菌やエリコイド菌根菌との共生が欠かせない．これらの菌根菌は，リターや腐植に含まれる有機態の養分を植物が利用するために不可欠である（Leake and Read 1997; Read and Perez-Moreno 2003）．一方，草地や温帯・熱帯の多くの森林で優占するアーバスキュラー菌根菌も，植物群集に大きな影響を与えることが示されてきた．例えば古典的な例では，Grime et al. (1987) は，草地を模したミクロコズムにおいて，アーバスキュラー菌根菌が存在すると競争的な草本の優占が抑制され，結果的に植物の種多様性が増加することを示した．この研究を契機として，菌根菌群集が植物群集の動態に与える影響に関する操作実験が数多く行われた（e.g. Gange et al. 1993; Newsham et al. 1995a; Van der Heijden et al. 1998a; Hartnett and Wilson 1999）．同時期に，窒素固定に関する共生系が植生の動態や生態系機能の駆動力として重要であることが多くの研究により明らかになり（e.g. Vitousek and Walker 1989; Olff et al. 1993; Chapin et al. 1994），生態系における窒素循環に果たす窒素固定共生系の役割に関する新しい発見がなされた．例えば，蘚類タチハイゴケ（*Pleurozium schreberi*，地球上で最も普通にみられるコケ）の葉のくぼみに生息する窒素固定性のシアノバクテリアは，寒帯林において非常に多くの量の窒素を固定していることが明らかになった（DeLuca et al. 2002b）．また，熱帯でよくみられるハキリアリは地下の菌園において窒素固定細菌とも共生関係を結んでおり，生態系の窒素固定量の多くの部分を担っている（Pinto-Tomás et al. 2009）．

　地上と地下の関係に関する知見について，新たに発展してきたもう一つの分野は，それら二つのサブシステム間のフィードバックについてである．急速に関心を集めてきているのが，病原菌や植食者など土壌中に存在する天敵が，負のフィードバックにより植生動態に影響を与える例である．植物の近傍には成長を阻害する天敵が集まるため，植物に負のフィードバックを与える．このメ

カニズムは農業生態系においてよく研究されており，特定の作物に特異的な病原菌を土壌中に増やさないために輪作を行うことの基盤となっている．しかし，自然の生態系における天敵の役割については，この20年で植生の動態に果たす役割に関する研究が始まったばかりである（e.g. Brown and Gange 1989, 1992; Van der Putten et al. 1993; Bever 1994）．これらの研究を契機として，特にこの5年間に数多くの研究が行われ，負のフィードバックという概念が生態学に定着した（Kulmatiski et al. 2008; Van der Putten 2009）．一方，他の研究では，植物がリターや根圏物質として資源を分解者に提供し，分解者は逆にこれらの資源から養分を無機化して植物の成長に寄与するといった観点から，植物と土壌の間のフィードバックに注目してきた．これらの研究には，植物種の違いが土壌の生物群集に影響するという研究（e.g. Rovira et al. 1974; Grayston et al. 1998; Bardgett et al. 1999c）や，植物体の近傍での養分循環に関するもの（e.g. Northup et al. 1995; Berendse 1998），植物種ごとにそのリター分解に適した分類群の分解者が選択されるという研究（e.g. Hunt et al. 1988; Hansen 1999; Vivanco and Austin 2008; Ayres et al. 2009）などがある．さらに，地上の植食者が生態系に与える影響に関する古典的な研究からは，植食者が土壌の肥沃度に影響し，植物成長に正や（McNaughton 1983, 1985）負の（Pastor et al. 1988, 1993）影響を与えることが示されている．こうした植物と土壌のフィードバックは個々の植物体レベルで起こる（Seastedt 1984）．葉が食害を受けると，根の滲出物が短期的に増加して土壌微生物が活性化される（Holland et al. 1996; Mawdsley and Bardgett 1997）ことにより，土壌の窒素無機化や植物の窒素吸収が促進され，最終的には植物の成長がよくなることも示されている（Hamilton and Frank 2001）．

1.4 地上と地下の相互作用と地球規模の環境変動

人間活動は生態系にかつてない影響をおよぼし，地球上の大部分の面積がその影響を受けている（Vitousek et al. 1997c）．地球環境への人為によるインパクトのうち最も顕著なものは，作物生産や林業のための陸上環境の改変だろう．これらは今日，局地スケールでも全球スケールでも生物多様性の喪失をもたらす最も重大な要因となっている（Sala et al. 2000; Millennium Ecosystem Assesment 2005）．それ以外にも，地球規模の気候変動や新しい土地への移入

種の問題，在来種の喪失，窒素負荷量の増大といったさまざまな環境変化やそれらの相互作用が陸上生態系に影響を与えている．過去20年間には，これらの環境変化が陸上生態系の構造や機能に与える影響についての研究が数多くなされてきた．これに付随して，地球環境変化の結末を理解するためには地上と地下の生物同士のつながりを知る必要があるということが知られるようになった（e.g. Wardle et al. 1998c; Wolters et al. 2000）．これは，地下の生物群集やその機能に直接影響する攪乱を除き，地球規模での環境変化が陸上生態系に与える影響は，大部分が地上に起こる変化を介した間接的なものだからである．地上に起こる変化としては，植物の群集組成の変化，植物の形質や炭素配分パターンの変化，土壌に供給される植物由来の有機物の量や質の変化などが挙げられる．そして，地下に生じた変化は，地上の生物群集や，生態系の養分・炭素循環，地上から大気中への二酸化炭素の流れへと，直接的・間接的にフィードバックする．

　この文脈でおそらく最も関心を集めている地球環境変化は，気候変動だろう．関連する数多くの研究が行われた結果，現在では，気候変動が陸上生態系に与える影響や人間生活へのフィードバックを理解するためには地下の生物群集と地上の生態系との関係を知る必要があるということが，広く知られるようになってきた（Bardgett et al. 2008; Tylianakis et al. 2008）．例えば，1990年代に行われた研究からは，大気中の二酸化炭素濃度の上昇が，土壌に供給される植物リターの量や質，根のターンオーバー速度，根から土壌中への炭素滲出の変化を介して間接的に土壌生物に影響することが示された（Billes et al. 1993; Jones et al. 1998; Coûteaux et al. 1999）．こうした土壌生物への影響は，さらに土壌中の養分動態や植物の養分利用に大きな影響を与えるため，状況に応じて植物の成長に正や負の影響を与える（Zak et al. 1993; Díaz et al. 1993）．注目されるもう一つのトピックは，温暖化が土壌有機物の分解に与える影響である．これに関してはJenkinson et al. (1991) が先駆的な研究を行い，気温の上昇が土壌微生物の呼吸を活性化させることにより土壌から大気中への二酸化炭素の放出を促進し，温暖化に正のフィードバックをもたらすことを報告した．この研究では温暖化が土壌中の腐生性微生物に与える直接的な影響に注目しているが，その後の研究から，分解と温度の関係は有機物の質により変化する（e.g. Luo et al. 2001; Mellilo et al. 2002; Fierer et al. 2005）ため，土壌に供給される植物遺体の質にも影響されることが示された．

人間活動は大気中への窒素の放出も増加させる．その結果として，大気から陸上生態系への窒素の負荷も増加させることになる（Holland et al. 1999; Bobbink and Lamers 2002; Galloway et al. 2004）．こういった窒素負荷は，気候変動と共に地上と地下のフィードバックに影響することで陸上生態系に非常に大きな改変をもたらすことがよく知られている．第2章で述べるように，窒素負荷は地下の生物（e.g. Scheu and Schaefer 1998; Donnison et al. 2000; Egerton-Warburton and Allen 2000）や分解に関わる細胞外酵素（e.g. Carreiro et al. 2000; Frey et al. 2004）に直接的な影響を与えうることが多くの研究から明らかになってきた．また，第3章で述べるように，明瞭な検証はまだあまり行われていないが（e.g. Manning et al. 2006; Suding et al. 2008），窒素負荷が植物群集を改変することで間接的に地下の生物に影響するということを示す研究結果も増えてきている（Bobbink 1991; Bowman et al. 1993; Wedin and Tilman 1993）．さらに，窒素負荷と気候変動の相互作用が地下生態系に与える影響が，生態系機能に非常に強いインパクトを与える可能性があるということも分かってきた．例えば，二酸化炭素濃度の上昇に対する陸上生態系の応答は窒素の可給性により制限されること（e.g. Luo et al. 2004）や，気候変動が植生に与える影響を窒素負荷が増幅し，結果として植生の変化が地下生態系に与える影響を増大させること（Wookey et al. 2009）はよく知られている．また，第2章で述べるように，窒素負荷は分解過程に大きな影響を与えるので，温暖化が土壌呼吸や土壌の炭素貯留に与える影響を左右する（Davidson and Janssens 2006; Bardgett et al. 2008）．

　人為による地球規模の変化で近年注目されつつあるのが，移入種による生態系の改変である．例えば，既に紹介したVitousek et al. (1987)やVitousek and Walker (1989)などの古典的なものを含む多くの研究が過去20年間に報告され，新しい土地に侵入した植物が在来の植物とは非常に異なる生理的な形質をもつ場合，地上にも地下にも強い影響をおよぼしうることが分かってきている．第5章で述べるように，移入した植物が分解系への有機物供給を量的にも質的にも変化させ，その結果として土壌の養分供給量に影響を与えることを示す証拠も多く得られている（Ehrenfeld 2003; Liao et al. 2008）．また，Klironomos (2002)から始まった一連の研究は，移入植物と根圏生物の相互作用を介した地上と地下のフィードバックに注目している．例えば，移入植物は土壌由来の天敵から解放されることで，新天地で爆発的に増加することがある（e.g.

Reinhart et al. 2003; Callaway et al. 2004).さらに，これも第5章で紹介するが，移入動物が地上や地下の生態系に重大な影響を与えることを示す研究例も，ここ10年程の間に行われてきた．なかでも劇的な例としては，ガ（Lovett et al. 2006），シカ（e.g. Wardle et al. 2001; Vázquez 2002），ビーバー（*Castor canadensis*）（Anderson et al. 2006）といった植食者の影響や，ネズミ（*Rattus* spp.）（Fukami et al. 2006），キツネ（Croll et al. 2005），アリ（O'Dowd et al. 2003）といった捕食者によるカスケード効果である．最後に，これも第5章で紹介するが，最近の研究例では気候変動に伴って分布域を広げる生物が，地上と地下のフィードバックに影響を与えることで炭素の大気中への放出と気候変動へのフィードバックにも影響しうること（e.g. Knapp et al. 2008; Kurz et al. 2008）や，気候変動下の生物の分布域拡大には地下の生物群集が一定の役割を果たしていること（Engelkes et al. 2008）を示す証拠も得られてきている．

1.5 最新の課題と動向

　ここまで紹介してきた通り，地上と地下の相互作用やフィードバックは非常に複雑で，時空間的に広い範囲で起こる．この分野は急速に発展しつつあるが，まだ明らかにすべき問題はたくさんある．それらについては本書でこれから紹介していくが，おそらく最も必要とされているのが強力な理論的な基盤である．地上と地下の相互作用に関するこれまでの研究は全て経験的な方法やモデリングに基づいており，いまだ未熟な段階にある（Van der Putten et al. 2009）．そのため，地上と地下の相互作用やフィードバックが陸上生態系に果たす役割や，地球環境変動に対する応答についての予測はいまだ限定的である．また，関連する問題としては，地上と地下の相互作用が生態系の生物群集の構造や機能をどの程度規定しており，それが無機的環境にくらべどのくらい重要なのかを明らかにすることが求められている．第5章で紹介するが，この観点は生物種の減少（や増加）が生態系機能に与える影響を理解するうえで重要である．また，生態系からの非ランダムな種の喪失のインパクトと，それが環境条件によりどう異なるかに関する研究がいまだ少ないが，それを補填する意味でも必要とされている．第5章で述べるが，最も有効なのは，地球規模での環境変動によってもたらされるであろう種の喪失が，実際の生態系において他の生物や生態系にどのような影響を与えるかを直接的に検証できる実験的・理論的研究を広く

行っていくことだろう.

　本書で扱うもう一つの問題は,土壌の炭素動態,特に気候変動や地球規模の炭素循環に果たす土壌の役割についてである.土壌は温室効果ガス（二酸化炭素やメタン）を吸収・放出するため,巨大な炭素の貯蔵庫として働いており,陸上の炭素のおよそ80％を貯蔵している（IPCC 2007）.炭素循環に果たす土壌のこういった重要性にも関わらず,土壌による炭素の吸収・放出を制御する要因や,植物と土壌生物間の相互作用が土壌の炭素動態に与える影響などについてはほとんど分かっていない（Wardle et al. 2004a; Bardgett et al. 2009; Peltzer et al. 2010）.近年,植物や根圏生物が土壌呼吸に与える影響や,土壌微生物群集が植物の生産性や土壌の物質循環（炭素,窒素,リンなど）に与える影響といった,土壌の炭素循環における生態学的,生物地球科学的な研究が急速に増えてきている.しかし,地球規模の炭素循環を予測するために現在用いられているモデルでは,これらのプロセスは全く考慮されていない.生態系からの炭素の放出量を,単純に純一次生産（NPP）と従属栄養生物による呼吸の差として評価しているだけである.これからやらなければならないことは,炭素循環に関わる植物と土壌微生物間の相互作用に関する最新の知見を,炭素循環モデルの向上に役立てることである.

　最後に,近年関心を集めている話題は,生態系サービス,すなわち人類が生態系から享受するモノやサービス,利益に関することである（Ehrlich and Mooney 1983; Tscharntke et al. 2005; Hooper et al. 2005）.これらの利益には炭素貯留,気候の調整,きれいな水の供給,土壌の肥沃度や一次生産（食料,飼料,繊維）の維持など,ごく普遍的なものが含まれている.これにより,生態系生態学は科学者の枠を超え,政治にも影響するようになった.現在では政治家の間にも,生態系を生命維持のための莫大な利益をもたらす自然資本と見なす考え方が広がっている（Daily and Matson 2008）.この変化の契機となったのが,Millennium Ecosystem Assessment (2005) である.これにより,地球規模の環境変化が生態系や人間生活に与える影響を記録・解析して理解し,生態系を人間社会にサービスをもたらすものとしてとらえるための概念的枠組みが示された.この考え方は科学者や政治家に広く受け入れられており,生態系を研究・保全し,人類に持続的発展をもたらすための新しいアプローチを生み出している（Carpenter et al. 2009; Daily and Matson 2008）.さらに,この考え方は生態系生態学に新たな視点を生み出した.それは,地上と地下の相互作用を

含む生態系の生物学的なメカニズムが，生態系サービスや人間生活の向上にどういった貢献をできるかという視点である．Carpenter et al. (2009) が指摘しているように，地球のシステムの社会的，生態学的要素の相互作用を考慮した新たな学際的科学が必要とされている．生態系サービスに関するテーマは本書の主題ではないが，本書の考え方は生態系サービスに生物的要因がどう影響するのかを理解する基盤になる．そして，地上と地下のつながりが地球環境の変化にどう応答し，それが生態系サービスにどう影響するのかを理解することにもつながるだろう．

第2章
生態系の駆動要因としての土壌中の生物間相互作用

2.1 はじめに

　土壌動物が土壌の肥沃度や陸上生態系の機能を維持するのに主要な役割を担っているということは，古くから認識されてきた．例えば，Winogradsky (1856-1953) による先駆的研究では，土壌微生物が窒素や硫黄の循環に重要な役割を果たしていることが示された．また，ダーウィンが1881年に出版した「ミミズの活動による土壌腐植の形成と，ミミズの住み場所の観察」（訳者註：邦題「ミミズと土」渡辺弘之 訳．平凡社）では，生物地球科学的な循環にミミズが果たす重要な役割が紹介されている．このように土壌生物が土壌の肥沃度に貢献していることは古くから認識されてきたにも関わらず，地下の生物や生物間相互作用が分解，養分・炭素の循環，土壌の形成といった重要な生態系プロセスに果たす役割が群集生態学者や生態系生態学者に認識されてきたのは，ごく最近のことである．また，地球上の生物多様性の大部分が，ほぼ未知の状態で土壌中に存在していることが分かってきたのもごく最近のことである (Whitman et al. 1998; Torsvik et al. 2002; Bardgett 2005)．例えば，1 gの土壌中には50,000種の細菌 (Curtis et al. 2002; Torsvik et al. 2002) と，200 m以上の菌類の菌糸 (Read 1992; Bardgett et al. 1993a) が含まれている．また，カメルーンの熱帯林では，一つの土壌コアから89種の線虫が見つかっている (Bloemers et al. 1997)．さらに，カンザス州の草地土壌では159種のダニが記録されている (St John et al. 2006)．最近 Wu et al. (2009) が行った土壌DNAの分析によると，アラスカ州の寒帯林土壌から1320 OTU（操作的分類単位 Operational Taxonomic Unit），ツンドラ土壌から2010 OTUの土壌動物が検出されている．このように土壌生物の多様性や生態系機能に果たす役割の重要性

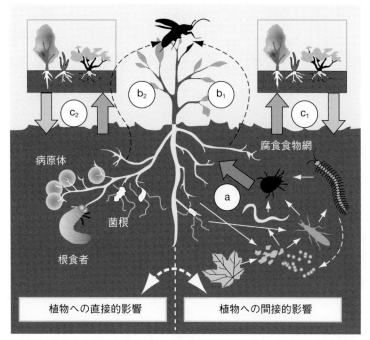

図 2.1 地上の生物群集と地下の食物網との相互作用．図の右側では，腐食食物網の生物による摂食（白い実線矢印）が養分の無機化（灰色の矢印）や植物の養分獲得（a），植物の成長に影響することで，間接的に地上の植食者に影響を与えている（黒い破線矢印）（b_1）．図の左側では，土壌生物は根を摂食したり，植物と敵対的・相利的な関係を築くことで直接的に植物に影響を与えている．こういった直接的な相互作用は，植物の成長に影響するだけでなく，植食者（b_2）や，最終的には捕食者にまで影響をおよぼす．さらに，土壌の食物網は植物群集の遷移に直接的（c_2），間接的（c_1）に影響を与え，植物群集の変化は逆に土壌の生物群集に影響する．Wardle et al. (2004a) よりアメリカ科学振興協会の許可を得て転載．

についての理解は進んでいるが，土壌の生物間相互作用が群集動態や生態系に与える影響についての理解はいまだ進んでいない．

　第1章で紹介した通り，地上と地下の生物群集が密接に関係しており，それらの相互作用が生態系のプロセスに大きな影響を与えていることが，この10年ほどで急速に分かってきた（e.g. Hooper et al. 2000; Van der Putten et al. 2001, 2009; Scheu and Setälä 2002; Wardle 2002; Wardle et al. 2004a; Bardgett et al. 2005; Van der Heijden et al. 2008）．地上と地下の生物群集の相互作用と，それが生態系に与える影響は非常に複雑である（Wardle 2002; Wardle et al. 2004a; Van der Heijden et al. 2008）．しかし一般的には（図2.1），植物がリター

の量や質を介して分解者群集や，根食者，病原菌，相利共生生物など植物と密接な関係のある土壌生物に影響を与える．そして地下の生物群集は，分解者群集の食物網（養分を無機化して植物が利用できる形態にする）を介して間接的に，あるいは根圏の生物活性により直接的に，植物の成長や群集構造に影響を与える（Wardle et al. 2004a）．このように，地上と地下の生物群集の相互作用は生態系の強力な駆動要因であり，人為による地球環境の変化に対する生態系の応答に影響する．

　本章では，このフィードバック関係のうち，土壌から植物への影響について紹介する．すなわち，土壌中の多様な生物間の相互作用が，どのように生態系プロセスを制御しているのか，そしてどのようにして植物群集の多様性や構造に間接的・直接的な影響を与えているのかについてである．このフィードバック関係のもう一つの側面，すなわち，植物が土壌の生物に与える影響については，第3章で扱う．本章ではまず，土壌の生物群集が分解という生態系プロセスによる養分の無機化を介して，植物群集の構造や生産性に果たす役割を紹介する．次に，根圏の生物が植物の生産性や群集構造に与える影響について，植生遷移や移入における役割もふまえて紹介する．さらに，地下の生態系エンジニアが土壌の物理環境を改変することで土壌中の養分動態や植物群集に与える影響を紹介する．最後に，地球規模の環境変動の観点から土壌の生物間相互作用の役割について考察する．特に生態系の炭素動態と，それが気候変動に与える影響に注目する．本章の目的は，土壌の生物間相互作用が分解過程や植物群集の生産性・多様性，地球規模の環境変動下での炭素・養分動態に与える影響を紹介することである．

2.2　分解者が地上の群集や生態系プロセスに与える影響

　生態系生態学者は植物遺体（デトリタス）が生物群集や生態系のエネルギー循環に重要であることを早くから認識してきた（Odum 1969; Swift et al. 1979; Moore et al. 2004）．デトリタスは，分解者微生物や腐植食者，微生物食者，そして捕食者まで，腐食食物網のさまざまな生物に食物や住み場所を提供している（Wardle 2002; Moore et al. 2004）（図2.2）．一方，分解者群集は，有機物を分解して植物の成長に必要な養分を放出することで，地上の生物群集や生態系プロセスに強い影響を与えている（図2.2）．本節では，腐食食物網の生物間相

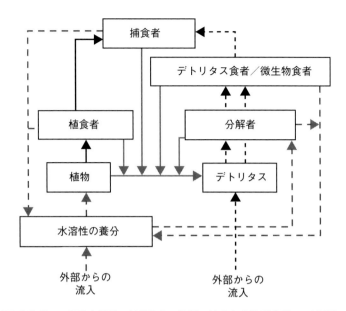

図 2.2 腐食食物網の一般的な構造．外部からの資源の流入と食物網内部での循環を示す．黒い実線矢印は一次生産者から始まる生食連鎖の経路を示す．黒い破線矢印はデトリタスから始まる腐食連鎖の経路（外部からの流入も含む）を示す．灰色の実線矢印は，生物の遺体や排泄物などによるデトリタスへの加入を示す．灰色の破線矢印は，水溶性の養分物質の無機化と不動化の経路を示す．Moore et al. (2004) より Wiley-Blackwell から許可を得て転載．

互作用が分解過程や養分動態を介して間接的に植物群集に与える影響について，その多様なメカニズムを紹介する．

2.2.1 独立生活の土壌微生物と養分の無機化，植物成長の関係

　植物の成長を規定する重要な要素が，養分の利用可能性である（Vitousek 2004）．このため，植物への養分供給の速度やタイミングに関わる土壌中の生物間相互作用は，植物の成長や群集動態に（正であれ負であれ）影響を与えうる．特に，根圏は植物根やその滲出物から強い影響を受けており（Bardgett 2005），根圏で起こる生物間相互作用は，植物への養分供給に特に重要である．微生物による養分の無機化は，有機物を分解して植物にとって利用可能な形態に変化させるので，植物の養分利用に強い影響を与える（Kaye and Hart 1997; Jones et al. 2005; Schimel and Bennett 2004）．

　土壌中の窒素の大部分（96〜98％）は，タンパク質や核酸，キチンといった

複雑な不溶性の高分子として有機物中に存在している．微生物が分泌する細胞外酵素は，これらの高分子を溶存有機態窒素へと分解できる（Schimel and Bennett 2004）．溶存有機態窒素は土壌中の溶存態窒素のうち大きな割合を占めており（Jones and Kielland 2002），土壌中の微生物により吸収あるいは無機化（有機態から無機態への変換と，土壌中への放出）されたり，それらの過程を飛ばしてアミノ酸として植物根に直接吸収されたりする．植物によるアミノ酸の直接的な吸収は，極地や高山ツンドラ（Raab et al. 1999; Nordin et al. 2004），寒帯林（Näsholm et al. 1998; Nordin et al. 2001），温帯林（Finzi and Berthrong 2005），貧栄養の草地（Bardgett et al. 2003; Weigelt et al. 2005; Harrison et al. 2007）など窒素の乏しい環境では特に重要である．植物による有機態窒素の直接的な吸収の重要性が認識されたことで，陸上の窒素循環と植物の窒素利用について再考されることになった（Schimel and Bennett 2004; Jones et al. 2005）．同様に，微生物はリン酸分解酵素を分泌することで，有機態リンの分解にも関与している．リン酸分解酵素は，有機物のエステル結合を解離させ，無機リンを遊離させて植物が吸収可能なかたちにする．窒素の場合と異なり，植物のリン利用性を左右するのは生物的な作用よりも地球化学的な作用によるところが大きいが，本章の後半で述べるように，植物のリン利用には菌根菌が重要な役割を果たしている．

　微生物はまた，土壌中の養分をめぐって植物と競争関係にもあり，植物の養分獲得や成長に負の影響を与えることもある．特に，極地や高山ツンドラなど極端に養分の乏しい環境で起こりやすい（Schimel and Chapin 1996; Nordin et al. 2004）．また微生物は，貧影響な草地でも窒素をめぐって植物と競争関係にあることが知られており（Bardgett et al. 2003; Harrison et al. 2007），植物体としてだけでなく菌体としても膨大な量の窒素が蓄積していることが分かっている（Jonasson et al. 1999; Bardgett et al. 2007b）．しかし，無機態窒素の利用可能性が高く，脱窒が卓越するような生態系では，土壌微生物は有効な窒素シンクとはならない．例えば，熱帯多湿林において行われた^{15}Nによるトレーサー実験によれば，こういった窒素制限が起こっていない生態系では速やかに硝化が起こり，特に土壌中に無機態窒素の濃度が高い場合には（Vitousek and Matson 1988），微生物による窒素の固定はほとんど起こらないことが分かった（Silver et al. 2001, 2005; Templer et al. 2008）．また，イギリスの温帯草地において行われた^{15}Nトレーサー実験によれば，貧栄養な草地では窒素の循環速度

が遅いのに対し，施肥された肥沃度の高い草地では微生物による窒素の吸収と固定がほとんど行われず，窒素の無機化と硝化が卓越することが示されている (Bardgett et al. 2003). これらの研究から，微生物群集は窒素の豊富な生態系よりも窒素の乏しい生態系において窒素のシンクとして重要であるといえる.さらに，微生物は窒素の固定と流失においてそれぞれ異なる役割を担っているようだ. 窒素が植物の成長を制限している生態系では，微生物による窒素吸収は大きな影響を与える (Jackson et al. 1989; Fisk et al. 2002; Zogg et al. 2000; Bardgett et al. 2003). 一方，窒素の豊富な生態系では，微生物は硝化作用により窒素の流失を促進している (Silver et al. 2001, 2005; Templer et al. 2008).

　植物と土壌微生物は根圏における密接な関係を通じて (Frank and Groffman 2009) 窒素をめぐる競争関係にある (Kaye and Hart 1997; Dunn et al. 2006) が，季節で窒素を使い分けることで競争を回避している (Jaeger et al. 1999; Bardgett et al. 2005). 特に，高山帯における研究では，微生物群集や植物の窒素利用と気温に強い関係性が認められている. 土壌微生物の活性は冬期に低下すると思われてきたが，近年，高山帯の土壌における研究から，土壌が凍結している冬期の後半に土壌微生物のバイオマスが最大になることが報告された (Schadt et al. 2003). また，微生物バイオマスの季節変化は，微生物の群集組成の変化をも伴っていることが分かった (Lipson and Schmidt 2004). 特に，植物遺体の複雑な有機物を利用する菌類が冬期に優占するのに対し，根からの滲出物を利用する細菌は夏期に活性化する (Lipson and Schmidt 2004). さらに，冬と夏では微生物群集がほぼ完全に入れ替わるため (Schadt et al. 2003), 各季節にしか見つからない機能遺伝子が多数存在する (Lipson and Schmidt 2004). こうした土壌微生物群集の季節変動は，植物と土壌微生物が時間的に窒素を使い分けるうえで重要である. 例えばコロラド州の高山帯草地では，優占する植物 *Kobresia myosuroides* の窒素吸収は雪解け直後に最大になるが，土壌微生物による窒素の不動化は，植物遺体が地上に供給される秋に最大になり，冬期間この窒素を保持する (Jaeger et al. 1999). 雪が解け，土壌中の微生物バイオマスが減少すると，微生物から窒素がタンパク質として大量に放出される. これに伴い，土壌中のプロテアーゼ活性が高まり，タンパク質をアミノ酸に分解することで，春先の植物による窒素要求が満たされている (Raab et al. 1999). また，窒素の乏しい生態系では，こうした易分解性窒素の循環における季節変化は，植物と微生物の密接な関係とその季節的な資源要求に依存している (図

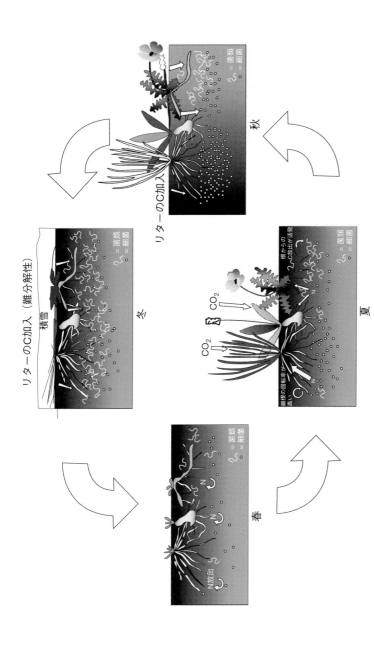

図 2.3 窒素が非常に乏しい高山帯の生態系における植物と微生物の資源要求の季節変化。秋には、枯死した植物が易分解性の炭素を放出し、微生物の成長を促進する。冬には、特に難分解性のポリフェノール物質を分解する菌類が成長してリター中の炭素や窒素を消費して無機化する。春には微気候が急激に変化するため、易分解性の炭素が枯渇するため、微生物群集が入れ替わり、それに伴い窒素が放出されて植物に吸収される。夏には、植物の窒素利用が上限に達し、炭素が放出されて土壌微生物バイオマスが増加する。Bardgett et al. (2005) より Elsevier の許可を得て転載。

2.3）（Bardgett et al. 2005; Frank and Groffman 2009）.

　腐生性の微生物は，さまざまな形態の窒素を植物に供給することでも植物群集の動態に影響を与える．ここでは，同所的に生育する植物が，微生物による無機化により供給される異なった形態の窒素を種間で使い分けることで，窒素をめぐる競争を避けて共存するメカニズムを紹介する．この仮説を支持する証拠は二つある．一つ目は，微生物の活動は無機態の窒素から複雑さの異なるさまざまなアミノ酸まで，多様な形態の窒素を土壌中に放出することである（Kielland 1994）．これにより植物は多様な資源を利用できる．二つ目は，植物は多様な化学形態の窒素を利用できることが知られている点である（Weigelt et al. 2005; Harrison et al. 2007, 2008）．すなわち，種間で異なる形態の窒素を使い分けることで，窒素の形態に基づいたニッチ分割が起こっている（Miller and Bowman 2002, 2003; Weigelt et al. 2005; Harrison et al. 2008）．さらに，窒素が乏しい極地ツンドラで共存する植物は，種により利用する窒素の形態が異なり，優占種が最も多く存在する形態の窒素を利用している（McKane et al. 2002）．これも，窒素の化学形態に基づいたニッチ分割の証拠といえる（McKane et al. 2002）．また，ドイツの貧栄養な草地における^{15}Nトレース実験によれば，異なる機能群の植物は異なる化学形態の窒素源を利用していることを示唆する結果が得られている（Kahmen et al. 2006）（図2.4）．同様な仮説は土壌中のリンの使い分けにおいても提案されている．土壌中には生物が利用可能な多様な形態のリン化合物があり，植物がそれらを利用する方法（微生物を介したものを含む）も多様だと考えられる（Bardgett 2005; Turner 2008）．リンの使い分けは陸上生態系で広く起こっていると思われるが，特に風化の進んだ湿潤温帯域のような，植物の成長がリン不足により制限されている生態系で特に顕著だと考えられる（Turner 2008）．

　以上から，化学形態の違いに基づいた使い分けにより，限られた土壌養分を効率よく植物種間で分配し，多種共存や種多様性が維持されている（McKane et al. 2002; Reynolds et al. 2003; Kahmen et al. 2006）といえそうだが，反証もある．比較的肥沃な温帯の草地における^{15}Nトレーサー実験によると，同所的に生育する複数種の植物はそれぞれ窒素の化学形態に応じて吸収率が異なっていたが，より単純な形態の窒素を好む傾向があった．すなわち，アミノ酸よりは無機態窒素を，より複雑なアミノ酸よりは単純なアミノ酸をより多く吸収した（Harrison et al. 2007）．おそらく，植物群集が利用できる窒素の化学形態の

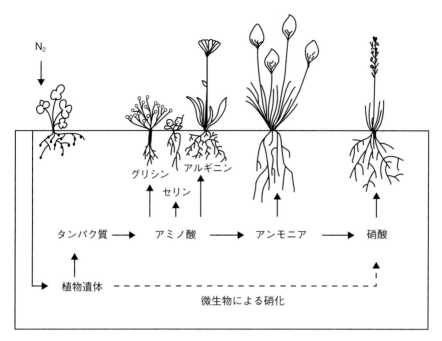

図 2.4 植物が種ごとに異なる化学形態の窒素を利用することで陸上生態系における多種共存が実現される．Bardgett (2005) より Oxford University Press から許可を得て転載．

幅は，土壌の肥沃度や生態系の生産性の傾度に応じた微生物による溶存有機態窒素の回転速度によって変わるのだろう．この仮説を支持する研究例は複数あるが (Schimel and Bennett 2004; Jones et al. 2005; Harrison et al. 2007)，まだ検証は十分とはいえない．

　これまでも述べてきたように微生物は，細菌による硝化のように窒素を流動しやすい形態にしたり，嫌気的条件で脱窒により窒素をガスとして大気中に放出したりすることで生態系の窒素循環や植物の生産性に影響を与える．硝化と脱窒は，ともに土壌からの窒素の流亡をもたらす．特に湿潤熱帯林や施肥された農地のように無機態窒素の豊富な生態系では流亡しやすい．これらの生態系では，豊富な水や不安定な酸化還元条件により窒素が溶脱しやすく，また脱窒も起きやすい (Schellekens et al. 2004; Silver et al. 2005; Houlton et al. 2006)．脱窒が植物生産に与える影響についてはよく分かっていないが，地球全体では，脱窒により年間109から124メガトンの窒素が地表から失われており (Galloway et al. 2004; Seitzinger et al. 2006; Schlesinger 2009），これにより陸上の生産性が約7％減少すると試算されている（Schlesinger 1997）．また近年，土壌中でのアンモニア酸化（硝化の前に起こる化学変化で，これまではもっぱら細菌が行っていると考えられていた）の大部分を古細菌が行っており，窒素循環に重要な役割を果たしているらしいことが発見された（Leininger et al. 2006）．

2.2.2　土壌中の捕食−被食関係と養分動態，植物成長の関係

　植物の養分利用可能性は微生物の活性により強い影響を受けている．しかし，土壌中には線虫，トビムシ，ダニ，ヒメミミズといった非常に複雑で膨大な無脊椎動物群集も存在しており，根や根滲出物を直接摂食したり，根圏の微生物を摂食したりして養分や炭素を植物から間接的に得ている（Pollierer et al. 2007）．これら微生物食の土壌動物やその捕食者は，微生物による養分の不動化と無機化のバランスを介して土壌中の養分の可給性に影響することで，養分動態や植物群集の動態に強い影響を与えている．地下の生物群集が地上の生物群集に与える影響を理解するためには，根圏における捕食の役割を考慮する必要がある（Moore et al. 2003）．

　上述した通り，微生物は窒素やリンを大量に不動化するため，一時的に植物が利用できない状態にすることができる．例えば，極地や高山帯のツンドラのように非常に窒素の乏しい環境では，上述したように季節変動はあるが，生態系全体の窒素の10％近く（Jonasson et al. 1999; Bardgett et al. 2002, 2007b），土壌中の有機態リンの30％（Jonasson et al. 1999）が微生物体に保持されている．微生物体からの養分の放出は，乾／湿サイクルや凍結／融解サイクルなど微生物にとって物理的ストレスとなる環境条件で起こる（Groffman et al. 2001; Schimel et al. 2007; Gordon et al. 2008）．しかし，微生物から養分が放出されて局所的に植物に利用可能になるには，原生動物や線虫，小型節足動物などが微生物を補食し，余分な養分を生物が利用可能な形態で土壌中に排泄するというプロセスが最も重要である．この養分放出のサイクルは「微生物ループ」と呼ばれ（Clarholm 1985），Moore et al. (2003) の養分増加モデルによれば根圏における養分利用可能性を左右する最も重要なメカニズムである．このモデルは，単純な食物網関係とデトリタスの加入から成り立っている（図2.5）（Moore and de Ruiter 2000）．まず，根滲出物が根圏の微生物やその捕食者を増加させる．捕食が増加することにより，根圏における窒素の可給性が増し，植物の成

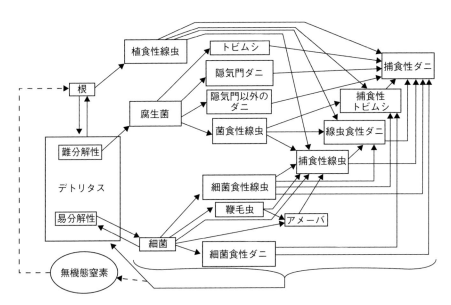

図 2.5 コロラド州のステップ草地における地下の食物網（Hunt et al. 1987）．食物や生活史の違いにより生物を機能群に区分してある．物質（炭素・窒素）の移動は実線の矢印で，窒素の実質的移動は破線の矢印で示した．易分解性の炭素を含む根滲出物や，より難分解性の根の細胞壁から，根圏の物質循環が始まる．死亡や排泄物によるデトリタスや無機態窒素への物質の流れは，図の下部に1本の矢印でまとめて示した．Moore et al. (2003) よりアメリカ生態学会の許可を得て転載．

長が促進される．こうした変化は微生物を増加させ，その捕食者をさらに引きよせることになる（Moore et al. 2003）．このように，植物の養分利用は根から始まる複数の栄養段階によりトップダウン的に制御されうる．

多くの操作実験により，土壌動物間の捕食が植物の養分吸収（Anderson et al. 1983; Clarholm 1985; Ingham et al. 1985; Bardgett and Chan 1999）や成長（Ingham et al. 1985; Setälä and Huhta 1991; Setälä 1995; しかし Bardgett and Chan 1999 に反証）を促進することが報告されている．また，菌食の小型節足動物（Moore et al. 1985; Newell 1984a; Bardgett et al. 1993b）のように餌に対する選好性の高い土壌動物による摂食は，微生物群集の組成やバイオマス，活性を大きく変えうることも示されており，これにより分解過程や土壌の養分可給性が正や負の影響を受ける（Mikola et al. 2002; Cole et al. 2006）．リターバッグ実験の結果をまとめたメタ解析では，少なくとも小型節足動物は負の影響

を与えることが多いようだ（Kampichler and Bruckner 2009）．しかし，植物成長への養分を介さない影響も起こりうる．例えば，細菌による植物成長ホルモンの生産に土壌動物が影響する例が知られている（Jentschke et al. 1995; Alphei et al. 1996; Bonkowski 2004）．このように，土壌動物間の捕食が植物の成長に与える影響は栄養・非栄養の関係が複雑に組み合わさって起こっている（Bonkowski 2004）．

　土壌動物が分解過程や植物に与える影響に関する研究のほとんどは，特定の生物種間の関係に注目した単純なミクロコズム実験で行われている．しかし野外では，食物網は複数の栄養段階からなる多数の生物種から成り立っている．このため，土壌の養分循環や植物の成長には複数の栄養段階の相互作用が影響していると考えられる．土壌の生物群集の複雑性が植物の成長に与える影響について調べた研究は少ないが，実験的な草地生態系において土壌動物相を体サイズにより操作した結果，植物群集が変化した例が報告されている（Bradford et al. 2002）．それによれば，大型土壌動物が存在すると微生物バイオマスや有機物分解に顕著な変化がみられ，その結果として養分循環が変化し，広葉草本にくらべイネ科草本が増加した（Bradford et al. 2002）．他の研究では，原生動物や線虫が植物生産を促進することが示されている（Alphei et al. 1996）．ただし，植物生産に対する原生動物の正の影響はミミズがいない場合に限られた．この結果は，大型の土壌動物が存在するとより小型の土壌動物が地上に与える効果は減少するという Bradford et al. (2002) の結果と一致している．

　多様性の効果の観点から，土壌生物群集の複雑性が養分の無機化や植物成長に与える影響を調べている研究もある．特筆すべきは Laakso and Setälä (1999a) による古典的な研究である．彼らは土壌動物群集の栄養段階の構造と各栄養段階内での種数を操作し，養分無機化と植物成長に対する影響を調べた．その結果，各栄養段階内の土壌動物の多様性が養分無機化や植物成長に与える効果は，栄養段階間の違いの影響にくらべ非常に小さいことが分かった．さらにこの系では，ヒメミミズ類 *Congettia sphagnetorum* の影響が特に大きかった．これらの結果や，近年行われた植物の養分吸収や成長に対する土壌動物の多様性に関するミクロコズム実験の結果（e.g. Cole et al. 2004）からは，土壌動物群集が植物成長に与える影響は，機能的に特殊な特定の種の在不在の影響を強く受ける（context-dependent）といえる．土壌の複雑な食物網と養分循環経路の関係についてはモデル研究も行われている．例えば Hunt et al. (1987) による北米の

ステップ草地を対象とした先駆的な研究は，土壌生物を機能群に分け，C/N比，寿命，同化・生産効率，個体群サイズといったさまざまな変数を使うことで，炭素・窒素の循環や窒素の無機化速度を算出している（Hunt et al. 1987; Moore et al. 1988）．土壌生物を機能群に分けて食物網をモデル化する手法は，食物網の構造の変化（de Ruiter et al. 1995）や，ある機能群やリンクの消失が群集の機能に与える影響に関する研究でも用いられている．例えばHunt and Wall (2002) は，プレーリー草地を対象としたシミュレーションにより，個々の機能群が消失しても他の機能群がそれを補償するため，窒素の無機化や植物生産にはほとんど影響をおよぼさないことを示した．

2.2.3 土壌食物網の機能における栄養カスケードの影響

上記の例の多くは微生物食者による捕食を対象としていた．しかし土壌食物網には，これら菌食，細菌食，リター食の土壌動物を補食する，より高位の捕食者も存在する．これらの高位捕食者は，微生物食者の密度を変化させることで栄養カスケードを引き起こし，細菌や菌類に間接的な影響を与える（図2.6）．土壌生態学者は，こうした栄養カスケードが土壌微生物による分解や無機化のプロセスに間接的に影響を与えると考えている．例えばSantos et al. (1981) は，捕食性のTydeinae亜科のダニを減らしたところ，細菌食線虫（ダニの主要な餌）の密度が増加し，それにより微生物による植物リターの分解速度が低下することを示した．さらにその後の研究により，土壌食物網の上位捕食者を操作すると分解や炭素・窒素の無機化に正（e.g. Allen-Morley and Coleman 1989; Hedlund and Öhrn 2000），負（e.g. Wyman 1998）の影響があるという結果や，影響がない（e.g. Martikainen and Huhta 1990）という結果が報告されている．さらに，上位捕食者による微生物や分解過程に対するカスケード効果は，捕食性線虫（Allen-Morley and Coleman 1989），捕食性ダニ（Hedlund and Öhrn 2000），クモ（Kajak et al. 1993; Lensing and Wise 2006），サンショウウオ（Wyman 1998）といった，空間スケールの異なるさまざまなタイプの捕食者で働くことも分かっている．こうしたカスケード効果は，下位の栄養段階の生物の寿命や生産性に捕食者が影響を与える限り，たとえ個体群密度に影響を与えない場合でも起こりうる（Mikola and Setälä 1998a）．

捕食者による栄養カスケードが分解や養分の無機化に与える間接効果は，植物の養分利用可能性を左右し，ひいては植物の養分吸収や成長に影響すると予

	操作		栄養カスケード				影響
Santos et al. (1981)	コハリダニ類の除去	→	細菌食線虫の増加	→	細菌の減少	→	分解速度の低下
Kajak et al. (1993)	捕食者の除去	→	リター食者の増加	→	微生物の増加	→	分解・N無機化の増加
Mikola and Setälä (1998)	捕食性線虫の添加	→	微生物食線虫の減少	→	微生物量への影響なし	→	CとNの無機化速度の低下
Hedlund and Öhrn (2000)	捕食性ダニの添加	→	トビムシの減少	→	菌糸量の増加	→	C無機化の増加

図 2.6 土壌食物網における栄養カスケードと，地下の分解・無機化過程への影響に関する相反する研究例．

想される．本章の最初に述べたように，腐植食や微生物食の土壌動物は植物の養分利用や生産性に大きな影響を与える．しかし，捕食者が植物成長に与える間接効果を実証した研究例は二つしかない（Laakso and Setälä 1999a, b）．どちらの研究もミクロコズム実験で，微生物食の線虫や腐植食の土壌動物を含んだ土壌動物相に，それらを捕食するダニの有無を変えた系を用意し，オウシュウシラカンバ（*Betula pendula*）の実生の成長に対する効果を検証している．どちらの研究でも実生の成長に対する捕食者の影響は検出されなかった．さらにLaakso and Setälä (1999b) では捕食者が基底の栄養段階（微生物）に与える影響も検出されず，このミクロコズム実験では捕食者の栄養カスケードは非常に小さいことが示唆された．捕食者が土壌食物網に与える栄養カスケードがより強くて，土壌の養分可給性に明瞭な影響を与えているような状況なら，植物成長に影響を与える可能性もあるだろう．

　捕食者による栄養カスケードに対する分解過程のさまざまな反応からいえることは，栄養カスケードの効果は環境条件に左右されやすいということである．Lensing and Wise (2006) はクモが植物リター分解に与えるカスケード効果は水分条件により影響を受け，雨の多い地域のなかの乾燥気味の場所で強く，過湿気味の場所や雨の少ない地域では小さいことを報告している．また Lenoir et al. (2007) は，捕食性のトゲダニ亜目（gamasid）のダニによる栄養カスケードが貧栄養な場所の土壌微生物相には影響するが，富栄養な場所の土壌微生物相には影響しないことを報告している．土壌食物網における栄養カスケードの重要性は，そこに存在する土壌生物相にも左右される．例えば，栄養カスケード

は菌類と菌食者が優占する土壌食物網よりも，細菌と細菌食者が優占する系でより重要になる（Wardle and Yeates 1993）．また，絶対的な捕食者であるクモやムカデを除き，体サイズの大きい土壌動物では下位の栄養段階の生物と敵対（捕食−被食）関係よりも相利関係にあることが多く，栄養カスケードが起こりにくい．土壌動物の体サイズ分布は場所により大きな違いがあるので（Wardle 2002），捕食者のカスケード効果の重要性にも大きな違いがあるだろう．土壌分解系において，どのような環境条件の生態系で捕食者による栄養カスケード効果が最大になるのかについては，まだよく分かっていない．

2.2.4 細菌系，菌系のエネルギー経路と養分循環

　土壌食物網が養分循環と植物生産に与える影響を研究するもう一つのアプローチは，食物網のエネルギー経路に注目することである．経路の違いは養分の可給性に影響する．Moore et al. (1988) は根系，細菌系，菌系のエネルギー経路を区別している．根系経路には根と関係の深い土壌動物や共生微生物が関与する．一方，細菌系，菌系の経路はデトリタスからエネルギーを得ている生物が関与している（図 2.7）（Moore et al. 1998）．さらに，細菌系と菌系の経路は，養分の可給性に関してそれぞれ「速い」経路と「遅い」経路として異なる機能をもつ（Coleman et al. 1983; Moore and Hunt 1988）．細菌系の経路が優占する生態系では養分の可給性が高く（C/N 比が低い），生物活性が高いため分解が速やかに進み，有機物があまり蓄積しない．一方，菌系の経路が優占する生態系では，有機物含量が高く養分の可給性が低い（C/N 比が高い）酸性土壌になっていることが多い．最近行われた土壌微生物群集に関する地球規模のメタ解析（Fierer et al. 2009）によれば，細菌に対する菌類の比率が最も高かったのは針葉樹林の土壌であり，最も低かったのは砂漠と草地の土壌だった．また，細菌に対する菌類の比率は土壌の C/N 比と正の相関があった（図 2.8）．ただ，これには土壌の pH や有機物含量，植物由来の炭素の質といった他の要因も関わっていると思われる（Bardgett and McAlister 1999; Van der Heijden et al. 2008; Fierer et al. 2009）．重要なのは，これら異なるタイプのエネルギー経路の相対的な重要性が環境に応じて変化することである．菌系の経路の相対的重要性は，一次遷移が進むにつれて（Ohtonen et al. 1999; Neutel et al. 2002; Bardgett et al. 2007a），また耕作放棄後の年数に応じて（Zeller et al. 2001; Van der Wal et al. 2006）増加する．一方，細菌系の経路の相対的重要性は，攪乱強

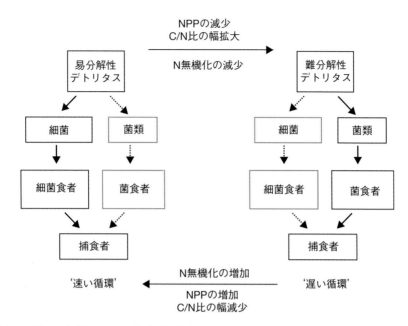

図2.7 地下の食物網における細菌系と菌系のエネルギー経路．細菌系のエネルギー経路は，細菌やその捕食者の世代時間が菌類やその捕食者にくらべ短いため，「速い循環」であり，菌系のエネルギー経路は「遅い循環」となる．これらの経路の相対的な重要性に応じて，デトリタスのC/N比，純一次生産（NPP），攪乱，窒素の無機化速度などが異なる．Moore et al. (2003) よりアメリカ生態学会の許可を得て転載．

度や養分添加，植食者による摂食，耕作，集約的農業により増加する（Hendrix et al. 1986; Bardgett and McAlister 1999; Bardgett et al. 2001b; Van der Wal et al. 2006; R. Smith et al. 2008）．

　菌系，細菌系のエネルギー経路の移り変わりが植物群集の動態に与える影響はほとんど分かっていない．しかし，細菌系のエネルギー経路は養分の無機化を促し，植物の養分利用可能性を高めるといわれている．一方，菌系のエネルギー経路は非常に節約的な「遅い」養分循環をもたらす（Coleman et al. 1983; Wardle 2002）．実際，菌類は菌糸ネットワークの中に大量の養分を蓄えて非常に節約的に利用する（Boddy 1999）のに対し，細菌は根滲出物のような利用しやすい資源を速やかに利用する搾取的な養分利用戦略をとっている（Bardgett 2005）．さらに，細菌の組織は菌類にくらべC/N比が低く防御化学物質の濃度が低いため，捕食者に利用されやすく，結果として養分の放出や回

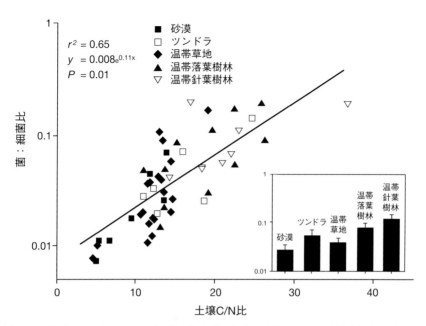

図 2.8 5種類のバイオームにおける菌類と細菌の比率（定量 PCR により推定）と土壌 C/N 比の関係．菌類と細菌の比率が 1 の場合，それぞれの rRNA のコピー数が等しいことを示す．右下の棒グラフは 5 種類のバイオームにおける菌類と細菌の比率の平均値と標準誤差を示す．Fierer et al. (2009) より Wiley-Blackwell の許可を得て転載．

転の速度が速い（Wardle and Yeates 1993; Wardle 2002）．

　微生物群集において細菌に対する菌類の優占度が増すと，養分の無機化速度が低下し，その逆もまた起こることが多くの研究により示されている．例えば Bardgett et al. (2006) は，半寄生性のイエローラトル（*Rhinanthus minor*）の存在は温帯草地の植物の多様性を高めるとともに，微生物群集における菌類に対する細菌の優占度を高め，土壌中の窒素無機化速度を増大させた（図 2.9）．また，Högberg et al. (2007) は窒素の可給性の異なる複数の寒帯林において調査を行い，窒素の総無機化量と菌：細菌のバイオマス比に強い負の相関があることを発見した．さらに Wardle et al. (2004b) は，植生の衰退に伴う長期間のクロノシーケンス（6000 年から 400 万年以上）結果から，植生の衰退が微生物のリン不足と細菌に対する菌類の相対的な優占度の増加と関連していることを報告している．これらの変化はリター分解速度や養分無機化速度の低下と関連しており，さらなる養分不足と生態系の生産性の低下に至る負のフィードバ

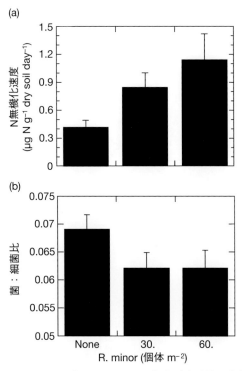

図 2.9　半寄生性のイエローラトル（*Rhinanthus minor*）が（a）土壌の窒素無機化速度と（b）菌：細菌のバイオマス比（リン脂質脂肪酸分析により推定）に与える影響．値は平均と標準誤差を示す．Bardgett et al. (2006) より Macmillan Publishers Ltd. の許可を得て転載．

ックをもたらしている．

　菌系のエネルギー経路は細菌系の経路にくらべ効率よく養分を保持し，こうした違いが土壌の養分バランスに影響を与える．例えば，Bardgett et al. (2003) が行った野外での ^{15}N ラベリング実験によると，^{15}N を添加したグリシンやアンモニウムイオンが微生物によって吸収されて保持される割合は，細菌が優占する施肥された草地にくらべ，菌類が優占する生産性の低い草地において高かった．また，同じ調査地において Gordon et al. (2008) は，細菌が優占する土壌よりも菌類が優占する土壌のほうが，乾燥と湿潤の変動が激しい条件下での養分の保持力が高いことを報告している．さらに，施肥された土壌からの養分ロスは，微生物に保持されている窒素が顕著に減少する（対象区の 45％）のが主な原因だった．これらの結果から，細菌の優占する群集は菌類の優占する

群集よりも攪乱に対して敏感だといえる．他にも，de Vries et al. (2006) がオランダの複数の草地において，菌類のバイオマスが大きい土壌では窒素の溶脱が少なく，土壌の窒素バランスがよいことを報告している．すなわち，菌類は養分の保持に正の効果があるといえる．土壌の物理化学的な特性も上記のパターンに影響している可能性はあるが，これらの研究から，菌類が優占する草地土壌では，細菌が優占する草地土壌よりも養分を効率よく保持できる．

細菌系と菌系のエネルギー経路は排他的に存在するわけではないため，植物の養分利用はこれら二つの経路の相対的な重要性によって調節されている．これは，上述した Moore et al. (2003) の養分増加モデルを通して理解できる．すなわち植物の成長は，細菌系のエネルギー経路における捕食が養分の無機化を引き起こすことによるトップダウン効果が，菌系のエネルギー経路における養分の不動化によるボトムアップ効果に対してどのくらい重要かによって調節されている．菌類の成長は捕食（トップダウン制御）よりも資源（ボトムアップ制御）により規定されており，細菌ではその逆なので，植物の養分利用はトップダウンとボトムアップの両方から制御されているといえるだろう（Wardle 2002）．

2.3 根圏生物が植物群集や生態系プロセスに与える影響

分解系の食物網の生物間相互作用が，分解過程や養分動態を介してどのように植物群集の構造や生産性に間接的な影響を与えうるかについて，これまで述べてきた．一方，土壌生物は根圏の共生生物，寄生生物，病原菌，根食者などにより植生動態に直接的な影響も与えうる．本節では，こうした植物の群集動態に対する直接的な影響の生態的な役割について述べる．まず，菌根菌や根粒菌など植物根の相利共生生物が植生の動態に与える影響について述べ，次に寄生生物，病原菌，根食者が植生の動態に与える影響について述べる．

2.3.1 共生微生物と植物群集の動態

おそらく最もよく知られている地下の共生関係は植物根と窒素固定細菌の共生関係だろう．窒素固定細菌は植物根に根粒を形成して大気中の窒素をアンモニウム塩として固定し，植物が利用できるようにしている．窒素固定細菌と共生関係をもつ植物として最もよく知られているのは，*Rhizobium* 属の細菌と共

生しているマメ科の植物だが，マメ科以外にもモクマオウ属（*Casuarina*），ヤマモモ属（*Myrica*），シーバックソーン属（*Hippophae*），ハンノキ属（*Alnus*）など多様な植物が *Frankia* 属の放線菌（actinomycetes）と共生している．窒素固定細菌が窒素循環や植物の成長，窒素吸収に与える影響については，農業環境，自然環境ともに多くの研究がある（Tilman et al. 1997; Cleveland et al. 1999; Spehn et al. 2002; Rochon et al. 2004; Hopkins and Wilkins 2006; Van der Heijden et al. 2006a）．なかでも植物生産への影響が最も大きいのは，マメ科の優占する熱帯のサバンナや草地，熱帯林などだろう．これらの生態系では，植物が年間に必要とする窒素の 20％近くがマメ科と共生する窒素固定細菌により供給されている（Cleveland et al. 1999; Van der Heijden et al. 2008）．

　窒素の乏しい温帯や寒帯の森林にくらべ，熱帯で窒素固定植物の優占度が高い理由として Houlton et al. (2008) は，窒素固定細菌が窒素をリン獲得に投資できる点を挙げている．これは，リンの乏しい熱帯サバンナや低地熱帯林において明らかに有利に働く．逆に高緯度の森林では，現在の気候下では窒素固定は制限され，窒素固定植物は森林の優占種になれない（Houlton et al. 2008）．しかし，上述したように，蘚類と共生しているシアノバクテリアが行う窒素固定は，高緯度の寒帯老齢林において広くみられる（Zackrisson et al. 2004）．また，Menge et al. (2008) によれば，窒素の乏しい温帯や寒帯の生態系において窒素固定共生がみられないのは，進化的トレードオフによる．これらの生態系では植物の養分利用効率が低く，死亡率が高く（世代時間が短く），窒素が植物にとって利用しにくい形態で土壌中に滞留している．こういった生態系の特徴は，全て窒素固定を妨げる方向に働く（Menge et al. 2008）．しかし，これらの論文で強調されている通り，温帯や寒帯の老齢林において窒素固定共生がみられず森林の窒素制限が維持されているメカニズムを理解するには，複数の生態系において上記の変数を測定して一般性を検証する必要がある．

　窒素固定細菌と植物の共生関係は，植生遷移においても重要な役割を果たしている．遷移初期には窒素固定により土壌の窒素含量が急激に増加し，遷移後期種に必要なレベルにまで達する（Chapin et al. 1994; Kohls et al. 2003; Walker and del Moral 2003）（図 2.10）．例えばアラスカの氷成堆積物上の一次遷移では，窒素固定植物であるハンノキ属（*Alnus*）の低木が土壌の窒素分と有機物含量を増加させ，トウヒ属（*Picea*）など遷移後期種にとって好ましい環境を作り出す（Crocker and Major 1955; Chapin et al. 1994）．ニュージーランドの砂丘

図2.10 さまざまな一次遷移で優占する窒素固定植物：(a) 南東アラスカのグレイシャーベイにおいて，氷河後退地に低木密生林を形成した *Alnus sinuata*；(b) ニュージーランド南島の氷河後退地に定着した *Coriaria arborea*；(c) ニュージーランド南島，Kaikoura 近郊の氾濫原に定着した *Coriaria arborea*．写真：Richard D. Bardgett.

では，同様にハウチワマメ属（*Lupinus*）の草本が養分条件を改善してマツ属（*Pinus*）の成長を促進する（Gadgill 1971）．オランダの海浜砂丘ではシーバックソーン属の低木が遷移後期種のバイオマス増加を促進する（Olff et al. 1993）．さらに，Bellingham et al. (2001) の野外調査と温室実験によれば，マメ科の窒素固定植物である *Carmichaelia odorata* は，ニュージーランドの山地渓谷における一次遷移において，土壌の改変だけでなくリターの供給によっても，遷移後期種の成長と窒素吸収を顕著に促進することが分かった．第5章で述べるように，窒素制限のかかった生態系に窒素固定植物が侵入すると，土壌窒素の可給性と植物の生産性を著しく増加させ，生物群集や生態系に計り知れない影響をおよぼす（Vitousek and Walker 1989; Sprent and Parsons 2000）．窒素固定植物が植生の動態に与える影響は，地上や地下の他の生物による影響も受ける可能性がある．例えば，アーバスキュラー菌根菌の菌糸ネットワークにより，マメ科植物とイネ科草本の間で窒素の移動があることが報告されている（Haystead et al. 1988）．こうした窒素分の移動は，マメ科植物が高頻度で菌根化している，窒素の乏しい遷移初期の植物群集で特に重要である（Haystead et al. 1988）．マメ科の窒素固定植物から近傍のイネ科草本への窒素の移動は，

マメ科植物の根系に宿主特異的な寄生性線虫が感染することでも促進される（Bardgett et al. 1999a; Denton et al. 1999; Dromph et al. 2006; Ayres et al. 2007）．その結果，近傍のイネ科草本の成長が促進されることになり，植物間の競争関係に影響をおよぼすと予想される．

陸上生態系に普遍的に存在する，独立生活の窒素固定細菌もまた，生態系の窒素収支に大きな影響を与える．その加入量は比較的少ない（年間 1 ha あたり窒素 3 kg 以下）（Cleveland et al. 1999）が，窒素負荷が少なく，窒素固定共生系も存在しない場所では，生態系の窒素加入量の大部分を占めている．例えば，これまで窒素固定がほとんどみられないと考えられてきた氷河後退地（Schmidt et al. 2008）や寒帯林などでは，窒素固定性のシアノバクテリアが生態系の窒素収支に大きく貢献している．DeLuca et al. (2002b) は，蘇類タチハイゴケ（*Pleurozium schreberi*）の葉の表面に生息している窒素固定性のシアノバクテリアが大量の窒素（年間 1 ha あたり 1.5〜2.0 kg）を固定し，寒帯林の窒素循環に重要な役割を果たしていることを報告した．この働きは，特に遷移後期の老齢林で大きかった（Zackrisson et al. 2004; Lagerström et al. 2007; Gundale et al. 2010）（図 2.11）．タチハイゴケは地球上で最もよくみられるコケであり，寒帯林の地上の 80％ 近くを覆っているので，その重要性は高い（DeLuca et al. 2002b）．地衣類と蘇苔類，シアノバクテリア，さらに他の微生物により構成される BSC（biological soil crust，訳者注：微生物による土のクラスト化）もまた，世界中の乾燥地や半乾燥地の生態系において窒素収支に重要な役割を果たしている（Belnap 2003; Belnap and Lange 2003; Bowker et al. 2010）．これらの生態系では BSC のみが窒素固定を行っているわけではないが，BSC は硝化など窒素の形態変化にも影響している（Belnap 2003; Maestre et al. 2005; Bowker et al. 2010）．

植物にとってのもう一つの重要な共生生物は，菌根菌である．菌根菌は地球上に広く分布し，陸上植物種の約 80％ と関係している（Smith and Read 1997）．菌根菌には，アーバスキュラー菌根菌，外生菌根菌，エリコイド菌根菌と，大きく分けて三つのグループがある．菌根菌が植物の養分吸収を助ける働きや，病原菌・植食性昆虫・乾燥などに対する抵抗性を付与する働きについては，数多くの研究がなされてきている（Gange and West 1994; Newsham et al. 1995b; Smith and Read 1997）．例えば，草地での研究によれば，アーバスキュラー菌根菌は植物の生産性を 2 倍増加させる（Van der Heijden et al. 1998b; Vogelsang

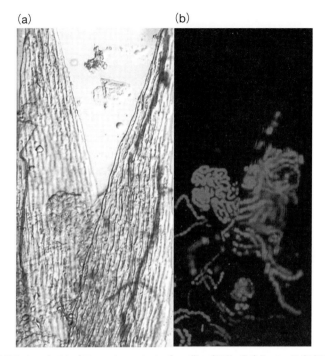

図 2.11　蘚類タチハイゴケ（*Pleurozium schreberi*）の葉の表面に生息している窒素固定性のシアノバクテリアは大量の窒素を固定し，寒帯林，特に遷移後期の老齢林の窒素循環に重要な役割を果たしている．(a) 光学顕微鏡下；(b) グリーンフィルターをかけた紫外線蛍光顕微鏡下．連鎖した *Nostoc* の細胞は，光学顕微鏡下では葉の陰に隠れているが，グリーンフィルターをかけた紫外線蛍光顕微鏡下では赤くはっきりと観察できる．写真：P. Lundgren and U. Rasmussen. Macmillan Publishers Ltd. より許可を得て転載．

et al. 2006)．これは主に植物のリン吸収を促進することによる（Van der Heijden et al. 1998a, 2006b）が，アーバスキュラー菌根菌による窒素吸収も一定の役割を果たしていると思われる（Hodge et al. 2001；ただし反証もある Reynolds et al. 2005; Van der Heijden et al. 2006b)．同様に，外生菌根菌は寒帯や温帯の森林生態系において植物の養分吸収に重要な役割を果たしている（Read and Perez-Moreno 2003）．外生菌根菌は細胞外酵素を分泌し，複雑な有機物を分解することで養分を獲得して，菌糸ネットワークを通して植物へと輸送することができる（図 2.12）（Leake and Read 1997）．野外で植物の養分獲得における外生菌根菌の寄与率を測定することは難しいが，寒帯林では植物が吸収する窒素の約 80％が外生菌根菌を通じて供給されているようだ（Simard

図 2.12 複雑な有機物を分解できるさまざまな細胞外酵素を分泌して養分を獲得するために広がった外生菌根菌の菌糸ネットワーク．写真：Damian P. Donnelly and Jonathan R. Leake (University of Sheffield Department of Animal & Plant Sciences, UK).

et al. 2002; Hobbie and Hobbie 2006)．

　一般に，タイプの異なる菌根菌の役割は植生の遷移に伴い変化する．遷移初期には，多くの植物は菌根菌に感染していないが，遷移中期に優占する草本種はアーバスキュラー菌根菌と条件的な関係を結んでいる．遷移後期には木本や低木が優占することが多いが，それらの種は外生菌根菌との絶対的な関係を必要としていることが多い (Read 1994)．しかし，上記のパターンは汎世界的なわけではなく，遷移後期にアーバスキュラー菌根菌がほぼ排他的に優占する森林も多い．重要なのは，菌根菌とその他の共生生物との相互作用も，植物の生産性に影響しているらしいということである．例えば，マメ科植物はアーバス

キュラー菌根菌とともに根粒菌とも共生しており（Scheublin et al. 2004），どちらからも利益を得ることができる（Pacovsky et al. 1986）．こういった菌根菌と根粒菌の相互作用が植物群集の動態に与える影響についてはほとんど研究されていない．

　菌根菌は植物群集の形成に重要な役割を果たしており，多くの場合では（ただし反証もある：Stampe and Daehler 2003; Van der Haijden et al. 2006b）植物種間の競争を緩和させ，植物群集内で資源をより均等に分配することで，植物の種多様性を増加させる．例えば，Grime et al. (1987) は草地生態系においてアーバスキュラー菌根菌の有無を操作し，アーバスキュラー菌根菌の存在下では競争的なイネ科草本の優占が阻害され，菌根菌の感染により利益を受けやすい広葉草本の優占度が増すため，結果として植物の種多様性が増加することを報告している．同様に Gange et al. (1993) は，アーバスキュラー菌根菌に特異的に作用する殺菌剤を用いると，遷移初期の草地において競争的なイネ科草本の優占度が増して広葉草本の優占度が減少するため，植物の種数が減少することを報告している．菌根菌の多様性も，特に養分の乏しい条件で植物の生産性や多様性に影響する．例えば Van der Heijden et al. (1998b) は草地での実験から，植物の多様性や生産性がアーバスキュラー菌根菌の多様性と正の相関関係にあることを報告している．これは，菌根菌の多様性が高い処理区では土壌中のリンがより効率的に利用されたためである．また Maherali and Klironomos (2007) は，同所的に存在する他種のアーバスキュラー菌根菌の機能が相補的に働くことで，植物生産を増加させることを報告した．一方で Vogelsang et al. (2006) は，アーバスキュラー菌根菌の多様性を操作したミクロコズム実験を行い，6種の菌根菌を接種した場合の植物バイオマスは，最も効果のある1種の菌根菌を接種した場合のバイオマスと差がなく，アーバスキュラー菌根菌の種間に機能的な相補性は認められないと述べている．さらに Jonsson et al. (2001) は外生菌根菌の種数を1種から8種まで変化させて実験を行い，樹木実生の成長に対する菌根菌の多様性の影響は条件依存的であり，植物種や土壌の肥沃度により影響を受けることを報告している．他の土壌生物で行われた多様性実験と同様に，菌根菌の感染による植物成長への正の効果は，菌類の種数というよりも種組成に依存するといえるだろう．

　アーバスキュラー菌根菌が植物の生産性や多様性を促進することを支持しない研究例もある．例えば Hartnett and Wilson (1999) は，高茎草本のプレーリ

ーにおいて殺菌剤を用いてアーバスキュラー菌根菌を減少させたところ，植物の多様性が増すことを報告している．これは，菌根菌に依存して優占していたC_4植物の高茎イネ科草本が減少し，菌根菌への依存度の低い他の草本の優占度が増したためだと考えられる．同様に Connell and Lowman (1989) は，熱帯雨林において外生菌根菌との共生関係は単一樹種の優占を促し，多樹種の共存を阻害することがあると報告している．これは，アーバスキュラー菌根性の他の樹種の養分獲得能力や病原菌への耐性が低いためだと考えられる．これらの研究から，菌根菌が植物群集に与えるもう一つのメカニズムの存在が示唆される．すなわち，優占種の菌根菌への依存度が周囲の植物にくらべて高いか否かにより，菌根菌が植物群集の多様性に与える影響が異なると予想される．また，菌根菌との共生関係を維持するコストと利益も植物種により大きく異なる．菌根菌の感染に対する応答は，植物種により正（相利）から中立（片利），負（寄生）と広い幅をとりうる．結果として，「共生」は寄生から相利まで連続的なものとして定義されるのがよいと考えられ（Johnson et al. 1997; Klironomos 2003），植物種内に見られる菌根菌の感染に対する応答の方向や強さの違いもまた（ほとんど研究されていないが）植物群集を形作るうえで重要な要素だと思われる（Klironomos 2003）．

2.3.2 地下の病原菌，植食者と植物群集の動態

植物群集の時空間的動態を駆動する要因として，土壌中の病原菌の重要性を指摘する論文は増えてきている（Van der Putten 2003, 2009）．これは，種特異的な植物病原菌が土壌中に蓄積し，近隣の他種よりも宿主植物の成長を阻害する負のフィードバックにより起こり，結果として植生が変化する（Bever et al. 1997; Packer and Clay 2000; Van der Putten 2003）．また，負のフィードバックが優占種の成長を阻害する方向に働く場合は，病原菌により植物の多様性が維持されることも示唆されている（Bever et al. 1997）．一方 Klironomos (2002) は，優占していない植物種は優占種よりも負のフィードバックの影響を受けやすいため，土壌病原菌は植物の多様性を低下させると述べている．病原菌が植生の動態に強力な役割を果たしていることを示す実験は多く（e.g. Van der Putten et al. 1993; Packer and Clay 2000），特に植物の密度が高く土壌病原菌を蓄積しやすい遷移後期には，土壌病原菌による負のフィードバックが最も重要だと考えられている（Reynolds et al. 2003; しかし反証もある Kardol et al. 2006）．こ

のことについては第3章において植物群集と病原菌の相互作用の観点から詳しく述べる．また，植物病原菌は植物の移入においても重要な役割を果たす（Wolfe and Klironomos 2005; Reinhart and Callaway 2006; Van der Putten et al. 2007）．このことについては第5章で詳しく述べる．

　土壌中には寄生性の線虫や昆虫など，多様な根食者も存在する．根は食べやすいので，根食者はもっぱら根を専食する．こういった専食は植物種のパフォーマンスに影響を与え，植生遷移の動態を左右する．地下の植食性昆虫が植生の動態に与える影響を検証した古典的な例としては，Brown and Gange (1989; 1992) がある．この研究では，殺虫剤を用いて南イングランドのさまざまな遷移段階にある草地から，地上・地下の昆虫を取り除いた．その結果，地上の植食性昆虫は多年生イネ科草本の成長を抑えて二次遷移の進行を遅らせたのに対し，根食性昆虫は遷移初期種の一年生広葉草本を衰退させて遷移を早めた．ドイツで行われた同様な野外実験（Schädler et al. 2004）では，地上の昆虫は植生遷移に影響しないが，地下の植食者は植物の競争力を弱めて遷移後期種の定着を促進して二次遷移を早めることが示されている．オランダで行われた草地のメソコズム実験（De Deyn et al. 2003）では，地下の線虫，コメツキムシ類の幼虫，小型節足動物などが二次遷移を促進すると共に植物の多様性を増加させた．これは，根食者が優占種の勢いを弱め，他種の優占度を増加させたためだと考えられている．

　根食者による植生の改変は，地上の植食者にも影響を与え，その逆もありうる．地上の複数の栄養段階間の相互作用が植生の動態や生態系プロセスに与える影響については第4章で扱うが，根食者が葉食性昆虫のパフォーマンスに強く影響することは多くの研究から経験的に知られている（Gange and Brown 1989; Masters and Brown 1992; Masters et al. 2001; Bezemer et al. 2004；しかし反証もある Salt et al. 1996）．同様に，根食者のパフォーマンスも葉食者から影響を受ける（Masters and Brown 1992; Salt et al. 1996；しかし反証もある Masters et al. 1993）．さらに地上と地下の植食者は，土壌中の自由生活をしている生物に影響を与え，養分の可給性を介して間接的に植生動態に影響する可能性もある．例えば，根食性線虫と植食者が根の滲出物を増やし，それにより根圏の微生物の成長と活性が増加して微生物群集が変化することが，ミクロコズム実験から明らかにされている（Denton et al. 1999; Guitian and Bardgett 2000; Ayres et al. 2007）．こうした微生物群集の変化は養分の可給性に影響す

るだろう．しかし，De Deyn et al. (2007) は，コメツキムシ類の幼虫による地上・地下の植食が腐生性の線虫になんら影響をおよぼさないことを報告している．ただし，根食性線虫に対する促進効果はあった．これは植物の種組成が変化したためと思われる．これまでのところ，この分野の研究の多くは人工的な環境下で行われており，地上と地下の複雑な相互作用が野外の生態系における植生動態に与える影響についてはほとんど分かっていない．

2.4　土壌の生態系エンジニアと植物群集動態

　土壌動物も，分解基質や土壌ハビタットの物理的な改変により，養分循環や植物群集に影響を与える（Bardgett 2005）．鍵となる役割を担うのは二つのグループの土壌生物である．一つ目はリター粉砕者であり，植物遺体を摂食して土壌中に糞粒として排泄することで，もとの葉リターよりも表面積−体積比が大きく微生物の成長に適した基質を提供し，これにより分解や養分の放出を促進する（Webb 1977; Hassall et al. 1987; Zimmer and Topp 2002）．二つ目は生態系エンジニアであり，土壌中に物理的な構造を構築することで微生物や他の生物にハビタットを提供し，土壌中や生態系間の物質の移動を改変する（Lavelle et al. 1995, 1997; Bardgett et al. 2001a）．リター粉砕者の働きについては，本章の後半で炭素動態と絡めて紹介する．ここでは主に，大型土壌動物など土壌の生態系エンジニアの活動がどのように陸上生態系の植生動態に影響するかに注目する（図2.13）．また，生態系エンジニアによる土壌の物理的な改変や，それが土壌中の水分や養分の流れに与える影響についても触れる．

　最もよく知られた生態系エンジニアはミミズであり，土壌の肥沃度や植物の成長に果たすミミズの役割については，自然生態系，農業生態系に関わらず多くの研究がある（e.g. Lee 1985; Edwards and Bohlen 1996; Scheu 2003; Edwards 2004）．ミミズは大量の植物リターを摂食し，地表面あるいはその直下に糞塊を形成する．糞塊は微生物の活動によりよい環境を提供し，これにより土壌の養分可給性が高まる．ミミズが土壌を掘る活動も，植物リターを土壌に混ぜ込んで土壌の物理性を改善する働きがある．ミミズの活動は，土壌中の微生物食者やリター粉砕者といった他の土壌動物の優占度や分布に影響し（Yeates 1981; Alphei et al. 1996; Binet et al. 1998; Ilieva-Makulec and Makulec 2002; Tao et al. 2009），これにより間接的に土壌中の微生物群集や養分可給性，

図 2.13 土壌の生態系エンジニアとその構造物：(a) ナイジェリアの湿性サバンナにみられる土壌食シロアリ（*Cubitermes severus*）の塚．（写真：Reine Leuthold）；(b) スウェーデンの寒帯林にみられるアリ塚（写真：Richard Bardgett）；(c) 糞虫（写真：Rosa Menendez）；(d) ミミズ（*Aporrectodea longa*）の糞塊（写真：Kevin Butt）．

植物成長に影響する．

　単一の植物種の成長に対するミミズによる促進効果についての研究は数多くあるが（Scheu 2003），植生動態への影響を調べた研究は少ない．その多くは草地での研究例であり，一般にミミズの存在は広葉草本やマメ科草本にくらべ，成長の速いイネ科草本の優占度を高める傾向が一般的のようである．例えば，Hopp and Slater (1948) は，実験草地においてミミズがマメ科よりもイネ科の草本の優占度を高めることを報告している．同様に Hoogerkamp et al. (1983) は，それまでミミズがいなかった干拓地にミミズを導入した結果，広葉草本にくらベイネ科草本のパフォーマンスが高まったことを報告している．さらに Scheu (2003) は，ポット実験においてホソムギ（*Lolium perenne*）のほうがシロツメクサ（*Trifolium repens*）よりもミミズによる成長改善効果が高かったこ

とを報告している．こうした成長改善効果のメカニズムはよく分かっていないが，ミミズは窒素をイネ科草本に与えることでマメ科草本に対するイネ科草本の競争力を高めていることが，これまでも示唆されてきており（Scheu 2003; Wurst et al. 2005），また近年実証された（Eisenhauer and Scheu 2008）．イネ科草本が，養分の可給性の高いミミズの糞塊に生えやすいことも，イネ科草本が優占する一つの要因だろう（Zaller and Arnone 1999）．さらに，イネ科草本は広葉草本やマメ科草本にくらべ，根茎による増殖によりパッチ状に存在する資源を利用しやすいことから，土壌有機物のパッチ状分布を生み出すミミズの恩恵を受けやすいのかもしれない（Scheu 2003; Wurst et al. 2003）．ミミズはまた，種子の運搬と発芽に影響を与えることで植生動態を左右しているかもしれない．例えば，特定の植物種やサイズの種子を摂食して養分豊富な糞塊とともに排泄することが報告されている（Piearce et al. 1994; Thompson et al. 1994; Scheu 2003）．しかし，これらの働きが野外の植物群集にどれだけ影響しているかはほとんど分かっていない．

　熱帯土壌において優占している生態系エンジニアはシロアリである．その生息密度は 1 m^2 あたり 7000 匹に達し，地下の昆虫バイオマスの 95％を占める（Aber et al. 2000）．シロアリは主に分解途中の有機物や根を摂食し，塚や坑道を形成することにより土壌の養分循環や物理構造，水の流れなどに大きな影響をおよぼすことが知られている（Aber et al. 2000; Hyodo et al. 2000）．多くのシロアリはエネルギー代謝を消化管内共生細菌に依存しているが，「養菌シロアリ」（詳しくは炭素循環の部分で後述する）と呼ばれる一群のシロアリは消化管内微生物をもたず，体外で栽培している菌類に栄養を依存している（Aber et al. 2000）．消化管内に鞭毛虫を共生させてセルロースやその他の植物由来の多糖類を分解する能力をもつシロアリもいる．また，消化管内に窒素固定細菌を共生させて，大気中から土壌への窒素の加入に貢献している種類もいる（Breznak and Brune 1994; Aber et al. 2000）．さらに，シロアリの塚は多くの生態系で養分濃度の高い場所となっている（Spain and McIvor 1988; Aber et al. 2000）．シロアリが植生に与える影響として最も有名なのは，「シロアリサバンナ」と呼ばれる生態系だろう．これはアフリカや南米にみられる植生に当てられた造語で，草地とシロアリの塚を中心としたパッチ状の林からなる（Harris 1964）．この生態系では，シロアリが植生遷移に決定的な影響をおよぼす．シロアリが死滅したり，塚が大きくなりすぎてその一部にしかシロアリが居住し

ていない状態になるなどして塚が物理的に安定すると，植生遷移が始まる．まず草本が定着し，その後低木，続いて高木へと置き換わっていく．条件が許せば，こうしたパッチ状の林は次第に拡大して互いに融合し，林冠の閉鎖した森林へと発達する（Harris 1964）．

　アリもまた，巣穴を作ることにより土壌の物理性を改変することで，植生の動態に影響を与える．多くのアリが土壌中に営巣し，有機物を溜め込むため，養分の「オアシス」を創出し，植物の成長を促進することで植生のモザイクを作る（Hölldobler and Wilson 1990）．例えば，新熱帯地域の主要な植食者であるハキリアリは，地下深くまで達する巨大な巣を作る（Hölldobler and Wilson 1990）．巣の周辺では養分の可給性が高いため植物の成長が促進され，巣のない場所や巣が放棄された場所とは明瞭に異なる植生パッチが形成される（Garrettson et al. 1998; Verchot et al. 2003; Mountinho et al. 2003）．こうしたアリの巣による植生に対する正の効果は，特に新熱帯地域では森林火災によって負の効果に逆転することも報告されている（Sousa-Souto et al. 2008）が，ハキリアリは開けた場所を好むため，新熱帯における森林火災はハキリアリの定着を促進するという側面もある（Vasconcelis and Cherret 1995）．ハキリアリの活動は活発なので，養分の乏しい土壌における植物の栄養状態が格段に改善され，森林火災後の植生回復が促進される（Sousa-Souto et al. 2007）．ハキリアリが新熱帯生態系の土壌養分の動態に与える影響として最近発見されたもう一つのメカニズムは，窒素固定細菌との共生である．細菌により固定される窒素は，ハキリアリが食料として栽培している菌類の菌園において補助的な窒素源として使われている．Pinto-Tomás et al. (2009) は，アセチレン還元法と安定同位体分析を用いて，幅広い種類のハキリアリの菌園において窒素固定が行われており固定された窒素がハキリアリの体内に取り込まれていることを示した（図 2.14）．さらにこの著者らは，アルゼンチンやコスタリカ，パナマの複数の調査地から採取したハキリアリの菌園から窒素固定細菌を分離している．これらの結果から，ハキリアリの成熟したコロニー一つで，年間 1.8 kg の窒素が新熱帯の生態系に加入していると試算されている（Pinto-Tomás et al. 2009）．

　多くのアリは土壌中に営巣するが，ヤマアリ属（*Formica*）など一部のアリは針葉，小枝，樹皮など周囲にある有機物を使って地上に営巣する（Jurgensen et al. 2008）．これら地表に営巣するアリは，ヨーロッパや北アメリカの草地や森林など多くの生態系で普通にみられ（Hölldobler and Wilson 1990），植生の

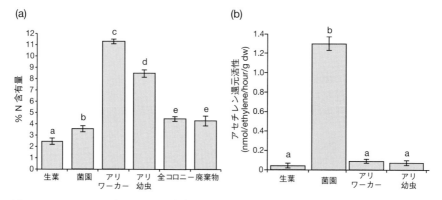

図2.14 ハキリアリの菌園における窒素固定の証拠：(a) ハキリアリのコロニーのさまざまな部分の窒素濃度．(b) アセチレン還元法により測定したハキリアリのコロニーのさまざまな部分における窒素固定活性（10反復）．全てのデータは平均±標準誤差を示す．異なるアルファベット（a-e）は統計的な有為差を示す（$P < 0.05$）．Pinto-Tomás et al. (2009) よりアメリカ科学振興協会の許可を得て転載．

動態や生態系プロセスに大きな影響を与えている．直接的な影響としては，塚に有機物や養分が集積することによる影響が挙げられる（Jurgensen et al. 2008）．間接的な影響としては，分解者である土壌動物や，クモなどの捕食者を捕食することにより（Laakso and Setälä 1997, 1998; Hawes et al. 2002）栄養カスケードを引き起こし，分解過程や養分の可給性に影響することが予想される．アリはまた，樹冠において葉や小枝の篩管液を吸汁するアブラムシを保護すること（Stadler and Dixon 2005; Styrsky and Eubanks 2007）や，葉食昆虫を攻撃すること（Warrington and Whittaker 1985）で，間接的に土壌中の養分供給に影響している．これらの活動は，いずれも葉からの滲出物やリターとして土壌に供給される炭素の量や質に影響し（Stadler et al. 2001），それにより土壌の生物相に，さらには土壌生物が駆動している養分循環に影響を与える．アリ塚には特定の植物が定着しやすいため，アリ塚は植生の組成や遷移に重要な役割を果たす．例えば，スロバキアの山地性草地に生息するキイロケアリ（*Lasius flavus*）が形成するアリ塚には，ドイツトウヒ（*Picea abies*）が定着しやすいため，草地からドイツトウヒ林への遷移を促進する効果がある（Blanka et al. 2009）．こうした地上部の栄養関係が地下の動態や植生に与える影響については，第4章で詳しく述べる．

　糞虫もまた生態系プロセスや植生の動態に影響を与える．糞虫は世界的に広

く分布しているが，熱帯の森林やサバンナで特に優占している（Hanski and Cambefort 1991）．第4章で述べる通り，陸上生態系では大量の養分が脊椎動物の糞から再利用されている．糞虫の主な役割は，糞を地中に埋めることにより土壌養分循環や植物成長への影響をスタートさせることである（Nichols et al. 2008）．例えば，糞虫の活動は土壌微生物を活性化させて窒素の無機化速度を速める（Yokoyama and Kai 1993; Yokoyama et al. 1991; Yamada et al. 2007）．また土壌pHや陽イオン交換能，養分濃度（リン，窒素，カリウム，カルシウム，マグネシウムなど）を上昇させる（Yamada et al. 2007）．その結果，糞虫の活動は作物の成長や養分濃度，生態系の純一次生産（NPP）を増加させることを示す研究例は多い（Nichols et al. 2008）．さらに，糞を地中に埋める活動は，土壌中の硝酸濃度を高めて脱窒による窒素放出を促進する一方で，アンモニア揮散による窒素の喪失を防ぐ働きがある（Yokoyama et al. 1991）．ミミズと同様，糞虫も植物の種子を垂直・水平方向に移動させることで，植生の動態に影響する可能性もある（Nichols et al. 2008）．種子が分散して埋められることは，捕食や病原菌の感染を回避し，発芽・生育により適した環境に定着できるメリットがある（Andresen and Levey 2004）．糞虫はまた，ハキリアリに対する捕食を介して間接的に植物群集に影響しうる（e.g. Vasconcelis et al. 2006）．ハキリアリが新熱帯地域の生態系プロセスや植生動態に強く影響していることについては上述した．糞虫についての話を終える前に，生態系プロセスや植生への糞虫の影響を評価した研究の多くが，人工的な草地や農耕地で単一の植物と糞虫を対象として行われていることを強調しておきたい．糞虫が自然の生態系のプロセスや植生動態に与える影響についてはほとんど分かっていない（Nichols et al. 2008）．

　大型土壌動物は土壌の物理構造を大きく改変する．多くの場合，土壌を多孔質にし，水や養分の移動を促進する（Bardgett et al. 2001a）．例えば，ミミズは土壌空隙率を増加させて（Knight et al. 1992; Lavelle et al. 1997）水の浸透性を高め，水や養分が土壌中を移動して地下水流に到達するのを助ける（Sharpley et al. 1979; Bardgett et al. 2001a）．アリの巣もまた土壌空隙率を増加させ，水や水溶性養分の浸透性を高める（Eldridge 1993）．こうした土壌空隙率や水分移動の増加は，植物の成長を促進する一方で（特に孔を深く掘る種の場合は）養分の溶脱を促進して土壌からの養分の喪失をもたらす．例えば，穀物畑にミミズを導入すると溶脱水の体積が2～14倍に増加し，溶脱水中の水溶性窒素濃

度が10倍に増加することが報告されている（Subler et al. 1997）．さらに，石灰を施与した針葉樹林土壌にミミズを導入すると，土壌水中の硝酸や陽イオンの濃度が50倍に増加し，土壌からの養分流出の危険性を高めることが報告されている（Robinson et al. 1992, 1996）．きちんと定量されてはいないが，土壌動物によるこうした土壌の浸透性や養分溶脱の促進は，植物の養分利用可能性や，地下水や隣接する生態系への水や養分の移動，さらに河川の水質にも影響するだろう（Bardgett et al. 2001a）．

2.5 土壌中の生物間相互作用，炭素動態，気候変動

ここまで，土壌中の生物間相互作用が局所的な養分循環や植物群集の動態に果たす役割について述べてきた．しかし，土壌中の生物間相互作用は陸上の炭素動態にも重要な役割を果たしており，地球規模での土壌−大気間の炭素の移動や，ひいては温暖化にも影響する可能性がある．土壌は二酸化炭素やメタンといった温室効果ガスを放出・吸収することで気候の調節に重要な役割を果たすとともに，大量の炭素を蓄える世界規模の巨大な炭素の貯蔵庫となっている（Schimel et al. 1994; Heimann and Reichstein 2008; Chapin et al. 2009）（図2.15）．土壌は陸上の炭素の80％を貯蔵し，草地，砂漠，ツンドラ，湿地，農耕地においては90％の炭素が土壌に存在すると試算されている（IPCC 2007）．土壌呼吸による土壌から大気への二酸化炭素の放出量は，人為による二酸化炭素放出量よりも一桁大きい（Raich and Potter 1995; IPCC 2007）．さらに，温暖化は微生物による土壌有機物の分解を促進することで二酸化炭素の大気中への放出を促進するという憂慮すべき予想もある（Jenkinson et al. 1991; Davidson and Janssens 2006）．気候変動予測のシナリオが正しければ，こうした炭素放出の促進は土壌の炭素循環を悪化させる（Cox et al. 2000; Friedlingstein et al. 2006）．この節では，土壌から大気への炭素放出に土壌の生物間相互作用が果たす役割と，こうした働きが炭素循環のフィードバックを介して気候変動に与える影響について述べる．

2.5.1 土壌の生物間相互作用と生態系の炭素動態

植物による一次生産の大部分（80～90％）は，滲出物，落葉，枯死根，枯死木などの植物遺体，動物の排泄物などとして土壌食物網に加入する．こうした

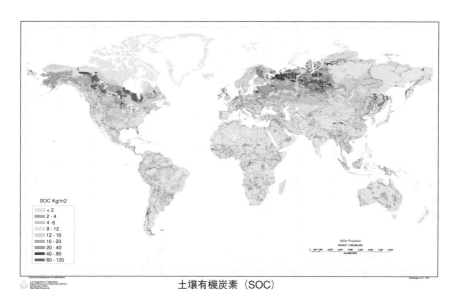

土壌有機炭素（SOC）

図 2.15 地下1mまでの土壌中の有機態炭素の分布を示した土壌有機炭素マップ．FAO-UNESCOの世界土壌地図からESRIによりデジタル化した．アメリカ農務省 天然資源保全局の土壌調査部門，世界土壌資源チームが作成した土壌気候地図．

有機物の分解速度は含水率や温度といった非生物的要因の影響を受けるが，直接分解を担うのは土壌微生物である．土壌微生物は，リグニンやセルロースといった植物由来の難分解性物質を分解できる酵素を生産するほぼ唯一の生物群である．従属栄養性の微生物の活動により放出される二酸化炭素量は，土壌呼吸の50％程度を占める．残りは植物根（独立栄養の呼吸）と菌根菌による（Högberg and Read 2006）．大部分の土壌呼吸は土壌微生物に由来すると考えられるが，微生物と土壌動物，例えばトビムシ，ダニ，ヒメミミズ，ヤスデ，ミミズなどとの相互作用が有機物分解や土壌呼吸を促進することを示す研究例も多い（Mikola et al. 2002; Wardle 2002; Bardgett 2005; Cole et al. 2006）．これにはさまざまなメカニズムが考えられる．一つ目は，土壌動物による細片化により植物遺体の表面積が増し，微生物が定着しやすくなることが挙げられる（Swift et al. 1979; Seastedt 1984; Wardle 2002; Bardgett 2005）．二つ目に，土壌動物は植物遺体を部分的に消化して，未消化物を糞粒として排泄する．糞粒は体積に対する表面積の割合が高く，もとの植物遺体よりも微生物にとってよい環境を提供する．これにより分解と養分放出が促進される（Webb 1977;

Teuben and Verhoef 1992; Zimmer and Topp 2002; Zaady et al. 2003).三つ目に，土壌動物の働きにより分解者微生物と有機物の接触の機会が増す．例えば，シロアリやミミズの消化管内には微生物が生息して宿主と共生関係を築いており，細胞外酵素を生産することで難分解性の有機物を分解して，養分を宿主が利用しやすいようにしている（Zimmer and Topp 1998; Slaytor 2000; Dillon and Dillon 2004).アリも巣の中に炭素を集積するので，アリの巣は周囲よりも呼吸速度が大きい（Risch et al. 2005; Ohashi et al. 2007）が，それが土壌からの二酸化炭素放出のうちどの程度を占めているのかは分かっていない(Jurgensen et al. 2008).

　大型土壌動物が微生物と有機物の接触を増大させて分解を促進させる効果は，消化管内で終わるわけではない．消化管内の微生物は糞とともに排泄された後も糞の中の有機物の分解を続ける（Frouz et al. 2002, 2003).さらに，シロアリやハキリアリは体外で腐生菌と相利共生関係を築くことで，植物遺体と分解者微生物の接触機会を増大させている．例えば，シロアリとその菌園の呼吸量は，熱帯サバンナや乾燥熱帯林において年間に放出されるリター由来の炭素のうち5〜39％を占めている（Yamada et al. 2005).また，ミミズはリターを地表から土壌中に引き込むことで微生物による分解を促進する（Tiunov and Scheu 1999). 上述した通り，糞虫もまた動物の糞や死体を土壌中に埋め，微生物の活性を高めることで分解速度や養分の可給性の向上に貢献している（Yokoyama et al. 1991; Nichols et al. 2008).糞虫の働きは特に熱帯林で重要で，熱帯では糞は排泄されてから1時間も経たないうちに土壌中に埋められてしまい（Arrow 1931; Slade et al. 2007)，速やかに分解されて土壌呼吸に貢献する（Stevenson and Dindal 1987). 同様にミミズも，植物リターと土壌の鉱物質をともに大量に摂食して消化管内で混ぜ合わせ，大量の（年間1ヘクタールあたり1〜500トン）糞塊として土壌表層付近に排泄する．糞塊は周辺土壌にくらべ微生物を多く含み，酵素活性が高い（Edwards and Bohlen 1996).その結果，ミミズの存在は分解と炭素の無機化（Cortez et al. 1989）や窒素・リンの無機化を促進する（Scheu 1987; Lavelle and Martin 1992; Sharpley and Syers 1976).

　土壌動物による微生物食も，土壌呼吸や二酸化炭素放出に影響するもう一つのメカニズムである．上述した通り，多くの土壌動物にとって主要な食物は微生物である．土壌動物の微生物食は，微生物の成長や活性，群集組成に影響し，その結果として分解や土壌呼吸に影響を与える．例えば，トビムシによる中程

度レベルまでの摂食圧は，腐朽菌の成長や呼吸，酵素生産を活性化させ（Hanlon and Anderson 1979; Bengtsson and Rundgren 1983; Hedlund et al. 1991; Bardgett et al. 1993c），リターの重量減少を促進する場合もある（Cragg and Bardgett 2001）．線虫や原生動物，ダニによる摂食も，土壌の細菌や菌類の活性や成長に影響することが知られており（Dyer et al. 1992; Vreeken-Buijs et al. 1997; Hedlund and Öhrn 2000; Bonkowski 2004），有機物の分解速度に影響しうる．さらに，トビムシによる選択的な摂食が菌類の群集構造を決定し，広範囲の植物リターの分解に影響を与えることも示されている（Newell 1984a, b）．これらの研究から，微生物食者の土壌動物と微生物の間の生物間相互作用は，陸上生態系の有機物分解や炭素循環の重要な駆動要因だということができる．

　これまで紹介してきた研究の多くは，単一の種あるいは機能群の土壌動物が炭素循環に与える影響に注目して行われている．上述した通り，土壌生物の食物網における栄養カスケードが有機物分解に影響する可能性がある．しかし，土壌生物群集の種組成の違いや多様性が，分解や土壌呼吸に与える影響に関するこれまでの研究からは，特定の種の形質が決定的な影響を与えることが指摘されている．例えば Cragg and Bardgett (2001) は，3種のトビムシを用いて1種から3種までの全ての組み合わせの群集を作って実験を行い，土壌の呼吸速度がトビムシの種数よりも特定の種（*Folsomia candida*）の存在によりうまく説明できることを報告している．同様に Heemsbergen et al. (2004) は，実験的に作成した大型土壌動物群集（1種〜8種）によるリター分解や土壌呼吸への影響は，種数よりも機能的相違性によりうまく説明できることを報告している（図 2.16）．この研究では，機能的相違性が分解過程に正の効果を与えることが観察されており，これは群集を構成する種間で機能的な促進効果がみられることを示している．この促進効果は，種間の機能的相違性が大きい程，大きくなる（Heemsbergen et al. 2004）．こうした発見からいえることは，種の喪失が分解過程に与える影響を予測するためには，まず始めに個々の種が多種間の相互作用関係においてどういった振る舞いをするのかを理解する必要があるということである．分解過程に対する多様性の効果がみられる場合，その効果は多様性がごく低い場合に限られる傾向があり（Liiri et al. 2002; Setälä and McLean 2004; Tiunov and Scheu 2005），このことは土壌生物群集の機能的冗長性が高いことを示唆している（Liiri et al. 2002; Setälä and McLean 2004）．しかし，本章の最初で述べたように，機能的に冗長な種もいれば特殊な機能をもった種も

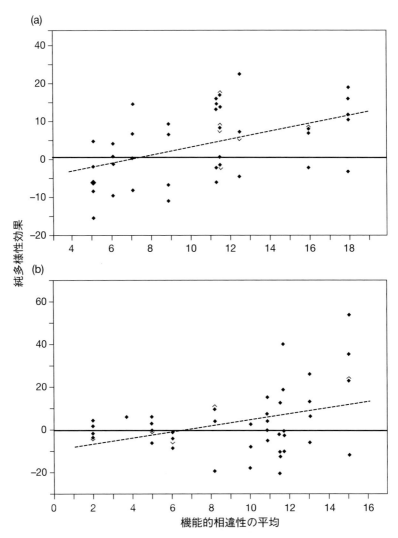

図2.16 大型のデトリタス食者の機能的相違性が土壌呼吸（a）と葉リターの重量減少（b）に与える影響．機能的相違性は，それぞれの種が単一で働いた場合の機能の種間差の平均値で表している．各処理区のデータを全て点で示した（5反復．重なっている点もある）．土壌呼吸とリターの重量減少の純多様性効果と群集の機能的相違性の間には正の相関関係がみられ，正の純多様性効果は群集の機能的相違性が高い場合に起こりやすいことを示唆している．機能的相違性は種数や分類群数とは無関係である．Heemsbergen et al. (2004) よりアメリカ科学振興協会の許可を得て転載．（訳者註：純多様性効果は，群集を構成する種が単一で働いた場合の機能の総和と，群集としての機能の差．正の値は群集としての機能の方が単一の機能の総和より大きいことを意味している．）

いる (Laakso and Setälä 1999a, b).

　分解過程や炭素循環における土壌の生物間相互作用の役割が，非生物的環境要因にくらべてどのくらい重要かはバイオーム間で異なる．例えば Gonzalez and Seastedt (2001) は，土壌動物が分解に果たす役割は熱帯乾燥林や亜高山帯林にくらべ熱帯湿潤林で大きいことを報告している．同様に Wall et al. (2008) は，南緯 43°から北緯 68°まで六つの大陸において分解実験を行って炭素の無機化に果たす土壌動物の重要性を評価した結果，温帯や湿潤熱帯では土壌動物が分解を促進させるが，気温や水分条件が生物活動を制限している場所では影響がないことを報告している．これらの結果から，土壌動物が分解過程に与える影響は気候条件に依存しており，温暖化が炭素動態に与える影響予測も地域スケールで行うことが有効であるといえる (Wall et al. 2008) (図 2.17)．一方 Powers et al. (2009) は，年降水量が 760〜5797 mm にわたる 23 カ所の熱帯林で調査を行い，降水量は分解速度に影響していたにも関わらず，中型土壌動物を排除しても分解速度には影響がないことを報告している．土壌動物群集の複雑さはバイオーム間で大きく異なるため，大気候と土壌動物の関係が分解に果たす影響は，一般に思われているよりも複雑だと予想される．土壌生物の多様性が分解に与える影響は，高温・低温地域の砂漠など過酷で生物の種数が少ない場所で，より大きくなるだろう (Freckman and Mankau 1986; Freckman and Virginia 1997; Wall 2007).

　土壌呼吸は自家栄養由来と他家栄養由来の大きく二つに分けられるが，実際には根やそこに共生する菌根菌のように完全に自家栄養由来の炭素を利用しているものから，根圏微生物のように比較的最近光合成により固定された炭素を利用しているもの，上述の腐朽菌のように土壌有機物中の高分子を分解するものまでさまざまである (図 2.18) (Högberg and Read 2006)．近年，光合成により固定されてからの時間の短い自家栄養由来の炭素に由来する二酸化炭素放出も，植物リター分解のように時間のゆっくりとした二酸化炭素放出と同様に，炭素動態に重要であることが分かってきた (Högberg and Read 2006)．これには二つの理由がある．まず，環状剥皮など生理的な実験や炭素の標識実験などから，土壌呼吸により放出される炭素の約半分は，数時間か数日以内に光合成された炭素に由来する (Craine et al. 1999; Högberg et al. 2001; Steinmann et al. 2004; Pollierer et al. 2007)．次に，菌根菌は陸上植物の約 80％に感染しており，土壌中に広く菌糸を張り巡らせているので，これが光合成炭素の大きな貯蔵庫

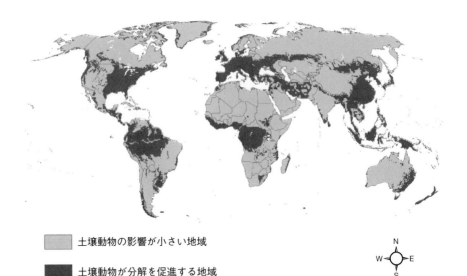

▨ 土壌動物の影響が小さい地域

■ 土壌動物が分解を促進する地域

図 2.17 土壌動物による分解促進効果がみられる気候帯を示す地図．Wall et al. (2008) を改変．温帯地域と湿潤熱帯地域（暗灰色）では土壌動物が分解を促進するが，他の地域（明灰色）では土壌動物が分解に与える影響は小さい．温暖化により高温・湿潤になると土壌動物の働きが活発になり分解が促進されると予想される．Global Litter Invertebrate Decomposition Experiment (GLIDE) の結果から．Wall et al. (2008) より Wiley-Blackwell の許可を得て転載．

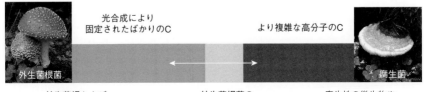

図 2.18 土壌呼吸により放出される炭素の，光合成産物由来から分解産物由来までの連続性を示した図．右へ行くほど，炭素が光合成により固定されてからの「年齢」が長くなり，分解産物由来の割合が高くなる．Högberg and Read (2006) より Elsevier の許可を得て転載．

になっている（Johnson et al. 2002; Leake et al. 2004）．菌糸から土壌中への炭素の移動は，呼吸だけでなく，糖，低分子量のカルボン酸やアミノ酸として菌糸先端からも放出される（Johnson et al. 2002; Jones et al. 2004）．また，土壌動物による菌糸の摂食によっても放出される．例えば Johnson et al. (2005) は，菌食のトビムシを草地土壌に放ってアーバスキュラー菌根菌の菌糸ネットワークを摂食させると，^{13}C で標識した菌根由来の呼吸が 32％減少した．このことから，土壌動物の存在は炭素動態の経路を変える可能性がある．また，土壌動物による菌根菌に対する摂食は，植物の成長に正（Setälä 1995）や負（Finlay 1985）の影響を与え，それにより菌根菌や土壌動物への光合成産物の供給量に影響を与える．Högberg and Read (2006) によれば，これらのプロセスは腐生性の微生物によるデトリタス分解が起きているのと同じく微小スケールで起こっているので，自家栄養に依存している菌根菌と腐生性微生物の活動を区別することは難しい．しかし，こうした新しい視点は，植物の樹冠で起こっているプロセスや，根と共生菌や根圏微生物，土壌動物などが，土壌からの二酸化炭素放出と極めて密接に関係しているのだということを気づかせてくれる（Högberg and Read 2006; Pollierer et al. 2007）．

2.5.2 土壌の生物間相互作用が炭素動態を介して気候変動に与える影響

気候変動が生態系の炭素収支におよぼす影響は，究極的には光合成と呼吸（自家栄養と他家栄養の両方）のバランスに依存している．炭素循環における同化（すなわち光合成）部分と，その気候変動に対する応答についての理解は比較的進んでいるが，土壌呼吸が気候変動にどう反応するかについてはよく分かっていない（Trumbore 2006）．気候変動は，土壌生物の活性に直接的・間接的な影響を与え，その結果大気中に温室効果ガスが放出されることで，温暖化が進行する．直接的な影響は，気温や降水量の変化，異常気象などが直接土壌生物に与える影響である．一方，間接的な影響は，気候の変化が植物の生産性や種組成に影響し，それが土壌の物理化学性や土壌への炭素供給量を介して，分解系や土壌からの炭素放出に関わる微生物群集の活性に与える影響である（Bardgett et al. 2008; 図 2.19）．ここでは，気候変動が土壌生物とそれらの生物間相互作用に与える影響に注目し，それらがどのように温室効果ガスの放出へとフィードバックされて温暖化に寄与するのかを考える．気候変動が植物群集を介して間接的に土壌生物やそれらの生物間相互作用に与える影響については

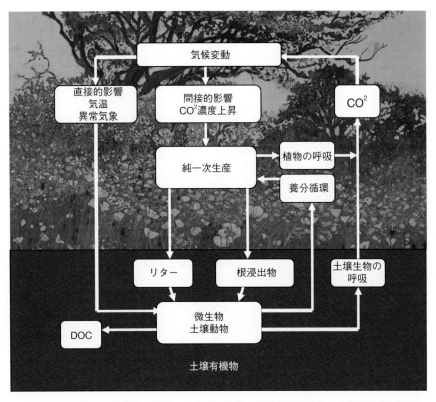

図 2.19 気候変動が土壌微生物群集に与える直接的・間接的な影響と，二酸化炭素の放出による温暖化へのフィードバック経路．直接的な影響は，気温や降水量の変化，異常気象などが土壌生物と温室効果ガスの放出に与える影響．間接的な影響は気候変動により植物の生産性や植生が変化し，それによる土壌の物理化学性や土壌への炭素供給の変化を介して，分解系や土壌からの炭素放出に関わる微生物群集の活性に与える影響．DOC は溶存有機態炭素．Bardgett et al. (2008) より Macmillan Publishers Ltd. の許可を得て転載．

第 3 章で扱う．

　土壌生物による気候変動への寄与として最もよく議論されているのは有機物分解の役割である．温暖化が進むと腐生性微生物の活動が活発化し，土壌から大気中への二酸化炭素放出や溶存有機態炭素の溶脱などが促進されると考えられている (Jenkinson et al. 1991; Davidson and Janssens 2006)．土壌呼吸速度は一次生産よりも気温に対して敏感なので (Jenkinson et al. 1991; Schimel et al. 1994)，温暖化は土壌から大気中への炭素の移動を増加させ，気候変動に正

のフィードバックをもたらすのではないかと予想されている（Cox et al. 2000）. よく知られている通り，気温は有機物分解の重要な律速要因の一つだが，気温と腐生性生物による呼吸の関係や，それが気候変動に与えるフィードバックについてはっきりしたことはなにも分かっていない（Davidson and Janssens 2006; Trumbore 2006）.

　これにはいくつかの理由がある．一つ目は，土壌有機物の複雑性である．土壌有機物は化学組成が非常に多様であり，分解における温度に対する反応も多岐にわたる（Davidson and Janssens 2006）. 例えば，微生物が利用する炭素の質が低いほど，リター分解の温度に対する応答が大きくなるという研究結果がある（Fierer et al. 2005; Conant et al. 2008）一方で，難分解性の基質の分解における温度に対する感受性は，易分解性の基質と変わらないという報告（Fang et al. 2005; Conen et al. 2006）や，易分解性の基質よりもむしろ低いという報告（Luo et al. 2001; Melillo et al. 2002; Rey and Jarvis 2006）もある．二つ目は，環境による制約の可能性である．有機物が物理的・化学的な障壁に守られていると，微生物が有機物を利用しづらくなり，気温に対する微生物の応答を鈍らせる（Davidson and Janssens 2006）. 上述したように，土壌動物が分解過程に与える影響は気候条件に応じて地域的に異なるので，気候変動に対する分解過程の応答はバイオーム間で異なると予想される（Wall et al. 2008; Powers et al. 2009）. 三つ目に，微生物や土壌動物のそれぞれの種や機能群が気温の変化に対してどう反応するかがまだよく分かっていないことが挙げられる．例えば，気温が上昇しても土壌の生物群集への影響はみられないことを示す報告や（Hodkinson et al. 1996; Kandeler et al. 1998; Bardgett et al. 1999b），土壌動物の密度（Petersen and Luxton 1982; Wardle 2002）や微生物バイオマス（Wardle 1992）と年平均気温の間にはごく弱い関係性しかみられないことを示すメタ解析結果が報告されている．一方，土壌生物による炭素循環と気温の変化の間に関係性があることを示す研究例もある．例えば，有機物が蓄積した酸性の土壌に優占するヒメミミズの個体数は気温と強い関係があることが知られている．温暖化が進むとヒメミミズの個体数が増加し，炭素の無機化と土壌からの炭素の喪失が進むのではないかと考えられている（Briones et al. 1998; Cole et al. 2002a, b）. 同様に，南極ドライバレーの生態系における炭素循環に重要な役割を果たしている *Scottnema lindsayae* などの線虫の個体数は，この数年の気温の低下に伴って減少しており，炭素動態に影響する可能性がある（図2.20）

(a)  (b)

図 2.20 南極ドライバレー (a) と線虫の優占種 *Scottnema lindsayae* (b). この線虫はドライバレーの生態系における炭素循環に重要な役割を果たしている. 写真：Diana Wall (a), M. Mundo (b).

(Barrett et al. 2004). 同様に極地に近い泥炭地では，ごくわずかな気温の上昇（約 1℃）でさえ表層（深さ 25-50 cm）の土壌呼吸速度を増大させることが報告されている．北方の泥炭地に蓄積されている炭素の放出は地球の気候に長期的に大きな影響をおよぼすだろう（Dorrepaal et al. 2009).

分解者群集に気候変動が与える影響としては，他にもキノコのフェノロジーに関する研究がある．Gange et al. (2007) によれば，南イングランドにおける秋のキノコ 315 種の発生が，56 年前にくらべ早く始まり遅く終わるようになっていた．さらに，年 1 回の発生だったものが年 2 回になっていた種も多かった．これらの結果は，菌糸の活性が高まり分解速度も増しているであろうことを示唆している．同様に，ノルウェーで 1940～2006 年の期間に集められた博物館の標本記録を用いた研究でも，キノコの発生時期が近年急速に変化していることが明らかになった．ただし，この場合は 1980 年にくらべて平均して 12.9 日発生が遅くなっており，変化の度合いも分類群により大きく異なっていた（Kauserud et al. 2008). こうした秋のキノコの発生時期の変化は，気候変動により生育できる期間が長くなったことと一致しており，現在もその変化は進行中だと考えられる（Kauserud et al. 2008).

気温と腐生性生物による分解の関係がよく分かっていない理由の四つ目は，

野外における温暖化実験でよく観察される短期的な炭素無機化の増大（Luo et al. 2001; Melillo et al. 2002; Bradford et al. 2008）がその後も続くかどうか分からない点である．分解基質はいずれ減少する．また，土壌の生物群集も高い気温に適応してくる（Kirschbaum 2004; Bradford et al. 2008; ただし反証もある Hartley et al. 2008）．気温の変化に対する土壌生物の応答に関するこうした不明点が多いために，土壌の炭素動態が気候変動に与えるフィードバックに関するモデルの予測精度はあまりよくなく（Kirschbaum 2006），この問題の解決はこれからの主要な研究課題である．

　気候変動に伴う旱魃や凍害などの異常気象の頻度増加も，気温や降水量の変化自体よりも大きな影響を土壌生物の活性に与えるかもしれない．例えば，旱魃と凍害はどちらも土壌微生物の生理活性や群集構造に直接的に大きな影響を与え，生態系レベルでの炭素動態に影響することがよく知られている（Schimel et al. 2007）．さらに，温暖化により根雪の面積が減少して地表面が露出すると地表が凍結する頻度が増し，土壌動物に強い負の影響を与えることが報告されている（Coulson et al. 2000）．これは炭素や養分の動態にも影響を与えうる．しかし，気候変動が土壌動物群集に与えるストレスと，それが炭素動態に与える影響は，生態系により大きく異なると思われる．例えば，乾燥した生態系における旱魃の頻度や強度の増加は，微生物の活動を制限して分解や微生物由来の土壌呼吸をさらに減少させる（Nardo et al. 2004; Henry et al. 2005）．また，含水率の変動に対する土壌微生物の応答は，天然の乾湿変動が頻繁に起こっている土壌ではそれほど大きな影響を受けない（Birch 1958; Fierer and Schimel 2002）．一方，湿地や泥炭地で旱魃が起こると地下水位が下がり，それまで嫌気的だった土壌に酸素が入り込むことで，微生物にとって好適な環境になる（Freeman et al. 2004a）．さらに，それまで嫌気的だった泥炭地土壌で酸素レベルが上がると，難分解性有機物の分解において重要な役割を果たすフェノール酸化酵素の活性が高まる（Freeman et al. 2004a; Zibilske and Bradford 2007）．泥炭地や湿地は，世界中で最も大きな陸上の炭素ストックの一つなので（Ward et al. 2007），乾燥化により難分解性有機物の分解が促進されると，世界規模の炭素循環に影響しうる（Freeman et al. 2004a）．最後に，その他の温暖化ガスの放出についての予測も紹介しよう．乾燥化により土壌に酸素が入ると，メタン生成菌に対する酸素の毒性のためにメタンの発生は減少する（Roulet and Moore 1995; Freeman et al. 2002）．また，年間 0.2〜0.3％の割合で増加しつつ

ある強力な温室効果ガスである亜酸化窒素の土壌からの放出にも影響する (Houghton et al. 1996). ただしその影響は乾燥の程度によって異なる. 夏の軽度の乾燥くらいでは亜酸化窒素の発生にそれほど影響しないが, 極端な乾燥が起こると亜酸化窒素の放出は急激に増加する (Dowrick et al. 1999).

　極地や高山帯の土壌生物群集や分解過程に影響しそうな気候変動に関連する要因としては, その他に根雪の減少や永久凍土の融解が挙げられる. 地球上の永久凍土の25％は, 温暖化の影響で2100年までに融解すると予想されている. そうなると, それまで保護されていた大量の有機物が微生物による分解にさらされるため (Anisimov et al. 1999), 気候変動を加速させる (Davidson and Janssens 2006; Heimann and Reichstein 2008). Schuur et al. (2009) は, アラスカにおける10年間にわたる永久凍土の融解により, 植物成長が増大して生態系への炭素の収入が増加したかわりに, 土壌からは大量の炭素が失われたことを報告している. 雪は冬期に外気から土壌を守るのに重要な働きをしているので, 高山帯や極地において根雪が減少すると土壌が凍結し, 根の死亡率や養分循環, 微生物による土壌のさまざまなプロセスに影響することが予想される (Groffman et al. 2001; Bardgett et al. 2005). 凍結と融解の繰り返しが微生物に与える影響についてはいくつか研究例があり, 微生物活性が増加して温室効果ガスの放出が増えるという結果 (Christensen and Tiedje 1990; Sharma et al. 2006) や, 微生物の基質利用性が変化するという結果 (Schimel and Mikan 2005), 脱窒に関する遺伝子が発現して亜酸化窒素が放出されるといった結果 (Sharma et al. 2006) が報告されている. しかし, このトピックに関する最近の結論としては, 凍結融解は単年レベルの時間スケールで土壌からの窒素の揮散や溶脱をもたらす可能性はあるが, 長い時間スケールでの土壌からの炭素放出量は凍結していない土壌とそれほど変わらないだろうと考えられている (Matzner and Borken 2008). さらに, コロラド州の亜高山帯林における研究では, 根雪の減少によりそれまで雪の下で活動していた温度に非常に敏感な菌類群集の活動が弱まり, 土壌呼吸を減少させた (Monson et al. 2006). 根雪の減少はさらに, 高山帯や極地の冬の土壌微生物群集の活性や炭素貯留, 二酸化炭素放出に大きな影響を与えるだろう.

2.5.3　気候変動が土壌の生物間相互作用に与える複合的な影響

　気候変動が生物システムや土壌生物に与える影響に関する研究の多くは, 大

気中の二酸化炭素濃度の上昇や温暖化，旱魃といった個別の要因について行われてきた．しかし，これらの要因間の相互作用が相加的に働いたり，打ち消し合う可能性も考えられる（Shaw et al. 2002; Mikkelsen et al. 2008; Bardgett et al. 2008; Tylianakis et al. 2008）．こういった要因間の相互作用が土壌生物の活性に与える影響についてはほとんど分かっていないが，これらの要因が単なる相加的効果ではなく地下の生物群集に影響を与え，炭素動態を左右することが指摘されている．例えば微生物による泥炭の分解は，気温と大気中の二酸化炭素濃度を個別に上昇させた場合よりも，共に上昇させた場合の方が大きい（Fenner et al 2007a, b）．これにより溶存有機態炭素の溶脱や土壌呼吸による土壌からの炭素の喪失が促進される（Freeman et al. 2004b）．こうした複雑さに加え，土壌微生物に直接的な影響を与える土壌動物など他の生物もまたさまざまな気候要因に個別に反応する（Wardle 2002; Bardgett 2005; Tylianakis et al. 2008）．こういった複雑さのために，気候変動が土壌生物群集や炭素動態に与える影響を予測することは非常に困難である．

　気候要因と同様に，窒素負荷，移入種，土地利用の変化といった環境変化も土壌動物とその活性に影響を与える．なかでも最も強い影響を与えるのが土地利用の変化だろう（Sala et al. 2000）．土地利用の強度を強めたり，自然植生を耕地や植林地に改変すると，多くの場合不可逆的な強い負のフィードバックを土壌生物群集に与えてしまう（Brussaard et al. 1997; Wardle 2002; Bardgett 2005）．土地利用の変化に伴ってみられる一般的な傾向の一つとして，農業の集約化が進み，耕起・施肥が頻繁に行われて家畜による摂食などが加わると，菌系のエネルギー経路にくらべ細菌系の経路の重要性が高まる（Hendrix et al. 1986; Wardle 2002; Bardgett 2005）．上述したように，細菌系の経路が優占すると養分循環がより速く，漏出しやすくなり，養分や炭素の溶脱や温室効果ガスとしての放出量が増す（Wardle et al. 2004a; Van der Heijden et al. 2008）．逆に農業の集約度が低いと，自然に近い菌系の食物網が活発になり，より効率的な養分利用が行われるようになる（Bardgett and McAlister 1999; de Vries et al. 2006; Gordon et al. 2008）とともに，土壌の炭素貯留が促進される（Six et al. 2006; De Deyn et al. 2008）．

　土壌の生物群集は，窒素の増加によっても強い影響を受ける．人間活動は世界中で窒素固定や窒素負荷の速度を増大させているので，この影響はいたるところで起こっている（Vitousek et al. 1997a; Holland et al. 1999; Bobbink and

Lamers 2002; Galloway et al. 2008). 例えば，窒素の増加は分解に関わる細胞外酵素に直接的な影響を与え，易分解性のセルロースの豊富なリターを分解するセルラーゼの生合成を促進するのに対し，難分解性のリグニン含量の高いリターを分解できる白色腐朽菌が生産するリグニン分解酵素の生産は抑制することが知られている（Carreiro et al. 2000; Frey et al. 2004; Waldrop et al. 2004; Allison et al. 2008）．また窒素負荷は，細菌や腐生菌（Donnison et al. 2000; Bardgett et al. 2006; Allison et al. 2008），菌根菌（Egerton-Warburton and Allen 2000; Frey et al. 2004），土壌動物（Scheu and Schaefer 1998; Ettema et al. 1999）といった土壌生物群集の優占度や多様性にも影響する．これらの生物群集が気候変動による影響も受け，分解過程や生態系レベルの炭素循環に大きな影響をおよぼすことは上述した．窒素負荷が土壌生物群集に与える影響に関して最近行われたメタ解析（Treseder 2008）によれば，土壌微生物のバイオマスは窒素負荷により平均15%程度低下した．窒素負荷の期間が長く，全体の窒素負荷量が多いほど影響は大きくなる傾向があった．さらにこの研究では，窒素負荷により微生物バイオマスが減ると，土壌からの二酸化炭素放出量も有意に減少することが示された．すなわち，窒素負荷により微生物バイオマスが減ると，炭素循環に影響をおよぼすといえる．しかし，森林以外の生態系を対象として世界中で行われた研究109例をまとめたメタ解析では，窒素負荷は生態系全体としての二酸化炭素放出量には特に影響をおよぼさないが，メタンや亜酸化窒素の放出量をそれぞれ97%，216%増加させることが示された（Liu and Greaver 2009）．メタンや亜酸化窒素は二酸化炭素よりも強力な温室効果ガスなので，窒素負荷により生態系の炭素貯留量が増加したとしても，その効果はメタンや亜酸化窒素の放出により相殺されてしまう（Liu and Greaver 2009）．詳しくは第3章で述べるが，窒素負荷やその他の地球規模の環境変動は，大気中の二酸化炭素濃度の増加に伴って起こる植物の窒素制限を緩和することで，植生や植物の生産性を改変し，間接的にも土壌微生物や分解過程に影響を与えうる（Finzi et al. 2002; Luo et al. 2004; De Graaff et al. 2006）．

　さまざまな環境変動が複合的に働くと土壌生物群集やその活動にどういった影響が出るのか，一般的なことはほとんど分かってないといっていいが，気候変動が土壌微生物や炭素動態に与える影響を増幅あるいは阻害したり，相殺したりする可能性があることは明らかである（Bardgett et al. 2008）．地球規模の環境変動が陸上生態系の生物間相互作用（分解系の食物網も含む）に与える影

響に関する研究688例からは，環境変動と生物間相互作用の組み合わせによって影響の強さや方向は非常に変異に富むことが分かる（Tylianakis et al. 2008）．さらに，たくさんの要因が同時に働くことで予期せぬ影響が表れることも考えられ，地球規模での環境変動が生態系に与える影響予測を難しいものにしている．土壌の生物群集の相互作用と，それが生態系プロセスに与える影響が，現在の環境変動にどう応答するか，予測精度を向上させるには，二つ以上の環境要因を同時に操作した実験が有効になるだろう．

2.6　結論

本章では，地下の生物群集の活動や相互作用が地下生態系に与える影響と，それが植物の生産性や多様性，種組成に与える影響について紹介してきた．さらに，地球規模の環境変動下で土壌の生物間相互作用がどのような役割を果たすのか，生態系の炭素動態と気候変動へのフィードバックに注目して紹介してきた．土壌微生物が有機物の分解と養分の放出に重要な役割を担っているということは古くから知られていたが，ここ10年程でこの分野は著しく進展した．例えば，植物が有機態窒素を直接吸収する経路の重要性が認識されたことにより，植物の窒素利用に関わる微生物の働きや陸上の窒素循環経路の見直しにつながった（Schimel and Bennett 2004; Jones et al. 2005）．植物と微生物の密接な関係と季節的な窒素利用が窒素循環を左右しているという認識も高まっている（Jaeger et al. 1999; Bardgett et al. 2005）．さらに，窒素（やおそらくリン）の化学形態による植物種間での資源分割が，限られた土壌養分の効率的な使い分けをもたらし，植物の多種共存や多様性の維持につながっているということも分かってきた（McKane et al. 2002; Kahmen et al. 2006; しかし反証もある Harrison et al. 2007）．菌根菌が植物群集の動態に果たす役割についての理解も深まってきている．菌根菌は，植物の養分利用効率を高め，植物群集内で養分の配分を均一化することにより植物群集に影響する（Van der Heijden et al. 1998b; Maherali and Klironomos 2007）．また，窒素固定共生が存在せず窒素が乏しい生態系が存在する進化的な要因についても分かってきた（Menge et al. 2008）．こうした進展にも関わらず，生態系機能に果たす土壌微生物の役割についてはまだほとんど分かっていないといっていい．この大きな原因として，95％以上の微生物が既存の培地では培養できないことが挙げられる（Van der

Heijden et al. 2008). 近年発達しているエコゲノミクス分野や, 重要な生態系プロセスに関わる遺伝子を検出するマイクロアレイ技術の利用 (Van Straalen and Roelofs 2006; Zak et al. 2006; He et al. 2007) によって, こうした問題が克服できれば, 土壌微生物が養分動態や植物群集動態に果たす役割についての理解がさらに進むだろう (Van der Heijden et al. 2008).

　植物の養分利用は微生物の活動に強く影響されているが, 土壌中には節足動物の非常に複雑な群集も存在しており, 植物の根や根滲出物, 土壌微生物を摂食することで養分や炭素を得ている (Pollierer et al. 2007). 微生物食の土壌動物やその捕食者は, 微生物による養分の不動化と無機化のバランスを変えることで植物の養分利用を左右し, 植物群集の動態に影響する (Wardle 2002; Bardgett 2005). また, 生態系エンジニアのような大型の土壌動物が, 土壌の物理構造の改変, 糞や種子の移動, 水や水溶性養分の移動に影響することで, 植物群集の時空間的な動態に影響しうることについての理解も深まってきた (Lavelle et al. 1997; Bardgett et al. 2001a). さらにもう一つ重要な進展は, 植物の養分利用性が, トップダウン制御により離れた栄養段階から受ける影響についての理解である (Moore et al. 2003). すなわち, 地下の生物群集が地上の生物群集に与える影響を理解するには, 地下の食物網における捕食の役割を考慮する必要がある (Moore et al. 2003). 菌系と細菌系のエネルギー経路のシフトなど土壌食物網の全体的な変化もまた, 分解や養分循環といった生態系プロセスに影響を与える (Wardle et al. 2004a; Van der Haijden et al. 2008). しかし, 食物網構造の変化が生態系機能に与える影響を理解するためには, 個々の種が多種間の相互作用に果たす役割 (Heemsbergen et al. 2004) や環境との関係についても明らかにする必要がある. この点は, 生態系プロセスの調節に果たす非生物的な要因と土壌の生物間相互作用の相対的な重要性が, 環境条件の異なるバイオーム間でどのように違うかを理解する上で特に重要である (Gonzalez and Seastedt 2001; Wall et al. 2008).

　近年特に注目を集めているのは, 気候変動を助長する可能性のある陸上の炭素動態, 特に土壌と大気の炭素循環に果たす土壌動物と生物間相互作用の役割についてである. なかでも, 光合成されてから間もない炭素が土壌呼吸のほぼ半分を占めており, 土壌の生物活性や陸上生態系の炭素循環の重要な駆動要因になっていることが分かってきたことは大きな進展である (Högberg et al. 2001; Steinmann et al. 2004; Pollierer et al. 2007). しかし土壌呼吸のメカニズム

ついてはまだ解明すべき点がたくさんある．特に，気候変動によって土壌動物の活性が気温や降水量の変化から直接的な影響を受けたり，植生の変化や光合成産物の供給量の変化を介して間接的な影響を受けたりすることで，どう土壌呼吸が変化するのかについては未解明の点が多い（Bardgett et al. 2008）．例えば，気温は有機物分解の重要な律速要因であり，温暖化と永久凍土の融解がツンドラ土壌からの炭素の放出をもたらしていることが分かっている（Schuur et al. 2009; Dorrepaal et al. 2009）が，気温と従属栄養微生物による呼吸の関係や，それが気候変動に与えるフィードバックについてはよく分かっていない（Davidson and Janssens 2006; Trumbore 2006）．また，気候変動に伴う異常気象は分解者生物の活性に強い影響を与えることが分かってきているが（Schimel et al. 2007），それが分解過程や炭素循環に与える影響についてはほとんど分かっていない．このように，気候変動に対する土壌生物の反応について不明な点が多いため，土壌の炭素動態モデルはいまだに不確実性が高い（Kirschbaum 2006）．この問題の解決はこれからの重要な研究課題となるだろう．

　最後に，気候変動以外の地球規模の環境変化もまた土壌生物に強い影響を与えており，土壌炭素貯留といった生態系レベルのプロセスにまで影響することについて紹介した．しかし，地球環境変動の将来予測や，炭素貯留による気候変動の緩和の可能性には，土壌の生物群集に対するあらゆる環境要因の複合的な影響を理解する必要があることが次第に分かってきた（Tylianakis et al. 2008; Bardgett et al. 2008）．本章で紹介したように，環境要因の複合的影響についてはまだほとんど分かっていないが，気候変動による土壌微生物や炭素循環への影響が環境要因間の相互作用によって増幅・阻害・相殺される可能性があることは明らかである（Bardgett et al. 2008）．第3章でも述べるが，複数の環境要因が土壌生物群集に与える予期せぬ影響については，これからの主要な研究課題になるだろう．

第3章

植物群集から土壌生物群集への影響

3.1 はじめに

　植物と土壌生物の群集は，さまざまな強さで互いに結びついている．第2章では，土壌中の生物群集が植物の群集構造や生産性に影響するさまざまなメカニズムについて紹介したが，逆に植物もまた土壌生物群集に影響する．これには，第2章の初めで紹介したように間接的な経路と直接的な経路が考えられる（図2.1）：間接的な経路は，地表に供給されるリターの量や質を介して腐食食物網の生物群集に与えられる影響だが，直接的な経路は生きた根や根からの滲出物により根圏の生物に与えられる影響を指す．間接的な経路では植物と土壌生物の特異性は低いが，直接的な経路では地上と地下の分類群間で非常に高い特異性を示すことが多い（Wardle et al. 2004a）．さらに，植物と土壌生物が相互作用することで，地上と地下の生態系の間に重要なフィードバック関係が生まれていることが明らかになってきた（Van der Putten et al. 1993; Bever et al. 1997; Wolfe and Klironomos 2005; Kulmatiski et al. 2008）．

　植物が土壌中のさまざまな生態系プロセスをどう駆動しているのかという問題は1990年代から多くの生態学者に注目されてきた（e.g. Hobbie 1992; Lawton 1994）．しかし，この問題にはもっと古い歴史的な基盤があることを忘れてはならない．例えばMüller (1884)によるムル型・モル型の土壌モデルでは，植物種の違いが土壌動物の群集構造や土壌からの養分供給としての植物へのフィードバックを左右することがはっきりと認識されている．続いてHandley (1954, 1961)がイギリスで行った実験では，ギョリュウモドキ（*Calluna vulgaris*）がタンニン-タンパク質複合体を形成するために窒素の無機化を阻害し，そのため同所的に存在する他種の植物の養分吸収に悪影響を与えること

が示された.さらに,こうした植物から土壌生物への影響においては植物根が重要な役割を果たしていることが,農学者の間では古くから知られていた.例えば,土壌中に病原菌が蓄積して作物の生産性に負のフィードバックがかかるのを避けるために,輪作という方法が古くから行われている.さらに第2章で述べたように,窒素固定細菌と共生するマメ科の植物を混植することにより土壌の肥沃度や作物の養分状態が飛躍的によくなることも数百年以上前から知られている.

　植物群集が土壌の生物群集に与える影響を理解するためには,まずはじめに植物種間の違いを理解する必要がある.植物群集はふつう生理・生態的特徴の異なる複数種から成り立っており,種が違えば土壌生物や土壌プロセスへの影響が異なることを示す研究例は多い.なかでも,リターの質の違いは分解過程と養分の無機化に決定的な影響をおよぼす(e.g. Berendse 1998; Bowman et al. 2004; Santiago 2007).また,根圏の微生物群集(Aberdeen 1956; Grayston et al. 1998)や微生物食の土壌動物群集(De Deyn et al. 2004; Viketoft 2008)も植物種間で異なる.植物種間の特性の違いは,根の病原菌(Korthals et al. 2001)や菌根菌(Cornelissen et al. 2001a)のように植物根と直接的な関係を築いている生物群集にも影響する.こうした,土壌生物群集への影響が植物種間で異なるという観察結果は特に驚きには値しないかもしれないが,植物種間の違いをもたらすメカニズムと生態系プロセスへの影響を理解することは,陸上生態系の機能を理解するうえで非常に重要である.

　本章では,植物群集の特性が土壌生物群集と生態系プロセスに与える影響について概説する.まずはじめに,植物の種間・種内の違いが土壌生物群集やそれらが駆動する生物地球化学的プロセスに与える影響について解説する.次に,その枠組みに基づいて地上と地下のフィードバック関係を植生遷移の視点から解説する.最後に,人為による地球規模の環境変化が植生に与える影響の観点からも解説する.第2章では地下の生物群集が地上の生物群集に与える影響について概説した.本章では,第2章の内容を補完するかたちで,地上と地下の生物群集が生態系をどのように駆動しているかについて紹介していく.

3.2 植物は地下のサブシステムにどのように影響をおよぼすか

3.2.1 種による効果の違い

　土壌食物網がトップダウン（捕食者による制御）や無機環境による制御よりもボトムアップ（資源の量や質による制御）の影響を強く受けている場合は，食物網に含まれる生物は植物種の違いによる影響を強く受ける傾向にある．第2章で述べたように，トップダウン制御とボトムアップ制御の相対的な重要性は土壌食物網のなかでも生物群により異なり，また同じ生物群でも環境条件により異なる（Bengtsson et al. 1995; Mikola and Setälä 1998b; Wardle 2002; Moore et al. 2003）．結果として，植物種の影響も土壌の生物群や食物網の構成種により異なることが予想される．

　植物の種により土壌食物網への影響が異なるメカニズムの一つは，純一次生産（NPP）の違いである．植物の生産した有機物は，量や質の異なるリターや根滲出物などとして土壌に供給される．しかし，一次生産が土壌食物網に与える影響はさまざまであり，環境条件の違いにより正の影響や負の影響，影響がないという結果も報告されている（図3.1）．栽培実験においても，土壌生物のバイオマスや密度を最大にする植物種は特にみつかっていない．例えば，イネ科草本と広葉草本をそれぞれ8種用いた実験では，土壌線虫（腐食物網に含まれる種や，植物根を摂食する種を含む）の個体数は植物の地上部重量とはあまり関係がなかった（De Deyn et al. 2004）．同様に，Hooper and Vitousek (1997, 1998) は蛇紋岩の草地における栽培実験から，生産性の最も高い植物が必ずしも土壌微生物バイオマスを最大にするわけではないことを報告している．さらに Wardle et al. (2003d) は9種の草本の栽培実験から，土壌食物網の基底となる生物（土壌微生物）のバイオマスは生産性の高い草本の土壌で最大になる傾向にあるものの，上位の栄養段階の生物では同様なパターンはみられないことを報告している．

　しかし一方で，植物種によりリターの質が異なることを示す研究結果は多く，それがボトムアップ的に土壌食物網や生態系プロセスに影響していることは明らかである．植物種によるリターの化学組成（例えば窒素，リン，ポリフェノール，リグニン，可溶糖，カルシウムなど）の違いがリターの分解速度，すなわち分解者微生物の活性を律速していることを示す研究例も多い（Swift et al. 1979; Berg and McClaugherty 2003）．同様に，質の高い（分解しやすい）リタ

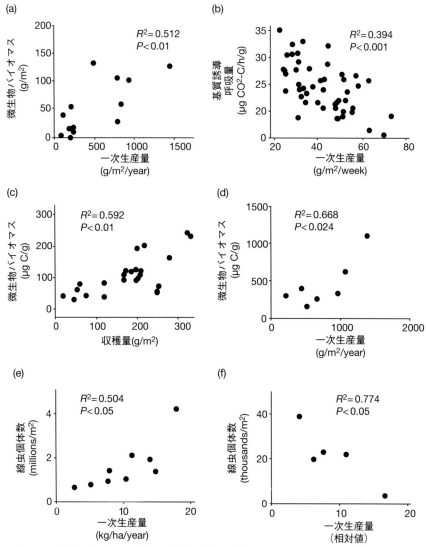

図3.1 一次生産量の勾配に対する腐食食物網の消費者生物のバイオマスや個体数などの指標の変化.(a)北アメリカの遷移後期の森林における土壌微生物バイオマス(Zak et al. 1994);(b)ニュージーランドの草地における基質により誘導された呼吸量(微生物バイオマスの相対的な指標)(Wardle et al. 1995);(c)米国アラバマ州の耕地における土壌微生物バイオマス(Insam et al. 1991);(d)米国オレゴン州の針葉樹林における土壌微生物バイオマス(Myrold et al. 1989);(e)ニュージーランドの草地における土壌線虫の個体数(Yeates 1979);(f)日本の森林における土壌線虫の個体数(Yeates 1979の中の北沢のデータ). Wardle (2002) より.

ーを生産する植物の下では，分解を担う微生物や土壌動物の密度やバイオマスが大きく（e.g. Parmelee et al. 1989; Hansen 2000），節足動物（Nicolai 1988）やミミズ（Hobbie et al. 2006）などの腐植食の土壌動物によるリターの摂食速度も速いことが報告されている．植物種によるリターの質の違いは，リターに生息する分解者微生物（Widden and Hsu 1987）や土壌動物（Wardle et al. 2006）の群集構造にも強い影響を与える．さらに，自身のリター分解を促進する分解者を選別する植物も知られている（e.g. Hansen 1999; Negrete-Yankelevich et al. 2008; Vivanco and Austin 2008; Ayres et al. 2009）．これは，本章でこれから紹介していくフィードバック関係の一例である．

　リターの質が異なる植物が地下のプロセスに与える影響（Binkley and Giardina 1998）は，同所的に生育する植物種間で比較すると分かりやすい（図3.2）．例えばオランダの湿性ヒースランドでは，イネ科草本の*Molinia caerulea*が質の高い（窒素含量が高くリグニン含量が低い）リターを生産するのに対し，同所的に生育する低木の*Erica tetralix*は質の低いリターを生産する．*Molinia*の下の土壌では*Erica*の下よりも，窒素の無機化といった微生物により駆動されるプロセスの速度が速い（Berendse 1998）．同様に，北スウェーデンの寒帯林に生育する*Empetrum hermaphroditum*のリターは質が低いうえにフェノール性のスチルベンであるバタタシンIIIを高濃度で含んでいる．この物質が土壌中の微生物のバイオマスや活性を抑制するため，同所的に生育するセイヨウスノキ（*Vaccinium myrtillus*）やコメススキ（*Deschampsia flexuosa*）のリターにくらべ分解が遅い（Nilsson and Wardle 2005）．また，コロラド州の高山草地に生える広葉草本の*Geum rossii*（以前は*Acomastylis rossii*）のリターは，同所的に生育する成長の速いイネ科のヒロハノコメススキ（*Deschampsia caespitosa*）のリターよりも易分解性のポリフェノールを多く含む．このポリフェノールを利用して土壌中の微生物が増加し，窒素の不動化が促進されるため，ヒロハノコメススキが利用できる窒素が減り，その成長が抑えられる（Bowman et al. 2004; Meier et al. 2008）．

　植物の根に含まれる成分や，根圏に放出される物質もまた，植物種により大きく異なる．根圏の生物はこれにより特に大きな影響を受けており，外生菌根菌（Smith and Read 1997）やアーバスキュラー菌根菌（Van der Heijden et al. 1998a），根の病原菌や根食者（Yeates 1979; Korhals et al. 2001）が植物に対して高い種特異性を示すことはよく知られている．しかし，第2章で述べたよう

図 3.2 同所的に存在するが地下の生物やプロセスに正反対の影響を与える植物．北スウェーデンの寒帯域に生育する (a) *Empetrum hermaphroditum* と (b) コメススキ *Deschampsia flexuosa*. *Empetrum* は成長が遅いうえに葉寿命が長く，質の低いリターを生産する．リターのリグニン含量は高く，またフェノール性のスチルベンであるバタタシン III を含むため地上と地下の幅広いプロセスや生物に影響を与える．一方コメススキは成長が速く，リグニンやフェノール化合物の含有量の少ない分解しやすいリターを生産する（Nilsson et al. 2002）．オランダの湿性ヒースランドに生育する (c) *Erica tetralix*（*Narthecium ossifragum* と一緒に生えている）と (d) *Molinia caerulea*. *Erica* は成長が遅くリターは分解しにくいため，無機窒素の放出速度は遅い．一方 *Molinia* は成長が速くリターの質は高いため，窒素の無機化を促進する（Berendse 1998）．撹乱と施肥を行うと，北スウェーデンでは *Empetrum* からコメススキに，オランダのヒースランドでは *Erica* から *Molinia* へと植生が変化する．写真：(a, b) M.-C. Nilsson：(c, d) J. Janssen.

に，固定したばかりの炭素を根系から放出することによっても植物は分解者に重要な影響を与えている．草地のような成長の速い草本が優占する植物群集では，この働きの重要性は早くから知られていた．例えば，草本の根系に生息する細菌や菌類，小型土壌動物の密度や種組成は，植物種間で大きく異なる（Rovira et al. 1974; Grayston et al. 1998; Bardgett et al. 1999c）．また，生きた根系が微生物の活性や分解過程に与える影響も植物種間で大きく異なる（Dormaar 1990）．Van der Krift et al. (2002) によれば，4 種の草本の生きた根系

が枯死根の分解に与える影響は植物種間で大きく異なり，ウシノケグサ（*Festuca ovina*）の生きた根系には特に強い正の効果があった．これは，ウシノケグサの根系から微生物活性を高める物質が大量に放出されたためだと考えられる．同様に，上述した高山帯の広葉草本 *G. rossii* は，フェノール分に富んだ成分を根系から放出することが近年明らかになった（Meier et al. 2008, 2009）．この成分を微生物群集の動態と土壌の養分可給性に強い影響を与えるため，同所的に生育するヒロハノコメススキの成長に影響を与える．

　第2章でも紹介した通り，近年行われた ^{13}C による標識実験（Pollierer et al. 2007; Högberg et al. 2008）や環状剥皮実験（Högberg et al. 2001）から，樹木の根は固定して間もない炭素を相当量地下に放出しており，これが土壌呼吸や菌根菌の成長（Högberg et al. 2001），腐生性微生物（Högberg et al. 2008），土壌節足動物群集（Pollierer et al. 2007）に大きな影響を与えていることが分かってきている．これまでのところ，こうした研究は単一の樹種を対象としたものしかないが，短期的な炭素配分パターンが同所的に存在する樹種間で異なることは多いにありうる．そうした違いは地下にも当然影響を与えるだろうが，その検証はまだなされていない．

3.2.2　種内変異の効果

　植物が地下の生物やプロセスに与える影響については，多くの研究が種間の違いに注目して行われてきたが，種内の変異が生態系に与える影響の重要性も認識されつつある．葉リターの質や分解速度，養分無機化速度などが，同じ植物種でも環境条件により異なることや（e.g. Crews et al. 1995; Northup et al. 1995），個体間，個体群間で異なる（e.g. Madritch and Hunter 2002）ことを示す研究は多い．こうした研究の多くは種内に存在する表現型の違いの大きさや生態的な意味に注目してきた．しかし近年，種内の遺伝的違いもまた生態系に大きな影響を与えることが明らかになってきた（Bailey et al. 2009）．

　植物の種内や交雑個体群間の遺伝的な違いが地下の生物やプロセスに与える影響に関する研究はいまだ少ないが，増えつつある（図3.3）．例えば Treseder and Vitousek (2001) は，ハワイ島の養分条件の異なる3カ所から集めたオヒアフレア（別名ハワイフトモモ *Metrosideros polymorpha*）の実生を1カ所で生育させるコモンガーデン実験を行った．これら3タイプの実生は遺伝的に異なっており，実験の結果，養分吸収力，リターのリグニンや窒素の濃度，

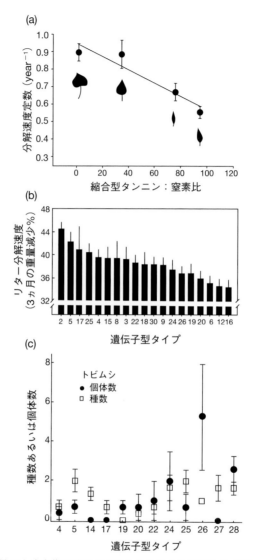

図 3.3　遺伝的変異が土壌生物や地下のプロセスに与える影響を示す研究例．(a) *Populus fremomtii* と *Populus angustifolia*，およびそれらの交雑個体のリター分解速度と縮合型タンニン：窒素比．Schweitzer et al. (2004) より Wiley Blackwell の許可を得て転載．(b) 遺伝子型の異なる 19 タイプのオウシュウシラカンバ (*Betula pendula*) のリターにおける重量減少率．Silfver et al. (2007) より Springer Science+Business Media の許可を得て転載．(c) 遺伝子型の異なる 12 タイプのセイタカアワダチソウ (*Solidago altissima*) を植えた区画におけるリターに生息するトビムシの個体数と種数（平均 ± 1 SE）．Crutsinger et al. (2008) より Springer Science+Business Media の許可を得て転載．

リターの分解速度などが異なっていることが分かった．Schweitzer et al. (2004) も同様に *Populus fremomtii* と *Populus angustifolia* の雑種を用いてコモンガーデン実験を行った．その結果，雑種間で葉の縮合型タンニンの濃度が大きく異なっており，これが雑種間のリター分解速度や土壌の窒素無機加速度の違いと関係していた．Schweitzer らの研究ではさらに植物の遺伝子型が微生物のバイオマスや群集構造とも強い関係があることを明らかにしている（Schweitzer et al. 2008）．Classen et al. (2007) による *Pinus edulis* を用いた研究では，植食者に対する抵抗性が異なる系統は葉リターや根リターの分解速度と養分放出速度も異なることが示された．同様に Silfver et al. (2007) はコモンガーデン実験により，遺伝子型の異なるオウシュウシラカンバ（*Betula pendula*）の系統は植食者に対する抵抗性が異なるだけでなく，葉の窒素やタンパク質濃度も異なっており，リターの分解速度も異なることを報告している．分解者に注目した研究としては Crutsinger et al. (2008) が，遺伝子型の異なるセイタカアワダチソウ（*Solidago altissima*）を植えた区画間で，リターに生息する小型節足動物の密度が異なることを報告している．これらの研究は，遺伝子型の違いが地下のサブシステムに幅広い影響を与えることを示しているが，種間の違いに対して種内の変異がどのくらい強い影響をおよぼしているのかについてはほとんど分かっていない．

　こうした種内の遺伝的な変異が地下に与える影響に関する研究は，群集遺伝学と生態系プロセスを結びつけ，植物種内レベルの遺伝学が植物群集の特徴や生態系機能を左右するという考えを導く（Whitham et al. 2003 による「延長された表現型（extended phenotype）」）．近年の研究では，土壌微生物群集やそれらが駆動するプロセスに植物の遺伝子が影響を与える可能性が，次世代の植物群集に受け継がれる「群集の遺伝率（community heritability）」に着目したものある．今までのところ，この遺伝率の進化的な意味や，それによって植物の遺伝子型が選択的な優位性を得ているかについては分かっていない．しかしながら群集の遺伝率という概念は，植物レベルの遺伝的な特徴と生産者–分解者間のフィードバックシステムを統合して理解できる可能性を秘めている．

3.2.3　空間的および時間的な変異

　土壌の生物群集やそれらが駆動するプロセスは，植物群集の内部で空間的にも時間的にも大きく変動する（Ettema and Wardle 2002; Bardgett et al. 2005;

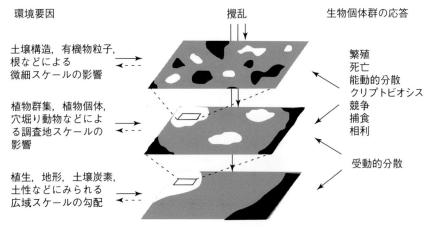

図 3.4 土壌生物の分布の空間パターンに影響する要因．土壌の生物相やプロセスの空間パターンは入れ子状に分布しており，植物種の影響などの生物的要因や，非生物的要因により制御されている．Ettema and Wardle (2002) より Elsevier の許可を得て転載．

Berg and Bengtsson 2007）．これには，植物から供給される資源の空間的・時間的変動が大きく影響しており，特に土壌生物相がボトムアップ制御を強く受けている場合には影響が大きい．植物が地下のサブシステムに与える空間的・時間的影響は，植物が必要とする養分の可給性に大きな影響を与える可能性がある．

　土壌生物相の空間分布は垂直分布と水平分布に分けられる（Berg and Bengtsson 2007）．ここでは，植物種の影響を受けやすい水平分布に注目する．土壌の生物相やプロセスにみられる明らかな空間的パターンには，ミリメートルレベルから数百メートルレベルまでさまざまなスケールのものが入れ子状に存在している（Ettema and Wardle 2002）（図 3.4）．植物はこれらのうちいくつかのスケールにおいて影響を与えており，植物種の違いは地下のサブシステムの空間構造を決定する重要な要因だといえる．例えば Grundmann and Debouzie (2000) は，アンモニアや硝酸を酸化できる細菌が数ミリメートル単位で集合しており，明らかに細根の分布を反映していることを報告している．また，Wachinger et al. (2000) はメタン生成細菌の分布が植物リターの小規模なパッチに対応して分布していることを報告している．より大きなスケールでも，土壌生物の空間分布は植物の空間分布を反映していることが知られている（Klironomos et al. 1999; Wardle 2002）．

植物の種の違いが土壌プロセスに与える影響は，生態の異なる植物種が同じランドスケープ内に異所的に分布する場合によくみられる．この場合，それぞれの植物は直下の土壌に直接的に影響を与える．植物由来の物質の水平移動が起こりにくい状況では，植物の影響により土壌の生物相や土壌プロセスに空間的なモザイク構造ができあがる．これは，ランドスケープ内に木本（高木や低木）が点々と島のように分布する状況を想像すると分かりやすい．このような状況下では，土壌生物の密度やそれが駆動する土壌プロセスの速度は木本の下で周囲の土壌よりも大きくなる．例としては，荒地生態系にみられる「肥沃な島」を形成する低木（e.g. Schlesinger and Pilmanis 1998）や，高木限界より上の高山帯ツンドラで高山屈曲林（krummholz）の後に形成される「ツリーアイランド」（Seastedt and Adams 2001）が挙げられる．同所的に分布する植物種が全く異なる質の資源を供給する場合も土壌の生物相やプロセスの空間パターンに影響する．例えばスウェーデンの寒帯林土壌の微生物群集の空間分布は，木本の優占種2種（落葉性のオウシュウシラカンバと常緑性のドイツトウヒ）の空間分布によって規定される（Saetre and Bååth 2000）．こうした現象は同種の樹種内の遺伝子型が異なる個体間でも起こりうる．Madritch et al. (2009)はウィスコンシン州の森林で調査し，同所的に分布する遺伝子型の異なるアメリカヤマナラシ（*Populus tremeloides*）が，炭素や窒素の循環に関わる土壌プロセスの空間的不均一性を生み出していることを報告している．ランドスケープ内の異なる植生タイプも地下の空間的不均一性に影響しうる．例えば Kleb and Wilson (1997) は，草本群落にくらべ木本群落の方が土壌の炭素や窒素の分布の不均一性が高いことを報告している．これは木本の方が粗大な根系を作るためだと考えられる．しかし，最近発表されたレビューによると，このパターンは温帯でのみみられ，熱帯ではみられない（Pärtel et al. 2008）．

　地下の生物相は植物から時間的な影響も受けている（Bardgett et al. 2005）．これは主に植物から土壌への資源供給の時間変動による（Wardle 2002）．植物は，種や機能群により一次生産の時間変動が大きく異なる．例えば地域スケールで見た場合，北アメリカの植生の異なる11地点で純一次生産の年変動を比較すると，木本の優占する場所よりも草本が優占する場所で年変動が大きかった（Knapp and Smith 2001）．より局所的な空間スケールでみると，機能群の異なる草本群落間では生産性の時間変動が異なっており，その結果土壌微生物や線虫の密度の時間変動に影響を与えていた（Wardle et al. 1999）．こういっ

た地下の時間的変動に対する植物の影響は，土壌から植物が吸収する養分の可給性を大きく左右していると考えられる．植物群集の中でパルス的な資源供給を行う種は，地下の生物やプロセスに時間的な影響を与えやすい（Wardle 2002; Yang et al. 2008）．例えば，種子の豊作年には大量の花や果皮などの繁殖器官が地表に供給され，分解者の資源となる．Zackrisson et al. (1999) は，寒帯林におけるドイツトウヒの豊作年には窒素の可給性が増し，実生の成長が促進されることを報告している．これはおそらく土壌中の微生物活性が高まることによる．同様な効果は大量の花粉の供給でも確かめられている（Greenfield 1999）．また，季節的な資源供給のパルスは同所的に存在する樹種間で異なる．例えば，落葉樹は常緑樹よりも明瞭な落葉のパルスをもたらすことが多い．もっと短い時間スケールでみると，葉食者や根食者などの外的な要因により起こる根からの滲出物の放出はパルス的に根圏微生物を活性化させる（Bardgett and Wardle 2003；第4章）．こうした植物によるパルス的な資源供給は地上と地下の関係にも重要だと思われるが，研究例は比較的少ない．

3.2.4 複数種による効果

植物は複数種で群集を形成しているのが普通であり，単独で存在することは少ない．複数種からなる植物群集のなかで，個々の種はそれぞれ地下にどういった影響を与えているのだろうか．1990年代半ばからこの問題は「多様性と機能の問題」として扱われ，植物の種数が増すと生態系の機能や特徴がどういった影響を受けるのか研究が行われてきた（Hooper et al. 2005 が総説としてまとめている）．しかし歴史的にはもっと古くから認識されており，例えば農業では多種の作物の混植や間作が行われてきた（Vandermeer 1990）．また，オダムの生態遷移理論（Odum 1969）では，種の多様性が生態系の物理的な安定性に影響し，「生態系の長期的な持続」に必要であると予測している．

複数の植物種の組み合わせが地下の生物やプロセスにどう影響するかという問題に関する研究は最近始まったわけではなく，これまでも広く研究されてきた．例えば Christie et al. (1974, 1978) は，2種の植物を一緒に植えると，単独で植えた場合よりも根系の微生物密度を増加させることを報告している（図3.5）．これらの結果から，植物は混植したほうが単植した場合よりも微生物バイオマスを増加させる可能性があるといえる．さらに Chapman et al. (1988) は，木本2種を混植すると，リター層からの呼吸速度やヒメミミズやミミズの密度

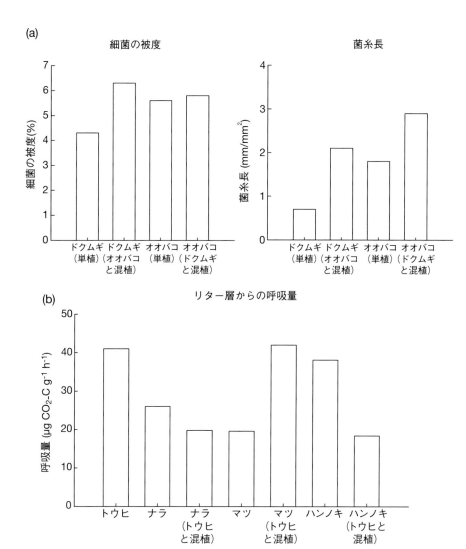

図3.5 植物を混植した場合と単植した場合で土壌の生物やプロセスへの影響が異なることを示した初期の研究例. (a) 草本2種を混植した場合と単植した場合の根系における細菌の被度および菌糸長. ドクムギ (*Lolium*) は単植した場合よりもオオバコ (*Plantago*) と混植した場合のほうが細菌や菌類の定着率が高い ($P < 0.025$). オオバコも単植した場合よりもドクムギと混植した場合のほうが菌類の定着率が高い ($P < 0.01$). Christie et al. (1974) より. (b) 3種の木本を単植した場合と2種ずつ混植した場合のリター層からの呼吸量. トウヒとマツを混植した場合の呼吸量は単植した場合から予想される呼吸量よりも大きいが, トウヒとハンノキあるいはトウヒとナラを混植した場合は, 予想よりも小さい (全て $P < 0.001$). Chapman et al. (1988) より. (訳者注:生物名は全て属レベル)

が単植した場合にくらべ飛躍的に変化する例を報告している．この混植効果は，樹種の組み合わせにより正にも負にもなりうる（図3.5）．他の研究からも，植物の混植が土壌のプロセスに与える多様な効果が報告されている．例えばWardle and Nicholson (1996) は，混植が土壌中の微生物バイオマスに与える影響が，扱う植物種の組み合わせにより正にも負にもなりうることを報告している．いずれにせよ，これらの研究からは植物の混植が土壌の生物相に強い影響を与えることが示唆される．

　この15年間，植物種の多様性（例えば種数，機能群数，種の均等性など）を実験的に変化させ，生物群集や生態系への影響を調べる研究が多く行われてきた（Balvanera et al. 2006; Cardinale et al. 2006）．そのうちいくつかは地下に注目したものもあるが，多くが地下のプロセスや生物相にはほとんど影響がないとしている（Hooper et al. 2005）．植物の多様性が土壌のプロセスや生物相に強い影響を与えるとする研究結果もわずかにあるが，そうした例は実験設定や方法が特殊な場合に限られている．これについては第5章で再び取り上げるが，植物の種数が1種から2種，3種へと増加したときの地下への影響が植物種により正にも負にもなりうるとしても，強い効果があるとする結果は得られていない．

　この20年ほどの間に多くの研究が行われてきたもう一つの多様性操作実験は，リター混合実験である．この実験では，2種以上の植物のリターを単独や混合状態で分解させ，単独で分解させた場合の平均値から予想される分解速度と，混合状態で分解させた場合の実際の分解速度を比較するものである．リター混合実験により，リターの多様性がリターの重量減少率，デトリタス食者の個体群（Blair et al. 1990; Hansen 2000）や群集構造（Wardle et al. 2006; Ball et al. 2009），養分動態（Ball et al. 2008; Meier and Bowman 2008），分解過程の時間変動（Keith et al. 2008）などに与える影響が調べられてきている．その影響は研究によりさまざまだが，負よりも正の影響を示す報告が多い傾向がある（総説：Gartner and Cardon 2004; Hättenschwiler et al. 2005）．多くの研究が2〜3種の混合効果しか調べていないが，より多くの樹種のリターを混合させた実験では，3種以上混合してもあまり生態的に重要な効果はないとする結果が得られている（e.g. Wardle et al. 1997a; Bardgett and Shine 1999; Perez Harguindeguy et al. 2008）．リター混合の効果を左右する要因については，本章の中で後述する．

3.3　植物の形質からの強い影響

3.3.1　種と形質の違い

　植物種が生態系にどのような影響を与えるかは，植物の生理生態的な特性や機能形質に左右される．植物の種（あるいはグループ）ごとに形質が大きく異なることは古くから知られている．例えば豊富な資源に適応した種と乏しい資源に適応した種の形質は大きく異なる（Grime 1977; Coley et al. 1985）．養分の乏しい条件に適応していることが多い針葉樹は，広葉樹にくらべ生長が遅く，葉寿命は長く，葉の養分濃度は低く，比葉面積（specific leaf area）が小さく，最大光合成速度が小さいといった特徴がある（Cornelissen et al. 1996; Aerts and Chapin 2000）．たくさんの植物種を対象とした比較研究でも，これらの形質の違いは同様に指示されており（e.g. Poorter and Remkes 1990），進化的に資源の獲得への適応と資源の節約への適応の間にはトレードオフがあると考えられている（Grime et al. 1997）．世界中の植物のさまざまな形質（Díaz et al. 2004）や葉の形質（Wright et al. 2004）のデータを集めた解析からも，維管束植物の異なる群集や系統的グループ間で同様なトレードオフがみられることが報告されている．Díaz et al. (2004) は，まず資源獲得に関する形質の適応が起こり，次に体サイズに関する形質の適応が起こったと述べている．

　植物の形質の組み合わせはリターの質に影響する．養分の乏しい環境に適応した資源節約型の植物は，一般的に資源の豊富な条件に適応した種にくらべ水溶性成分が乏しく，セルロースやリグニンといった構造多糖類や防御物質であるポリフェノールの濃度が高いリターを生産する．資源の乏しい条件に適応した植物のリターは，こうした特徴により分解者微生物や土壌動物に好まれず，その結果として資源の豊富な条件に適応した植物のリターよりもゆっくりと分解する．すなわち，針葉樹のリターは一般に広葉樹のリターにくらべ分解速度が遅く，広葉樹のリターは草本のリターよりも分解速度が遅い（Enríquez et al. 1993; Cornelissen 1996）．多数の植物種を用いた比較研究によればリターの分解速度は，植物の成長速度（Cornelissen and Thompson 1997; Wardle et al. 1998a），植物組織の強度（Cornelissen and Thompson 1997），比葉面積（Santiago 2007; Kurokawa and Nakashizuka 2008）といった植物のさまざまな形質と関係があることが分かっている．これらの研究により，リターの分解速度の種間差をもたらしている重要な葉の形質がいくつか分かってきた．

近年はまた，葉以外の植物組織の分解に関しても形質の影響に注目した研究が行われてきている．例えば，根の形質は葉の形質と関係があることが分かってきており（Craine et al. 2002; Tjoelker et al. 2005; Freschet et al. 2010），根リターの分解はおそらく地上のリター分解を律速しているのと同様な形質により影響を受けていることが示唆される（Wardle et al. 1998a）．しかし一方で，成長が速く「競争的」な形質の葉をもつにも関わらず，根は成長が遅く「節約的」な植物や，その逆も存在する．おそらくこうした異なる形質の組み合わせにより，異なる形質の共存が安定的に実現しているのだろう（Personeni and Loiseau 2004）．森林生態系では，バイオマスやリターの大部分が木質からなるが，木質リターの分解が葉の形質とどのような関係があるか，また葉リターの分解速度と木質リターの分解速度に関係があるかといったことはほとんど分かっていない．しかし，近年行われたメタ解析によれば，針葉樹のリターは広葉樹リターよりも分解が遅く，少なくとも広葉樹においては木質の炭素や窒素の濃度あるいはC：N比といった形質が，木質リターの分解速度と関係があることが分かった（Weedon et al. 2009）．さらに，木質の形質は分解速度だけに影響するわけではない．木質リターが分解系に入るのか，燃えてしまうのか，あるいは無脊椎動物による摂食により消費されるのか，それらの割合にも木質の形質が影響する（Cornwell et al. 2009）．

　植物の形質がリター分解に与える影響にくらべ，土壌の生物相や食物網に与える影響についてはあまり分かっていない．おそらく一番研究されているのは，植物根と直接的な関係をもつ地下の生物，特に菌根菌についてである．イギリスの83種の植物を対象とした研究によれば，共生する菌根タイプは植物の相対成長速度や葉の養分濃度，葉リターの分解速度といった形質と関係があった（Cornelissen et al. 2001a）（図3.6）．特に，エリコイド菌根菌と一部の外生菌根菌が酸性条件や貧栄養条件に適応した植物と共生している場合が多いのに対し，アーバスキュラー菌根菌は窒素やその他の養分が豊富（ただしリン欠乏なことが多い）な条件に適応した植物と共生している傾向がみられた（Read 1991; Cornelissen et al. 2001a）．一方，植物の形質と土壌分解系の生物との関係についてはほとんど研究されていないが，Wardle et al. (1998a) は20種の草本について調査し，単位重量あたりの根長（specific root length）といった根の形質や地上部の形態形質と地下の微生物バイオマス（土壌食物網の一次消費者）に関係性があることを報告している．これは植物の形質が複数の栄養段階

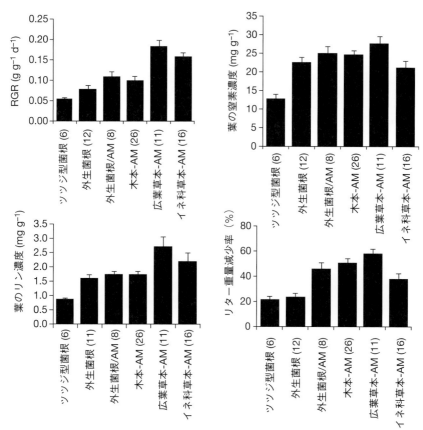

図3.6 菌根タイプや生活型で区分した植物の6つの機能群ごとの形質の平均値と標準誤差.カッコ内の数字は種数を示す.AM,アーバスキュラー菌根菌;RGR,人工気象器における相対生長速度.リターの重量減少率は20週間同時に培養して測定した.Cornelissen et al. (2001a) より Springer Science+Business Media の許可を得て転載.

にわたって影響しうることを示唆している.植物種間での,無脊椎動物(例えばミミズ)による落葉摂食速度の違いには,葉の養分含量といった鍵となる形質が関与していることが報告されている(Hendriksen 1990).また,肥沃な環境に適応した植物は菌系よりも細菌系の土壌食物網の発達を促し(第2章),小型節足動物よりもミミズやヒメミミズといった中型から大型の土壌動物の優占を促進する(Wardle et al. 2004a).こういったハビタット間の違いを考慮した研究例はあるが,コモンガーデン実験のようにコントロールされた条件下で植物の形質と分解系の食物網の種組成や活性との関係を明らかにした研究は非

常に少ない.

　植物の形質が生態系の重要な駆動要因であることは古くから認識されてきたが，最近の研究ではごく小さい空間スケールでも，同所的に生育する植物種間で形質が非常に異なることが指摘されている．例えば Hättenschwiler et al. (2008) は，同所的に生育するアマゾンの 45 種の樹木において，葉の窒素濃度に 3 倍の違いがあり，リン濃度には 7 倍も違いがあることを報告している（図 3.7）．さらに Richardson et al. (2008) はニュージーランドの雨林 100 ヘクタールの範囲内で観察された斜度などが異なる 4 つの異なる地形において生葉やリターを採集し，葉の窒素やリン濃度が植物種間で 10 倍以上異なることを報告している．この濃度範囲は，世界中で記録された葉の養分濃度範囲に匹敵するものであった（図 3.7）．局所的な生葉やリターの養分濃度の違いは分解系に重要な波及効果をもたらす．例えばコモンガーデン分解実験（同じ環境でさまざまなタイプのリターを分解させた実験）66 例についてまとめた Cornwell et al (2008) は，各実験に用いられた植物種のうち中位 90 %（すなわち 5 番目～95 番目の種）のなかで比較しても分解速度に 10 倍以上の違いがあることを報告している．この違いは，気候の大きく異なるバイオーム間で同じ基質の分解速度を比較した場合の違い（5.5～5.9 倍）と比較しても大きく，植物リター分解の律速要因として気候の直接的な影響よりも（リターの質を規定している）植物種間の形質の違いが非常に重要であることを示唆している．

　植物の形質が地下のサブシステムに与える影響に関する研究の多くは，高等植物に注目しており，シダやコケなど他のグループに注目したものは少ない．しかしこれらのグループの植物は世界中の森林で養分循環（e.g. DeLuca et al. 2002b; Turetsky 2003）や樹木の更新（e.g. Coomes et al. 2005; Nilsson and Wardle 2005）に重要な役割を果たしている（図 3.8）．Amantangelo and Vitousek (2008) によれば，ハワイの雨林に生育するシダの葉リターの化学性は，倍数体の種と非倍数体の種で異なり，また同所的に生育する維管束植物とも異なっていた．また，ニュージーランドの雨林で調査した Wardle et al. (2002) は，シダの葉リターが同所的に生育する広葉樹のリターよりも高濃度のリグニンを含んでおり分解が遅いことや，シダの種間での分解速度の違いを規定する要因として葉のリグニン濃度が重要であることを報告している．コケについては Wardle et al. (2003b) が，寒帯林において蘚類のリター分解は同所的に生育する維管束植物よりも遅いことを報告している．Dorrepaal et al. (2005) や Lang

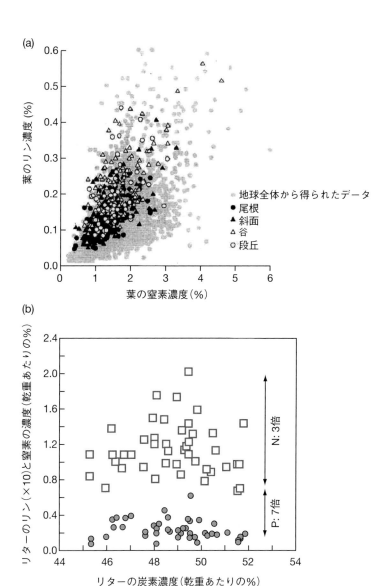

図3.7 比較的小さな空間スケールの範囲内にみられる，葉の窒素・リン濃度の大きな違い．(a) ニュージーランドの雨林100ヘクタールの範囲内で観察された四つの異なる地形における植物の葉の窒素およびリン濃度．地球全体から得られたデータのばらつきと比較している．Richardson et al. (2008) よりWiley-Blackwellの許可を得て転載．(b) アマゾンの雨林で同所的に生育する45樹種における，リターの炭素 (C) 濃度に対するリン (P, 丸) と窒素 (N, 四角) 濃度．各点は異なる樹種を示す．リンと窒素は樹種間でそれぞれ7倍，3倍の違いが観察された．Hättenschwiler et al. (2008) よりWiley-Blackwellの許可を得て転載．

図 3.8 コケやシダなどの下等植物は多くの生態系で優占種になっているにも関わらず,その形質が分解系に与える影響に関する研究例は少ない.(a) ニュージーランドの雨林におけるシダ (*Blechnum discolor* など);(b) 寒帯林の蘚類(イワダレゴケ *Hylocomium splendens* など).シダやコケのリターは同所的に生育する高等植物のリターよりもゆっくりと分解し,おそらく地下の生物群集やプロセスに重要な役割を果たしている.写真:D. Wardle (a),A. Lagerström (b).

et al. (2009) も同様に，亜北極のツンドラにおいて蘚類（特にミズゴケ *Sphagnum* spp.）のリター分解速度が維管束植物にくらべ遅いことを報告している．Lang et al. (2009) によれば，蘚類と苔類の間にもリターの質や分解速度に大きな違いがある．これらの研究から，シダやコケは高等植物とは形質が非常に異なっており，優占する場所では生態系レベルの非常に重要な影響を与えうることが示唆される．分解の速い落葉樹のリターにくらべ分解の遅いシダやコケのリターが蓄積することで，高緯度地域の泥炭地が形成されたのだろう．

　植物の形質が生態系に与えるインパクトに関する研究では，種間の違いに注目することが多く，種内変異は無視されてきた．多くの研究ではそれぞれの種のデータは1点で代表されている．しかし，葉やリターの養分濃度などの形質は，種内でも数倍異なり (Richardson et al. 2005, 2008)，リターの分解速度も環境勾配（Crews et al. 1995; Wardle et al. 2009a）や遺伝子型（Schweitzer et al. 2004；上述部分も参照）に応じて種内で大きく異なることが知られている．すなわち，鍵となる形質の種内変異は種間の差異と同様に分解系に影響しうる (Schweitzer et al. 2004)．形質データベースで一般に採用されているような，それぞれの種の形質を1データで代表させるような方法は，種内変異の大きい種には適用できないだろう．地下のサブシステムや生態系全体を駆動する要因として，形質の種内変異がどのくらい重要なのか，また種内変異と種間変異の役割の違いなどについてはほとんど分かっていない．

3.3.2　形質の優占度や相違，複数種による効果

　植物群集の総バイオマスや純一次生産への貢献度は種ごとに異なる．Grime (1998) により提唱された Mass ratio hypothesis によれば，植物群集が生態系に与える影響における種ごとの貢献度は，群集の純一次生産へのその種の貢献度に比例する．すなわち，ある植物群集におけるそれぞれの種の機能形質が生態系に与える影響は，群集の生産性やバイオマスにおけるそれぞれの種の貢献度によるといえる．これにより，植物の形質が生態系に与える影響を群集レベルで予測することができる．

　最近の研究ではこのアプローチの発展型として，「種の優占度で重み付けした群集レベルの植物形質（community-weighted plant trait value）」と地上や地下の生態系プロセスとの関係が調べられている．方法は簡単で，まず鍵となる形質を群集内の植物種ごとに測定する．そして群集の総バイオマスに対する種

ごとの割合に応じて形質に重み付けをするだけである．この重み付けされた値を合計することで群集レベルの形質値が算出でき，これと生態系プロセスの関係を解析する．例えば Vile et al. (2006) は，フランスにおける耕作放棄後の年数に応じた純一次生産の変化が，相対成長速度という形質の群集レベルの値で説明できることを報告している．同様に，フランスやスウェーデン，ヨーロッパ全土やイスラエルで行われた研究からは，比葉面積や葉の乾重比（生重に対する乾重の割合，Leaf dry matter content, LDMC），葉の窒素濃度といった葉の機能形質の群集レベルの値で，草地におけるリター分解速度がうまく説明できることが報告されている（Garnier et al. 2004; Quested et al. 2007; Fortunel et al. 2009）（図 3.9）．これらの研究は，個葉レベルの形質から生態系プロセス全体へとスケールアップが可能であることを示している．

　一方，mass ratio hypothesis や重み付けした形質値では群集や生態系プロセスをうまく説明できない場合も 2 パターン考えられる．一つ目は，群集内でのバイオマス割合は小さいにも関わらず生態系プロセスへの影響が非常に大きい植物の存在である．例えば Peltzer et al. (2009) は，ニュージーランドの氾濫原での一次遷移において植物の除去実験を行い，ある移入種がバイオマスに占める割合は非常に小さいにも関わらず土壌の微生物群集や線虫群集に非常に大きな影響を与えていたことを報告している（図 3.10）．同様に Wardle and Zackrisson (2005) は寒帯の島において除去実験を行い，植物バイオマスとしてはごく小さな割合しか占めていない低木が，リター分解や土壌養分，微生物バイオマスに高木やコケよりも大きな影響をおよぼしていることを報告している．二つ目は，優占種（あるいは生態系を駆動している種）間に強い相互作用効果が認められる場合である．これに関しては，リター混合実験において多くの証拠が得られている．リターを混合して分解させると，単独で分解した場合にくらべ分解速度が全く異なる（Gartner and Cardon 2004; Hättenschwiler et al. 2005; Ball et al. 2008; しかし反証もある Hoorens et al. 2003）．このような場合には，群集レベルの重み付けした形質値で植物リターの分解速度を説明しようとすると，説明できない部分が大きくなる（e.g. Fortunel et al. 2009；図 3.9）．いずれにせよ，mass ratio hypothesis は複数種の生態系機能への影響を予測する際の有力な帰無仮説になり，それでうまく説明できない場合は，生態系機能に果たす種の機能に相加的ではない何らかの相互作用が働いていることを示唆している．

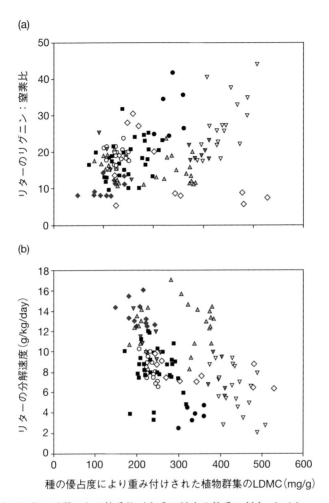

図 3.9 重要な葉の形質である乾重比(生重に対する乾重の割合, leaf dry matter content, LDMC)とリターのリグニン:窒素比 (a), リター分解速度 (b) との関係. 各点は異なるプロットのデータを示し, シンボルの違いはヨーロッパ全域とイスラエル国内での地域の違いを示す. Fortunel et al. (2009) よりアメリカ生態学会の許可を得て転載.

図3.10 ニュージーランド南島の氾濫原での一次遷移において植物の除去を行ってから4年後の植物の群集構造の違い．(a) 全植物残置区；(b) 優占種2種（在来の窒素固定植物 *Coriaria arborea* と移入種 *Buddleja davidii*）を残置し，その他の移入種を全て除去した区；(c) *Buddleja* を除去した区；(d) *Coriaria* を除去した区；(e) *Buddleja* と *Coriaria* を除去した区；(f) *Buddleja* と *Coriaria* およびその他全ての移入種を除去した区．実験終了時には *Buddleja* と *Coriaria* が地上部バイオマスの97％を占めていた．他の移入種は3％しか占めていなかったにも関わらず，優占種2種にくらべ土壌養分や地下の生物相に大きな影響を与えていた．これは mass ratio hypothesis の予想に反する．Peltzer et al. (2009) より Wiley-Blackwell の許可を得て転載．

3.3.3　生態系化学量論

　植物の形質のなかでも近年注目されているのが，炭素，窒素，リンといった主要元素の化学量論比である（Koerselman and Meuleman 1996; Elser et al. 2000; Güsewell et al. 2003）．全球スケールでは，森林樹木の葉の窒素：リン比は高緯度ほど低下し，リンにくらべ窒素制限が起こるといわれている（McGroddy et al. 2004）が，土壌の肥沃度，地形，地質など他の環境条件よって窒素：リン比はバイオーム間でも大きく異なる（Güsewell et al. 2003; Parfitt et al. 2005）．例えば Townsend et al. (2007) は，コスタリカとブラジルの雨林の樹木において，窒素：リン比に 12 倍の差があることを報告している．また，Högberg (1992) はザンビアとタンザニアのサバンナにおける樹木の葉の窒素：リン比を 3 タイプの樹木の機能群間で比較し，窒素固定能をもつアーバスキュラー菌根性の樹種，窒素固定能をもたないアーバスキュラー菌根性の樹種，外生菌根性の樹種，の順に高いことを報告している．同所的に生育する樹種間にも大きな違いがみつかっており，例えば Hättenschwiler et al. (2008) はアマゾンの同所的に生育する 45 樹種において，葉の炭素：窒素比，炭素：リン比，窒素：リン比に 3 倍以上の差があったことを報告している．また，ロシアのコーカサス地方北西部の山岳地帯で行われた研究では，同所的に生育する樹種間あるいは同種の他個体間にも（施肥処理の結果）窒素：リン比の大きな違いがみつかっている（Soudzilovskaia et al. 2007）．

　生葉の化学成分が地下に与える影響は間接的なものでしかないが，リターになると直接的な影響を地下サブシステムに与える．リターとして分解系に供給される養分量は，植物が落葉前に引き戻す窒素やリンの量によっても大きく影響を受ける．すなわち，通常リターは生葉よりも窒素やリンの含有量が低い（Killingbeck 1996; McGroddy et al. 2004）．窒素やリンの植物による引き戻し能力は，リターに対する生葉の養分濃度や養分量の比で表され（Killingbeck 1996），環境の勾配に応じて種間や種内で数倍の差があることが報告されている（Kobe et al. 2005; Richardson et al. 2005）．こうした違いは同所的に生育する樹種間にもみられる（Hättenschwiler et al. 2008; Wardle et al. 2009b）．すなわち化学量論的な観点から考察すると，分解系が生きた植物から受ける影響は，葉の養分濃度と落葉前の引き戻し能力という二つの形質によって規定されているといえる．

　植物リターの化学量論比が分解系に与える影響には，いくつかの経路がある．

一つ目は，分解者生物の体組織の化学組成に与える影響である．Cleveland and Liptzin (2007) の総説によれば，土壌微生物バイオマスの炭素：窒素：リン比は空間的な距離や生態系タイプの違いにも関わらず比較的一定している．しかし土壌の化学性や，優占している植物のリターの化学性を反映したと思われる変異もみつかっている．また，Martinson et al. (2008) による総説では，データは少ないものの分解系の節足動物の分類群（目）間で化学成分に違いが見つかっている．二つ目は，分解者生物の酵素生産（Sinsabaugh et al. 2008）や分解過程における炭素・養分の放出に与える影響である．リターの炭素：窒素比がリター分解や窒素放出に与える影響は，古くから注目されており（Swift et al. 1979），窒素やリンの可給性（Hobbie and Vitousek 2000; Kaspari et al. 2008）やリターの窒素：リン比（Wardle et al. 2002; Zhou et al. 2008）によって分解者生物の活性が変わることが知られている．分解が進むにつれて，リターの炭素，窒素，リンの比率は分解者の体組織の値に近づいていく．三つ目は，土壌やリターにおける炭素，窒素，リンの相対的な可給性が，分解者微生物や無脊椎動物の優占度や群集構造（Wardle et al. 2004b; Doblas-Miranda et al. 2008），細菌と菌類の割合（Güsewell and Gessner 2009），土壌動物の体サイズ分布（Mulder and Elser 2009）に与える影響である．分解者生物への影響は，それらが駆動する炭素・養分循環へと反映され，生態系機能へと影響していくことになる．

3.4 植物と土壌の間のフィードバック

第2章や本章でこれまで述べてきた通り，植物の周りの土壌には種に特徴的な土壌生物群集が発達し，それに応じた土壌プロセスの変化が起こる．土壌生物群集は，逆に植物の成長や植物群集に強い影響を与える．その結果，植物と土壌の生物群集の間には強いフィードバック関係が存在し，その植物自身や同所的に生育する他の植物の生残に影響を与える（図3.11）．こういったフィードバックに関する研究は，この15年ほどの間に数多く行われた（e.g. Bever 1994; Van der Putten et al. 1993; Klironomos 2002; Bezemer et al. 2006; Kardol et al. 2007）．植物-土壌フィードバックを研究するアプローチはいくつか考えられるが，よく行われるのはフィードバック実験である．方法に多少の違いはあるが，通常は二つのステップからなる．まず，既知の植物を単植した場所から

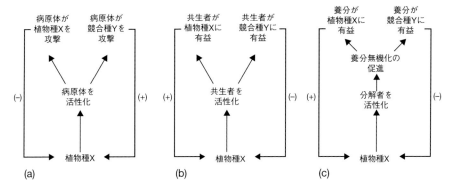

図3.11 植物種Xが土壌生物に影響することで受ける正（＋）あるいは負（−）のフィードバック．種Xに直接フィードバックする場合と，競争種Yへの影響を介した間接的な影響が示されている．(a) 病原体，(b) 共生者，(c) 分解者．

土壌を採取する．この土壌にはこの植物と関連のある土壌生物群集が含まれている．次に，この土壌や他の植物の単植から採取した土壌で，もとの植物や他の植物を栽培する．これにより，ある植物が自種由来の土壌に対してどう反応するか，他種由来の土壌と比較して評価することができる．他種由来の土壌よりも自種由来の土壌で生育が良ければ正のフィードバック，生育が悪ければ負のフィードバックが起こったといえる．フィードバックのメカニズムを明らかにするために，土壌分析や土壌の滅菌，接種実験など第3の処理が施される場合もある（Kulmatiski and Kardol 2008）．

　植物と土壌生物の間のフィードバックには，図2.1に示した通り直接的な経路と間接的な経路がある（Wardle et al. 2004a）．直接的な経路に関わる土壌生物には，植物と相利共生関係にある生物と，植物と敵対関係にある生物が含まれる．相利共生生物には窒素固定細菌や菌根菌が知られ，通常は宿主植物に正のフィードバックをもたらす．窒素固定細菌や菌根菌が植物にもたらす利点については第2章で解説した．窒素の乏しい環境下で窒素固定細菌と共生している植物は多い．例としてはセントヘレンズ山の噴火の後に最初に定着したルピナス属（*Lupinus* spp.）（Morris and Wood 1989）や，氾濫原の新しい砂礫に定着したハンノキ属（*Alnus* spp.）（Walker 1989），新しく形成された河岸段丘に定着した *Carmichaelia odorata*（Bellingham et al. 2001）などが知られている．また，植物の種ごとに適した菌根菌群集との共生も，養分獲得効率を高めるこ

とで植物に大きな利益をもたらしていることはよく知られている（Smith and Read 1997）．植物と菌根菌の相利共生関係は，群集レベルでも重要な効果をもつ．例えば，菌根共生は植物種間の競争関係を緩和することで共存を促進することが知られている（Grime et al. 1987; Hartnett and Wilson 1999；しかし反証もある Connell and Lowman 1989）．また，同所的に生育する植物同士をつなぐ菌根菌の菌糸ネットワークは，新たな実生の定着に重要な役割を果たしているらしい（Perry et al. 1989; Kytöviita et al. 2003; Selosse et al. 2006）．このように，植物と菌根菌の間には正のフィードバック関係が広く認められる．しかし，理論的には負のフィードバックも起こりうる．それは，ある植物種が発達させた菌根菌群集が，他の植物種に利益をもたらすような場合（Bever 2003）や，肥沃な条件下で菌根菌が寄生的に働くような場合である（Francis and Read 1995）．

一方，土壌の病原菌や根食者は一般に植物に負のフィードバックをもたらす．このことは農業生態系ではよく知られており，特定の作物ばかりを栽培することで土壌病原菌が蓄積するのを防ぐために，定期的に輪作が行われる．第2章で述べた通り，病原菌による負のフィードバックについては農地以外の生態系においても研究例が増えてきており，植物の成長に大きな影響をもたらすことが分かってきた（Kulmatiski et al. 2008）．例えば，Van der Putten et al. (1993) がオランダの海岸砂丘で行った土壌フィードバック実験は古典として知られている．この研究では，パイオニアのイネ科草本 *Ammophila arenaria* が土壌中の病原性線虫を増加させることにより自ら衰退し，他種への遷移が促進されることが示された．また，北米におけるブラック・チェリー（*Prunus serotina*）の研究では，成木の下に病原性の卵菌類が増殖することで実生の死亡率が大幅に上昇し，実生の成長量は低下することが示されている（Packer and Clay 2000, 2003; Reinhart et al. 2005）．土壌を滅菌すれば，実生の死亡率は上昇しなかった（Packer and Clay 2000）．その他にも，野外の生態系において土壌中に病原生物が増加することにより負のフィードバックが起こることを示す土壌フィードバック実験はいくつか報告されている（e.g. Bever 1994; Klironomos 2002; Kardol et al. 2006, 2007; Van der Putten et al. 2007; Petermann et al. 2008）．しかし，根の病原菌による植物−土壌フィードバックは必ずしも負になるとは限らない．理論的には，ある植物種が増加させた病原菌が他の植物種に負の影響を与える場合は，正の効果にもなりうる（Bever 2003）．

第2章で述べたように，植物はリターや根圏物質を分解者生物に資源として提供しており，分解者はこれらを分解して植物の成長に必要な養分を放出しているので，分解者生物は植物と間接的な経路で相互作用しているといえる（図2.1）．植物と分解者の関係は相利的になることが多く，正のフィードバックをもたらす．本章のはじめで述べたように，植物が土壌に供給する有機物の量や質は，土壌中の分解者微生物や土壌動物の量や活性に強い影響を与える．さらに，分解者群集や土壌食物網の構造は植物の成長速度や植物の養分含量に影響する（第2章；Wardle 2002）ので，植物が生産する有機物の量や質に影響する可能性がある．例えば Setälä and Huhta (1991) は，オウシュウシラカンバの実生を植えたミクロコズムに土壌動物を加えると実生の窒素濃度が2.3倍以上増加することを報告している．この実生が落とすリターは質が高く，土壌動物に正の効果をもたらすと予想される．どんな植物でもこうした正のフィードバックは起こりうるが，その植物によって改変された土壌条件が他の植物の成長を促進する場合には，負のフィードバックも起こりうる．例えばオランダの湿性ヒースランドでは，養分の可給性が低い遷移初期には灌木の *Erica tetralix* が優占するが，有機物が蓄積して窒素の無機化速度が高まると，成長の速いイネ科草本 *Molinia caerulea* が優占する植生へと変化する（Berendse 1998）．*M. caerulea* のリターは窒素の無機化速度がさらに高いので，*E. tetralix* の優占度はさらに低下し *M. caerulea* の成長が促進される（図3.2）．

　間接的な経路で興味深いのは，植物の群集や種が自分たちのリターを分解しやすい分解者群集を発達させる可能性である（Wardle 2002）．これは研究しやすいテーマにも関わらず，驚くべきことにこれまでほとんど注目されてこなかった．生態系レベルで研究を行った Hunt et al. (1988) は，コロラド州の高山帯草地とマツ林およびプレーリーから優占種のリターを採取し，これら3タイプのリターを上記3タイプの生態系で分解させる実験を行った．その結果，どのリターも採取元の生態系で予想よりも速く分解した．この結果から，各生態系にはそこに優占する植物のリターを効率よく分解する分解者群集が発達していることが示唆される（図3.12）．一方，Wardle et al. (2003a) では，北スウェーデンにおける植生の大きく異なる30の島でそれぞれ優占種のリターを採取し，それぞれのリターを採取元およびそれ以外の島で分解させたところ，採取元の島かどうかはリター分解に影響しなかった．生態系内のスケールでは，Vivanco and Austin (2008) がアルゼンチンのパタゴニア地方に自生するナンキ

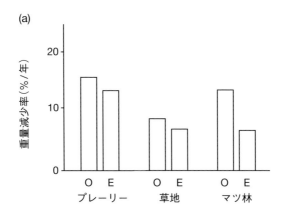

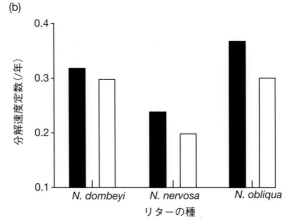

図 3.12 植物の群集や種が，自己のリターを効率よく分解できる分解者群集を発達させていることを示す実験結果．(a) プレーリー，高山帯草地，マツ林の各生態系から優占する植物のリターを採取し，これら 3 タイプのリターを上記 3 タイプの生態系で分解させる実験を行った．O：採取元の生態系で記録された分解速度．E：採取元以外の生態系で記録された分解速度．全ての生態系で O と E の値は有意に異なった（$P = 0.001$）．Hunt et al. (1988) のデータより描く．(b) ナンキョクブナ属（*Nothofagus*）3 種のリターを，同種の根元（黒いバー）および他の 2 種の根元（白いバー）において分解させたときの重量減少（分解速度定数で表されている）．全ての樹種下で分解速度は有意に異なった（$P = 0.001$）．Vivanco and Austin (2008) より Wiley-Blackwell の許可を得て転載．

ョクブナ属（*Nothofagus*）3 種のリターを用いて実験を行った．自種および他種の下にリターを設置して分解させたところ，いずれの場合でも，自種の下における分解速度が最も大きかった．この結果からは，同所的に分布する樹種間でも，樹種の違いにより分解者群集の選択が起きていることが示唆される（図

3.12).また，Strickland et al. (2009) が行った培養実験では，難分解性の木本リターの分解が，草地生態系の微生物群集よりも森林生態系の微生物群集によってより速やかに起こることが示された．同様に Ayres et al. (2009) は，アメリカのコロラド州の高標高域の森林において，優占樹種3種のリターがそれぞれの樹種近傍から採取した土壌生物を接種した場合に最も速く分解することを報告している．一方で Ayres et al. (2006) は北イングランドの3樹種を用いて同様な実験を行ったが，同様な効果はみられなかった．もし植物の群集や種が自分のリターを効率よく分解できる土壌生物群集を発達させるなら，そのリターから放出される養分を早く得ることができ，競争的に有利になる可能性がある．しかし，このことを示す明瞭な結果はまだ得られていない．

　図3.11およびこれまでの議論から明らかなように，植物−土壌フィードバックにはいくつかのメカニズムが介在しており，その効果は正にも負にもなりうる．総合的には植物の成長にどのような影響を与えるかについての答えはまだ出ていない．45例の研究をまとめたメタ解析から，Kulmatiski et al. (2008) は植物−土壌フィードバックは正よりも負になることが多く，植物群集を形作るうえで負のフィードバックの重要性が大きいと考察している．しかし，このような解析にはいくつかの理由で注意が必要である．一つ目は，植物−土壌フィードバック研究の多くが温室で行われており，短期的な効果に注目していることである．このような状況では，共生生物の成長促進効果よりも病原生物の短期的な効果が検出されやすい．例えば，温室での短期的な研究では土壌動物群集が発達する時間はなく，また植物の成長を促進する効果のある菌根菌ネットワークも構築されない．二つ目は，フィードバック研究の多くが遷移初期種の草本で行われている点である．分解者生物による正の効果は，木本が優占してリター層が発達した遷移後期に重要になると思われる．植物と分解者生物の間接的な相互作用（図2.1）は，特に植物が自らのリター分解に好ましい生物相を土壌中に発達させるような場合には，正のフィードバックをもたらす傾向があると思われる．植物−土壌フィードバックが植物の成長に与える総合的な影響についてはまだ分からないことが多いが，これまでの研究からいわれているよりも正のフィードバックの重要性ははるかに高いであろう．

　植物−土壌フィードバックへの関心は高まってきているが，野外の生態系における植物の群集構造を形作るうえでこうしたフィードバックがどのように働くのかについて，分かっていることはごくわずかである．優占している植物が

土壌中の病原生物から負のフィードバックを受けると，植物の多種共存が促進されると考えられる（Bonanomi et al. 2005; Kardol et al. 2006; Petermann et al. 2008）．例えば，ブラック・チェリーの樹下で病原菌が蓄積することでこの樹種の優占が抑制され（Packer and Clay 2000），競争関係にある樹種の優占度が高まる余地が生まれる．こうしたメカニズムは植物の多様性を高め，植生の遷移を促す（本章で後述）と同時に，移入植物の定着も促す（第5章）．一方で，土壌中の病原生物によるフィードバックが非優占種に影響する場合は，植物の多種共存を阻害する方向に働く（Van der Putten 2005）．同様に，相利共生生物や分解者による成長促進効果が優占種に対して働く場合は多種共存は抑制され，非優占種に対して働く場合は多種共存が促進される（Van der Putten 2005）．理論的にも，植物-土壌フィードバックによる分解と無機化の調節が植物体のごく近傍に限られる場合には，植物の多種共存により多様性が維持されることが示されている（Huston and De Angelis 1994）．

3.5 遷移と攪乱

植物が地下の生物相やプロセスに与える影響や植物-土壌フィードバックの役割は，植生遷移の研究において特に顕著にみられる．ここでは，新たに現れた地表における時間に伴う植物組成の変化（一次遷移）と攪乱後の変化（二次遷移）について扱う．遷移の規模や速度は他種との関係によって決まっている部分が大きい．すなわち，促進作用（ある種や集団が他の種や集団の定着に好ましい条件を作り出す）や競争，干渉作用，他種からの影響に対する耐性などである（Connell and Slatyer 1977; Pickett et al. 1987; Walker and del Moral 2003）．こうした相互作用や種の置き換わりのパターンは，遷移に伴い変化する土壌の養分可給性による影響を受ける．遷移と生態系の発達は，発達期（build-pu phase），最大期（maximal biomass phase），そして（十分時間が経過した後の）後退期（retrogressive phase）からなる（Walker et al. 2001）（図3.13）．発達期には養分（主に窒素）の可給性が増加するが，衰退期には養分（特にリン）の可給性が低下する（Vitousek 2004; Wardle et al. 2004b）．

3.5.1 遷移の発達期

新しい地表が出現して一次遷移が始まるときには，植物だけでなく土壌生物

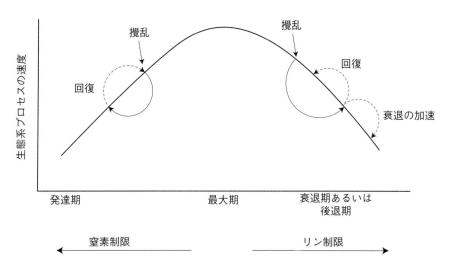

図3.13 遷移における発達期と衰退期．実線矢印は一次遷移を，破線矢印は二次遷移を示す．Walker et al. (2001) より Wiley-Blackwell の許可を得て転載．

群集の定着も起こる．土壌生物群集の定着は植物とは独立に起こるが（Bardgett et al. 2007a; Nemergut et al. 2007; Schmidt et al. 2008），その発達には植物群集の変化が関係しており，植物と直接的・間接的に関係のあるさまざまな土壌生物が関わっている（図2.1）．直接的な経路には窒素固定細菌との共生関係が含まれており，発達期における生態系への窒素の蓄積に大いに寄与していることはよく知られている（Morris and Wood 1989; Bellingham et al. 2001）．発達期には菌根菌群集も発達する．菌根菌のなかでも特にパイオニア的な種が選択される（Ishida et al. 2008）とともに，植物の樹種によって共生する菌種が異なる（Pueschel et al. 2008）．時間の経過とともに菌根菌群集も変化する．遷移初期の植物には非菌根性の種がいるが，遷移中期に優占する草本類はアーバスキュラー菌根性の種が多い．遷移後期に優占する高木や灌木は外生菌根菌と絶対的な共生関係を結んでいる種が多い（Read 1994）．間接的な経路については，遷移初期にどんな植物が定着するかによって土壌中に発達する微生物群集が異なる（Bardgett and Walker 2004）．遷移が進み，植物由来の有機物が土壌中に蓄積してくると，土壌無脊椎動物が定着して土壌食物網が発達する（Wardle 2002; Bardgett et al. 2005; Neutel et al. 2007）．こうした植生遷移に伴う土壌食物網の変化についてはよく調べられており，細菌の優占する食物網から菌類が

第3章 植物群集から土壌生物群集への影響 ● 101

優占する食物網へと変化していくこと（Ohtonen et al. 1999; Bardgett et al. 2007a）や，腐植食の中型-大型土壌動物の個体数が増加すること（Kaufmann 2001; Doblas-Miranda et al. 2008），r 選択よりも K 選択的な無脊椎動物の密度が増加すること（Wasilewska 1994）などが知られている．また，それに伴い土壌食物網に含まれる食物連鎖の長さや複雑さが増す（Wardle 2002; Hodkinson et al. 2004; Neutel et al. 2007）．

　植生遷移に伴う地下の生物群集の変化により，土壌生物が駆動する生態系プロセスの速度も変化する．初期遷移に伴い窒素が蓄積すると，微生物群集は窒素制限状態から炭素制限状態へと移行し，これにより微生物の単位重量あたりの呼吸による炭素放出量が減少する（Insam and Haselwandter 1989）．窒素固定性の植物が優占する場合にはこの効果が特に大きく，初期遷移の段階で有機物が急速に蓄積する（Halvorson et al. 1991）．窒素の可給性が増加し土壌食物網が発達すると，植物リターの分解速度の上昇（e.g. Crews et al. 1995）や土壌からの養分，特に窒素の供給速度の上昇（Chapin et al. 1994）が起こる．こうした土壌のプロセスの変化は，遷移に伴う植物群集の変化によって起こるが，優占する植物種の機能形質が遷移段階に応じて異なる場合には特に変化が大きくなる（Berendse 1998; Grime 2001）．しかし，植生遷移が進みバイオマスが最大期に達すると，生態系内の利用可能な養分が生物体に不動化される割合も最大になる．これにより，リターの質の低下，土壌動物の活性の低下，無機化速度や土壌からの養分供給速度の低下が起こる（Brais et al. 1995; Hättenschwiler and Vitousek 2000; DeLuca et al. 2002a）．最大期には養分循環はより節約的になり，地上と地下の生物群集は窒素とリンの制限を同時に受ける（Vitousek 2004）．こうした養分制限は生態系の衰退へとつながる．それについては 3.5.2 節で述べる．

　植物の種による機能形質の違いは，攪乱に対する生態系の応答（McIntyre et al. 1999）や遷移の発達期や最大期に起こる攪乱による遷移の後退においても重要な役割を果たすと思われる（図 3.13）．大きな攪乱は，地下に供給される資源の量や質に大きな影響を与え，それにより土壌の生物群集やそれが駆動するプロセスに影響を与える．例えば林冠ギャップは森林において頻繁に発生する小規模攪乱だが，土壌微生物バイオマスやリター分解速度，養分無機化速度を変化（多くの場合減少）させることが知られており，これはおそらく植物からの有機物供給が減少することに起因している（Bauhus and Barthel 1995;

Zhang and Zak 1998; Sariyildiz 2008). 嵐, 特にハリケーンによるダメージも, 森林の地下の生物やプロセスにさまざまな影響をおよぼす. 短期的には樹木の生葉や細根が大量に供給される影響 (Herbert et al. 1999), 長期的には植生が回復するまでの間リターの量や質が低下することの影響 (Hunter and Forkner 1999; Lugo 2008) が考えられる. 火災もまた, 世界中で起こっている大きな生態系攪乱であり, 土壌の生物やプロセスにさまざまな影響を与える (Certini 2005 にレビュー). 火災による影響のうち最も顕著なのは, 有機物 (森林では腐植層も) の消失による土壌生物相の衰退である (Certini 2005). しかし, 正の影響もある. 例えば分解しやすいリターを生産する植物が火災後に優占する例 (Nilsson and Wardle 2005) や, 炭が生産されることによる微生物への成長促進効果 (Zackrisson et al. 1996) や微生物が駆動する地下プロセスの促進効果 (Wardle et al. 2008b) が報告されている.

3.5.2 生態系の衰退

破壊的な攪乱が 1000 年といった長期間にわたり起こらないと, 植物バイオマスが減少し植生が衰退することが多い (Crews et al. 1995; Richardson et al. 2004; Wardle et al. 2004b). この衰退の過程で NPP の減少や, 優占する植物種の呼吸や光合成特性が変化する (Turnbull et al. 2005; Whitehead et al. 2005). 生態系の衰退についての研究はクロノシーケンス的な手法で行われてきており, ハワイにおける火山の噴火 (Crews et al. 1995; Vitousek 2004), ニュージーランド近海における地殻の隆起 (Ward 1988; Coomes et al. 2005) や氷河の後退 (Walker and Syers 1976; Richardson et al. 2004), 北スウェーデンにおける火災 (Wardle et al. 1997b, 2003a), オーストラリアのクイーンズランド州における風食 (Thompson 1981; Walker et al. 2001) を利用した研究がある (図 3.14). 生態系の衰退は養分の可給性, 特にリンの長期的な制限と関連している (Walker and Syres 1976; Vitousek 2004). 老齢林における排水の悪化による土壌含水率の増加によって引き起こされることもある (Coomes et al. 2005). まとめると, 衰退期には窒素よりもリンが制限要因となる. これは, 窒素は生物的な窒素固定などにより新たに供給可能なのに対し, リンは新たな供給経路がなく最終的には生態系から喪失するか利用不可能な形態になってしまうためである (Wardle et al. 2004b). 衰退期にある生態系では, 共生系に属さない生物による窒素固定が相当量におよぶことが報告されている (Lagerström et al.

図 3.14 生態系の衰退に伴う養分制限による植物バイオマスの減少 (Wardle et al. 2004b). ニュージーランド南島の Waitutu におけるクロノシーケンス試験地 (Ward 1988) でみられるバイオマス最大期の森林 (a) と長期間の衰退期にある森林 (b). この試験地では海洋の隆起によって島が形成されてから 60 万年間の変化を調べている. オーストラリア, クイーンズランド州の Cooloola におけるクロノシーケンス試験地でみられるバイオマス最大期の森林 (c) と長期間の衰退期にある森林 (d). この試験地では風食により砂丘が形成されてから 60 万年間の変化を調べている. 写真:D. A. Wardle (a, b);R. D. Bardgett (c, d).

2007; Menge and Hedin 2009; Gundale et al. 2010). そのため, 長期間におよぶクロノシーケンスでは, 衰退期に入ると森林の腐植層 (しばしばリターや生葉も) の窒素:リン比が上昇し, 窒素よりもリンの欠乏が生態系を律速するレベルに達することが報告されている (Wardle et al. 2004b) (図 3.15).

生態系の衰退期に起こる養分可給性の低下や植物の生産性の低下は土壌食物網を構成する生物に連鎖的な影響をおよぼす．例えば Wardle et al. (2004b) は世界中で6例のクロノシーケンスを研究し，生態系の衰退が一般に土壌微生物バイオマスを減少させるとともに（細菌に対して）菌類の優占を促進することを報告している．これは，第2章で述べたように菌類が養分を節約的に利用することで養分の乏しい環境により適応しているためだろう．分解者土壌動物に関する研究においても，生態系衰退の影響がみつかっている．例えば，ニュージーランドのフランツ・ジョゼフ氷河（Doblas-Miranda et al. 2008）や Waitutu（Williamson et al. 2005）におけるクロノシーケンスでは，生態系の衰退に伴ってあらゆるグループの線虫が減少する一方で，細菌食線虫に対する菌類食線虫の比は上昇することが報告されている．この結果は，生態系の衰退に伴って細菌系よりも菌系の土壌食物網になりやすいことを示唆しており，リン欠乏が菌類（Güsewell and Gessner 2009）と菌食者（Mulder and Elser 2009）の優占を促すという最近の研究を支持している．さらに，フランツ・ジョゼフで土壌に生息する大型節足動物を調べた Doblas-Miranda et al. (2008) によれば，生態系の衰退段階ごとに土壌動物相は異なるが，体サイズや栄養段階に関わらずあらゆる土壌動物が生態系の衰退に伴い減少する．以上から，千年単位の生態系の衰退に伴う養分可給性の低下は土壌食物網全体に強力なボトムアップ効果をもたらすといえる．

　生態系の衰退に伴う養分可給性や分解者活性の低下は，分解過程や土壌からの養分放出速度に影響する．例えば，標準基質を用いて衰退段階ごとに分解速度を比較した研究では，衰退に伴い分解速度が低下することが報告されている（e.g. Crews et al. 1995; Wardle et al. 2003a）．さらに，リターの分解に伴う養分の放出速度と分解者による養分循環速度は，どちらも生態系の衰退に伴い低下することが報告されている（Hobbie and Vitousek 2000; Vitousek 2004; Wardle et al. 2004b）．生態系の衰退に対する優占植物種の応答により，分解過程はさらに阻害される．衰退期には，落葉前の植物による養分の引き戻しはさらに強力なものとなり（Richardson et al. 2005），土壌に供給されるリターの質はさらに悪くなる（Crews et al. 1995; Wardle et al. 2009a）．リターの質の低下は植物種間（衰退期に優占する植物はより質の低いリターを生産する）でも植物種内（さまざまな衰退段階で共通して優占する植物は，衰退が進むに伴い質の悪いリターを生産する）でも起こる（Richardson et al. 2005; Wardle et al. 2009a）．

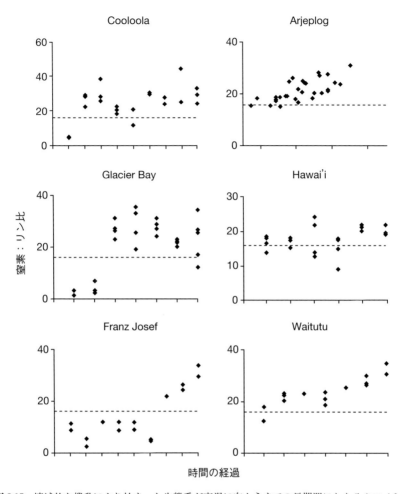

図 3.15 壊滅的な攪乱により始まった生態系が衰退に向かうまでの長期間にわたるクロノシーケンス 6 例における腐植（Cooloola では鉱質土層上部）の窒素：リン比（時間は段階的なスケールで表現してある）．オーストラリア，クイーンズランド州の Cooloola（風食による砂丘の形成から始まるクロノシーケンス；60 万年）；アラスカ，グレイシャーベイ（氷河の後退により表出した地表から始まるクロノシーケンス；1 万 4 千年）；ニュージーランド，フランツ・ジョゼフ（氷河の後退により表出した地表から始まるクロノシーケンス；12 万年）；スウェーデン北部，アリエプローグ島（火災から始まるクロノシーケンス；6 千年）；ハワイ（火山による海洋島の創出から始まるクロノシーケンス；410 万年）；ニュージーランド南島，Waitutu（海底隆起による海洋島の創出から始まるクロノシーケンス；60 万年）．レッドフィールド比（窒素：リン＝16）を水平破線で示した．この値より上では窒素よりもリンが制限要因となると考えられている（Redfield 1958）．Wardle et al. (2004b) よりアメリカ科学振興協会の許可を得て転載．

よって，衰退期の生態系におけるリター分解速度の低下は，微生物群集の活性が低下することと，優占植物種のリターの質が低下することの二つの理由による（Crews et al. 1995; Wardle et al. 2003a）．生態系の衰退に伴う分解速度の低下は，衰退期に欠乏しているリンなどの養分を添加することにより改善されることもある（Hobbie and Vitousek 2000）．

3.5.3 植物–土壌フィードバックと植生遷移

本章でここまで紹介してきた通り，植物–土壌フィードバックのメカニズム（図 3.11）は植物種の置き換わりをもたらし，植生遷移に強く影響しうる．正と負のフィードバックはどちらも，種の置き換わりを妨げて遷移を遅らせる場合もあれば，種の置き換わりを促して遷移を促進する場合もある．遷移に伴うフィードバックには直接的なものと間接的な経路が含まれる（図 2.1）が，これまで直接的な経路について多くの研究が行われてきている．

宿主植物に正のフィードバックをもたらす相利共生生物が遷移に影響することはよく知られている．例えば，遷移初期の植物種の多くが窒素固定細菌と共生関係を結んでいる．窒素固定細菌は短期的には宿主植物に利益をもたらすが，長期的には土壌中の窒素の可給性を増加させ，遷移後期種の優占を促す．こうして遷移初期種の優占が阻害されて排除されていくことで種の置き換わりが起こる（Chapin et al. 1994; Fastie 1995; Bellingham et al. 2001）．植物と菌根菌の共生関係も遷移に影響する．遷移初期種が土壌中に発達させる菌類群集のなかには，遷移後期種と相利共生関係を結ぶ種がおり，そのような場合には遷移後期種の定着が促進されて種の置き換わりが起こる（Nara and Hogetsu 2004; Nara 2006）．一方，優占する植物種と相利共生関係にある菌根菌のネットワークは，この植物種の実生更新を促進することもある（Dickie et al. 2002; Teste and Simard 2008）．この場合には，その植物種の優占が維持され，種の置き換わりは起こりにくい．

負の植物–土壌フィードバックが植物種の置き換わりと遷移を促進することも分かってきた．本章の前半で紹介したフィードバック実験が多く行われてきており，植物種に特異的な病原生物が土壌中に蓄積することで，病気に対する感受性の低い遷移後期種への遷移が促進されることが報告されている（Van der Putten et al. 1993; Kulmatiski et al. 2008）．例えば Kardol et al. (2006) は，遷移段階の異なる草地の優占種を用いたフィードバック実験を行い，遷移初期

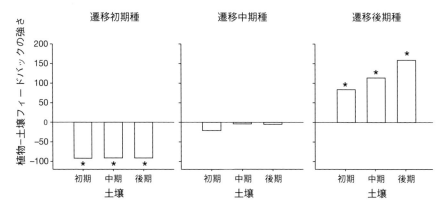

図 3.16 草地の植物 12 種（遷移初期，中期，後期の植物を各 4 種ずつ）を用いたフィードバック実験．遷移初期，中期，後期の草地から採取した土壌を滅菌してこれらの植物を育てた（第一生育段階）後，植物を全て取り除き，その土壌で再び 12 種の植物を育てた（第二生育段階）．各バーは，土壌のフィードバック効果を第一生育段階での成長量に対する第二生育段階の成長量の変化割合（%）として表している．＊はフィードバックが有意確率 5% で 0 と有意に違うことを示す．Kardol et al. (2006) より．

種は負の植物−土壌フィードバックをもたらすのに対し，遷移中期種は中立的，遷移後期種は正のフィードバックをもたらすことを報告している（図 3.16）．この結果は，遷移初期種が種の置き換わりを早めるような方向に土壌生物相を改変していることを示唆している．また De Deyn et al. (2003) は，遷移段階の異なる土壌から抽出した土壌動物群集を用いた実験を行い，それらの土壌動物が遷移初期の植物を選択的に阻害して遷移後期種への遷移を促進することを報告している．特に根食の寄生性線虫がこの結果に寄与しているらしい．この結果は，土壌中の敵対生物が遷移初期種からの遷移に重要であることを示唆している．こうした研究は多くが草地の遷移を対象として行われており，森林など他の生態系でも同様なメカニズムで遷移が促進されるかについてはよく分かっていない．

　植物と分解系のフィードバック（図 2.1 の間接経路）は陸上生態系において普遍的に存在する上，土壌養分の可給性に影響することで植物種の置き換わりを左右しそうに思われるが，こうしたフィードバックが遷移に影響するような研究例はほとんど知られていない．植物と分解系のフィードバックは，まず植物リターから始まる．例えば先に紹介した通り，Berendse (1998) は灌木の *Erica tetralix* が有機物層の発達と窒素無機化速度の上昇をもたらし，これによ

りイネ科草本 *Molinia caerulea* の優占が促進されて *E. tetralix* が減少すること
を報告している．一方，遷移後期種が分解者の活性を低下させるようなリター
を落とすような場合は，遷移が阻害される．例えば，カリフォルニアの養分が
乏しい場所でビショップマツ（*Pinus muricata*）の優占が維持されている理由
の一つとして，この樹種がポリフェノールの豊富なリターを落とし，それが分
解者（少なくともリターの養分を速やかに無機化するような分解者）にとって
好ましくないことが挙げられる．これによりリター中の窒素の無機化が遅れ，
マツと競争関係にある植物が窒素をあまり利用できない（Northup et al. 1995）．
植物と分解系のフィードバックが植物成長に重要なことはよく知られているが，
それが植生遷移にどう影響するかはよく分かっていない．

3.6 地球規模の環境変動が植生を介して地下に与える間接的な影響

　地球上の生態系は，人間活動による環境改変のために大きく変動しつつある
（Millennium Ecosystem Assessment 2005）．気候変動（大気中の二酸化炭素濃
度の上昇を含む）や窒素負荷の増加，移入種，土地利用の変化といった現象は，
全て同時進行で起こっており，陸上生態系の生物群集や機能を大きく改変して
いる．第2章で述べた通り，地球規模の変化に対する地下の生物群集とそれら
が駆動する地下のプロセス，地上へのフィードバックなどの応答は，直接的・
間接的なメカニズムによって起こる．直接的なメカニズムについては第2章で
炭素動態と気候変動の観点から述べたので，ここでは間接的なメカニズム，す
なわち土壌の生物群集やその生態系機能，地上へのフィードバックが植物群集
の生産性や群集構造の変化を介してどのように地球規模の変動から間接的な影
響を受けているかについて解説する．特に，地球規模の変化が陸上生態系に与
える影響や，陸上生態系が炭素貯留などにより変化を緩和しうるかを理解する
ためには，地上と地下のつながりを考慮する必要があることを紹介したい
（Wolters et al. 2000; Wardle et al. 2004a; Tylianakis et al. 2008; Bardgett et al.
2008; Kardol et al. 2010）．気候変動と窒素負荷を例として取り上げるが，移入
種の影響については第5章で扱う．地球規模の変化が土壌の生物や生態系レベ
ルのフィードバックに与える間接的な影響について包括的なレビューを行うこ
とが目的ではない．ここでは，いくつか例を挙げることで，重要なメカニズム
を浮き彫りにする．

3.6.1 気候変動が地下に与える間接的な影響

　大気中の二酸化炭素濃度の上昇は，人間活動による地球環境改変の最も明瞭な例として取り上げられる（IPCC 2007）；産業革命以前（1800年以前）とくらべ大気中の二酸化炭素濃度は280 ppmから365 ppmへと30％程度上昇した．これは主に化石燃料の燃焼や自然生態系の農地への改変によって起こっており，今世紀末には540 ppmから970 ppmに達すると見積もられている．大気中の二酸化炭素濃度の上昇はすでに世界中の気候に大きな影響を与えており，将来的には平均気温の上昇や異常気象の増加などさらに影響が増えると予想されている（IPCC 2007）．こうした気候変化は，土壌中の生物群集やその活性に間接的な影響を与えることで植物の成長や植生を左右し，それにより地下への炭素貯留を変化させて気候変動へとフィードバックを与える可能性がある．こうした気候変動から地下の生物群集への植物を介した間接的な影響は，さまざまなメカニズムにより起こるが，大きく二つの経路に分けられる（Bardgett et al. 2008; Kardol et al. 2010）．一つ目は，大気中の二酸化炭素濃度の上昇により植物の光合成活性が高まり，光合成で固定された炭素の細根や土壌生物移動量が増えたり，リターの質が変わったりすることで土壌微生物や微生物食者に間接的な影響を与える経路である．二つ目は，植生の多様性や機能の変化を介したより長期的な経路である．ここでは，これらの経路について解説する．

　二酸化炭素濃度の上昇が植物の光合成活性や成長を増加させることはよく知られている．これは特に養分の豊富な条件で顕著であり（Curtis and Wang 1998; De Graaff et al. 2006），根や共生生物への炭素配分の増加をもたらす．また易分解性の糖や有機酸，アミノ酸の根からの滲出の増加をもたらして根圏の腐生性微生物にも炭素が供給される（Zak et al. 1993; Diaz et al. 1993; Iversen et al. 2008）．植物根から土壌への炭素供給量の増加が微生物群集におよぼす影響は，植物種による形質の違いや土壌食物網の相互作用，土壌の肥沃度といったさまざまな要因に左右されるため予測することが困難である．しかし，土壌生物や炭素動態に与える影響についていくつか可能性を挙げることはできる．例えば，根への炭素配分の増加や，それによる根から土壌への炭素滲出の増加は，微生物のバイオマスや活性を高め，炭素の無機化を促進して土壌からの炭素放出量を増加させる可能性がある（Körner and Arnone 1992; Zak et al. 1993; Freeman et al. 2004b; Heath et al. 2005; Fontaine and Barot 2005; Kuzyakov 2006; Dijkstra and Cheng 2007; Jackson et al. 2009）．確かに，いくつかのFACE（free-air carbon dioxide enrichment）実験によれば，大気中の二酸化炭素濃度を高めると根のバイオマスや土壌呼吸が増加しており（e.g. Körner and Arnone 1992; Hungate et al. 1997; Norby et al. 2004; Pritchard et al. 2008; Jackson et al. 2009），二酸化炭素の濃度上昇に対する反応は地上よりも地下のほうが大きい傾向が一般に認められている（Jackson et al. 2009）．第2章で紹介した通り，菌根菌は光合成されてから間もない炭素のシンクとして働いており（Högberg and Read 2006），二酸化炭素濃度が高くなってこれらの菌根菌への炭素供給が増加すれば，菌根菌の成長量も増加するだろう（Rillig et al. 2000）．これは特に養分の乏しい環境下で起こりやすいと考えられており（Klironomos et al. 1997; Staddon et al. 2004），植物の成長量と炭素同化量を増加させる方向へフィードバックすると思われる．二酸化炭素濃度の上昇に対応した菌根菌の成長量増加は，土壌微生物群集への炭素放出量を介して（Högberg and Read 2006），また土壌の結合度を高めることによる土壌有機炭素の安定性の向上を介して（Rillig and Mummey 2006; Six et al. 2006; De Deyn et al. 2008; Wilson et al. 2009），土壌や生態系レベルの炭素動態にも潜在的に影響しうる．

　一方，根からの炭素供給量の増大による微生物バイオマスの増加は，土壌中の窒素の不動化を促進して植物による窒素利用を制限する可能性もあり（Diaz et al. 1993; De Graaff et al. 2007），植物の成長量や土壌への炭素貯留に負のフィードバックをもたらすかもしれない．また，第2章で述べたように，窒素をめぐる植物と微生物の間の競争も，土壌窒素の可給性や微生物活性を低下させることにより微生物による分解速度を低下させて，生態系の炭素貯留量を増大させる可能性もある（Hu et al. 2001）．ここで重要になるのはリターの質の低下だろう．二酸化炭素濃度の上昇は植物体の窒素濃度を低下させ，土壌に供給されるリターの炭素：窒素比を高める（Curtis and Wang 1998; Coûteaux et al. 1999）．これが今度は微生物体への窒素の不動化を促し，植物が利用できる窒素が減少するので，二酸化炭素濃度の上昇による施肥効果とは逆の影響があるかもしれない（Curtis and Wang 1998; Coûteaux et al. 1999）．De Graaff et al. (2006) が117例の研究データを用いて行ったメタ解析によれば，二酸化炭素濃度の上昇により，平均して窒素の不動化量が22％，微生物窒素量が5.8％，それぞれ増加した．また，微生物バイオマスと土壌呼吸量はそれぞれ7.1％および17.7％増加した．しかし，このメタ解析では酸化炭素濃度の上昇により植物バイオマスも顕著に増加することが示された．特に，窒素を添加した場合に

この傾向が強く，微生物呼吸による土壌からの炭素放出を上回って，全体的には土壌中の炭素量が年間1.2%増加する結果となった．他の研究では，施肥されていない生態系でも長期的には植物の成長が二酸化炭素濃度の上昇と窒素の不動化に順応することが報告されている（Finzi et al. 2002; De Graaff et al. 2006）．このように，二酸化炭素濃度の上昇による土壌への炭素の貯留は，施肥や大気からの窒素汚染などによる養分添加がある状況が長期間続いて初めて実現する（Finzi et al. 2002; De Graaff et al. 2006）．窒素添加（施肥や窒素汚染）がない状況では，窒素の可給性は次第に低下する（progressive nitrogen limitation concept）（Luo et al. 2004）．

　より長い時間スケール（数十年から数百年）では，気候変動は植生の機能や多様性の変化を通じて地下のサブシステムに間接的な影響を与える．温暖化と降水量の変化が局所スケール，地球スケールに関わらず植物の種や機能群の分布に影響することが報告されている（Prentice et al 1992; Woodward et al. 2004）．例えば，近年の降水パターンの変化が熱帯雨林（Engelbrecht et al. 2007）やアフリカのサバンナ（Sankaran et al. 2005）の植生に影響した例や，温暖化によりカナダのツンドラが急速に森林化した例（Danby and Hik 2007），隠花植物（コケや地衣）の被度が減少した例（Cornelissen et al. 2001b; Walker et al. 2006），塩性湿地における植物多様性の急速な減少（Geden and Bartness 2009），北極圏への低木の侵入（Sturm et al. 2001; Epstein et al. 2004; Tape et al. 2006; Wookey et al. 2009），そしてアメリカ合衆国西部における広域的な樹木の大量枯死（Van Mantgem et al. 2009）などが知られている．同様に，大気中の二酸化炭素濃度の上昇は草地の植生を変化させることが報告されており（Körner et al. 1997; Niklaus et al. 2001），マメ科植物の成長を促進して土壌の窒素循環に影響する例も知られている（Newton et al. 1995; Hanley et al. 2004; Ross et al. 2004）．こうした植生の変化は光合成による二酸化炭素の吸収量を左右して（Reich et al. 2001; Ward et al. 2009）土壌への光合成産物の転流に影響するとともに，根系の構造や根の深さなどを変化させることで土壌の物理構造を変化させる（Jackson et al. 1996）．しかし，気候変動による植生変化が土壌生物に与える長期的な影響をもたらす一番の要因は，リターの量や質の変化である．これらが土壌の生物学的な特徴を左右する重要な要素であることは本章の前半で紹介した．

　地球温暖化による植物の植生変化が地下に与える影響について，最もよく研

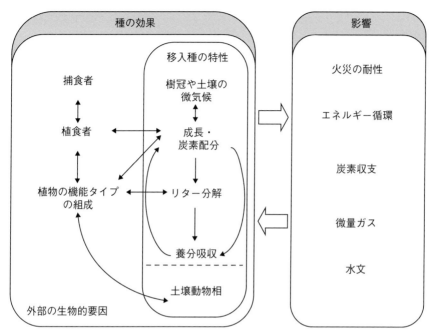

図3.17 北極における植物の機能タイプの変化による生態系レベルの特性に対するフィードバック関係．Wookey et al. (2009) より．機能タイプの変化（左側の枠）が食物供給のタイミングや質，量を変化させ，さらには小型植食者（無脊椎動物や小型げっ歯類，鳥類など）の住み場所の物理的な改変を通じて消費者（植食者や分解者）に影響する．フィードバック関係にある要素間は両矢印で結んである．分解者からのフィードバックは，養分無機化の規模，タイミング，場所（根圏や地表，枯死根など）や，菌根菌との共生関係の変化，養分をめぐる分解者と植物の競争などを通じて起こる．植物の機能タイプや成長量，炭素配分パターンの変化は，生態系プロセスに影響することで地球のシステム（右側の枠）と直接的に相互作用している．生態系プロセスはエネルギーや水分の循環，土壌の肥沃度や物理性，火災への耐性などに影響する．一方，全ての栄養段階を含んだ生態系全体の代謝は（大気中および水中の）炭素循環に影響する．Wookey et al. (2009) より Wiley-Blackwell の許可を得て転載．

究されているのは北極である（Wookey et al. 2009 にレビュー）（図3.17）．ここ数十年の急速な温暖化に対して高緯度地域や高山の生態系が非常に脆弱であることはよく知られており（Overpeck et al. 1997; Serreze et al. 2000; Euskirchen et al. 2006），ヒメカンバ（*Betula nana*）といった灌木の侵入がすでに始まっている（Hobbie et al. 1999; Sturm et al. 2001; Epstein et al. 2004; Jónsdóttir et al. 2005; Tape et al. 2006）．灌木は草本よりも質が低く分解しにくいリターを生産する（Cornelissen 1996; Quested et al. 2003; Dorrepaal et al.

2005).それにより北極圏の炭素動態がどういった影響を受けるかはよく分かっていないが,Cornelissen et al. (2007) によれば,温暖化によって難分解性のリターを生産する灌木類が極地に分布域を拡大すると,温暖化に負のフィードバックがあることが示唆されている.すなわち温暖化による分解促進や極地土壌からの炭素放出とは反対の方向に働く可能性がある.これらの結論は,北半球において気候変動に関連する主要な変数を世界規模で解析した結果から得られたものであり,植物の生活型や気候の直接的な影響がリター分解を律速する主要な要因であることを示唆している(図 3.18).Cornelissen et al. (2007) は,北半球の 33 カ所での実験結果をまとめ,寒冷な土壌よりも温暖な土壌(温度が 3.7℃ 高く,生育期間も長い)においてリター分解が平均して 42% 促進されることや,草本リターのほうが灌木リターよりも 40% 速く分解することを示した(図 3.19).面白いことにこの結果は,植物の種の違いによる分解への影響がこれまで考えられていたよりも大きいことを示しており,6 大陸における 66 例の分解実験から 818 種の植物リターの重量減少率データを解析した Cornwell et al. (2008) の結果と一致している.

　極地における灌木の分布域拡大が広域的な土壌炭素貯留に与える影響について結論づけるには,他のフィードバックについても考慮する必要がある (Cornelissen et al. 2007).一つ目に,灌木の増加による負の効果が根雪量の変化による正や負の効果にくらべどのくらい大きいか分かっていない点が挙げられる (Chapin et al. 2005; Sturm et al. 2005; Weintraub and Schimel 2005; Wookey et al. 2009).二つ目に,灌木はイネ科草本にくらべ根系が浅いため,根リターの分解が地表の温暖化により促進されて土壌からの炭素放出につながりやすい点が挙げられる (Mack et al. 2004).三つ目に,植物の生産性の増大や灌木による難分解性リターの生産 (Shaver et al. 2001) によりリターの蓄積が進むと,リター層の可燃性が高まり,火災による炭素消失の可能性が高まる.ただ,この可能性は降水量や土壌の水分条件にも左右される (Chapin and Starfield 1997; Hobbie et al. 2001; Cornelissen et al. 2007).四つ目に,北極の植物は機能群間で微生物群集や (Wallenstein et al. 2007; Wookey et al. 2009) 菌根菌 (Read et al. 2004) との関係性が異なるので,気候変動により植生が変化すると微生物のリター分解能も変化する可能性が挙げられる.これにより,植物と土壌微生物の養分をめぐる競争が変化し,ひいては生態系の養分や炭素の循環が影響を受ける可能性がある (Bardgett et al. 2008).最後に,植生の変化

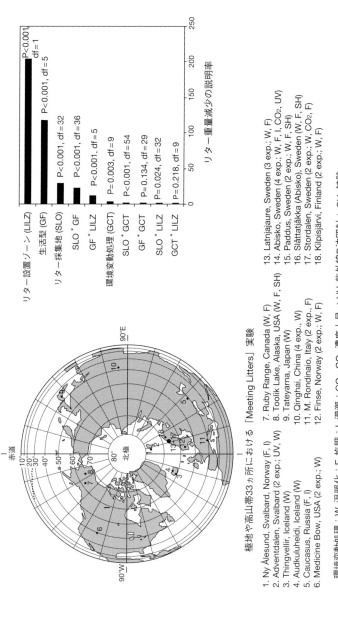

図 3.18 北半球の極地や高山帯 33 カ所での気候変動疑似実験におけるリターの重量減少率に影響を与える生物的・非生物的要因（右図）。リターは二つの異なるゾーンにおいて共通の方法を用いて分解実験を行った。ゾーンは高標高と低標高に分けて設置してある。「Meeting Litters」実験（左図）より。Cornelissen et al. (2007) より Wiley-Blackwell の許可を得て転載。

第3章 植物群集から土壌生物群集への影響 ● 115

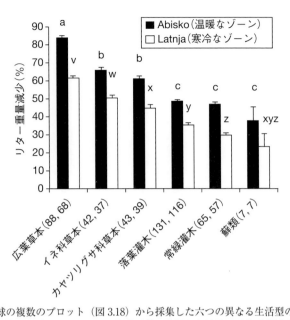

図3.19 北半球の複数のプロット(図3.18)から採集した六つの異なる生活型の植物の葉リターを,二つの異なるゾーンにおいて2年間野外で分解した結果の平均重量減少(%)データ.カッコ内の数字は,温暖なゾーン(Abisko)と寒冷なゾーン(Latnjajaure)における反復数をそれぞれ表している.ANOVAの結果,生活型:$F = 84.7$, $P < 0.001$;ゾーン:$F = 50.0$, $P < 0.001$;交互作用:$F = 0.98$, $P = 0.43$.エラーバーは標準誤差.それぞれのゾーンで同じアルファベットのバーはGames-Howellの多重比較で有意差がないことを示す.Cornelissen et al. (2007)よりWiley-Blackwellの許可を得て転載.

に起因するこれら複数のフィードバックの相対的な強さは,土壌の深部における炭素動態に対するより長期的な温暖化の影響(Mack et al. 2004)や,土地利用や植食者による攪乱が炭素動態に与える正のフィードバック(Wookey et al. 2009)も考慮して評価する必要がある(Cornelissen et al. 2007).

北極圏におけるこれらの研究例から,気候変動下における生態系の炭素貯留に植物の形質と地下のサブシステムの相互作用が強い影響を与えることが分かる.De Deyn et al. (2008)がまとめている通り,陸上生態系の炭素貯留量は植物の形質と土壌生物との間の関係にある程度依存している(図3.20).こうした関係は空間的・時間的スケールの異なるさまざまなメカニズムによって成り立っており,炭素の同化,土壌への輸送や滞留時間,分解による大気中への放出といったプロセスに影響を与えている(図3.21).そのメカニズムは完全に分かっているわけではないが,土壌生物相の形質もまた重要であることが示唆

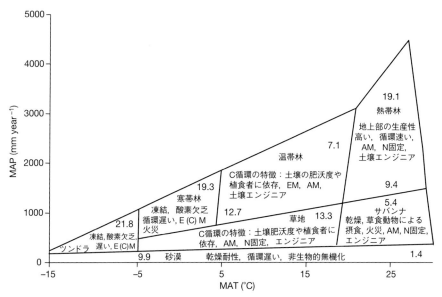

図 3.20　年平均気温（MAT）および降水量（MAP）に対応したバイオームごとの炭素貯留量（kg C m^{-2}）とそれに関わる植物の形質．バイオーム内での低い値と高い値はそれぞれ，暖温帯と冷温帯，あるいは乾燥熱帯林と湿潤（泥炭）熱帯林の違いを反映している．EM，外生菌根性；ECM，エリコイド菌根性；AM，アーバスキュラー菌根性；バイオームの配置はWoodward et al. (2004) に従った．De Deyn et al. (2008) より Wiley-Blackwell の許可を得て転載．

されている．こうした形質にもとづく研究手法は，大気中の二酸化炭素濃度の上昇を緩和するための炭素貯留技術を開発するうえで特に重要になるだろう（Lal 2004; P. Smith et al. 2008; Díaz et al. 2009）．植物の形質やその組み合わせによって植物から土壌に供給される炭素の量や質が影響を受ける一般的なメカニズムや，それを炭素貯留といった生態系サービスの向上に応用するためには，さらなる研究の積み重ねが必要である（Wardle et al. 2003a; Fornara and Tilman 2008; De Deyn et al. 2008, 2009; Steinbeiss et al. 2008; Jonsson and Wardle 2010）．

3.6.2　窒素負荷による地下への間接的な影響

　人間活動は大気中への窒素の放出量を増やし，大気から陸上生態系への炭素負荷を劇的に増大させた（Holland et al. 1999; Bobbink and Lamers 2002; Galloway et al. 2004）．気候変動と同様に，窒素負荷もまた植生の変化を通じて

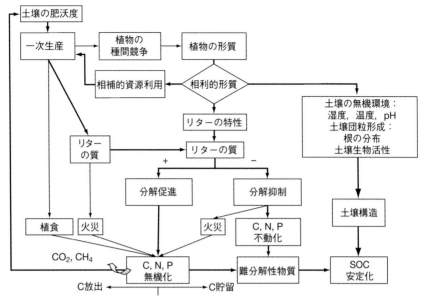

図 3.21 植物の形質は炭素の加入と放出のバランスを左右することで土壌炭素貯留に影響を与える. SOC, 土壌有機炭素. De Deyn et al. (2008) より Wiley-Blackwell の許可を得て転載.

地下のサブシステムやプロセスに大きな影響を与える可能性がある. 多くの植物群集は窒素により制限されているので (Vitousek and Howarth 1991), 窒素負荷は植物の生産性や群集構造を大きく改変する. 特に成長の速い種は窒素を速やかに獲得してNPPを増大させる. 例えば, 高山ツンドラにおける研究では, 窒素負荷により広葉草本やコケからイネ科やカヤツリグサ科の植生に変化することが報告されている (Bowman et al. 1993, 1995; Van der Wal et al. 2003; Soudzilovskaia et al. 2007). また, 温帯草地における研究では, 窒素負荷によりマメ科や広葉草本に替わりイネ科の成長が促進されることが報告されている (Bobbink 1991; Wedin and Tilman 1993; P. Smith et al. 2008). 北極のツンドラでも, ヒメカンバ (*Betula nana*) といった木本 (Bret-Harte et al. 2002; Hobbie et al. 2005) やイネ科草本 (Press et al. 1998; Shaver et al. 1998; Gough et al. 2002) の成長が促進されることが確かめられている.

窒素負荷は, 成長の速い植物の優占を促したり葉の窒素濃度を上昇させたりすることで, 土壌に供給されるリターの量や質を増大させ (Throop and

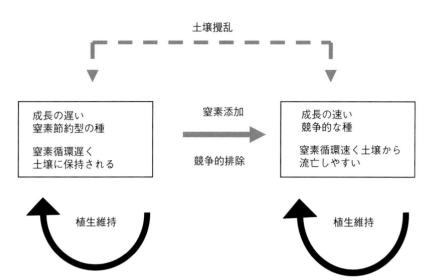

図 3.22 窒素の可給性が低い系と高い系において植物群集が維持される一般的なパターンを示した模式図．窒素が大量に添加されると，貧栄養な場所に生育していた窒素節約型の植物から，より競争的な植物に植生が遷移する．競争的な植物は窒素循環を促進するので，一旦こうした状態になると，窒素負荷が停止してももとの状態には戻らず，土壌中の窒素が減少して再び貧栄養に適応した植生に戻るまで，速い窒素循環が維持される．Welker et al. (2001) より Oxford University Press の許可を得て転載．

Lerdau 2004），それによりさらなるリターの質の向上をもたらす．本章ですでに紹介した通り，こうしたリターの質の変化は土壌中の微生物や土壌動物を増加させるとともに，菌系よりも細菌系の食物網の優占度を増加させる．細菌系の食物網が優占すると窒素の無機化が促進され，それにより土壌の窒素可給性が増加して成長の速い植物の成長が促進されるというように，植物の成長と窒素循環に強い正のフィードバックをもたらす（図 3.22）（Welker et al. 2001）．窒素循環におけるこうした正のフィードバックの結果，窒素負荷に対する生態系の応答は非線形になる．植生の変化がさらなる窒素の無機化を促すことになり，ついには溶脱による生態系からの窒素の喪失につながる（Welker et al. 2001）．一方で，窒素循環と植物の成長における正のフィードバックは植食者の増加をもたらし（Bowman 2000; Van der Wal et al. 2003），それにより植生の変化は沈静化するか，あるいはさらに促進される（Van der Wal et al. 2004; Van der Wal 2006）．また，窒素循環に正のフィードバックがかかるかどうかは，生態系の窒素シンクとしての容量に依存している．この容量が大きい生態系ほ

ど，窒素負荷が生態系システムに与える影響を緩和できる（e.g. Aber et al. 1989; Zogg et al. 2000; Phoenix et al. 2004）．

窒素負荷が地上と地下のフィードバックに与える影響に関する実験はあまり行われていない．第2章で紹介したように，窒素は地下のサブシステムに直接的な影響も与えるので，その影響は複雑である．Manning et al. (2006) は，窒素負荷が生態系に与える直接的な影響と間接的な影響を分離する実験を行い，相対的な貢献度を評価した．この実験では，用意した植物を用いたミクロコズムを作り，二つの要因をそれぞれ2段階に調節して計四つの実験区を設定した．一つ目の要因は窒素負荷レベルであり，これにより生態系機能に対する窒素負荷の直接的な影響を評価する．二つ目の要因は植物の群集組成であり，窒素レベルの高い環境と低い環境に適応した植物群集をそれぞれ用意した．実験の結果，植物の群集組成を介した間接的な影響よりも，窒素負荷が植物の成長や土壌の生物群集に与える直接的な影響の方が大きいことが示された．直接的な影響は，窒素負荷によって植物の成長が促進され，リター量が増加して分解者の量や活性が増加することによる．しかし，リター量の増加は分解者の活性を促進するが，これだけでは窒素レベルが高い実験区における炭素や窒素の蓄積阻害を説明するには不十分だった．この研究の著者らは，この実験結果を野外での現象の解釈に反映させるには注意が必要だと述べている．例えば，この実験には植物の主要な機能群の局所的な消失といった窒素負荷の植生への影響が含まれていない．しかし，野外でも同様な結果が得られれば，植物群集の組成や多様性の変化を介した間接的な影響よりも，窒素負荷が生態系機能に与える直接的な影響の方が大きい場合もあるということがいえるだろう．

この問題を扱った最近の研究としては，Suding et al. (2008) もある．これはコロラド州の Niwot Ridge における高山の湿性草地で行われた野外研究で，窒素負荷に対する生態系の脆弱性に種の消失と窒素負荷が与える影響を個別に評価している．この実験では，同所的に優占する広葉草本の *Geum* (*Acomastylis*) *rossii* とイネ科で成長の速い *Deschampsia caespitosa* の除去と窒素添加を6年間行った．その結果，*Geum* と土壌微生物のフィードバックは窒素循環を遅くする方向へ進んだが，*Deschampsia* と土壌微生物のフィードバックは窒素循環を加速する方向へ進んだ．*Geum* の区は最初の4年間は存続していたが，窒素添加を続けたところ，窒素の可給性が増加して土壌微生物からのフィードバックが得られなくなったことにより *Geum* は急速に衰退し（約70％減），競争から

解放された *Deschampsia* が増加した．*Deschampsia* は他の植物に対する競争に非常に強いので，結果として植物群集全体の多様性は低下することになった．興味深いことに，この研究では窒素添加による *Geum* の被度の増加といった直接的な影響も検出されているものの，こうした直接的な影響は生物間相互作用とその結果生じる窒素の可給性の変化という間接的な影響にくらべ小さいことが示された．この結果は，ミクロコズム実験において窒素負荷が生態系に与える影響は間接的なものよりも直接的なものの方が大きいことを示した Manning et al. (2006) の結果と相反するものとなった．Suding et al. (2008) の野外調査からは，微生物群集を介した植物−土壌フィードバックが窒素負荷に対する生態系の脆弱性に影響することや，窒素負荷に対する生態系の応答は植物の種組成の変化により窒素循環が促進されることにより非線形になることが示唆されている．

最後に，窒素負荷と気候変動が地下のサブシステムに与える複合的な影響の重要性について述べておきたい．前述の通り，窒素添加により生態系の窒素制限が緩和されると，大気中の二酸化炭素濃度の上昇に対する生態系の反応が出やすくなる (Luo et al. 2004)．また，気候変動による植生の変化も加速するので，植生の変化が地下のサブシステムに間接的な影響を与える可能性も増す (Wookey et al. 2009)．また，第2章で述べたように，窒素負荷は分解過程に大きな影響を与えるので，温暖化による土壌呼吸量の変化や土壌の炭素貯留量に影響する (Davidson and Janssens 2006; Bardgett et al. 2008)．例えば，分解を阻害することで土壌からの炭素の放出が減るかもしれない (Craine et al. 2007; Reay et al. 2008)．第2章の繰り返しになるが，地球環境変動が生態系に与える影響を理解するためには，環境変動の複数の要素が同時に働いたときに地上−地下のフィードバック関係がどう変化するかを検証する実験が必要である．

3.7 結論

この章では，地上の植物群集が地下のサブシステムにどう影響し，それが地上にどうフィードバックするかについて解説した．この分野はここ10年で生態学の主要なテーマとなり，急速に発展してきた．植物の種間で土壌の生物群集や地下のプロセスへの影響が異なることは古くから知られていたが，現在ではそのメカニズムに関する理解が進み，植物の基本的な形質が種間で異なるこ

とがこの違いを生み出していることが分かってきた（Grime et al. 1997; Wardle et al. 1998a; Díaz et al. 2004; Wright et al. 2004)．さらに最近の研究からは，同所的に生育する植物群集の内部でも種により形質が大きく異なり（Hättenschwiler et al. 2008; Richardson et al. 2008)．なんと，こうした形質の違いはリター分解といった微生物活性を理解するうえで地球規模の気候の違いよりも重要であることが分かってきた（Cornelissen et al. 2007; Cornwell et al. 2008)．また，「種の優占度で重み付けした群集レベルの植物形質（community-weighted plant trait value)」を用いた研究からは，個々の葉の形質から生態系全体のプロセスまでスケールアップして理解できる可能性が示されている(e.g. Quested et al. 2007; Fortunel et al. 2009；しかし反証もある Wardle and Zackrisson 2005; Peltzer et al. 2009)．さらに，種間だけでなく種内の変異も地下に大きな影響を与えることが分かってきており（e.g. Schweitzer et al. 2004; Classen et al. 2007)．植物の遺伝子や遺伝型の違いが土壌の生物群集に影響することを包含した「群集の遺伝率（community heritability)」という魅力的な概念も提出されている（Whitham et al. 2003, 2008)．

　植物群集が地下のサブシステムに与える影響という点で近年特に注目を集めているのが，植物−土壌フィードバックである．これは，植物の下の土壌にはその植物に選択された土壌生物群集が発達し，それがその植物自身や他の植物に正の効果をもたらすというフィードバック関係であり，近年多くの研究が発表されている（Kulmatiski et al. 2008)．最近行われた研究からは，植物−土壌フィードバックが植物の多様性（Packer and Clay 2000; Petermann et al. 2008)や植生遷移（De Deyn et al. 2003; Kardol et al. 2006)．また第5章で紹介するように植物の移入について理解するうえで有用であることが示されている．また，気候変動や窒素負荷といった人間活動に起因する地球環境の変化が植物個体の活性や植物群集の機能を介して地下サブシステムに与える影響についての研究も増えてきている．さらに，地球の環境変化が植物群集と地下サブシステムのフィードバック関係に影響すると，それが生態系の炭素循環に関わる生態系プロセスに影響することを示す研究も多い（Wardle et al. 2003a; Cornelissen et al. 2007; De Deyn et al. 2008; Chapin et al. 2009)．植生の変化が土壌の生物群集や土壌プロセスに与える影響のメカニズムを理解するうえでは，操作実験も非常に有効である（e.g. Manning et al. 2006; Suding et al. 2008)．

　このように，研究は活発に行われており理解も深まってきているが，まだよ

く分かっていないことやこれから研究すべき重要なテーマもたくさんある．例えば，植物の形質が地上と地下のつながりやフィードバックにどう影響するかについては分かってきているが，植物の形質が土壌生物やその形質にどう選択的に働いているのか，その逆はどうか，ということはよく分かっていない．しかし，こういった情報は地上と地下のつながりのなかでも重要な位置を占める土壌生物群集を含んだメカニズムに関する理解や，地上と地下のつながりが生態系プロセスに与える影響を理解するうえで非常に重要である．また，植物群集が地下のサブシステムに影響する複数の経路の相対的重要性については，今まさに研究が始まったばかりである．例えば，植物リターが地下に与える影響についてはよく調べられている一方で，生きた植物根が地下に与える瞬間的な影響の重要性についての理解は緒についたばかりである（Pollierer et al. 2007; Högberg et al. 2008; Meier et al. 2009）．さらに，植物−土壌フィードバックにおける直接的な経路と間接的な経路の相対的な重要性（図2.1）についての理解もごく限られている．この大きな理由は，植物−土壌フィードバックに関する最近の研究の多くが草地の植物に注目しており，病原菌の蓄積といった，負になりやすい短期的な影響の重要性を検出するための方法で行われているためである（Kulmatiski and Kardol 2008; Kulmatiski et al. 2008）．そのため，この分野の最近の研究は非常に偏ったものになっている．一般性を検証するためには，草地以外の生態系において，より長期的なフィードバック（その多くが正の影響）に関する理解を深める必要がある．

　最後に，植物群集が地下のサブシステムに与える影響や，それが地上に与えるフィードバックについて研究することにより，地球規模の環境変動が生態系に与える影響や生物圏と大気の間の炭素循環に与える影響に関する理解を深めることができる．しかし，そこに至るためにはいまだ未解明の二つの課題に取り組まなければならない．一つ目は，植物の形質や植物と土壌生物群集の間のフィードバックが生態系の炭素収支や炭素貯留にどう影響するかである．これは，地球規模の環境変動下でどの生態系が炭素を吸収し，どの生態系が放出するかを予測するうえで不可欠である．二つ目は，第2章の繰り返しになるが，Tylianakis et al. (2008) が述べている通り，地球環境変動に含まれる複数の要素はそれぞれ独立して働くわけではないということである．地上と地下の関係という観点から地球環境変動を理解するためには，複数の要素を同時に考慮した研究が必要である．

第4章

地上部の消費者が生態系に与える影響

4.1 はじめに

　前の二つの章において，植物と地下の生物群集の生物間相互作用が，いかにして陸上の生態系機能の駆動要因として機能しているかを探索してきた．また，地球規模の変化がどのように生態系レベルのプロセスに影響を与えるか，特に陸と大気の間の炭素循環の点から理解するために，地上−地下の関係の重要性について議論した．植物と地下の生物群集の生態的なつながりと，それらの生態系機能を調整する役割は，他の栄養段階，特に植物を消費し群落構造や生産性を改変し，地下へも影響を与える地上の草食動物からの影響を強く受ける（Bardgett et al. 1998b; Bardgett and Wardle 2003; Wardle et al. 2004a）．さらに，最上位の捕食者は草食動物の個体群密度を改変することで生態系プロセスに影響を与える（Post et al. 1999; Terborgh et al. 2001, 2006）．特に，肉食動物による生態系機能への影響は，変化した草食動物の量によって引き起こされる植物群落の変化や，捕食者リスクに応じた採食行動の変化によって生じる（Wardle et al. 2002; Thébault and Loreau 2003; Dunham 2008; Schmitz et al. 2004）．従って，草食動物による生態系機能への生態学的な重要性を理解するには，さまざまな栄養状態における彼らの役割を考慮する必要がある．このように，草食動物や肉食動物は直接的，間接的に植物に影響することで，地下の生物相や生態系プロセスに影響を与える（Terborgh et al. 2001; Wardle et al. 2005; Dunham 2008; Schmitz 2008a）．

　異なる時空間スケールで同時進行するさまざまなメカニズムを含んでいるため，食植者やそれらの捕食者による生態的な影響は複雑である（Bardgett and Wardle 2003）．例えば，植食者による摂食は，植物の炭素・窒素分配や根滲出

物に急速な変化を起こしうる.これは,第3章で議論されているように,根から排出された炭素やその他の養分に依存する根粒菌の成長や活動に影響を与えうる (Guitian and Bardgett 2000; Hamilton and Frank 2001; Mikola et al. 2009). 同時に,地上の植食者は葉の化学性に複雑な変化を引き起こし,さらにリターの質を改変することで土壌生物相や分解速度に影響を与える (Bardgett and Wardle 2003). 長い時間スケールを通して,植食者による選択的な採食や捕食リスクに対する採食行動の変化は,植物群落構成を変え (Ritchie et al. 1998; Wardle et al. 2001; Fornara and du Toit 2008),土壌に加入するリターの質や量を変え,最終的には分解速度や栄養循環の速度を変える (Pastor et al. 1993; Wardle et al. 2001; Fornara and du Toit 2008). これに加え,動物の排泄物(糞尿)は土壌表層に資源の豊富なパッチを形成し,植物の成長,土壌生物や分解プロセスに影響を与える (McNaughton et al. 1997a; Bardgett et al. 1998a; Frost and Hunter 2008a; Mikola et al. 2009). さらに,大型植食者による攪乱は土壌の物理特性を改変する.例えば踏みつけは土壌生物や栄養循環のプロセスに負の影響をもたらす (King and Hutchinson 1976; King et al. 1976; Mikola et al. 2009). また,景観的な要因に対する食植者が媒介するメカニズムの相対的な重要性は,生態系により大きく異なっており (図4.1),それによって,草食動物の影響の方向やスケールの違いを生じている (Bardgett and Wardle 2003).

　この章では,第2章と第3章で説明した概念を利用することで,食植者や捕食者を含む地上部の消費者が,土壌生物相と地下部のプロセスへの影響を介して,どのように生態系プロセスの駆動要因となっているかについて理解することを目指す.ここ数年の研究で,生態系レベルにおける陸上消費者の重要性の理解が進んできている.まず,食植者が個々の植物,植物群落レベルで地下の生物群集や生態系機能に影響するさまざまなメカニズムについてどのような結果が得られてきたのかを概説するとともに,草食動物による陸上生態系機能への影響を,植物の形質がどのように調整しているかについて議論する.次に,捕食者-食植者関係と栄養カスケードがどのように地下の生物群集や生態系機能に影響するかについての最近の研究を紹介するとともに,複数の栄養段階の観点から,食植者による地下の生物群集や生態系プロセスへの影響について議論する.さらに,地上の動物が生態系内・生態系間で資源を移動させることについて実証した最近の研究を紹介し,この移動による生態系機能への影響を議論する.最後に,気候変動が植物の生産性や群集構造の改変を介して間接的に

図 4.1 草食動物による地上と地下への影響を調べるためにさまざまな生態系に設置された禁牧柵.（a）ヒツジ（*Ovis aries*）を排除した英国ウェールズ地方のスノードニア国立公園の Llyn Lydaw の傾斜草地,（b）ヒツジ（*O. aries*）を排除したアイスランドの氷河堆積物,（c）ヒツジ（*O. aries*）を排除したスコットランドの山地性ヒースランド,（d）アカシカ（*Cervus elaphus*）を排除したスコットランドのカバノキ（*Betula pubescens*）二次林,（e）エルク（*Cervus canadensis*）とバイソン（*Bison bison*）,プロングホーン（*Antilocarpa americana*）を草原から排除したアメリカのイエローストーン国立公園,（f）トナカイ（*Rangifer tarandus*）を排除した下層に地衣類（*Cladina* spp.）のある北フィンランドの寒帯林.

地上の消費者に与えるであろう影響と，消費者が植物や土壌の群集に影響を与えることで，気候変動に対する生態系の応答にどう影響するかについて考察した．

4.2 食植者が植物−土壌フィードバックと生態系プロセスに与える影響

食植者は広範にわたる影響を陸上の生態系機能に与えうる．そのなかで直接的な影響には，植物の除去や消費（陸上生態系のなかでも，100 倍程度の差がある），踏みつけ，動物や昆虫の排泄物の循環等がある（Floate 1981; McNaughton 1985; Bardgett and Wardle 2003; Frost and Hunter 2008a）．一方植食者は，炭素や養分の循環速度に影響をおよぼす植物−土壌生物間のフィードバックを改変することで，間接的にも陸上の生態系機能に影響する（Bardgett et al. 1998b; Bardgett and Wardle 2003; Wardle et al. 2004a）．そのような間接的な影響は，個々の植物の短期的な反応から，植物群落レベルの長期的な反応まで異なる時空間スケールで作用し，栄養循環の速度を加速あるいは減速する（Ritchie et al. 1998; Bardgett and Wardle 2003; Wardle et al. 2004a）（図 4.2a）．例えば栄養循環の加速作用として，植食者は糞や根滲出物など利用しやすい資源を土壌に供給することにより，土壌分解者を活性化し，養分の無機化速度や植物による養分吸収を促進する（Bardgett and Wardle 2003）（図 4.2a）．その一方で，高栄養の植物への選択的摂食が，防御に特化して質の悪いリターを生産する植物を優占させたとき（Pastor et al. 1993; Ritchie et al. 1998），あるいは植食者が植物中の二次代謝物質の生産を促進してリターの質や分解性が低下したときには（Rhoades 1985; Findlay et al. 1996），栄養循環の減速作用が起こる（図 4.2b）．この節では，地上の植食者が地下の分解や養分循環のプロセスの変化を介して，植物の栄養や生産性に正負の影響をおよぼしうるさまざまな経路の概観を示す．多様な生態系における例を用いてこれらの経路を図示し，食植者による生態系プロセスへの影響に関する統合的な展望を示す（図 4.3）．

4.2.1 地下の特性や生態系機能に食植者が与える正の効果

土壌生物相や養分循環に対する植食者の正の影響は，優占する植物が摂食に対して補償成長をする場合である（Augustine and McNaughton 1998）．こうした効果は草地でよくみられ，草食動物の摂食による地上 NPP の増加がしばしば報告されている（McNaughton 1985; McNaughton et al. 1997a; De Mazancourt

(a) 加速作用

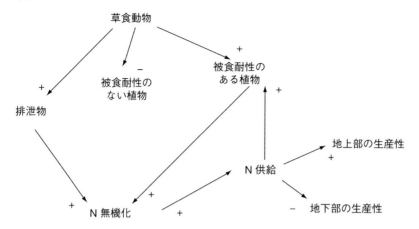

(b) 減速作用

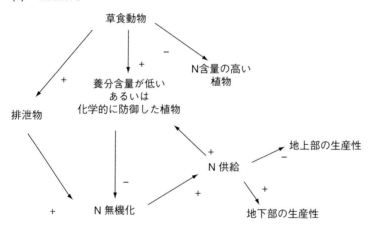

図4.2 草食動物が植物と養分循環のフィードバックに与える加速作用と減速作用のフィードバックループ．矢印は草食動物による植物の量やプロセスの速度への間接効果を表している．Ritchie et al. (1998) よりアメリカ生態学会の許可を得て転載．

et al. 1999)．こうした状況では草食動物による摂食により，質の低いリターを生産する遷移後期種への遷移の阻害や，糞尿といった利用しやすいかたちでの炭素や養分の土壌への還元，根からの滲出物の増加などが引き起こされ，これらにより分解系に正の効果がある（McNaughton et al. 1997a, b; Bardgett et al.

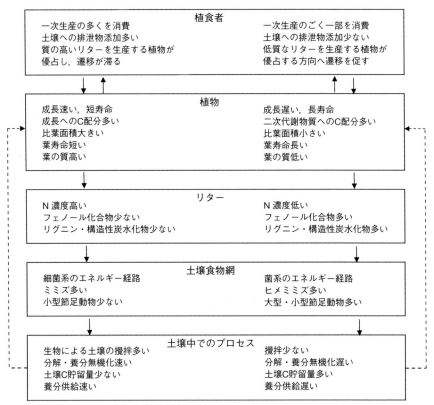

図 4.3 (a) 高い摂食圧下にある肥沃な系と，(b) 低い摂食圧下にある貧栄養な系に優占する植物種間の基本的な形質の違い．植物形質は土壌に流入する資源の質や量に影響し，土壌生物相による分解プロセスを介して地上の植物形質にフィードバックする．こうした地上と地下の関係は，肥沃な状態では植物群落に正のフィードバック，貧栄養な状態では負のフィードバックを与える（破線）．Wardle et al. (2004a) よりアメリカ科学振興協会の許可を得て転載．

1998a; Bardgett and Wardle 2003)．植食者による養分循環の促進は，温帯林（Frost and Hunter 2008a），北極ツンドラ（Van der Wal et al. 2004），寒帯林（Stark et al. 2000）といった草地以外の生態系からも報告されているが，そのメカニズムはそれぞれ異なる．また，植食者が土壌の窒素循環を促進することにより養分制限が緩和され，植食者自身の環境収容力も増加する可能性がある（McNaughton et al. 1997a）．

　植食者が栄養循環を促進するメカニズムのなかで最も報告の多いものの一つ

は，糞尿の蓄積を介したものである．植食者は大量の植物を消化し，リターから排出する場合よりも速く糞から土壌に栄養素が排出されうる．そして栄養素の利用性と植物の栄養吸収の増加へとつながる．つまり，リターの分解経路を省略し，急速に無機化する分解性の高い資源を土壌生物に供給することで，植物のための栄養素を供給できる．植食性の哺乳類の排泄物が土壌微生物の活性，栄養循環，植物生産を高めるという数多くの研究例がある．例えばイギリスの丘陵草原では，放牧しているウシやヒツジからの糞尿が土壌の微生物活性や栄養循環を促進し，放牧地の植物生産を増加させることがよく知られている（Floate 1970a, b; Bardgett et al. 1997, 2001b）（図4.4）．また，Frank and McNaughton (1992) は，イエローストーン国立公園の乾燥草原や潅木草原において，糞尿の堆積と地上の一次生産には正の関係があることを発見し，放牧と生産性が連動することで促進的な栄養循環システムを形成していることを提唱した．同様にTracy and Frank (1998) は，イエローストーン国立公園のエルク（*Cervus canadensis*），バイソン（*Bison bison*），プロングホーン（*Antilocarpa americana*）による摂食が，糞から利用性の高い炭素が土壌に流入することで，土壌微生物量や窒素の無機化速度を増加させることを発見した．タンザニアのセレンゲティ国立公園では，ガゼルによる尿が土壌の窒素を豊かにし，有機物の無機化を急速に進めた（McNaughton 1997a, b）．アフリカのサバンナでも，有締類の排泄物が窒素の無機化を促進した（Fornara and du Toit 2008）．さらに北極では，コケの優占するツンドラへ実験的にトナカイ（*Rangifer tarandus*）の糞を投入すると，土壌微生物量やイネ科草本の成長が増加し，栄養素利用性が増加することを報告している（図4.4）（Van der Wal et al. 2004）．植食者が排泄行動を通して生態系における栄養素の空間分布をも改変しうることは，重要な示唆をもたらす．例えば，ウサギは行動圏に糞を撒き散らすが，糞の分布は動物の集まる場所で多く，多くの糞が数少ないトイレに集中している（Willott et al. 2000）．その結果 蒸発，溶脱，脱窒による大きな窒素ロスがあるにも関わらず，トイレの窒素利用性はとても高くなる（Willott et al. 2000）．

あまり研究例がないが，無脊椎動物の植食者が栄養循環や植物生産を促進するという証拠が増えている．例えば野外実験では，Belovsky and Slade (2000) は，バッタ類がプレーリーの土壌窒素循環や植物量を促進していることを発見した．この結果は，バッタ類が分解の遅い低養分の植物を選択的に摂食するため，分解の速い高養分の植物から土壌へのリター供給が増加して分解が速やか

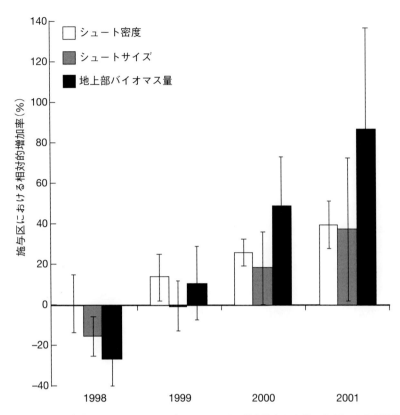

図4.4 コケの優占するツンドラに1997年にトナカイの糞を施与した後4年間のイネ科植物の反応．シュート密度（no./m²），シュートサイズ（mg/shoot）および地上部バイオマス量（g/m²）．非施与の対照区と比較した施与区の平均増加率（± SE）として示してある．糞を施与して4年後の土壌微生物量は，施与区で85％増加していた．Van der Wal et al. (2004) よりWiley-Blackwellの許可を得て転載．

に進むために，植物が利用できる養分量が増加するためだと考えられる．無脊椎動物の植食者からの排泄物が土壌微生物の活動や窒素循環を促進し，植物生産を高めるという証拠もある．例えば，Frost and Hunter (2004) は，昆虫の排泄物をアカガシワ（*Quercus rubra*）の実生を植えた土壌に添加したところ，土壌の炭素や窒素の含有量が増加し，無機窒素の利用性が瞬間的に増加するとともに土壌からの窒素の溶脱が促進された．さらに，2年間にわたって昆虫糞の窒素の移動を追うために，¹⁵Nが豊富な昆虫糞をアカガシワの実生を含むメソコズムに添加した（Frost and Hunter 2007）．昆虫糞由来の窒素の一部は添

加後にすぐ土壌から失われたが，大半は土壌に留まっていた．これは，マイマイガ（*Lymantria dispar*）の幼虫の糞が土壌微生物の成長や窒素の不動化を促進したという結果（Lovett and Ruesink 1995）や，微生物による不動化とそれに続く有機物層への取り込みによって落葉樹林の土壌が強力な窒素シンクとなっているという報告例（Zak et al. 1990; Zogg et al. 2000）と一致している．しかし，昆虫糞由来の窒素の一部は土壌微生物によって速やかに無機化され，アカガシワに吸収されて葉に転流された後，植食性昆虫に同化される．また，アカガシワに吸収された窒素の一部は，シーズンの終わりに葉リターとして土壌システムに入り，次の年に分解プロセスに取り込まれる．この後者の事例は，昆虫糞の堆積の影響が持ち越され，分解系の生態系プロセスに影響を与える．しかし，Frost and Hunter (2008a) によって示された他の関連する研究では，これらの効果は森林土壌において分解プロセスを制御する非生物的な力よりも短期的である．これらの研究からは，有締類と同様に無脊椎動物の植食者も陸上生態系の栄養動態や植物生産に正の影響をもたらしうることを示している．

植食者が地下のプロセスに影響するもう一つのメカニズムは，植物の資源配分を介したものである．特に，草原植物による葉食は一時的に根滲出物を増加させ，微生物の活性や植物バイオマス（Mawdsley and Bardgett 1997; Guitian and Bardgett 2000; Hamilton and Frank 2001）および消費者動物の個体数（Mikola et al. 2001, 2009; Hokka et al. 2004 しかし Ilmarinen et al. 2005 に反証）を増加させる．根滲出物による土壌生物相へのこうした正の影響は，植物に正のフィードバックをもたらす．土壌窒素の無機化と植物による窒素獲得を一時的に増加させ，最終的に長期的な植物成長量も増加させる（Hamilton and Frank 2001; Hamilton et al. 2008; Sørensen et al. 2008）（図4.5）．摂食による植物と土壌の反応は，植物種や摂食のタイミングおよび頻度によって変わることが知られている（Guitian and Bardgett 2000; Klironomos et al. 2004; Ilmarinen et al. 2005）．しかし，草地における摂食への短期的な反応ははっきりしており，摂食に対する補償成長によって部分的には説明できると考えられている（Hamilton and Frank 2001; Bardgett and Wardle 2003; Hamilton et al. 2008）．森林生態系において摂食によって誘導される根滲出物の重要性についてはさらに不明な点が多いが，ポット試験により，木本の根からの炭素滲出物が，植食に対する実生の反応を緩和する点で重要であることが示唆されている（Ayres et al. 2004; Frost and Hunter 2008b）．このように，根から放出された炭素とそれ

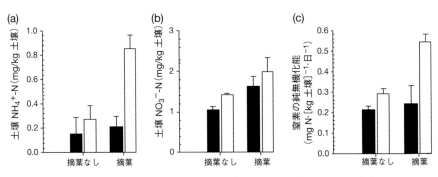

図 4.5 ケンタッキーブルーグラス (*Poa pratensis*) に対する摘葉による土壌窒素量への正の効果を，(a) 土壌アンモニア態窒素，(b) 土壌硝酸態窒素，(c) 窒素の純無機化能，として示した．値（平均 ± SE）は処理 24 時間後の摘葉区と非摘葉区における土壌全体（黒色）と根圏土壌（白抜き）のものである．摘葉区における土壌の窒素可給性の増加は，植物の窒素吸収やシュートの窒素量と光合成速度の増加をもたらす．Hamilton and Frank (2001) よりアメリカ生態学会の許可を得て転載．

により活性化される土壌微生物および栄養利用性の増加は，植物が植食による組織の消失を補償することができるメカニズムとして一般的なものだと思われる．

　長期的にみると，植食による植物の炭素や窒素配分への影響は，根のバイオマスや養分含有量の変化として顕在化する．植食による根の生産性への影響は，正の効果（Milchunas and Laurenroth 1993），負の効果（Guitian and Bardgett 2000; Mikola et al. 2001; Ruess et al. 1998; Sankaran and Augustine 2004），中立（McNaughton et al. 1998）というさまざまな結果がある．さらに，植食に対する根の反応は土壌の養分循環速度とも無関係のようである．例えば，サウスダコタにあるウインドケーブ国立公園のプレーリードッグの営巣地では，摂食は根のバイオマスや窒素含有量を減少させ，微生物の成長量が減少することによる窒素の不動化量の減少，窒素の無機化と植物の窒素吸収量の増加を引き起こす（Holland and Detling 1990）．反対に，アルゼンチンの温帯湿潤草原では，放牧が根への窒素配分を増加させ，根のバイオマスや地下の養分循環速度を高める（Chaneton et al. 1996）．セレンゲティでは，牧柵の内外で根のバイオマスに違いがないにも関わらず（McNaughton et al. 1998），植食による養分循環の増加がみられた（McNaughton et al. 1997a）．

　植食者が地下の生物や養分循環に影響する主なメカニズム，すなわち動物の排泄物堆積や摂食の相対的重要性についてはほとんど分かっていない．しかし，

Mikola et al. (2009) による最近の研究はこの問題に光明を投じている．この筆者らは，酪農牧場におけるウシの放牧に対する地上・地下の反応を説明するために，三つのメカニズム，つまり植物の摂食，糞尿の排泄，および植食者の物理的作用（踏みつけ等）の相対的重要性を調べた．それによれば，植物の成長や養分の配分といった特性に対する植食者の影響は，摂食の効果によってほぼ説明できた．しかし，土壌動物相や土壌窒素の可給性といった地下の特性に注目すると，状況はより複雑であり，あらゆるメカニズムが働いている．ただ，糞尿が土壌動物や窒素の可給性に与える影響が大きくなるのは，パッチに集中した場合に限られる．これらの結果は，大きな空間スケールでよくみられる植食者による草原の養分循環に対する正の影響が，動物の排泄物だけでは説明できないと主張する Hamilton and Frank (2001) の見解と一致している．排泄物のパッチは生態系のなかでも局所的であり，大きな影響を受けるのは地表面積全体のうちわずかな部分に限られるためである（Augustine and Frank 2001）．

　植食者が地下のプロセスに正に影響するもう一つのメカニズムは，地温の改変を通したものである．そのメカニズムは，極地のように地温が低いことにより土壌微生物の活動や養分循環が制限されている北極圏で特に重要である（Brooker and Van der Wal 2003）．例えば，スピッツベルゲン島のニーオルスンにおけるトナカイやカオジロガン（*Branta leucopsis*）による摂食は，コケ層の厚みを減少させ，地温上昇を導いた（Van der Wal et al. 2001）．同様に，トナカイの摂食は，コケ層を減少させることにより（Brooker and Van der Wal 2003），土壌の窒素可給性や植物の生産性を増加させた（Van der Wal et al. 2004）．イエローストーン国立公園の高地ステップ（Coughenour 1991），季節的に乾燥するニュージーランドの高緯度地域（McIntosh et al. 1997），ミネソタのカシ林サバンナ（Ritchie et al. 1998）などにおける研究でも，植食者による地温への正の効果が報告されている．地温の増加に土壌湿度の低下が付随しなければ，これらの場所でも分解や窒素無機化が促進されるだろう．

4.2.2　地下の生物群集や生態系機能に植食者が与える負の効果

　植食者が養分豊富な植物を選択的に摂食すると，特に生産性の低い貧栄養な生態系では，養分循環や生産性に負の影響を与えることがある．こうした生態系では，養分豊富でリターの質が高い植物が選択的に摂食されると，分解抵抗性のリターを生産する植物が優占する（Ritchie et al. 1998）．こうしたリター

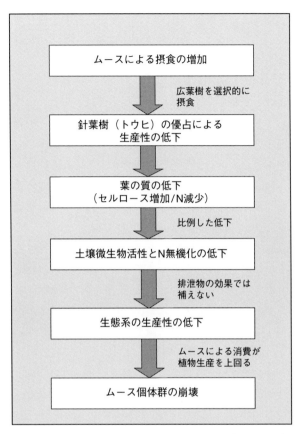

図 4.6 ミシガン州のアイル・ロイヤル国立公園においてムース（*Alces alces*）の摂食が生態系特性におよぼすカスケード効果の回路図．Pastor et al. (1993) のデータを編集した Bardgett (2005) よりオックスフォード大学出版局の許可を得て転載．

は土壌の生物活性や養分無機化速度，植物への養分供給速度を低下させるので，植食者は間接的に土壌に負の影響を与えることになり，この効果は糞尿の添加による正の効果を上回る（図 4.2b）（Bardgett and Wardle 2003）．植食者による選択的摂食が土壌プロセスに与える影響の重要性に関する古典的な研究例は，Pastor et al. (1993) によるミシガン州のアイル・ロイヤル国立公園の北方林におけるムースによる摂食である．この筆者らは，養分の豊富な葉をもつ落葉広葉樹へのムースによる選択的摂食により，リターの質や分解性の低いトウヒのような樹種の優占を促すことを示した．分解速度の遅いリターが土壌表面に蓄

積することで，土壌の窒素無機化速度の低下や生態系の生産性の減少へとつながる（図4.6）．

　さまざまな生態系における他の研究でも，選択的摂食が栄養価の低い種の優占を促進し，最終的に養分循環速度を低下させることを報告している．例えば，Ritchie et al. (1998) はサバンナのカシ林におけるシカやウサギ，さまざまな昆虫による選択的摂食が，栄養価の高い木本やマメ科植物を除去することによって，分解性が低く栄養価の乏しいリターを生産するイネ科草本（*Andropogon geradi* や *Sorghastrum nutans* など）を優占させ，養分循環速度を低下させることを報告している．同様に，Van Wijnen and Van der Wal (1999) は，塩沼地でのガチョウやウサギによる摂食が，イソマツ属（*Limonium vulgare*）のようなタンニンが高く栄養価の低い植物の優占を促進することを発見した．この種によって生産されたリターはゆっくりと分解するため，養分の無機化を阻害する．同様に，アラスカのタイガに生息するムースによる選択的摂食は，栄養価の高い落葉樹林を栄養価の低く難分解性のリターをもつ常緑樹林に変え，養分の回転速度を遅くする（Kielland and Bryant 1998）．また，ヨーロッパアカシカ（*Cervus elaphus*）による選択的摂食は優占樹種であるヨーロッパダケカンバ（*Betula pubescens*）の成長を抑制し，スコットランドの再生林における土壌窒素無機化速度を減少させる（Harrison and Bardgett 2004）（図4.7）．ヨーロッパダケカンバのリターや根の活動を通した土壌養分循環への正の効果はよく知られている．しかし，摂食されていないプロットにおける窒素無機化の増加は，土壌のリン可給性の増加と一致しておらず，それによって樹木の成長制限要因が窒素からリンへとシフトした（Carline et al. 2005）．選択的摂食による植物群集構造の変化が養分循環を抑制すると，植生へのさらなるフィードバックが起こることが予想される．すなわち，養分の循環速度や可給性の低下は，乏しい養分で成長できる養分利用効率の高い種の優占を促進するだろう．そのようなフィードバックは植食者による生態系への影響を増大させ，植物生産や養分循環速度のさらなる低下が起こる（Ritchie et al. 1998）．しかし，植食者による栄養価の低い植物群集へのシフトは，必ずしも養分循環速度の低下をもたらすとは限らない．例えば，Wardle et al. (2001) は，ニュージーランドの森林に設置した30ヵ所の柵内外から土壌を採取して土壌養分への影響を調査した．導入された哺乳類（ヤギやシカ）による摂食は植生を変える（養分含有量の多い広葉樹を減らし，養分量の低い他のタイプの植物を増やす）一方で，土壌養

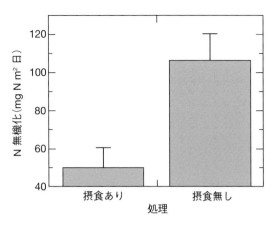

図 4.7 スコットランドの高地(Creag Meagaidh National Nature Reserve)にあるカバノキ二次林における,アカシカ(*Cervus elaphus*)の摂食による土壌窒素無機化速度への負の効果.Harrison and Bardgett (2004) より Elsevier の許可を得て転載.

分への影響は場所ごとに異なり,正と負の影響がみられた場所の数はほぼ同数であった.また,植食者による植生への影響と,それによる土壌栄養循環へのフィードバックは,土壌の肥沃度に依存するようである.例えば Buckland and Grime (2000) は,人為的に作成した植物群落を使った実験を行い,肥沃度の低い条件における無脊椎動物による養分豊富な遷移初期種への選好的な摂食は,低質のリターを生産する遷移後期種の成長を促進することで植生遷移を促すことを発見した.反対に肥沃度の高い条件では,植食者は植生遷移を抑え,養分含有量の高い遷移初期種の優占をもたらす(おそらく摂食に対する主な防御手段は,高い資源利用性による速やかな補償成長)(Buckland and Grime 2000).この著者らはこれらの植物群落における地下システムを調べていないが,肥沃度の低い条件における植生遷移の促進は,土壌の養分可給性を低下させ,貧栄養でも生存可能な後期遷移種の優占を促進するだろう.逆に,肥沃度の高い条件における植食者による遷移の抑制と,成長の速い養分豊富な植物種の優占は,土壌肥沃度のさらなる上昇と養分豊富な植物種のさらなる優占をもたらすだろう.

　植食者が養分循環の抑制をもたらすもう一つのメカニズムは,植物の葉への二次代謝物質の蓄積を促進する効果と,それがリターの質や土壌生物とその活動に与える負の効果である.いくつかの植物種は多様な二次代謝物質を作るこ

とができ，これらの化合物はさまざまなメカニズムを介して植食者に悪い影響を与えることが知られている（Hartley and Jones 1997）．従って，これらの植物は植食者に避けられることで，植物群落に優占する（Bardgett and Wardle 2003）．さらに，植食者，特に昆虫による摂食は，植食者に大きな影響を与える防御物質としての二次代謝物質の生産を誘導することがよく知られており（Schultz and Baldwin 1982; Rhoades 1985; Agrawal et al. 1999; Nykanen and Koricheva 2004）植食者にインパクトを与える（Wold and Marquis 1997; Boege 2004）．植食者が誘導する植物の二次代謝物質が養分循環や分解に与える影響についての研究は少ない．Findlay et al. (1996) は，ハダニによるハコヤナギの実生の細胞のダメージが葉のポリフェノールの濃度を増加させ，葉リターの分解速度を50％減少させることを発見した．また，ポリフェノールのような植物の二次代謝物質は，窒素固定（Schimel et al. 1998），硝化（Baldwin et al. 1983），窒素無機化（Northup et al. 1995）を抑制することにより，陸上生態系の養分循環に大きな影響を与えている（Hättenschwiler and Vitousek 2000）．結果として，植食者による食害後の植物における二次代謝物質の増加は，土壌に供給されるリターの質を低下させ，リター分解や養分循環の速度を遅くすることが予想される．

　ここまで，植食者がリターの質を改変することで養分循環の速度を抑制するメカニズムを紹介してきた．しかし，NPPや土壌への有機物供給量の減少もまた，土壌微生物相や地下サブシステムの機能に負の影響を与える可能性がある．例えば，Sankaran and Augustine (2004) は，ケニアの半乾燥地における大型哺乳類による採食が，肥沃度の高低に関わらず土壌微生物の量を減少させることを示した．これは，植物が固定した炭素が植食者の成長や呼吸に転流したことに加え，根の生産量が減少した結果，植物から土壌への炭素加入量が減少したためだと考えられる．同様に，再生林におけるアカシカ（*C. elaphus*）の採食による土壌窒素循環への負の効果（Harrison and Bardgett 2004）は，木本の優占種ヨーロッパダケカンバの成長の抑制（図4.7）や，それに伴う根や葉から土壌への炭素移入量の減少に一部寄与している．これらの研究例は，植食者による一次生産の増加が土壌への炭素加入を促進することで微生物の炭素制限が緩和され，土壌の生物活動が活性化される生産的な草原における研究例と対照的である（Bardgett and Wardle 2003）．しかし，植食者によるNPPの変化が地下サブシステムや養分循環に与える効果については，全てが明らかにな

っているわけではない（第3章，Wardle 2002）．例えば，NPPの増加は微生物のバイオマスや土壌食物網の高位捕食者に正負両方の影響があることが示されてきた．そのような対となる反応があるのには，二つの理由がある．一つ目は，土壌の食物網構造を制御するトップダウン効果とボトムアップ効果の相対的な重要性は状況依存であることが挙げられる．二つ目は，植物は土壌微生物に炭素資源を与えるだけでなく，栄養素を求めて微生物と競合する点である．すなわち，植食者によるNPPの変化が地下サブシステムに与える影響は，二つの逆方向の効果（炭素加入による微生物の活性化と，資源の枯渇による微生物の抑止）によって支配されていると考えられる．

　全ての土壌生物が，食害後に起こるような土壌への炭素流入量の増加によって促進されるとは限らない．特に，菌根菌の成長は食害後に減退することが報告されている（Gehring and Whitham 1994, 2002）．これは，炭素が他の植物や土壌プールに優先的に配分されるためである．Gehring and Whitham (1994) の総説によれば，調べた37種の植物の内23種で，有蹄類による採食後に菌根菌の定着が減少した．ただし10種類では影響がなく，2種類では正の影響が認められた．残りの2種類ではさまざまな反応がみられた．菌根菌と植食者との間の負の関係は，アーバスキュラー菌根性のイネ科草本や外生菌根性の針葉樹など広範囲の植物タイプでみられる（Gehring and Whitham 1994）．しかし，植食者による菌根菌への影響を調べた研究は少なく，ある限定された範囲の環境にある数少ない植物を対象としたものに限られるため，一般的な結論を導くことは難しい（Gehring and Whitham 1994）．また，近年の研究では，植食者に対する共生菌類の反応は，摂食の頻度（Klironomos et al. 2004）やタイミング（Saravesi et al. 2008）によって変わるため，その反応を一般化するのは難しいことが指摘されている．さらに，植食者による菌根菌へ影響は根への定着率だけでなく，アーバスキュラー菌根菌の囊状体や胞子，外部菌糸や（Klironomos et al. 2004），外生菌根菌の子実体も（Kuikka et al. 2003）といった構造も影響を受ける．植食者が菌根菌群集に与える影響の生態学的な重要性や，多様な植物や環境における反応の一般性を検証していく必要がある．

　植食者が土壌生物相や養分循環に負の影響を与えるもう一つのメカニズムは，強度の放牧に付随する物理的攪乱によるものである．これは家畜生産の現場において広く報告されてきており，強度の放牧による土壌の圧縮や浸食，土壌表面の消失が土壌生物相や生態系の生産性に負の影響を与えることが分かってい

る．例えば，放牧地での家畜密度の増加は，土壌の圧縮や土壌空隙の減少により土壌表面のトビムシ密度を大きく減少させることが分かった（King and Hutchinson 1976; King et al. 1976; Walsingham 1976）．さらに，ウシの踏みつけを実験的に模倣した処理は，ササラダニの個体数や多様性，種数を大きく減少させることが分かった（図 4.8）（Cole et al. 2008）．長い時間スケールで，過放牧が壊滅的な土壌劣化，特に乾燥地では砂漠化を引き起こすという報告は多い（Diamond 2005; Avni et al. 2006; Lal 2009）．例えばアフリカのサヘルでは，ウシの過放牧により，砂漠化した生態系への壊滅的なシフトが引き起こされた．このような生態系ではもはや家畜生産を支えることはできない．イスラエルのネゲブ高地では，原住民のベドウィン族による過放牧が土壌劣化プロセスを促進していた（Avni et al. 2006）．

　植食者による物理攪乱についての報告は自然生態系でも一般的である．例えば，ハドソン湾沿岸におけるハクガン（*Anser caerulescens caerulescens*）の採食は土壌蒸発量の増加による塩濃度の上昇を促進し，塩沼の破壊や草食動物の減少をもたらす（Jefferies 1998; Srivastava and Jefferies 1996）．同様に，北極圏のスヴァールバル諸島では，春にコザクラバシガン（*Anser brachyrhynchus*）が地面を掘り返して根茎や根，塊茎を摂食することにより植生や土壌に大きな攪乱をもたらし，植物の被度や炭素吸収，土壌炭素蓄積量の局所的な減少を引き起こしている（図 4.9）（Van der Wal et al. 2007）．懸念されるのは，コザクラバシガンの個体数がここ 30 年で 2 倍になっており（Fox et al. 2005），温暖化によりさらに増加すると予想されているため（Jensen et al. 2008），北極圏のヨーロッパに広く植生消失や土壌攪乱を引き起こす可能性がある点である（Speed et al. 2009）．さらに，フェノスカンジナビアにある乾燥した寒帯林でのトナカイの強い摂食圧は地衣類を衰退させ，それによって土壌微生物相を過酷な気候にさらしたり（Stark et al. 2000），土壌の圧縮や根の破壊により土壌への窒素供給を減少させた（Stark et al. 2003）．摂食によるこれらの効果は，養分循環に負の影響をおよぼすと予想されるが，トナカイによる摂食の影響は正負の効果の相対的な強さや季節に依存すると思われる（Stark et al. 2000, 2003）．しかし，Sørensen et al. (2009) は，極地の草原におけるトナカイの踏圧を模した実験から，踏圧が分解者群集に与える影響は，採食や施肥（糞尿）の影響を上回ることを報告している．これらの研究では，模擬的な踏圧がトビムシやヒメミミズのような機能的に重要な動物グループの個体数だけでなく，

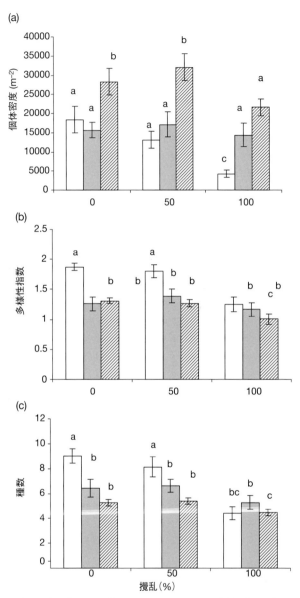

図4.8 草原での牛の放牧を模倣した攪乱によるササラダニ(白抜き),中気門ダニ(灰色),トビムシ(斜線)の反応.攪乱強度は地上の被度のうちの攪乱を受けた割合(0, 50, 100%)で区別し,データはそれぞれ個体密度(a),多様性(b)と種数(c)を示している.エラーバーは標準誤差を示し,バーの上のアルファベットが同じ場合は$P < 0.05$で有意差がなかったことを示す.Cole et al. (2008)よりElsevierの許可を得て転載.

図4.9 コザクラバシガン (*Anser brachyrhynchus*) による植物の地下組織 (根茎, 根, 塊茎等) への採食は, 植物や土壌に大きな攪乱を与え, 極北における土壌炭素蓄積量の局所的な減少を引き起こしている. このデータは, ガンの掘り返しによる地表有機物層の炭素蓄積量の減少を示している. Van der Wal et al. (2007) より Wiley-Blackwell の許可を得て転載.

コケ類やスゲ類の被度にも負の影響を与えていることが分かっている. また, 第5章で議論したように, ブタ (*Sus scrofa*) やビーバー (*Castor canadensis*) のような外来の植食者による物理的攪乱は, 生態系を大きく改変し, 土壌の生物やプロセスを変える可能性が十分にある.

物理的攪乱のトピックを離れる前に, 強放牧の有害な影響は多くの場合時間的にも空間的にも局所的であるという点を強調しておきたい. 例えば, 北極圏におけるコザクラバシガンによる掘り起こしは, 南の越冬地や好みの餌が豊富な低地の湿地から移動する初春に最も激しくなる (Speed et al. 2009). しかし, これらのガンによる攪乱の増加は, その場所を不適な生息地へと変化させ, 広範囲にわたって生態系機能に影響する可能性がある (Speed et al. 2009). 同様に放牧草地では, 例えば給餌場所周辺やゲート, 通路といった場所や, 高頻度で過湿条件になる場所周辺において, 過度の踏圧によって植生が消失する傾向がある. しかし, この章の最後で検討されているように, 気候や土地利用の変化によって時間的・空間的な放牧の範囲を増加すれば, 自然生態系における大スケールでの植生消失や土壌攪乱へとつながる可能性がある (van de Kopplel et al. 2005; Speed et al. 2009).

4.2.3 景観スケールと食植者の効果，複数の安定状態

　植食者は上記で示したメカニズムを介して生態系を改変する大きな力をもっているが，それらの生態系プロセスへの影響よりも，地形の空間バリエーション，土壌構造，土壌湿度のような地形による影響の方が上回る例も少なくない．例えば前述したようにスコットランドの二次林における防鹿柵を使った例では (Harrison and Bardgett 2004)，アカシカによる摂食は土壌生物特性や窒素循環に深刻な負の影響をおよぼすが，景観スケールでは柵の地形的な位置が計測値に与える影響の方が大きいことが報告されている．同様に，イエローストーン国立公園の自然草原における放牧研究では，地形位置とそれに関連する土壌状態のバリエーションが，しばしば土壌生物特性や養分循環速度に影響する主要因であることが明らかになった (Tracy and Frank 1998; Verchot et al. 2002). また，Sankaran and Augstine (2004) による前述の研究では，景観スケールでみられる土壌有機物量の違いが微生物量に与える影響は，草食動物が土壌微生物に与える負の影響よりも大きいことが報告されている．さらに，北スウェーデンのアビスコにおける極地草原では，トナカイによる摂食を模倣した処理よりも，土壌の非生物的特性にみられる局所的な変異のほうが，土壌微生物相に強烈なインパクトを与えていたことが分かった (Sørensen et al. 2009).

　景観スケールでは，植食者のインパクトもまた土壌肥沃度，地形位置や気候の環境傾度によって大きく変わる (Olff and Ritchie 1998; Olff et al. 2002; Anser et al. 2009)．例えば空中リモートセンシングを使った研究例では (Anser et al. 2009)，南アフリカのクルーガー国立公園の大型植食者（ゾウ，バッファロー，キリン，シマウマ）が植生構造に与える影響は，地形位置や禁牧してからの時間によって変わる．特に，植食者の除去による木本植生構造におよぼす影響は，花こう岩の砂質土壌よりも玄武岩の養分豊富な粘土質土壌で大きく，高地よりも低地（水分，養分，餌が豊富）で大きいことを発見した．同様に Augustine and McNaughton (2006) は，ケニアの放牧地で草食獣（インパラ，シマウマ，バッファロー）が植物生産や窒素循環に与える影響は，土壌肥沃度や年間雨量パターンによって変わることを発見した．雨量の少ない年には，草食動物による摂食は肥沃度の高い土地と低い土地の両方で地上植物生産を減少させた．しかし雨量の多い年には，肥沃度の高い土地の植物生産や土壌窒素利用性が増加した一方で，肥沃度の低い土地では低下した．これらの結果は，草食動物による地上の植物生産や窒素循環への影響は景観スケールと密接に関係していること

とを示唆しているだけでなく，気候もまた草原システムにおいて草食動物の影響を左右する重要な要因であることを示唆している．

　植食者による影響は，植食者の個体群変動や体サイズによっても時空間で大きく変動する（Bakker et al. 2004）．例えば，土壌の物理性に対する影響力と同様に，養分の再配分のスケール（本章の後半で詳述）や採食行動は植食者の体サイズ依存である（Olff and Ritchie 1998; Bakker et al. 2004）．その結果，サイズの異なる植食者は，同一の生息地内の異なる時空間スケールで土壌養分循環に異なる影響を与える可能性がある．この問題を調査した研究は非常にまれであるが，Bakker et al. (2004) は，ウシやウサギ，ハタネズミによる摂食を受けている草原で，異なるサイズの穴をもつフェンスを使って，体サイズに応じた植食者の排除実験を行った．その結果，ウシによる摂食を排除した場合に総窒素無機化量が1.5倍増加した．これは土壌表面に供給されるリター量の増加によるものと考えられた．一方，ウシとウサギを排除した（すなわちハタネズミのみが摂食する）区では，窒素循環のタイミングが変化し，ハタネズミの密度がピークに達する秋に，ハタネズミの糞からの窒素流入によって窒素無機化量が最大になった．一般に，植食者の個体群動態や生活史特性が景観スケールにおける窒素循環に影響を与えるメカニズムや，地形，土壌肥沃度，気候といった非生物的要因に対するそれらの相対的重要性はほとんど分かっていない．今後は，局所スケールで研究が進んでいる植食者のタイプによる生態系プロセスへの影響が，景観スケールでもみられるかどうか明らかにしていく必要があるだろう．

　近年注目を浴びている研究分野は，植食者による生態系の段階的な変化が，急激な変化へと移行し，生態系が代替安定状態と呼ばれる状態にシフトする現象についてである（Rietkerk and van de Koppel 1997; van de Koppel et al. 1997; Rietkerk et al. 2004; Van der Wal 2006）．その結果生態系は，さまざまな状態にある複数の生物群集のモザイクとなる．これらの群集は，それぞれ比較的環境変化に対して耐性があるが，もし放牧圧が変化した場合，もう一つの状態に急速にシフトする可能性がある．こうした代替安定状態に関する概念は，過放牧による土壌劣化が植生の不可逆的な崩壊をもたらし，最終的に植生の豊富なパッチと，ほぼ植生が失われた裸地状のパッチがモザイクを形成しているような生態系を説明するうえで用いられてきた（McNaughton 1983; Belsky 1986; Rietkerk and van de Koppel 1997; van de Koppel et al. 1997）．例えば，アフリカ

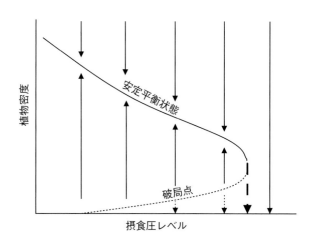

図 4.10 植物密度と摂食圧との関係を示した曲線．あるレベルの摂食圧で植物密度の急変が起こり，植物生産の高い状態からひどく劣化した状態にシフトする．Rietkerk et al. (1997) より Wiley-Blackwell の許可を得て転載．

のサヘル地帯の半乾燥生態系では，過放牧によってもたらされる土壌の浸食と圧縮，土壌の浸透性の低下による水分の流失は，生産性の高い植生から植生がひどく劣化した状態へのカタストロフィックなシフトを引き起こす（図4.10）(Rietkerk et al. 1997; Rietkerk and van de Koppel 1997)．同様のことはハドソン湾の高緯度沿岸植生においても報告されている．ガンによる夏の採食がイネ科植物の優占した芝生状の植生を形成する一方，根や地下茎への春の掘り返しは，植物群落の破壊や，養分の乏しい裸地の形成を引き起こし，これらがもとの植生に回復するには非常に長い時間がかかる (Jefferies 1998; Srivastava and Jefferies 1996)．植食者が引き起こす代替安定状態についてよく理解することは，生態系がどういった状態で崩壊するか，また崩壊前になにか予兆があるのかを知るうえで重要である (Rietkerk and van de Koppel 1997)．

　過放牧と関連するが，代替安定状態の概念は，特にツンドラ生態系における植食者による植生変化を理解するうえで用いられてきた．Van der Wal (2006) が論じているように，ツンドラの植生は三つの異なる状態があり，トナカイの摂食により比較的唐突な変化が起こる．これらの植生は，地衣類，コケ，イネ科草本がそれぞれ優占している状態である．重要なのは，地衣類が優占する植生からコケ，イネ科草本が優占する植生への変化は，植物の生産性の増加とそれに伴うトナカイ個体群に対する環境収容力の増加と関連している点である

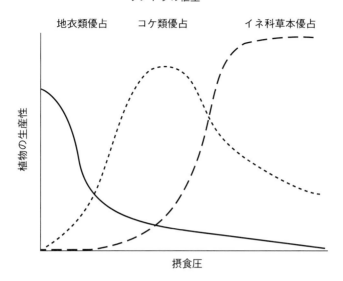

図 4.11 トナカイ（*Rangifer tarandus*）（カリブーとも呼ばれる）による摂食圧に応じて出現するツンドラの植生の模式図．摂食圧が上がると地衣類からコケやイネ科草本の優占した状態へと遷移する．こうした変化は植物の生産性を上げトナカイ個体群の環境収容力を増加させる．Van der Wal et al. (2006) より Wiley-Blackwell の許可を得て転載．

（図 4.11）．これは，第 5 章で記述した Zimov et al. (1995) の古典的な研究と一致している．彼らは，更新世の終わりの大型草食動物の絶滅が，アラスカからロシアにかけての大スケールでの生物相の変化（生産的なイネ科草本の優占したステップから非生産的なコケの優占したツンドラへの移行）に関連していると主張した．Van der Wal (2006) によって報告されているように，北極圏における近年のトナカイの分布域拡大によっても，トナカイの環境収容力が高まる方向への植生変化が起こっている．例えば，植食者の選択的摂食や踏圧による地衣類からコケ類への植生の変化が，グリーンランド（Thing 1984）やスヴァールバル諸島（Cooper and Wookey 2001; Van der Wal et al. 2001），ロシア（Vilcheck 1997），北アメリカ（Manseau et al. 1996）から報告されており，ツンドラにおいて高密度のトナカイを支えている（Van der Wal 2006）．また，北極でのトナカイの採食がコケからイネ科草本が優占するツンドラへの移行を引き起こしていることが多く報告されており（Olofsson et al. 2004; Van der Wal and Brooker 2004; Van der Wal et al. 2004），それによって 4.2.1 節で紹介したよ

うな土壌窒素循環や植物生産性を促進する方向の植物−土壌フィードバックを引き起こして,生態系の環境収容力を増加させている(Van der Wal et al. 2004).これらの例から明らかなことは,植食者は陸上生態系の植生に壊滅的な負の効果を与える場合もあれば(Rietkerk and van de Koppel 1997; van de Koppel et al. 1997)正の効果を与える場合(Van der Wal 2006)もあるということである.こうした変化は急激だが予測可能であり,陸上生態系の機能や環境収容力に大きな影響をおよぼす.

4.3 植物の形質が食植者の影響を左右する

第3章で述べたように,植物の形質は,植生の構成や多様性の変化がどのように地下の群集や生態系プロセスに影響するのかを理解するためのフレームワークを提供する.草食動物による摂食は植物の機能形質から影響を受け,また影響を与えてもいるということを考えると(Huntly 1991; Díaz et al. 2006),放牧に対する植物形質の応答を知ることは,草食動物・植物・土壌生物・養分循環の間のフィードバックや,これらが土壌の肥沃さや気候など環境勾配によってどう変化するのかを調査するためのフレームワークを構築するのに役立つ.

草食動物の植生への影響に関する多くの研究では,明確に植物の形質を考慮してはいないものの,放牧に対する植物の形質応答に関する概念的なモデルは存在する(Díaz et al. 2006).例えば range-succession モデルでは,草食動物による摂食により一年性草本の被度の増加,嗜好性草本から不嗜好性草本への置き換わり,高茎草本から低茎草本・灌木・ほふく性草本への置き換わりが予測されている(Dyksterhuis 1949; Arnold 1955).同様に放牧への応答を考慮した Westoby (1998) の LHS (leaf-height-seed) モデルによれば,選択的な摂食は草食動物に好まれない形質をもつ植物を増加させる一方で,ランダムで過剰な摂食は草食動物に好まれる形質をもつ植物を増加させることが予測されている.他のモデルでは,水分や養分の可給性の違いによって生産性が異なる生態系における摂食に対する植物の形質応答を明らかにしている.例えば Milchunas et al. (1988) の一般化モデルでは,放牧への植物の形質応答は降水量(生産性の指標)と放牧履歴に依存することが予測されている.特に放牧履歴の長い湿潤な生態系では,ほふく伸長する草丈の低い一年性草本の増加が予測された.同様に,Grime (1977) や Coley et al. (1985) によって提唱されたモデルでは,放

牧に対する植物の形質応答は生産性に依存しており，湿潤な環境における放牧は嗜好性植物（質の高い組織を早く再成長させ，構造的防御への投資が少ないなど，放牧に対する高い耐性をもつ）を増加させる一方で，乾燥した環境では不嗜好性植物（成長が遅く，構造的防御への高い投資など被食忌避機構をもつ）を増加させることを予測した．さらに，Herms and Mattson (1992) で示されたように，放牧履歴も重要な意味をもつ．すなわち，放牧履歴のインパクトが強いほど被食忌避機構をもつ植物がより強く選択される．

　放牧に対する植物の形質応答が全世界的に共通するのかを明らかにするため，Díaz et al. (2006) は世界中から選択した197例のメタ解析を行った．この研究では，放牧地においては多年性草本よりも一年性草本，草丈の高い種よりも低い種，直立した植物よりもほふく性の植物，株立ちを形成する種よりもほふく枝やロゼットを形成する種が選択されることが明らかになった．また，上述のモデルと一致して，放牧地では一貫して嗜好性の低い植物が選択され，この傾向は放牧履歴の長い乾燥した系において最も強かった．Díaz et al. (2006) における重要な知見は，放牧に対する植物形質の応答は気候と放牧履歴の両方に依存しているということで，このことは放牧に対する植生の応答はこの二つの要素によってコントロールされていることを示している．第3章で議論したように，植物の形質と地下のサブシステムに強いつながりがあることを考えれば，この知見は放牧が地下の特性や養分循環に与える影響を理解するために重要である．しかし，Díaz et al. (2006) も述べているように，放牧の効果に対する私たちの知見は驚くほど少数の植物形質に限られており，データの利用可能性も地域によって異なる．このことは，草食動物に対する植物の応答を気候，放牧履歴，土壌の肥沃度などの勾配のなかで一般化することを困難にしている．

　上記のモデルやDíaz et al. (2006) では，地下のサブシステムや養分循環への放牧のカスケード効果を明確には考慮していないものの，彼らは肥沃度や降水レジームの異なる生態系間において放牧が地下に与える影響の違いを理解するうえでの非常に一般的な枠組みを提供してくれている．地下の生物相や養分動態，植物生産に与える草食動物の影響の程度や方向性は生態系によって大きく異なるものの（Bardgett and Wardle 2003），この違いは大まかに上記の植物の形質応答モデルと同様に生態系の生産性に依存しているようである．例えば，本章の前半で扱った土壌生物相や養分循環に対する放牧の正の影響は，放牧によって嗜好性が高く栄養豊富な植物がより強く選択される（耐性戦略）ような

生産性の高い生態系において卓越する（Grime 1977; Coley et al. 1985）．こういった植物は養分豊富なリターや根滲出物という形で土壌に易分解性の基質を供給する（Bardgett and Wardle 2003）．対照的に，土壌生物相や養分循環に対する放牧の負の影響は，生産性の低い環境でより卓越する．こういった場所では，放牧によって嗜好性が低く成長の遅い植物が選択される（忌避戦略）（Grime 1977; Grime 2001; Coley et al. 1985）．本章の前半で強調したように，こういった不嗜好性植物は分解速度の遅い質の低いリターを生産し，その結果として養分の可給性や植物の成長を低下させる（Bardgett and Wardle 2003）．さらに，不嗜好性植物の選択とそれに伴う土壌養分循環への負の影響は放牧履歴に伴って強くなるようである（Bardgett et al. 2001b）．このことは，植物の放牧への応答を変化させる放牧履歴が注目されていることと一致する（Herms and Mattson 1992; Díaz et al. 2006）．また，植食者による地上へのフィードバックは特定の植物形質の優占をさらに促進し，草食動物の影響を高める．例えば，生産性の高い環境における被食耐性形質の選択とそれに伴う養分循環の促進は，さらにこの戦略をもつ植物の成長を促す．対照的に，生産性の低い環境における被食忌避形質の選択とそれに伴う養分循環の不活性化は，忌避戦略をもつ植物の定着をより促進するだろう（Bardgett and Wardle 2003）．

　植食性や葉の嗜好性，植物の形質と地下のプロセスとの間の関係について実験的に調べた研究は少ない．例えば，温帯（Grime et al. 1996; Cornelissen et al. 1999）と亜寒帯（Cornelissen et al. 2004）で多くの植物群集を比較した研究では，草食動物の嗜好性と葉リターの分解性には有意な関係があった．なぜなら，両者のプロセスは機能的に似た形質によって制御されているからである．同様に Wardle et al. (2002) はニュージーランドの森林にみられるさまざまな植物種を用いた実験から，質の高いリターを生産し分解速度の速い植物は選択的摂食に対して不利（より嗜好性が高い）である一方，質の低いリターを生産する植物は摂食に対して有利（嗜好性が低い）であることを示した．結果として，リターの分解性と草食動物への植生の応答は，同一もしくは似た形質，特に二次代謝産物や構造性炭水化物の量によって制御されていると結論づけられる．しかし，葉の嗜好性とリターの分解性の関係は普遍的なものではなく，Kurokawa and Nakashizuka (2008) はボルネオ島サラワクにおける多くの熱帯樹種において同様な傾向がみられないことを示している．分解者生物について考えてみると，摂食に対する土壌生物の応答を決定する植物形質についてはあ

まり分かっていない．しかし Guitian and Bardgett (2000) によれば，摂食に応答して草本が資源をどこに配分するかには種間差があり，土壌生物が最も大きく応答したのは，刈り取られた際に根に資源を最も多く配分する植物種に対してであった．植物の形質の種間変異，特に資源を成長（耐性）に配分する草本と被食防御（忌避）に配分する草本との間の違いがこれらの応答とどのように関係しているのかを明らかにするためにさらなる研究が求められている．この点に関して Massey et al. (2007) は，草本 18 種において成長と防御への資源配分が大きく異なり，この二つの形質はお互いに負の関係にあることを示した．このことは，個々の植物種における被食に対する成長（耐性）と防御（忌避）への資源配分のバランスに応じた地下の応答が存在することを示唆している．

放牧に対する植物の形質応答と，それが地下の動物相や分解プロセス，養分循環とどのように関連しているのかについてはさらなる研究が必要である．しかし，ここで紹介した証拠（ごく限られた形質に関する研究例ではあるが）は，植食者に対する植物の形質応答を調査するための概念的な枠組みが地下の反応にも拡張でき，異なる環境下で植食者が生態的機能に与える影響をよりよく理解するための基礎となることを示唆している．しかし，Díaz et al. (2006) が強調したように，これには放牧に対する植物形質の応答に関するさらなる調査が必要である．こうした調査は，共通の形質や方法論に基づいて，さまざまな異なる地域対象として行う必要がある．また，植物の形質が地上−地下のつながりとフィードバックをどのように駆動するのかについては理解が進んでいる（第 3 章参照）一方，植物の形質が土壌生物の形質をどう選択しているのか，もしくはその逆についての理解は乏しい．こういった情報は，地上−地下のつながりへの植食者の影響や，このつながりがどのように生態系プロセスを駆動するのかを理解するうえで必要となる．

4.4 地上の栄養カスケードが地下に与える影響

地上の草食動物は，捕食者によって密度や個体群動態を制御されている．これにより，植物群集のバイオマスや生産性，群集構造に影響する栄養カスケード効果が起こる．陸圏生態系における栄養カスケードの重要性については歴史的な議論があるが（e.g. Strong 1992; Polis 1994），おそらくそれほど重要でない生態系も多くあるものの，高い重要性を示す例が蓄積している（Pace et al.

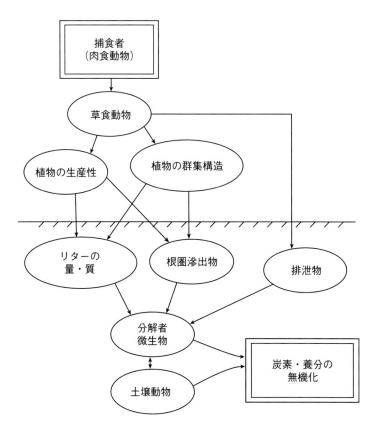

図 4.12 地上の捕食者が分解者や生態系プロセスに間接的に影響を与えるメカニズムを示した模式図．Wardle et al. (2005) より．

1999; Halaj and Wise 2001; Terborgh and Estes 2010)．これまで本章で示してきたように，植食者は個々の植物や植物群集への影響を通して，地下のサブシステムの機能に正・負両方の効果を与えている．それゆえ，もし捕食者が生態系における植食者の密度を減少させて植食の強度が低下した場合は，この効果を弱めることになる（図 4.12）．しかし，土壌プロセスや生態系機能に対する地下の栄養カスケードの重要性に関する認識が広まり（第 2 章参照），さらに捕食者密度が生態系機能に影響するメカニズムが近年関心をもたれているにも関わらず（Duffy et al. 2007; Bruno and Cardinale 2008），地上の栄養カスケードが地下のサブシステムの機能に与える影響に関しては，まだ研究が始まった

ばかりである (e.g. Feeley and Terborgh 2005; Wardle et al. 2005; Maron et al. 2006; Schmitz 2008a; Wardle 2010).

　いくつかの研究において，捕食者は地下のサブシステムに流入する資源の質と量を変化させうることが示されている．このことは，土壌の食物網や分解者サブシステムによって駆動されるプロセスを変化させる可能性があるということである．第一に，最上位捕食者は，植食性の程度を変えることによって植生の機能的構成を大きく変えることができる．例えば，第5章で述べるように，北米のピューマ（*Puma concolor*）やオオカミ（*Canis lupus*）は獲物（シカ，エルク，ムース）が森林下層植生や嗜好性の落葉樹に与える負の影響を逆転させることがよく知られている（Ripple and Beschta 2008; Creel and Christianson 2009）．すなわち，分解者サブシステムに流入するリターの質に対するシカ類の効果を逆転させる（e.g. Pastor et al. 1993）．第二に，捕食者は葉の二次的な化学的性質やリターの質への植食者の効果を逆転させうる．これに関する証拠は Stamp and Bowers (1996) において報告されており，ヘラオオバコ（*Plantago lanceolata*）が無脊椎植食者に対抗して生産する防御物質（イリドイド配糖体）は，捕食者の存在によって生産されなくなることが示されている．第三に，捕食者は地下のサブシステムに流入する資源の量に植食者が与える効果も逆転させることができる．例えば Post et al. (1999) は，ミシガン州のアイル・ロイヤルにおいてオオカミによるムースの捕食がバルサムモミ（*Abies balsamea*）の肥大成長へのムースの負の影響を逆転させており，オオカミの個体群動態に応じてモミの肥大成長が起こっていることを示した．これにより，バルサムモミによって地下のサブシステムに供給される資源の量は減少する．生態系スケールでの捕食者のカスケード効果の例としては，Terborgh et al. (2001, 2006) の研究がある．この例ではベネズエラの貯水池造成によって生じた島を対象に，捕食者による間接的な栄養カスケードが植生に与える影響が示された．これらの小さな島には大型のヘビや猛禽，ジャガー（*Panthera onca*）やピューマ（*Puma concolor*）などの捕食者が存在せず，栄養段階下部のネズミやホエザル，イグアナ，ハキリアリなどが非常に多く生息している．捕食者不在の結果，林冠樹種の実生や若木がかなり減少し（Terborgh et al. 2006），おそらくリターの質が低く植食者の好まない植生への明らかなシフトが起こった（Feeley and Terborgh 2005）．

　最上位捕食者は，植物によって土壌にもたらされる物質の量と質を間接的に

コントロールしているが，地下のサブシステムへのこの影響については最近になって研究され始めたばかりである．例えば Frank (2008) は，土壌中の窒素無機化がオオカミ（Canis lupus）による有蹄類の捕食によって負の影響を受けることを示した．また Feeley and Terborgh (2005) は，哺乳類やハキリアリを捕食する哺乳類が土壌中の C/N 比を減少させることを明らかにした．さらに Wardle et al. (2005) はアブラムシの捕食者が間接的に土中の炭素濃度を高めることを示し，Dunham (2008) は昆虫食の鳥類や哺乳類が土壌のリン循環に間接的に重要な影響を与えていることを示した．こういった捕食者による土壌の化学性の変化は，土壌生物相の構造の変化とも関連していると思われるが，地上の捕食者によって引き起こされた栄養カスケードが土壌の食物網に与える波及効果を研究した例はわずかしかない．Dunham (2008) は，昆虫食の鳥類と哺乳類を排除すると，土壌プロセスに重要である土壌中の無脊椎動物に間接的に正の影響があることを明らかにした（図 4.13）．さらに，Wardle et al. (2005) は温室での操作実験から，アブラムシを捕食する昆虫（クサカゲロウとテントウムシ）が栄養カスケードにより植物の群集構造を変化させ，結果として土壌中の食物網において一次消費者（微生物）や三次消費者（最上位捕食者である線虫）を増加させた．地上の捕食者は，菌類よりも細菌類を増加させることで微生物群集構造を変化させ，植食性線虫の多様性を減少させることもあった．対照的に，林床の低木を用いた実験から，Dyer and Letourneau (2003) は分解者食物網における三段階の各栄養段階における種多様性が，植食性や腐食性の昆虫を捕食する最上位捕食者である甲虫の有無に影響を受けないことを示した．そのかわりに各栄養段階の多様性は，基質の操作によって主に変化した．まとめると，これらの研究は地上と地下の食物網の複数の栄養段階間に関係性があることを示唆している．

　植食者のところで述べたように，植食者を捕食する地上の動物が地下のサブシステムへ与える影響はさまざまである．それは，捕食者が単に植食者の（正・負の）効果を逆転させるだけでなく，捕食者自体も影響を与えるからである．第一に，異なる捕食者は被食者の個体群動態や，結果として地下のサブシステムへの植物からの物質流入の時間的パターンにおそらく異なった影響を与えるだろう．例えば，Wardle et al. (2005) は，アブラムシの二種類の捕食者はアブラムシ個体群が最大になるタイミングに与える影響が大きく異なり，これが植物と土壌生物群集の両方に影響したことを報告している．第二に，異な

(a)

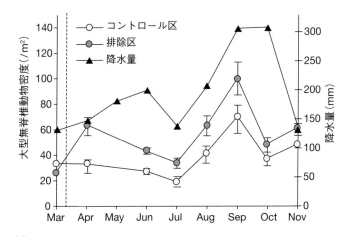

(b)

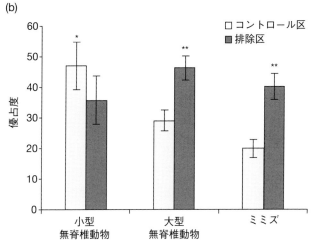

図4.13 コートジボワールの熱帯雨林における最上位捕食者（昆虫食の哺乳類や鳥類）の在不在が土壌無脊椎動物の優占度に与える影響．(a) 排除区およびコントロール区における大型無脊椎動物の8カ月間の密度推移．(b) 排除区およびコントロール区における無脊椎動物の優占度の8カ月間の合計．* や ** は，それぞれ $P = 0.05$ と 0.01 での有意差を示す．エラーバーは標準誤差．Dunham (2008) より Wiley-Blackwell の許可を得て転載．

る捕食者は獲物の選好性も大きく異なる．地上の捕食者が地下のサブシステムに与える間接的な影響は，捕食者の選好性が高く，その獲物自体が生態系を駆動する植食者である場合に最も大きくなると予想される．こういった効果は，網状の食物網における雑食的な捕食者（Polis 1994）や，植食者と分解者両方を獲物とする捕食者（Scheu 2001）の場合には弱くなると考えられる．第三に，捕食者の行動や捕食方法の違いも植食者，植物群集，地下の特性に影響しうる（Schmitz et al. 2004）．これについてはあまり研究されていないものの，Schmitz (2008b) は異なる捕食方法をもつ二種類のバッタ食のクモ（一種は徘徊型，他方は待ちぶせ型）が植物の多様性，地上の純一次生産量，土壌の窒素無機化速度に正反対の効果をもつことを明らかにしている．こういった効果は，これらの捕食者が捕食者のいない状態とくらべて逆の効果をもっているかは分からないものの，異なる捕食者に対するバッタの反応が異なること起因している．最後に，地上の栄養カスケードが地下に与える最も強い影響は，地上の消費者が新たな捕食圧にさらされる場合（例えば侵入捕食者や新大陸に到達した人間による狩猟）が含まれる．こういったタイプの栄養カスケードについては第5章で述べる．

4.5 消費者による資源の空間的な移動

ここまでの節では，陸上の消費者が生態系機能に影響するさまざまなメカニズムついて説明してきた．消費者は移動や採食行動を通して，主に糞や死体という形で陸上生態系の内外に資源を移動することができる．こうした機能は，養分循環や植生の空間パターンに大きな影響をもたらす可能性がある．さらに陸上の生態系は，海から陸へ資源を移動することのできる消費者によっても影響を受ける．ここでは，これらのタイプの消費者による陸上生態系への資源供給について議論する．まず，消費者による陸上生態系における資源移動が地下システムに与える影響について述べ，次に海から陸上生態系への資源移動の影響について述べる．

4.5.1 陸上生態系間の資源移動

採食中の植食性哺乳類の移動は，ある時空間スケールにおける行動のレパートリーや家畜管理によって操作される（Bailey and Provenza 2008; Boone et al.

2008).例えば，野生の植食者は植物のフェノロジーや質の時間変化に応じて，標高帯を垂直方向に移動する．あるいは餌や水不足，降水量の変動により，ある地域から別の地域へ移動する（Bailey and Provenza 2008）．細かいスケールでは，野生の植食者は餌がより豊富あるいは高質な場所，または休息や反芻のような非採食行動を実行する餌場を選ぶために比較的短い距離を移動するかもしれない（Bailey and Provenza 2008）．同様に，家畜生産システムでは，飼料植物の利用を最大化するために放牧地から他の放牧地へ移動し，牧民は異常気象の程度や飼料の季節変化に応じて家畜を移動させる（Boone et al. 2008）．例えばモンゴル草原では，牧民は生活圏内の飼料植物を最大限に利用するために，10 km から 300 km を超える山地と低地の間の移動を一年間に複数回繰り返す．一方，山岳地帯では，牧民は雪のない山岳湿地を利用するために，夏の数カ月を標高の高い場所で過ごす（Boone et al. 2008）．植食者が土壌窒素循環や植生動態に影響を与え，さらに糞や死体として資源をある場所から別の場所に移動することができるなら，こういった植食者の移動は必然的に養分循環や植生の空間パターンに重要な影響をもたらすだろう．

　採食場所の分布パターンをもたらす植食者の行動のメカニズムを理解するために多くの研究が行われてきたにも関わらず（Bailey and Provenza 2008），植食者の移動による生態系内・生態系間の養分輸送についてはほとんど分かっていない．知見の多くは農業現場で得られたものであり，家畜が採食や排泄のために移動することで養分パッチの形成が促進されることが示唆されている．例えば，南イングランドのニュー・フォレストにおける馬の放牧は，排泄場所や採食場所といったパターンを創出し，排泄場所付近の土壌への養分の集積と植物バイオマスの増加をもたらす（Edwards and Hollis 1982）．また Willot et al. (2000) は，ウサギによる排糞は数カ所に集中する傾向があることを報告している．同様に，ウシは平坦な草地でランダムに排糞するが（White et al. 2001），糞の大部分は休息場や反芻場所に落ちていた．すなわち，動物が多くの時間を費やす比較的狭い場所に土壌養分が集中するようになる（Syers et al. 1980; Afzal and Adams 1992; Kohler et al. 2006）．

　排泄物による養分の分散が土壌の養分蓄積や草地の生産性に与える影響を検証した研究例もある．例えばブラジルのビロードキビ属（*Brachiaria*）の草地における研究では，ウシの放牧密度を上げると糞尿由来の窒素が蓄積し，気散や溶脱による窒素の喪失と草地の質の低下を招いた（Boddey et al. 2004）．ま

た，こうした窒素の多くは植生が踏みつけられてウシに利益のない休息場や飲水桶の付近に集中する一方で，他の場所での窒素の利用性はそれに応じて減少する（Boddey et al. 2004）．同様に，スイスの山岳草地の例では，ウシがさまざまな場所で採食や排泄をすることによって，大量のリンが再分散されることが報告されている（Jewell et al. 2007）．この研究によれば，ウシが糞を比較的狭い範囲の休息場や反芻場に落とし，その結果わずかなパッチに高濃度のリンが蓄積していた（年間ヘクタールあたり 50 kg 以上）一方で，草地の大部分は痩せていたことが分かった．このことから，ウシは養分を狭い範囲に集中させることで山岳草地からの養分の喪失を促進し，生産性の段階的な減少を引き起こすと考えられる．しかし，このタイプの長期的な養分の再配分は他の生態系との移出入による相対的なリンの減少の程度や，ウシによって引き起こされる空間パターンの安定性などにも左右されるだろう．

　野生の草食動物による養分輸送や土壌養分への影響に関しては，より大きな空間スケールを考慮する必要があるという違いはあるが基本的に上記と同様なメカニズムであると考えられるにも関わらず，研究例が少ない．例えば（Schütz et al. 2006）はスイスの山岳草原で制限要因となっているリンに対するアカシカによる再散布の役割を調べた．彼らは，生態系全体をカバーする広範囲の調査区において，糞の蓄積によるリンの加入と，地上植物バイオマスの摂食によるリンの除去を比較した．その結果，ランドスケープ内における強度の被食を受けた短草草原（オオウシノケグサ *Festuca rubra* とチュウコバンソウ *Briza media* が優占している）の割合が土壌リン含有量とともに増加したことから，アカシカがリンの豊富なパッチを好んで採食したと考えられる．また，リンの豊富な場所での採食によるリンの除去の速度は，リンの不足した場所よりも大きく，この促進されたロスは糞の蓄積量の増加によるリンの流入の増加を超え，年間の総体としてはリンの消失につながっている．しかし，この喪失量はとても小さく（ヘクタールあたり 0.083 kg），リンが最も豊富な生態系においては，土壌リンプールがリンの不足する場所で観察されるレベルに下がるまで 1660 年かかると見積もられている．彼らはまた採食による年間のリン喪失がアメリカのロッキー山脈におけるエルクの採食による植物群落における報告と同等であり（Schoenecker et al. 2002），このタイプの採食システムにおいて，植食者によるリンの輸送は長期的な植生の動態にのみ影響を与えることを示した．

上の例は土壌リンに関連することであるが，自然草原における大型植食者が広い空間スケールにおいて窒素の無機化速度や土壌窒素の空間分布に影響するという証拠がある．例えば，野生のトムソンガゼル（*Gazella thomsoni*）やグランドガゼル（*Gazella granti*），トピ（*Damaliscus korrigum*）やキタハーテビースト（*Alcelaphus buselaphus*）は，彼らが好んで採食する地域の窒素の無機化やナトリウム利用性を促進し，景観スケールでの土壌肥沃度の空間的異質性の創出に貢献している（McNaughton 1997b）．また Augustine and Frank (2001) は，アメリカのイエローストーン国立公園の草原において長距離移動をする有蹄類，すなわちエルクやバイソン，プロングホーンが，さまざまな空間スケールで土壌窒素の分布や窒素の無機化速度に影響を与えることを明らかにした．長期的に草食動物を排除した柵の内外で採集した土壌の地質分析の結果，草食動物の存在は個々の植物個体スケール（< 10 cm）から植物群落全体のスケール（30 m），さらに大きな景観スケールまで，あらゆる空間スケールで，土壌窒素の空間分布に影響を与えていた．細かいスケールでの異質性は，局所的な植物の種多様性や，植食者による植物の摂食速度の変異，そしておそらく排泄場所のパッチ状分布にも影響を与えるだろう．一方，景観スケールでの変異は，植食者の摂食強度や睡眠場所，排泄場所の選択によって創出される．実際に，エルクはどんなときも生産性の高い地域に集中することや（Frank and McNaughton 1992），標高や草地タイプにもとづいて冬の採食場所を選択していることが知られている（Pearson et al. 1995）．これらの結果から，土壌養分の空間パターンは地形や植生からの影響に加え，大型草食動物といった生態系を構成する生物からも大きな影響を受けているといえる．

　植食者が景観スケールでの養分循環や植生の空間的異質性を促進するもう一つのメカニズムは，彼らの死体によるものである．死体は土壌に高濃度の養分パルスを供給する．このメカニズムについてはあまり調べられていないが，いくつかの研究で陸上生態系の重要で永続的な死体の影響が明確に指摘されている．例えば Towne (2000) は，有蹄類の死体の影響をアメリカの高茎草原で調べ，それらが土壌肥沃度や植物生産のホットスポットを形成し，群落の異質性を増加させていることを報告している．また，草原の植生動態や養分循環に対する有蹄類の死体の重要性は，歴史的な観点から考えたときに特に重要になる（Towne 2000）．厳しい干ばつ，冷害，風土病のような一過性の災害は植食者の高い死亡率を誘発し，それに伴ってそのような歴史的なイベントは非常に長

い間草原を豊かにする（Towne 2000）．別の研究では，アメリカのミシガン州のアッパー半島においてオジロジカ（*Odocoileus virginianus*）が生物地球化学的ホットスポットを形成し，資源の異質性や広葉樹間の競争関係を変化させた（Bump et al. 2009c）．さらにアメリカのアイル・ロイヤル国立公園の寒帯林におけるムースの例では，死体によって土壌に供給される養分や植物の養分含有量の異質性はオオカミによって調整されている（Bump et al. 2009a）．捕食行動を通してオオカミはムースの死体の空間分布に影響を与え，それが土壌養分や微生物群集，植物組織の質を決定する（図4.14）．また，Parmenter and MacMahon (2009) は，アメリカのワイオミング州の半乾燥低木草原の土壌養分にさまざまな脊椎動物（哺乳類，鳥類，ヘビ，カエル）の死体が与える影響を調べた．その結果，生物の違いに関わらず死体は付近の土壌窒素を豊かにし，植物群落の局所的な変化を引き起こした．こうしたプロセスは生態系の窒素全体に対してはごく小さい量でしかないが，局所スケールでは土壌の肥沃度や養分循環にインパクトを与えるので，群集の異質性創出に貢献している．

　最後に，無脊椎動物の死体もまた陸上の生態系に大きな影響を与えることについて紹介しよう．これは，周期的な*Magicicada*属のセミの死体の蓄積による資源パルスの生態学的影響を調べたYang (2004) の研究が最もよくまとまっている．このセミは北アメリカの落葉樹林で最も優占する植食者だと思われる．木の根の木部を食べて最も多くの時間を過ごすが，17年ごとに大量に発生して交尾，産卵した後息絶える．Yang (2004) がセミの死体を林床に置くことでセミの出現を模倣した実験を行ったところ，土壌細菌や菌類のバイオマス，土壌の無機窒素の可給性，さらに林床植物であるアメリカンベルフラワー（*Campanulastrum americanum*）の窒素含有量や種子量が増加した（図4.15）．もしセミの空間分布が景観スケールで大きく変動するのであれば，セミの分布の不均一性は森林生態系の資源パルス効果に時空間的な不均一性をもたらすかもしれない（Yang 2004）．これらの知見は単一の属の昆虫の変わった生活史の結果であるが，資源パルスが地上と地下のサブシステムに与えうる影響が一般的である可能性を示唆している（Yang 2004）．

4.5.2　水圏生態系から陸上生態系への資源移動

　陸上生態系の近くには海，池，川や小川のような水圏生態系があることが多い．水陸の群集は互いに独立して機能するものではなく，これら二つの群集間

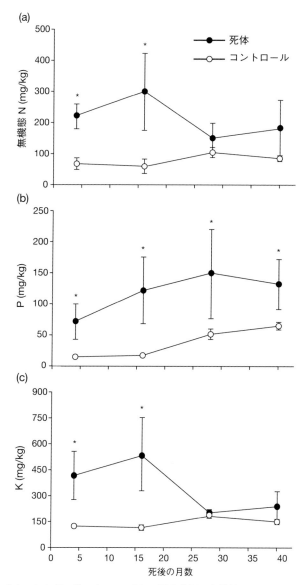

図 4.14 アメリカ,ミシガン州アイル・ロイヤル国立公園の寒帯林において,オオカミ (*Canis lupus*) に殺されたムース (*Alces alces*) の死体が土壌養分に与える影響.データはムースの死体のある土壌 (●) とない土壌 (○) における,死後 4, 16, 28, 40 カ月後の (a) 無機窒素 (硝酸とアンモニア),(b) リン,(c) カリウムの濃度を示している.星印はそれぞれの死後経過時における死体の有無による有意差を表している ($P < 0.05$).エラーバーは標準誤差.Bump et al. (2009a) よりアメリカ生態学会の許可を得て転載.

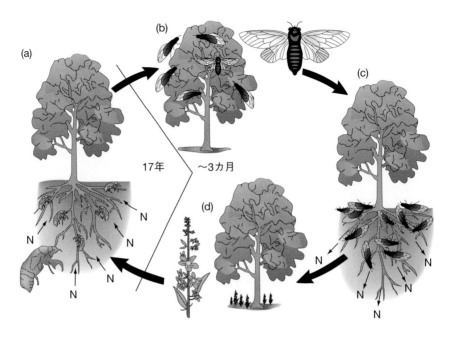

図 4.15　17 年ごとのセミの死体由来の窒素パルスが地上と地下に与える影響を表した模式図．(a) セミの幼虫は 17 年間根の木部を摂食することで樹木が吸収した地下の窒素を同化し，(b) 成虫は交尾，産卵した後死んで林床に落ちる．(c) セミの死体は微生物に分解されて窒素を放出する．(d) そして土壌の窒素濃度と林床植物であるアメリカンベルフラワー (*Campanulastrum americanum*) の窒素含有量と種子サイズを増加させた．Ostfeld and Keesing (2004) および Yang (2004) よりアメリカ科学振興協会の許可を得て転載．

での相互関係には多くの例がある．従って，陸上の生態系は陸上の植物をエネルギー源としている陸上の消費者によってのみ影響を受けているのではなく，少なくともエネルギー源の一部を海の環境から得ている陸上や海の消費者からも影響を受けている．例えばよく知られているように，水辺に近い陸上に生息する捕食者の多くは大部分の養分を海の生物から得ることができ (Sabo and Power 2002; Ballinger and Lake 2006)，幼虫期を水中で過ごす水生昆虫は羽化して成虫になると陸上の生物群集に大きな影響を与える (Knight et al. 2005; Gratton and Vander Zanden 2009)．海と陸の消費者はどちらも資源を海から陸へ輸送することができ，地上，地下の両方の陸上生態系に大きな影響をもたらす可能性がある．ここでは，こういった消費者を介した資源供給が陸上生態系に与える影響について議論する．

海から陸への資源輸送に関して最もよく研究されているのは，海鳥の活動が沿岸や島の生態系に与える影響である（Polis et al. 1997; Anderson et al. 2008）．海鳥が海の生物を捕食し，陸上生態系に糞として排泄する．こうした資源の流入は，生産的な海の生態系に隣接する非生産的な陸上生態系への栄養素供給の主要な経路となる（Polis and Hurd 1996）．例えば，南極の沿岸生態系では，植物群落はとても非生産的な地衣類や蘚苔類に覆われており，土壌への有機物の加入も少ない．ここでは，アデリーペンギンが大量の養分や有機物を海から営巣地へと輸送することで，土壌の細菌密度や微生物バイオマスを営巣地外の100倍程度に増加させている（Ramsay 1983; Roser et al. 1993）．また，カリフォルニア湾の砂漠島でも広く研究が行われている．この群島には，海鳥の大きな営巣地がある島と，そうでない島がある（Polis and Hurd 1996; Wait et al. 2005; Anderson et al. 2008）．海鳥の営巣地がある島では，海由来の資源が地上に多く供給され，土壌養分の濃度は海鳥のいない島とくらべて数倍高い（Anderson and Polis 1999）．養分濃度の増加は節足動物相にボトムアップ効果をもたらし，デトリタス食の主要な大型土壌動物であるゴミムシダマシ類を数倍増加させた（Sanchez-Piñero and Polis 2000）．より生産的な島嶼や沿岸生態系でも，海鳥による土壌養分の可給性に対する大きな正の効果を報告した研究は多く，ニュージーランド（Mulder and Keall 2001; Fukami et al. 2006），アラスカのアリューシャン列島（Maron et al. 2006），北東アメリカ（Ellis et al. 2006），オーストラリアのグレートバリアリーフ（Schmidt et al. 2004）などでの報告例がある．北ニュージーランドの沖合いの島嶼においても，海鳥が地下の無脊椎動物の密度を増加させ（Towns et al. 2009），間接的に植物リター分解の速度を変える（Fukami et al. 2006）．同様に，東スコットランドのフォース湾にあるメイ島では，海鳥による窒素添加が微生物バイオマスや線虫の個体数を増加させ，菌類にくらべ細菌の優占度を増加させたが，土壌機能（窒素の無機化速度や分解速度）への影響は検出されなかった（Wright et al. 2010）．

　海鳥による海から陸への養分の輸送は，陸上植物の養分獲得や成長に重要な影響をもたらす（Ellis et al. 2006）．例えば，海鳥の営巣地の土壌に生育する植物の方が，営巣地以外の土壌に生育する植物よりも速く成長し（Fukami et al. 2006），葉の養分含有量が多い（Maron et al. 2006; Mulder et al. 2009）．海鳥の営巣地に生育する植物の葉は植食者への嗜好性が高い（Mulder and Keall 2001）うえに，リターの分解速度や養分の放出速度が速い可能性もある

図 4.16 カリフォルニア湾にある，(a) 海鳥による海からの窒素流入のある乾燥した植生の島と，(b) 海鳥による窒素流入のない植生の乏しい島の写真（Wait et al. 2005; Anderson et al. 2008）．写真は A. Wait による．

(Wardle et al. 2009b)．こうした海鳥による植物の成長速度や養分含有量への影響は，特に雑草や 1 年生の植物において顕著である（Anderson and Polis 1999; Ellis et al. 2005）（図 4.16）．海鳥による物理的撹乱はまた，実生の更新や成長，バイオマス生産に重要な負の影響も与える可能性がある（Maesako 1999）．例えば，北東ニュージーランドの森林化した島嶼では，高密度の海鳥は植物の養分吸収を促進する一方で，営巣地では巣穴の掘削に伴う土壌撹乱による負の影響により（Fukami et al. 2006），樹木実生の低密度化や地上植生の大幅な減少を招いている（Wardle et al. 2007）．従って，高密度の海鳥は植物の養分制限を緩和するかわりに，物理的な撹乱や損傷を植物に与えている．これら二つの相反する影響の相対的重要性はほとんど調べられていない．養分ストレスの軽減と撹乱の増大による混合効果は，植物の群落構成に大きな影響をもたらし，寿命が長く成長の遅い種にかわって短命で成長の速い雑草種の優占を促進する傾向がある（Ellis 2005）．第 3 章で議論したように，こうした群落レベルの変化は，植物由来の資源の質を向上させ，地下の生物群集へとフィードバックする可能性があるが，海鳥の優占する生態系ではこの点についてまだ調べられていない．

　淡水から陸へ消費者によって運ばれた資源もまた，陸上生態系に重要な影響を与える．例えば，アメリカのアイル・ロイヤルのムースは水草を食べてちかくの水辺森林に糞をし，それによって土壌の窒素可給性を向上する（Bump et al. 2009b）．これは，本章で記した他のメカニズムによってムースが土壌の窒

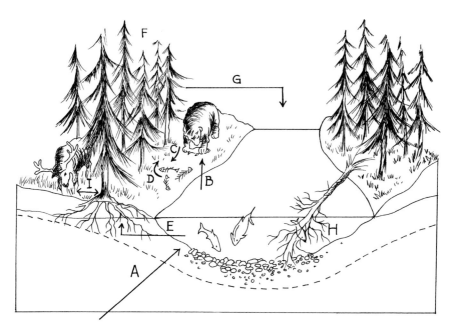

図4.17 サケ由来の窒素の循環と川や水辺の生態系への影響：(a) サケの産卵による窒素の上流への輸送；(b) クマや魚食動物によるサケの消費；(c) クマがサケを食べて死体を水辺の森林に広げる；(d) 陸生・水生の昆虫がサケの死体に定着し，分解や窒素の拡散を促進する；(e) 分解された窒素は森林の地下に浸透し，樹木の根によって吸収される；(f) サケ由来の窒素は葉の窒素量や樹木の成長を促進する；(g) 水辺の森林はサケ科の魚類に日陰，岸の安定性，粗大木質リターを提供することで，生息地の質を向上させている；(h) 粗大木質リターは産卵後のサケの死体を小川に留め，さらに窒素の可給性を増加させる；(i) 増加した葉の窒素は水辺植物の嗜好性を促進し，採食のパターンを変える可能性があり，それは水辺の生産性や種構成のパターンに影響をおよぼす．Helfield and Naiman (2006) より，D. W. Colquhoun による描画．

素可給性に与える負の影響を相殺するかもしれない（Pastor et al. 1993）．他の例はアラスカやブリティッシュコロンビアにおけるサケ（*Oncorhynchus* spp.）の死体による森林への施肥効果である（図4.17）．クマ（*Ursus* spp.）は遡上中のサケを捕獲した後，他のクマを避けるために70％以上の確率で森に運んで食べる（Quinn et al. 2009）．クマはサケの死体の大部分を残す（Gende et al. 2007; Holtgrieve et al. 2009）ので，サケの死体は森林生態系に流入する窒素の24％を占めて重要な窒素源となっており，これはハンノキの窒素固定による量を上回っている（Helfield and Naiman 2006）．また，サケの死体由来の窒素は利用しやすいため，土壌の無機窒素濃度（Gende et al. 2007）や，土壌微生物

や植物による窒素吸収（Helfield and Naiman 2002, 2006; Wilkinson et al. 2005），リターに生息する無脊椎動物の^{15}N濃度（Hocking and Reimchen 2002）などを局所的に増加させる．これらの反応は植物の窒素含有量や嗜好性を増加させ，植食者による採食のパターンを変える可能性がある（Helfield and Naiman 2006）（図4.17）．

　水生の無脊椎動物もまた，陸上生態系に影響を与える可能性がある．生育期を川（Sabo and Power 2002; Ballinger and Lake 2006）や湖（Hyodo and Wardle 2009; Jonsson and Wardle 2009）で過ごす昆虫が，成虫として陸に出現するときに陸上の捕食者の主要な餌資源となる可能性は，多くの研究によって指摘されている．海由来の無脊椎動物が陸上生態系の地上や地下の機能に与える効果についてはよく分かっていないが，アイスランドの湖（ミーヴァトン湖など）で行われた先駆的な研究例を紹介したい（Gratton et al. 2008）．この湖からは，年によってはユスリカ（chironomid fly）の成虫が非常に高密度で羽化する（Ives et al. 2008）．ユスリカはしばしば陸地で死に，周辺の陸上生態系への窒素供給量は年間にヘクタールあたり200 kg程度と推定されており（Gratton et al. 2008），地上や地下に重要な影響をもたらす（Gratton and Vander Zanden 2009）．同位体元素分析によると，ユスリカの死体は土壌に生息するトビムシといった重要な分解者や，ザトウムシやコモリグモといった捕食者の重要な資源となる（Gratton et al. 2008）．こういった効果がどのくらい一般的かは分かっていないが，同位体分析による最近の研究では，ユスリカの死体による施肥効果は北スウェーデンの湖に浮かぶ島の生態系でもみつかっている（Hyodo and Wardle 2009）．

　水生生物が隣接する陸上生態系の構造や機能に与える影響に関する研究はいまだ未熟で，これまでの研究の多くは海鳥やクマによる陸への輸送に焦点を当てている．従って，水中から陸上への資源供給の重要性に影響する要因の一般化は難しいが，二つの要因が考えられる．一つ目は，陸上と水中の生産性の差である．陸上生態系が水中よりも生産性に乏しい場合，陸上への資源供給の効果は最大になるかもしれない（Polis and Hurd 1996）．しかし，陸上と隣接する水中の生産性が同等である場合でも，水中由来の資源供給の低下は陸上の群集に重要な影響を与えることが報告されている（Paetzold et al. 2008）．二つ目は，水中からの影響がおよぶ距離である．水中由来の資源の影響が，極めて水辺に近い陸上生態系に限定されているのか，水辺からある程度の距離までおよ

ぶのかについては，よく分かっていない．例えば，上述したアイスランドの湖における例では，高密度のユスリカの羽化は湖岸で起こるが，湖岸から150 m離れた場所でもユスリカの密度は高かった（Gratton et al. 2008）．また，ニュージーランドの海鳥が50 kmもしくはそれ以上内地に営巣した場合は，海鳥によって運ばれる海由来の栄養素は海岸からはるかに離れた場所にまでおよぶだろう（Worthy and Holdaway 2002）．水中由来の資源が陸上生態系に大きな影響を与える現象が，ごく限られた生態系における特殊な現象なのか，それともより一般的な現象なのかについては，さらに研究が必要である．

4.6 地上の消費者と炭素動態，地球規模の環境変動

第2章や第3章で議論したように，地球規模の環境変動による地下の群集やプロセスへの影響は，直接的・間接的なメカニズムを介して働き，しばしば地域スケールや全球スケールで生態系や炭素循環にまで影響をおよぼす．第3章でも述べたが，地球規模の変動が陸上生態系やフィードバック関係に与える影響を理解し，その緩和の可能性を探るには，地上と地下のサブシステムの間の関係性を考慮する必要がある．植食者は地上と地下の関係を大きく改変するうえ，植食者の行動やパフォーマンスは直接的，間接的（植生の変化を介して）に地球規模の変化によって影響を受けるので，植食者は地球規模の変動による陸上生態系への影響を調節するうえで重要な役割を果たすだろう．ここでは，土壌炭素動態と気候変動を例に，この関係性について解説する．まず，食植者が陸上の炭素循環に影響するメカニズムについて考え，さらに地球規模の変動による植生の変化が植食者の個体群や生態系機能に影響するメカニズムについて考える．これら二つの問題については現在ごくわずかしか分かっていないことを強調しておきたい．Gough et al. (2007) によれば，気候変動に対する植生や土壌特性の応答に関する研究の大部分は，植食者との相互作用を考慮していない．

植食者が土壌の生物間相互関係や陸上生態系の機能に影響するメカニズムを理解するために，多くの研究がなされてきている．本章でこれまで議論してきたように，ほとんどの研究は植物の成長を制限している養分（窒素やリン）の循環や植物の生産性に注目している．しかし，植食者は土壌の生物間相互作用や養分循環に影響する過程で，土壌の炭素動態，土壌への炭素蓄積量や土壌か

らの炭素の放出量にも影響を与える．牧畜現場における家畜の放牧が草原の炭素蓄積に与える影響に関する研究は増えてきているが（e.g. Schuman et al. 2009; Han et al. 2008; Golluscio et al. 2009），自然生態系において植食者が生態系スケールでの炭素の蓄積や動態に影響するメカニズムについての理解は限られている．さらに，土壌の生物間相互関係や炭素動態に対する気候変動と植食者の相対的な重要性に関する研究はごくわずかである．ここでは，管理された生態系や自然生態系において，植食者が土壌の炭素蓄積や土壌から大気中への炭素放出に与える影響や，それが炭素循環への影響を介して気候変動に与えるフィードバックについて，分かっていることをまとめる．

第2章で概説したように，土壌に蓄積されている炭素の量と炭素シンクとしてはたらく土壌のポテンシャルは，一次生産による土壌への炭素の加入と，従属栄養や独立栄養の呼吸による放出とのバランスによって決まる（De Deyn et al. 2008）．非生物的要因（温度や水分）は土壌への炭素蓄積や土壌からの炭素放出に影響する主要な要因だが，本章ですでに紹介したように地上の消費者もこうした炭素動態に強い影響を与える．特に，植食者は植物リターや土壌根滲出物として土壌に入る有機物の量や質だけでなく，従属栄養の土壌生物による植物由来の有機物の分解速度にも影響を与える．植食者はさまざまなメカニズムによって土壌の炭素動態に影響を与えうるので，土壌への炭素蓄積や土壌からの炭素放出に植食者が与える影響は多様である．例えば Milchunas and Lauenroth (1993) は，世界の放牧地と無放牧地を含む34例の研究についてまとめ，そのうち4割では禁牧により土壌炭素蓄積が減少し，6割では増加したことを報告している．近年行われた草原における研究でも，家畜の放牧が土壌炭素量に与える影響は多様で，増加（Schuman et al. 1999; Reeder and Schuman 2002），減少（Frank et al. 1995; Bardgett et al. 2001b; Han et al. 2008; Golluscio et al. 2009; He et al. 2009），中立（Shrestha and Stahl 2008）といったさまざまな結果が，同じ研究のなかですらみつかっている（Piñeiro et al. 2009）．

放牧に対する土壌炭素蓄積の反応にみられるこうした違いが生じるメカニズムを説明した研究はほとんどない．しかし，これらの違いの一部は土壌の物理性（土壌の構造や深さなど），採取した土壌の深さや放牧に対する植物群落の反応性によるものだと考えられている（Schuman et al. 1999; Welker et al. 2004; Piñeiro et al. 2009）．例えば，根へのバイオマス配分（すなわち地下への炭素

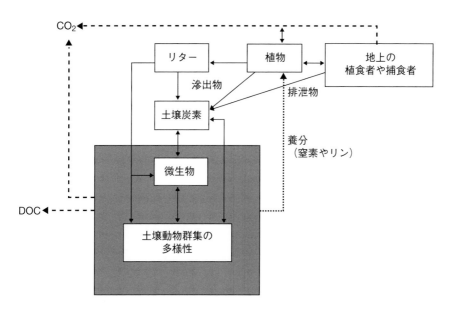

図4.18 地上の消費者が陸上生態系の炭素循環に与える影響のさまざまな経路を示した模式図．実線は植物リターや根滲出物，動物の排泄物から土壌への炭素の流入を表している．破線は溶存有機炭素（DOC）や二酸化炭素としての炭素の流出を表している．点線は養分の可給性の変化を介した植物生産や炭素流入へのフィードバックを表している．

配分）が促進される状況（Schuman et al. 1999; Piñeiro et al. 2009）や，土壌に加入する植物遺体の減少が糞尿の加入により相殺される状況（Conant et al. 2001）では，放牧は土壌への炭素蓄積を促進することができると考えられている．一方で，強放牧が植物バイオマスや土壌への炭素流入を減少させる場合（Han et al. 2008; Pei et al. 2008）や，養分含有量の多いリターや根滲出物など利用しやすい基質を土壌に供給する，嗜好性や栄養価の高い植物を植食者が選択的に採食するような場合には，土壌炭素の減少が起こりうる．本章の前半で議論したように，糞尿と同様にこれらの利用しやすい基質は，分解者の活動や細菌系のエネルギー経路の活動を促進し，それにより土壌からの炭素消失を促す（Bardgett and Wardle 2003）．

後者のメカニズムは，4.3節で紹介した植物形質に基づく考え方や，図4.2で示した促進・抑制仮説と矛盾しない．近年，Klumpp et al. (2007, 2009) はこのメカニズムの検証を行った．14年間にわたって高い放牧圧と低い放牧圧を模倣した処理を行った結果，低い放牧圧では成長が遅い高茎の直立した植物種

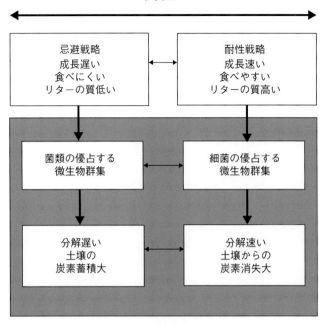

図4.19 温帯の草地における植生や土壌微生物群集構造の変化が土壌の有機物分解や炭素蓄積に影響する経路を示した模式図．このモデルでは，強い摂食圧のもとでは，背が低く成長の速い植生が発達し，土壌生物群集には細菌が優占して，生産性や有機物（特に古い団粒状の有機物）の分解速度は大きくなり，土壌の炭素蓄積量は小さくなる．一方，弱い摂食圧のもとでは，背が高く直立した成長の遅い植生が発達し，土壌生物群集には真菌類が優占して，有機物分解速度は低下し，土壌への炭素の蓄積が促進される．

が優占し，真菌類が卓越する土壌生物群集が発達して土壌の炭素量は高くなった．一方，高い放牧圧の処理区では成長の速い低茎の植物種が優占し，細菌の卓越する土壌生物群集が発達して，地上の植物生産性は高いが土壌の炭素蓄積量は小さくなった（Klumpp et al. 2007）．このメカニズムをさらに研究したところ，高い放牧圧では根のバイオマスが減少した反面，土壌細菌の活性が高まっており，細かな古い有機物の分解が促進されることにより土壌炭素蓄積量の減少につながっていた（Klumpp et al. 2009）（図4.19）．まとめると，これらの発見は生産的な草原における強放牧は循環の速い土壌微生物群集の発達を促し，分解や土壌からの炭素の喪失を加速する．一方で，不嗜好性で分解の遅い低質のリターを生産する成長の遅い植物を選択的に採食した場合や，その植物が根

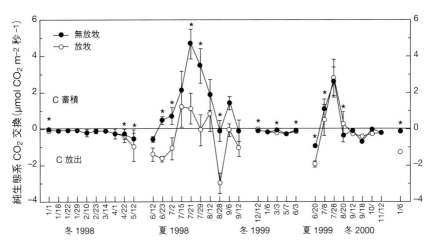

図4.20 アメリカ,ワイオミング州の高山草原における放牧の有無が純生態系二酸化炭素交換の2年間以上にわたる動態に与える影響.星印は各サンプリング日における放牧の有無による有意差を示している.Welker et al. (2004) よりコロラド大学ボルダー校極地・高山研究所の許可を得て転載.

への配分を促進した場合は,土壌炭素蓄積を促進すると考えられる(Schuman et al. 1999; Welker et al. 2004; Piñeiro et al. 2009).しかし,放牧が土壌炭素蓄積に影響する過程についてはまだ不明な点が多いうえ,上記で強調したように多くのメカニズムが働いているために,結果は生態系によって大きく変わる可能性がある.

上記で挙げた研究は全て土壌炭素蓄積に言及しているが,地球温暖化の観点から生態学者が取り組むべき課題としては,生態系と大気と間の二酸化炭素循環速度の定量や,非生物的,生物的な要因から二酸化炭素循環速度が影響を受けるメカニズムの解明も挙げられる(Wohlfahrt et al. 2008).野外で植食者による摂食が土壌呼吸(土壌からの二酸化炭素の放出)に与える影響を調べた研究は数多くあり,負の影響(Bremer et al. 1998; Knapp et al. 1998; Johnson and Matchett 2001; Van der Wal et al. 2007),正の影響(Ward et al. 2007),中立(Risch and Frank 2006; Ward et al. 2007; Susiluoto et al. 2008)といったさまざまな反応が報告されている.しかし,摂食が純生態系交換(net ecosystem exchange, NEE)に与える影響について扱った研究はほとんどない.NEEとは,光合成による二酸化炭素の吸収と呼吸による排出のバランスであり,これにより生態系が炭素の放出源であるか吸収源となるかを評価できる.そのような研

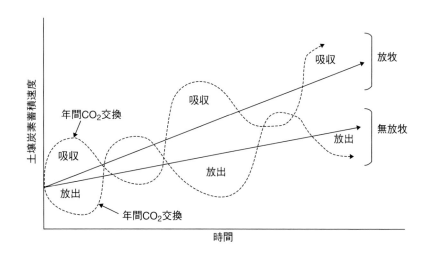

図 4.21　アメリカ，ワイオミング州における高地草原の長期的な炭素貯留に影響する，純生態系二酸化炭素交換の年変動の放牧の有無による違いを示す概念的モデル．放牧，無放牧地にはともに炭素増減の期間があるが，長期的にみると放牧地の方が土壌炭素の蓄積量が多い．Welker et al. (2004) より．

究の二つが Welker et al. (2004) によるもので，この研究ではワイオミング州の高山草原において 2 年間以上の NEE を計測した．NEE は一般的に放牧地で低く，放牧地は 170 g C/m^2 の炭素の発生源であった一方で，無放牧地は 83 g C/m^2 の炭素の吸収源であった (図 4.20)．それにも関わらず，土壌炭素蓄積量は放牧地で大きかったことから，生態系の炭素蓄積量（土壌の炭素含有量）は，短期間の簡易的な二酸化炭素交換値と一致するとは限らないのかもしれない．土壌炭素蓄積は動的なプロセスであり，長期的な影響は放牧地で正となるかもしれないが，炭素の放出源となる期間と吸収源となる期間は交互にやってくる（図 4.21）．このモデルは，さまざまな生態系において長期間調査した場合に，生態系が炭素の放出源から吸収源へと振動する場合があるという報告 (Oechel et al. 1993, 1995; Flanagan et al. 2002; Frank 2002) と矛盾しない．すなわち，植食動物による摂食は草地における NEE の短期的な変化のきっかけとなりうる (Wohlfahrt et al. 2008)．

放牧地と無放牧地で NEE を比較した他の研究もまた，放牧による NEE への影響が植生のバイオマスや群集構造の変化によって左右されることを報告しているが，その影響は上述の研究とは反対である．例えば，アメリカのノース

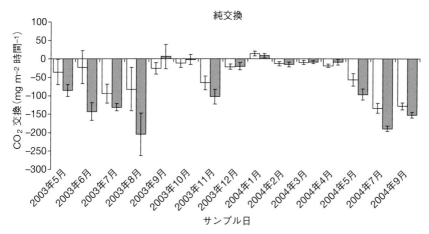

図 4.22　北イングランドの泥炭地における，放牧による純生態系二酸化炭素交換への 2 年間にわたる影響．値は平均 ± 標準誤差．正の値は二酸化炭素の排出を，負の値は吸収を示している．色付きのバーは放牧プロットで，白抜きのバーは無放牧プロット．Ward et al. (2007) より Springer Science+Business Media の許可を得て転載．

ダコタ州の草地では，5 年間の研究機関のうち 4 年間は，ウシの放牧が日中の二酸化炭素吸収量よりも夜間の呼吸量を減らすことで NEE を増加させることが報告されている（すなわち，炭素の吸収源となる）(Polley et al. 2008)．さらに，放牧は地温の変動に対する呼吸量の応答を緩和することで，二酸化炭素循環の年次変動を減らすことも分かった．これらのメカニズムは研究されていないが，草地の呼吸が最近固定された炭素の利用性に大きく左右されることや，放牧が草地における根のバイオマスを減少させることを考慮すると，放牧は利用しやすい炭素の土壌への流入を減らすことを通して，土壌呼吸やその地温に対する反応を減らすことが予想される (Polley et al. 2008)．ヒツジの長期放牧もまた NEE を増加させ，生態系の炭素吸収量を増大させることがイギリスの泥炭地の研究で証明されている (Ward et al. 2007)（図 4.22）．この効果は，成長の遅い矮小灌木やコケ植物に対する成長の速いイネ科植物の相対的な被度の増加による光合成の大幅な増加，すなわち植物群落による炭素同化速度の増加による (Ward et al. 2007)．一方 Van der Wal et al. (2007) は，スヴァールバル諸島の高山ツンドラにおけるコザクラバシガン (*Anser brachyrhynchus*) による地下の採食（掘り返し）が，NEE や土壌炭素蓄積量を低下させることを報告している（図 4.23）．上記の研究と同様に NEE の低下は植物群落の変化，

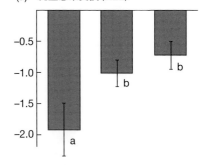

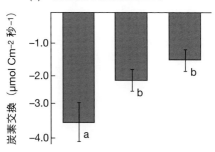

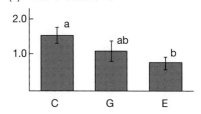

図 4.23 ガンによる掘り起こしがツンドラの (a) 純生態系二酸化炭素交換 (NEE), (b) 総生態系光合成量, (c) 生態系呼吸量に与える影響. データはコントロール区 (C), ガンによる掘り起こし区 (G), 人工的な掘り起こし区 (E) における平均と標準誤差. 負の値は炭素吸収, 正の値は炭素損失を表す. 異なるアルファベットは処理区間に有意差があることを示している. Van der Wal et al. (2007) より Wiley-Blackwell の許可を得て転載.

特にコケ植物や維管束植物の被度の減少による生態系の光合成や炭素固定量の減少によって起こる．しかし，掘り返しによる土壌炭素の減少は，NEE の低下よりも風や水による腐植層の浸食に起因している（Van der Wal et al. 2007）．最後に，これらの研究と異なり，フィンランドの高山ツンドラではトナカイの採食により植物構成が大きく変化したにも関わらず，NEE への影響は検出されなかった（Susiluoto et al. 2008）．地衣類の被度は採食によって大きく減少していたが，地衣類は比較的生産性が低く，NEE に貢献しない．ここでは NEE は主に採食に影響されない矮小灌木によって決定されているため，採食の影響がみられなかった．

　生態系の炭素収支における年変動はほぼ気候的な変動に起因する（e.g. Barford et al. 2001; Flanagan et al. 2002）．しかし，採食（やその他の生物的な要因）が生態系の炭素交換に影響を与えるだけでなく，陸地と大気の間の炭素循環に気候が与える影響を左右することが明らかになってきた．例えば，上述した Polley et al. (2008) の研究では，採食は二酸化炭素動態の年変動に最も影響する気候要因や，地温に対する呼吸の反応を変えることが分かった．同様に，上述した Ward et al. (2007) の研究では気候要因は二酸化炭素動態の季節変動を説明する主要因である一方，採食の効果も大きいことが分かり，さらに採食が炭素動態の季節変動に影響していた．Polley et al. (2008) によって論じられているように，これらの結果は，陸上生態系の二酸化炭素の動態を正確に予測するためには，採食のような生物要因をモデルに組み込む必要があることを示唆している．しかし，炭素動態に対する気候的要因と生物的要因の相対的な役割や，気候変動が炭素動態に与える影響に採食（やその他の生物的な要因）がどう作用するのかについてはよく分かっていないため，正確な予測には至っていない．

　陸上生態系の炭素動態に対する植食者や気候変動の相対的な役割を実験的に検証した研究はほとんどない．そのような研究の一つは，(Sjögersten et al. 2008) による極地 2 ヵ所（湿性ヒースランドと湿潤ツンドラ）における二酸化炭素動態に対する植食者（カオジロガン *Branta leucopsis*）と温暖化（オープントップチャンバーによる気温上昇）の操作実験である．湿潤ツンドラではガンの採食が NEE を大きく減少させた（つまり炭素の吸収力が減少した）が，温暖化の影響は夏期にはほとんどみられなかった．しかし，温暖化は冬季のツンドラからの二酸化炭素放出を増加させ，生態系からの炭素喪失を招いていた．

ヒースランドでは，温暖化が二酸化炭素放出を減らし，温暖化と軽度の採食の組み合わせにより夏期の炭素収支が発生から弱い吸収へと変化した．これらの結果をまとめると，ガンによる採食は極地における炭素吸収を生息地や気候状態に応じて増加，あるいは減少させる．しかし，Van der Wal et al. (2007) の結果と同様，採食はツンドラにおける二酸化炭素吸収に強い負の影響をおよぼした．採食によるNEEへの負の効果は，地上の植物バイオマスの減少とそれに伴う光合成による炭素同化の減少による．反対に，ヒースランドにおける温暖化と採食の相互作用による正の効果は，温暖化と採食の両方による植物バイオマスの増加とそれに伴う二酸化炭素の同化によるものであろう（Sjögersten et al. 2008）．この研究は，温暖化が生態系の炭素収支に与える影響を，植食者による摂食が改変する可能性があることを示唆しているが，その影響は場所によって異なり，植生の応答に強く左右される．

　摂食と温暖化の影響に関する他の二つの研究もまた，二酸化炭素動態とは異なるが，摂食が気候変動による植物群落や地下のプロセスへの影響を改変する可能性があることを示唆している．Rinnan et al. (2009) は温暖化と摂食の操作実験をフィンランドのツンドラで行った．摂食がなかった場合のみ，長期の温暖化が優占する矮小灌木セイヨウスノキ（*Vaccinium myrtillus*）の成長を促進し，土壌のアンモニア態窒素の可給性や微生物による窒素の不動化を減少させた．これらの結果は，摂食が温暖化に対する植物と土壌微生物の反応をともに改変する可能性を示唆している．Post and Pedersen (2008) は西グリーンランドにおいて，5年間の温暖化実験に対する植物群落の応答にジャコウウシやカリブーによる植食が与える影響に関する調査を行った．他の研究と同じように，温暖化がカバノキ（*Betula nana*）やヤナギ（*Salix glauca*）の成長を促進することによって植物群落のバイオマスを増加させることが示された．一方，ジャコウウシやカリブーによる摂食は温暖化による植物群落のバイオマス増加を19％減少させ，カバノキとヤナギの減少分はそれぞれ46％と11％であった．また，摂食がない場合には，温暖化により，5年後の植物群落はイネ科草本が優占する植生からカバノキが優占する植生へと変化した．一方，摂食がある場合は，温暖化の影響下でも5年後の植物の群集構造は温暖化のない処理区と変わらなかった．この結果はRinnan et al. (2009) やSjögersten et al. (2008) の報告と一致しており，温暖化に対する植物群落や地下の応答に摂食がおよぼす（潜在的に重要だが見落としがちな）影響の存在を示唆している．まだ不明な

点は多いが，植食者の保全や管理は気候変動に対する生態系の反応を緩和するのに重要かもしれない（Post and Pedersen 2008）．

近年 Wookey et al. (2009) が報告したように，気候変動による植生の変化も，さまざまなメカニズムを介して植食者の個体群に影響を与えるかもしれない．一つ目に，広域スケールでの植物の生産性やフェノロジー，群集構造の変化は，植食者の餌の質や量，時間的な利用性の変化に影響を与え，植食者の繁殖や行動に影響を与えるだろう．二つ目に，二次代謝物の生産や葉への炭素投資といった，植物の成長や資源配分パターンが気候によって影響を受けると，植食者の餌の質や量が変わるだろう（Coley et al. 1985）．三つ目に，気候変動が直接的あるいは植生の変化を介して間接的に土壌の生物群集に影響を与えると，植物に対する養分の可給性が変化し，植食者の餌としての植物の生産性にフィードバックするだろう（Bardgett and Wardle 2003）．最後に，植物の種構成の変化は，植食者だけでなくげっ歯類や昆虫，鳥類など植物を住み場所として利用する動物にも，住み場所の利用性や構造，空間配置を介して影響を与えるだろう（Wookey et al. 2009）．

気候変動が植食者の繁殖や行動に与える間接効果は，植物群落や地下のサブシステムにフィードバックされ，植生変化を抑制もしくは促進しうる．例えば，温帯域北部のエルク（*Cervis canadensis*）とポプラ（*Populus tremuloides*）が優占する生態系や，ムース（*A. alces*）とバルサムモミ（*Abies balsamea*）が優占する生態系における長期研究から，温暖化に伴う木本植物の分布域拡大は大型植食者によって抑制される可能性がある（Post et al. 1999; Ripple and Beschta 2004）．同様に北極における最近の研究からは，温暖化による灌木の拡大はトナカイの採食によって制限される可能性が指摘されている（Olofsson et al. 2009）．さらに，気候による植物の生産性や群集構造への影響は，地上の複数の栄養段階を通して，植食者だけでなく捕食者の密度にも影響を与える可能性がある．気候変動による捕食者の数や行動の変化は，植食者が植生におよぼす変化やそのフィードバックに影響することによって，生態系にカスケード効果を引き起こすかもしれない（Terborgh et al. 2001; Creel et al. 2005; Gunn et al. 2006）．本章のはじめに議論したように，これらのカスケード効果は間接的に地下の食物網や生態系プロセスに影響を与える可能性がある．しかし，気候変動が地上と地下の複数の栄養段階を含んだフィードバックシステムに与える影響や，それが生態系機能に与える効果については，ほとんど調べられていない．

気候変動に対する植食者や他の栄養段階の生物の応答，そしてそれが生態系の炭素循環といった生態系プロセスにおよぼす影響については不明な点が多く残されている．気候変動に対する生物の反応は複雑で，それぞれの場所に特有であることが多いが，これまでの節で述べたように，気候やその他の地球規模の変動に対する生態系の応答に重要な影響を与えていると思われる．しかし，この分野の研究は明らかに不足しているので，気候変動に対する生態系の応答に植食者や他の生物が影響するメカニズムや，気候変動の影響を緩和するために植食者をどのように管理すればよいのかについて理解を深めるためには，さらなる研究が必要である．

4.7 結論

本章では，哺乳動物や無脊椎動物の植食者を含む地上の消費者が，陸上生態系の構造や機能に影響するさまざまなメカニズムを介して，いかに地下のサブシステムに影響を与えるかを述べた．さらにこうした影響を地球規模の環境変動の観点から検証し，気候変動に影響する可能性のある陸上生態系の炭素循環に植食者影響するメカニズムについて考察した．地上の植食者が地下のサブシステムに影響することで生態系プロセスに強い影響を与えうることはこれまでも知られていたが，この分野の理解を深める重要な進展が近年いくつかあった．植食者が地下のサブシステムや地上−地下フィードバックに影響するさまざまなメカニズムに関する理解が進んだだけでなく，これら生物的，非生物的なさまざまなメカニズムの相対的重要性に関する理解が進んでいる（Mikola et al. 2009; Sørensen et al. 2009; Veen et al. 2010）．地上の消費者が生態系に与える影響に関しても，複数の栄養段階間の関係性を考慮されるようになってきた．特に，捕食者が栄養カスケードによって地下のサブシステムの機能に影響を与えうることが認識されてきている（Feeley and Terborgh 2005; Wardle et al. 2005; Maron et al. 2006; Schmitz 2008a; Wardle 2010）．

もう一つの進展は，異なる生態系が植食者に対して異なる応答を示すメカニズムについての理解や応答の予測精度の向上である．これは採食に対する植物の応答が次第に分かってきたことによる（e.g. Diaz et al. 2006）．これにより，植食者や植物，土壌生物，養分循環の間のフィードバック関係や，土壌の肥沃度や気候といった環境の勾配に応じてそれらがどう異なるのかを調べるための

枠組みが整理された．本章ではさらに，植食者に対する植物の反応を調べるための概念的枠組みが，地下の応答を理解するうえでも役立つことを示し，さまざまな観点から植食者による生態系機能への影響を理解するための考え方を紹介した．さらに，関連する進展で重要なのは，景観スケールにおける土壌の肥沃度や地形，気候といった環境勾配に応じて，植食者の影響が変化することが分かってきた点である（Augustine and McNaughton 2006; Anser et al. 2009）．また，植食者は景観スケールの植生を変化させることで，植生の機能や環境収容力に壊滅的な負の影響（Rietkerk and van de Koppel 1997）や正の影響（Van der Wal 2006）を与えることが分かってきた．これらの研究はまだ始まったばかりであり，局所スケールで分かってきている植食者による生態系プロセスへの影響が，景観スケールにも拡張できるかどうか，さらなる研究が必要である．

植食者が採食中に移動して別の場所で排泄することによる資源の移動が，養分循環や植生の景観スケールの空間パターンに大きな影響を与えることが分かってきたのも，関連する研究の進展の一つである．この問題についてのほとんどの研究は，歴史的に農業の現場でなされてきた．家畜は採食と排泄にそれぞれ異なる場所を使うので，養分のパッチを形成する可能性がある．その結果，養分は家畜が多くの時間を過ごしている比較的狭い範囲に集中している（Afzal and Adams 1992; Kohler et al. 2006; Jewell et al. 2007）．しかし，野生の植食者もまた自然生態系における養分の移動や土壌栄養素の空間分布を左右し，植生の空間動態に長期的な影響を与えるということを示す研究は増えてきている（Augustine and Frank 2001; Yang 2004; Schütz et al. 2006）．また，植食者の死体が土壌に養分のパルスを与え，景観スケールでの養分循環や植生の空間的異質性を創出することで，陸上生態系の機能に大きな影響を長期間与えるという研究も増えてきた（Towne 2000; Yang 2004; Bump et al. 2009a, c, Parmenter and MacMahon 2009）．さらに，そういった陸上生態系の空間的異質性は，捕食者の影響を受ける．捕食者の行動は，死体の空間分布を左右するため，死体が生態系プロセスに与えるインパクトに影響を与える（Bump et al. 2009a）．こうした知見は，捕食者が陸上生態系の機能を調整する重要な役割を果たしているということを示している．水圏から陸上へと資源を輸送する消費者が，陸上生態系の地上と地下の生物群集に影響を与えるということも分かってきている．例えば海鳥の糞は，陸上生態系の土壌養分の可給性（Polis and Hurd 1996; Mulder and Keall 2001; Fukami et al. 2006），土壌生物量（Towns et al. 2009），

そして植物の養分吸収や成長（Anderson and Polis 1999; Fukami et al. 2006; Maron et al. 2006; Mulder et al. 2009），植物リターの質（Wardle et al. 2009b），に強い正の効果をもたらす．同様に，クマによる川からのサケの捕獲と，隣接の森林への輸送は，森林への重要な窒素供給であると同時に，土壌窒素の可給性や植物の窒素吸収，そして植食者の採食パターンにまで影響する（Helfield and Naiman 2006; Gende et al. 2007）．しかし，本章で強調したように，水生生物による隣接する陸上生態系の構造や機能への影響についてはまだ研究が少なく，その一般性についてはまだよく分かっていない．

　本章と前の二つの章で強調したように，最近特に注目されているトピックは，気候変動に影響を与える地上と大気の間の炭素循環に，陸上生態系の生物間相互作用が果たす役割である．例えば本章で紹介したように，気候変動による植生の変化は植食者の個体群に影響し，植食者の影響は植生や地下のサブシステムにフィードバックすることで，植生植生にさらなる影響を与える（Wookey et al. 2009）．最近の研究からは，気候変動による植物群落や地下のプロセスへの影響を植食者が左右しうることが示唆されている（Rinnan et al. 2009; Olofsson et al. 2009; Post and Pedersen 2008）．この効果についてはまだあまり詳しく分かっていないが，気候変動が生態系に与える影響を緩和するためには，植食者の保全や管理が重要である可能性を示唆している（Post and Pedersen 2008）．特に，気候が生態系の炭素循環に与える影響を植食者（やおそらく他の生物も）が左右しうるという発見（Polley et al. 2008）は重要である．なぜなら，陸上生態系における二酸化炭素動態を正しく予測するためには，植食者といった生物的要因を考慮することの必要性を示唆しているためである．しかし，炭素動態に果たす気候要因と生物的要因の相対的な重要性や，気候変動に対する炭素動態の応答への植食者の効果については，まだよく分かっていない．気候変動に対する生態系の応答を植食者や他の生物要因がどのように制御しているのか，さらには気候変動の影響を緩和するためには植食者をどう管理すればよいのかといったことを明らかにするためには，さらなる研究が必要とされている．

第5章

種の絶滅や移入が地上と地下に与える影響

5.1 はじめに

　第2章から第4章で陸上生態系機能の生物的改変者である三つの重要なグループ，すなわち地下の生物，植物群落と地上の消費者について議論した．さらに気候変動や窒素付加のような人為的気候変動によるそれら三つの改変者それぞれの群集構造の変化の生態的重要性を探ってきた．しかし，地球規模の環境変動には，群集における種の消失や加入といった生物群集の変化も含まれている（Vitousek et al. 1997b）．このことは二つの側面をもっている．まず一つ目に，人間活動は局所的スケール，全球的スケールの両方で生物の絶滅に関与している．広く認知されているように地球は6回の大きな絶滅イベントを経験しているが，多くの生物群にとって現在の絶滅速度はおそらくヒトのいない時代の100倍から1000倍であると考えられている（Pimm et al. 1995; Millennium Ecosystem Assessment 2005）．こういった種の消失は複数の人為的要因の結果である．なかでも最も重要なものは，ほぼ間違いなく生息地の破壊と土地利用の改変だろう（Sala et al. 2000）．しかし，他にも気候変動（Stevens et al. 2004; Phoenix et al. 2006）や外来の捕食者（Beggs and Rees 1999; Mckinney and Lockwood 1999），有用植物や動物の収奪（Bodmer et al. 1997; Wardle et al. 2008c）などが絶滅の重要な原因であろう．二つ目に，世界中の人間の移動は，植物や動物種の新しい生息地への移入を強く促進してきた．これらの移入は偶然の場合もあれば意図的な場合もあり，しばしば自然生態系への生物の侵入をもたらした．生物の侵入によって引き起こされる生態学的変化は，人間が新しい土地に侵入したときはいつでも起こり，ニュージーランド（Allen and Lee 2006）やハワイ（Vitousek et al. 1997b）のように最近になって人間が居住した

陸地では，現在も最も急速に進行している．さらに，多くの生態系は絶滅により種が消失するが，ある生態系では侵入によって種が増加する．ゆえに全体の結果は状況によって種の増加あるいは減少になりうる（Sax and Gaines 2003; Sax et al. 2005; Phoenix et al. 2006; Van Calster et al. 2008）．

　種が増加あるいは群集から失われていくとき，特に群集のなかで機能的性質が異なる種が失われる場合，地上と地下のシステムに重要な結果をおよぼすだろう．種の減少や増加による影響がより極端な例が知られている．例えば，大型草食動物の絶滅は植生タイプや土壌肥沃度に大きな変化をおよぼしうる（Zimov et al. 1995; Wardle and Bardgett 2004）．同様に，最上位捕食者（O'Dowd et al. 2003; Fukami et al. 2006）や窒素固定植物（Vitousek and Walker 1989）のような生物による生態系への新規移入は，地上と地下両方の生態系プロセスに根本的な変化をもたらしうる．しかし，これらの重要な特質をもった生物の消失や加入による極端な例もあるが，種の絶滅や侵入による生態学的影響がみえにくい例が広く報告されている．こうしたことを考え合わせると，絶滅する種は，絶滅しない種とは異なる特徴的な形質をもっているかもしれないという証拠が，動物（e.g. Bodmer et al. 1997; Cardillo et al. 2005）や植物（e.g. Duncan and Young 2000; Van Calster et al. 2008）でともに増加してきている．また，少なくとも植物群落においては，在来植物と外来植物の種構成における比較研究から，重要な形質の決定的違いが指摘されている（e.g. Funk and Vitousek 2007; Leishman et al. 2007）．移入のしやすさに関する形質や絶滅のしやすさに関係する形質が，重要な生態系プロセスに影響を与える形質と同じだった場合は，絶滅や移入により生態系機能の変化が起こる可能性がある．

　本章の目的は，地上および地下の生物群集の変化や，生物の移入の結果として起こる生態系プロセスの変化について概要をまとめることである．まずはじめに種の消失が地上と地下の生物相と生態系の特性に与えうる影響，すなわち生物の絶滅がどのように生態系に影響を与えうるかについて議論する．そして地上と地下の生物群集からなる生態系への新規侵入の影響についてまとめる．最後に，地球規模の環境変動が，主要種の消失や加入を経て，地上と地下の特性や生物にどのように影響をおよぼしうるかについて議論する．生物の移入が地上と地下の関係に影響を与えることによってどのように生態系に影響を与えているかをより理解するために，第2章から第4章で紹介した概念を総合的に活用していく．

5.2　絶滅による種の消失と地上-地下の関係

5.2.1　地上-地下の視点からみた「多様性-機能」問題

　どれほどの生物種数の変異が，生態系プロセス（生産性，分解，栄養循環など）の速度や安定性に影響を与えうるかという問題は，長らく農学者（e.g. Trenbath 1974; Vandermeer 1990）や生態学者（e.g. Odum 1969; McNaughton 1977）の研究対象であった．しかし，1990年代の半ばから，このトピックは生態学者の興味を引き付け，議論を引き起こした（Huston 1997; Kaiser 2000; Hooper et al. 2005）．そのときから，このトピックに関する実験的研究が精力的に行われてきた．その多くが生物の多様性（種数や機能群レベル）を人工的に操作したもので（種プールからランダムな集団を構成），それに対する生態系の応答変数を調査するというものであった．実際の生態系における人為的な種数の減少の影響を理解するために，そのような研究の結果がどう解釈できるかについて，さまざまな視点から意見が述べられている（Huston 1997; Tilman 1999; Wardle 1999; Leps 2004; Ridder 2008; Duffy 2009）．生物多様性による生態系機能への効果を調べた研究では，絶滅の生態学的影響の観点からそれらの結果を解釈していることが多いため，我々はこのトピックについて，特に地上-地下関係の文脈から，現在分かっていることの短い概観を示す．最近のこのトピックの全体を包括的な視点で示すのは，この本の分量では不可能なため，Hooper et al. (2005), Wardle and Van der Putten (2002) や Hättenschwiler et al. (2005) などの総説を参照してほしい．

　植物種や機能群の豊かさが純一次生産（NPP）におよぼす影響について多くの研究がされている．多様性がNPPに正の効果をおよぼすことを示す実証研究が多い（Balvanera et al. 2006; Cardinale et al. 2006）が，解釈やメカニズムについての議論が続いている（Hooper et al. 2005）．さらに，生産性を左右する種数の重要性は研究間，さらには研究内においても異なっており（Fridly 2002; Hooper and Dukes 2004），自然生態系のなかでは他の生物的・非生物的要因にくらべてその重要性は小さいかもしれない（e.g. Wardle et al. 1997b; Grace et al. 2007）．植物の多様性がNPPに正の効果があることを指摘した研究では（Balvanera et al. 2006 や Cardinale et al. 2006 によるメタ解析を参照），増加した資源の量や多様性が地下のサブシステムに入り，多様なメカニズムを介して分解者や分解プロセスを促進する可能性が示されている（図5.1）．しか

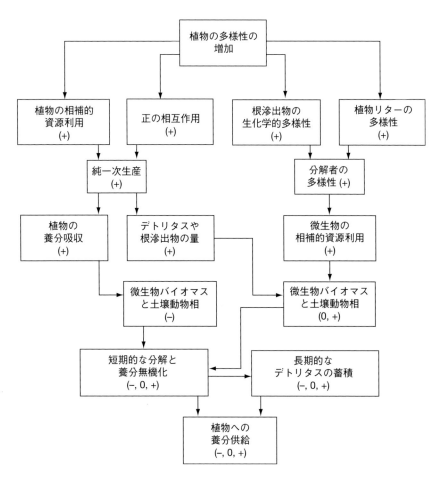

図 5.1 植物種の多様性の増加が分解者を介したプロセスに与える仮説メカニズム．シンボルはそれぞれ＋（正），−（負），0（中立）の関係を示している．Wardle and Van der Putten (2002) よりオックスフォード大学出版局の許可を得て転載．

し，植物の多様性が分解系に与える影響に関してこれまでに行われた 30 以上の研究例のうちの大部分では，多様性の効果は小さいか存在しないという結果になっており，そのかわりに特定の植物種の在不在が地下に強い影響を与えていることを示している（e.g. Wardle and Van der Putten 2002; Porazinska et al. 2003; Hedlund et al. 2003; De Deyn et al. 2004）．植物の多様性による分解系への強い影響を示した研究例もわずかにあるが（特に Stephan et al. 2000 と Zak et al. 2003)．植物の多様性は NPP にも強い影響をもたらしていたため，これは地下への資源の流入によるものであると考えられる．ほとんどの操作実験による研究で，NPP に正の効果があるが地下の生物やその活動への影響がはっきりしないという事実は，生産者と分解系の間の関係が比較的弱いか，あるいは一貫性のない関係であることを反映している．

　第3章で議論されているように，植物は生存しているときだけでなく，枯死した後のリターも地下のサブシステムに影響する．それゆえ，植物のリターの多様性が分解系にいかなる影響を与えるのかという疑問が生じる．このいわゆるリター混合実験は広く研究が行われており，複数の種のリターを混ぜた場合と，単独の種のリターでの分解を比較している．そのようなアプローチは現在50例を超える研究がある (Wardle and Van der Putten 2002; Gartner and Cardon 2004)．全体的にリター混合によるリター量消失への効果はばらばらで，正の効果を示す研究例の方がより多いが，強い正の効果から強い負の効果までさまざまである (Gartner and Cardon 2004)．リター混合効果の基本メカニズムはよく分かっておらず，リターの種類が質的に類似しない場合に，非相加的効果がより発揮されるという報告もあれば，そうでないという報告もある (Wardle et al. 2006; Hoorens et al. 2003; Quested et al. 2005)．さらに，メカニズムは複雑になると思われるが，リター混合は分解者の密度にも影響を与えうる (Wardle 2006; Hansen 2000)．例えば，Blair et al. (1990) は，リターの混合が菌食の線虫の密度を増加させるが，リター中の中型土壌動物の密度は減少させることを報告している（図5.2）．最後に，無脊椎動物の分解者は，リター混合による非相加的なリター量減少効果の程度に大きな影響を与えうる．このことは，複数の植物種と分解者群集の間の複雑な相互関係が分解プロセスを制御している可能性を示唆している．

　第2章で強調したように，土壌生物は養分利用性に影響を与える地下のプロセスを操作するという重要な役割を果たしているため，植物の成長にも影響を与える．従って，腐食性生物の多様性が，地上の生物やプロセスに影響しうる土壌のプロセスに影響を与えるのかどうか，という疑問が生じる．まだそれほど多くはないが，分解者の多様性が明示的に土壌プロセスに影響を与えることを示した研究が増えてきている (Wardle et al. 2002; Hättenschwiler et al. 2005)．第2章で強調したように，例えば有機物の分解や関連する土壌プロセスが，腐生性真菌や節足動物の種多様性から正の影響を受けうるという証拠がある

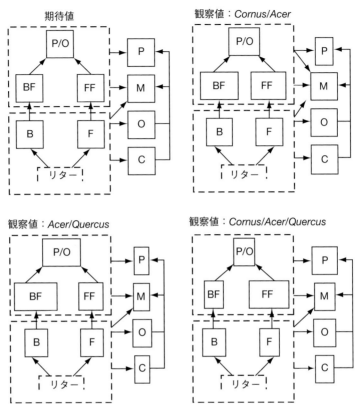

図5.2 アメリカ，ジョージア州の森林生態系において植物のリターの多様性が腐食食物網の微生物や土壌動物に与える影響．それぞれの生物群を表す四角の大きさは，単一種のリターにおける期待値に対する2～3種類のリターを混ぜて観察された量や個体数の相対的な値を示している．期待値の算出に際しては，複数種のリター混合の効果は純粋に相加的だと仮定している．B：細菌，F：真菌，BF：細菌食線虫，FF：真菌類食線虫，P/O：捕食性／雑食性線虫，C：トビムシ，O：ササラダニ，M：中気門ダニ，P：前気門ダニ．Blair et al. (1990) のデータによる Wardle and Lavelle (1997) から CAB International の許可を得て転載．

(Robinson et al. 1993; Setälä and McLean 2004; Tiunov and Scheu 2005; Liiri et al. 2002)．これはおそらく異なる分類群のなかでそれぞれ好みの有機物を利用し，資源について相補性効果が生じたのであろう．しかし，この効果は低い多様性のときに顕著である（第2章を参照）(Wardle 2002)．これまで，分解者の多様性がどのように土壌プロセスに影響をおよぼし，さらに間接的に植物の栄養吸収や成長のような地上のプロセスに影響をおよぼしている可能性についてはほとんど研究されてこなかった．しかし，第2章で議論したように，Laakso and Setälä (1999a) は，中型土壌動物の種多様性はカバノキ属実生の成長にほとんど影響しなかったことを報告しており，Cole et al. (2004) は，イネ科（コヌカグサ属）による窒素吸収は土壌の小型節足動物の種数に反応しなかったことを報告している．

　ごく一部の研究が，直接経路を介して植物と作用する土壌生物の多様性による，地上への影響に焦点をあてた研究もわずかにある．第2章で議論したように，外生菌根菌（Jonsson et al. 2001）やアーバスキュラー菌根菌（Van der Heijden et al. 1998b; Vogelsang et al. 2006; Maherali and Klironomos 2007）の多様性による植物への効果について調べた研究からは，同じ研究のなかであっても強い正の効果から中立的な結果まで，さまざまな影響が報告されている（Jonsson et al. 2001）．植物成長の調整者として根の病原菌や根食者は重要であるにも関わらず（第2章，第3章），これらの生物の多様性による植物への影響がどのようなものかはほとんど知られていない．しかし，根食の線虫の種数を実験的に変えた研究では（Brinkman et al. 2005），砂丘の植物（*Ammophila arenaria*）の成長は線虫の種数よりもむしろ主に種組成によって影響を受けていた．このことは，植物の成長が根食線虫（Wurst and Van der Putten 2007）や根の病原真菌（De Rooij-van der Goes 1995）の種組成に影響を受けるという他の研究と一致している．窒素固定や硝化作用のような特化した地下の機能を担っている土壌細菌の多様性の生態学的効果についてもほとんど知られていない．しかし，窒素無機化のような大きなプロセスとくらべたとき，これらのタイプの機能はしばしば生理学的，系統発生学的に狭い範囲の分類群によって担われている（Schimel et al. 2005）．ゆえに，窒素固定や硝化作用は，窒素の無機化よりも微生物群集の構成や多様性により敏感に反応するだろう．例えば，マメ科の共生窒素固定は，根粒菌の一部の特徴的な株によって行われており，これらの株の消失は共生窒素固定やマメ科の成長を悪化させる（Giller et al. 1998）．

　地上と地下のサブシステムを操作する地上の消費者（葉食者とその捕食者）の重要性にも関わらず，土壌生物の多様性がいかに地上の消費者に影響をおよぼしているかということを調べた研究はほとんどない．さらに，消費者の多様性がいかに生態系機能を操作するのかということに興味がもたれているにも関わらず（Johnson 2000; Duffy et al. 2007），地上の消費者の多様性によって生じる地下への影響はほとんど注目されてこなかった．しかし，草食動物の多様性

が地下生物の密度や土壌プロセスの速度を増減させることは，そのメカニズムによっては理論的に可能である（Bardgett and Wardle 2003）．実証研究としてWardle et al. (2004c) は，葉食アブラムシの多様性を1種から8種に変えてミクロコズム（微小生態系）で実験した．アブラムシの種組成は植物群落と土壌食物網の複数の栄養段階の両方に重要影響を与えることが明らかとなったが，アブラムシの種数はわずかな影響しかなく，しかもそれは多様性の低い場合のみでみられた（2 vs 1 種）．

　生物多様性が生態系のプロセスだけでなく，安定性にも影響を与えるメカニズムについて長い間興味がもたれている．種数はある時間断面では生態系プロセスに重要ではないかもしれないが，外界からの攪乱に対する生態系の抵抗性と復元力に影響することによって，生態系の時間的変動に影響する可能性がある（Hooper et al. 2005）．この問題に関しては長い理論研究の歴史（May 1973; McNaughton 1977）や多くの実証研究（Sankaran and McNaughton 1999; Tilman et al. 2006; Bezemer and Van der Putten 2007）がある．このトピックの詳細な議論はこの本の目的を超えるので，Cottingham et al. (2001)，Hooper et al. (2005)，Ives and Carpenter (2007) らの総説を参照してほしい．生物の種数による地下の生物やプロセスの時間的変動に与える影響は，ほとんど研究されていない．しかし，Wardle et al. (2000) や Orwin and Wardle (2005) らによるコントロールされた温室での研究は，植物の種数がNPPに正の効果を与える一方で，実験的に行われた乾燥攪乱に対する生態系の応答（地上と地下の特性の安定性）は，植物の多様性に影響を受けなかった．また，地上と地下の安定性はどちらの研究でも植物種の種組成によって影響を受けていた．この結果は，植物種の組成や機能的特性が地上と地下の特質の時間的変動に影響を与えることを示した他の研究と一致している（MacGillivray et al. 1995; Wardle et al. 1999）．

　まとめると，多様性−機能問題は地上−地下特性の組み合わせを考えた場合，研究間で結果に大きな違いがある．ある研究では多様性は生態系特性に強い影響がある一方で，他の研究では弱い，中立，あるいは一貫性のない影響である．この結論は，最近の多様性−機能関係の実験的研究のメタ解析の結果と反している（e.g. Balvanera et al. 2006; Cardinale et al. 2006）．これらのメタ解析では，多様性の効果が分類群，栄養段階や生息地を問わず驚くほど一貫していることが示された（Duffy 2009）．しかし，実験デザイン，多様性のレベル，得られた結果に研究間で大きなばらつきがあるため，この類のメタ分析では，分類群

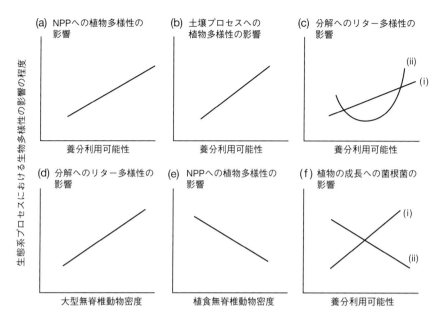

図 5.3 土壌肥沃度や他の栄養段階の生物種などの環境的背景（x 軸）に依存した，生物多様性がもつ生態系プロセスへの影響の程度（y 軸）．カーブは傾向の方向性のみを示し，相対的な大小や正確な曲線を反映するものではない．(a) 純一次生産への植物多様性の影響（Fridley 2002），(b) 土壌プロセスへの植物多様性の影響（Wardle and Zackrisson 2005），(c) 分解へのリター多様性の影響（i：低木排除区，ii：低木存在区）（Jonsson and Wardle 2008），(d) 分解へのリター多様性の影響（Schädler and Brandl 2005），(e) 純一次生産への植物多様性の影響（Mulder et al. 1999），(f) 植物の成長への菌根菌の影響（i：*Pinus* が宿主，ii：*Betula* が宿主）（Jonsson et al. 2001）．

や生息地間の多様性と機能の関係に存在する重要な違いを統計的に特定することは難しいと思われる（Wardle and Jonsson 2010）．さらに，多様性と機能の関係は，資源分割，競争，共存種間といった促進効果によって制御されており，このバランスは生息地や分類群によって大きく変化する．従って，多様性と機能の間の関係には一貫性がないということを予測する優れた理論的裏付けが存在する（Wardle and Jonsson 2010）．生息地の状態による多様性-機能関係への影響を観察するのに最も有力な方法は，同じ研究のなかで実験的に生息地の要因や生物の多様性を変えることである．地上と地下の関係を扱った研究の一部は，まさにこの手法で行われており，その結果からは一貫して多様性による生態系プロセスへの効果が環境状態に強く依存することが示されている（図

5.3).これらのなかには,リターの多様性による分解速度への影響は,他の栄養段階（Hättenschwiler and Gasser 2005; Schädler et al. 2004）や土壌肥沃度（Jonsson and Wardle 2008）に影響を受けることを示した研究,植物の多様性によるNPPへの効果が土壌肥沃度（Fridly 2002）や他の栄養段階 (Mulder et al. 1999) に依存するという研究,菌根菌の多様性による宿主植物の成長におよぼす影響は,土壌肥沃度と宿主植物の種に依存する（Jonsson et al. 2001）という研究がある.

5.2.2 絶滅の影響評価のための除去実験

　上述の通り,多様な種をランダムに含む集団を用いた数多くの研究がなされてきた.そしてこれらの研究の多くは,実際の生態系における人為による絶滅の結果を直接的に理解するのに適切であると主張している.しかし実際には,群集内の種はランダムに生育しているわけではなく,局所絶滅が起こった際にはランダムに種が消えていくわけでもない（Wardle 1999; Solan et al. 2004; Zavaleta and Hulvey 2004）.従って,実際の生態系における人間による種消失の影響を知るためや保全管理のためにランダムな種の集団を用いた研究を行うことの妥当性には疑問が呈されている（Huston 1997; Leps 2004; Ridder 2008）.局所,広域に関わらず,ある特性をもつ種はしばしば他の種よりも絶滅しやすい（Cardillo et al. 2005; Van Calster et al. 2008）.重要なことは,生態系機能を駆動するうえで重要な特性が同時にその特性をもつ種を絶滅させやすいものであった場合に,群集からの種の消失は群集の機能に影響を与える可能性が高い,ということである.例えば,大気からの窒素負荷は種の不均衡な消失をもたらすとともに栄養サイクルに影響を与え,生態系内での養分維持を促す（Berendse 1998; Nilsson et al. 2002）.同様に,伐採（Wardle et al. 2008c）や過度の狩猟（Zimov et al. 1995）といった人為的搾取によって絶滅しやすい種は生態系に相当な影響を与えうる.なぜなら,こういった種はしばしば彼らの栄養段階において優占的なバイオマス量を占めているからである.こういったランダムでない種の消失がどのように生態系レベルに影響しているのかは,ランダム群集を設定している実験では検出できない.一方,自然の生態系から種がノンランダムに失われたときに何が起こるのかをよりよく理解するために,種や機能群をノンランダムに除去するなど別の手法を用いた研究も増えている（Díaz et al. 2003にレビュー）.このような除去実験では,植物・微生物・土壌

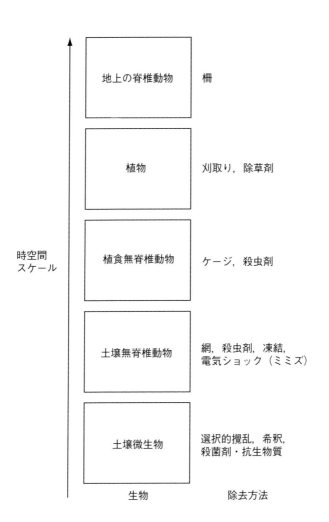

図 5.4 対照的な時空間的スケールでの生物除去が生態系に与えるを研究するうえでのさまざまなアプローチ.

動物相・地上の動物などを含む主要な陸圏生物相を除去するためにさまざまなアプローチが用いられている（図 5.4）.

通常，植物群集における除去実験アプローチでは主要な種や機能群の物理的な除去が行われる．除去実験は競争・促進といった植物間相互作用（e.g. Abul-Fatih and Bazzaz 1979; Armesto and Pickett 1985）の研究のために古くから行われているが，植物相が消失した際の生態系プロセスを研究するために用

第5章 種の絶滅や移入が地上と地下に与える影響 ● 191

図 5.5 生態系の特性に植物種の消失が与える影響を調査するための除去実験．(a, b) スウェーデン北部の湖内島で継続調査中の実験プロット．コケ・ツツジ科の低木・木の根が 1996 年からさまざまな組み合わせでプロット内から排除されている（Wardle and Zackrisson 2005）．(c, d) イギリス北部の泥炭地における調査プロット．(c) コケとツツジ科低木や，(d) イネ科草本がさまざまな組み合わせで除去されている（Ward et al. 2009）．写真（a, b）：D. A. Wardle，(c, d)：R. D. Bardgett．

いられる例が増えている（Díaz et al. 2003；図 5.5）．例えば Wardle et al. (1999) はニュージーランドの放牧地において除去実験を行い，主要な植物機能群（全ての C_3 草本・一年性 C_3 草本・C_4 草本・広葉草本）の消失がときに土壌生物群集の構造に重要な影響をおよぼし，特に C_3 草本は通常最も強い影響力をもつことを示した．しかし，こうした機能群の除去は，多くの場合において残っ

た機能群が除去された機能群の効果を補償するため，土壌プロセスには非常に弱い影響しか与えない．第3章で述べたように，Suding et al. (2008) は種の除去を栄養添加と組み合わせて行い，成長の遅い広葉草本 *Geum rossii* は，窒素循環の速度を低下させるような土壌微生物のフィードバックをもたらす一方，成長の速い草本であるヒロハノコメススキ（*Deschampsia caespitosa*）は逆に窒素循環を速めるような土壌微生物のフィードバックをもたらすことを示した．また，イングランド北部の泥炭地において Ward et al. (2009) は，^{13}C による二酸化炭素のラベリングと除去実験を組み合わせ，植物機能群，とりわけツツジ科の灌木の消失が生態系全体の二酸化炭素放出を大きく増加させることを示した．一方で，1996 年に始まり，現在も進行中のスウェーデン北部の湖内島で行われている除去実験では，特定の機能群（特にツツジ科の灌木）や特定の種（特にビルベリー（*Vaccinium myrtillus*）やコケモモ（*V. vitis-idaea*））の消失がいくつかの土壌特性を有意に弱め，実生の成長を促進させることを示したが，これは比較的肥沃な湖内島においてのみであった（Wardle and Zackrisson 2005; Wardle et al. 2008a；図 5.6）．対照的に，維管束植物の除去操作によりコケ中に生息するシアノバクテリアによる窒素固定（この生態系における主要な窒素加入源）が弱められたが，これは狭く，生産性の低い島においてのみみられた（Gundale et al. 2010）．こういったタイプの除去実験は，ある植物種や機能群のもつ生態系レベルでの潜在的な重要性を示唆するもので，また，第3章で取り上げたように，地上と地下のプロセスを駆動するうえでの植物の機能的特性の役割を強調するものである．

除去実験は，特に森林生態系における優占種の消失の影響を理解するのに有効である．樹木は一般に長寿命でサイズが大きいため，種数と生態系機能に関する従来のような実験を行ううえで特有の難しさがある．森林樹木の多様性がもつ生態系効果を調べるためにいくつかの手法が用いられているものの（Díaz et al. 2009），これらの多くは間接的にこの問題にアプローチできただけである．しかし，世界中の森林で択伐が行われており，特定の樹種が除去されているという多くの例がある．ここでは選択的に伐採された樹種と伐採されなかった樹種との比較により，特定樹種が消失した後の生態系の結果を調査するという，予期していなかった除去実験の機会がもたらされている（Díaz et al. 2003）．このようなアプローチを用い，Wardle et al. (2008c) はニュージーランドにおいて 40 年前に行われた高い需要のあるマキ科樹木（*Dacrydium cupressinum*）択

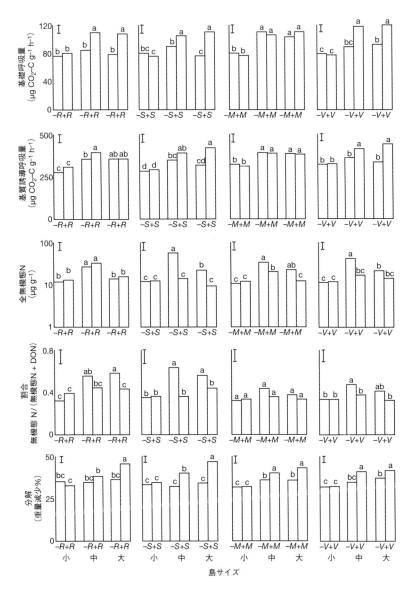

図 5.6　植物除去処理 7 年目における島サイズと機能グループまたは種の除去が地下部特性に与える相互効果．除去処理：根除去の有無 (-R, +R)，全低木除去の有無 (-S, +S)，ビルベリー (*Vaccinium myrtillus*) 除去の有無 (-M, +M)，コケモモ (*Vaccinium vitisidaea*) 除去の有無 (-V, +V)．DON：溶存有機窒素．各パネル内の同記号は $P = 0.05$ (LSD テスト) 水準で有意差なし．垂直のバーは $P = 0.05$ での LSD の値を示す．Wardle and Zackrisson (2005) より Macmillan Publishers Ltd. の許可を得て転載．

伐後の地上と地下への影響について調べた．この樹木は他の優占種と対照的な機能的特性（リターの質など）をもち，この種の消失は下層植生，土壌炭素隔離，土壌養分，土壌微生物群集の構造に重要な影響をもたらすことが明らかになった．しかし，森林からの樹木の選択的な消失が生態系レベルに与える影響は個々の事例によって異なり，消失した種・しなかった種の特性の違い（Díaz et al. 2009）や，場合によっては消失した理由に依存するだろう（Bunker et al. 2005）．いずれにせよ，択伐林における調査は，人間の介在によって生態系から長命種が消失した結果を理解するうえで高い可能性をもっている．

　地下の生物相に関しては，局所スケールにおいてでさえどの土壌生物グループが絶滅に瀕しているのかを明らかにすることは不可能である．このことは細菌類・菌類・原生動物やいくつかの線虫において顕著で，これらの種はおそらく分散能力に制限があまりないうえ（Finlay 2002），90％以上の種が未知，もしくは記載されていない（Klopatek et al. 1992; Coleman and Crossley 1995）．それでも，こういった土壌微生物群集の消失が生態系レベルに与える影響について，実験的攪乱によって微生物群集を除去することで考察が試みられている．例えば，Degens (1998) や Griffiths et al. (2000) は，土壌を燻蒸することで検出可能な微生物群集構成の変化や多様性の減少を引き起こした．両者の実験において，分解者群集によって起こされる生態プロセスに影響が出て，Griffiths et al. (2000) のケースでは銅添加による二次的ストレスへの微生物群集の耐性も減少した．また，土壌の段階的な希釈実験では，微生物多様性の漸進的な減少をもたらし，優占度の低い分類群が最初に消失することが統計的に予測される．しかし，希釈による微生物多様性の減少は，分解者群集によって引き起こされる主要な土壌プロセスやその安定性（Griffiths et al. 2001），脱窒菌や亜硝酸酸化細菌によって引き起こされるプロセスの耐性や復元力には大きな影響を与えないことも示されてきた（Wertz et al. 2007）．このことは，希釈によって微生物群集から除去されたこれらの種は，機能的に置き換え可能か，もしくは重要でないことを示している．他の研究では，土壌への重金属といった毒性物質の添加によって微生物相が選択的に失われ，生態系プロセスが弱められることも示されている．例えば，重金属の添加は根粒菌の多様性を減少させた．これらの菌株の中には大気中窒素の固定に最も効果的なものも含まれており，結果として共生窒素固定も減少した（Giller et al. 1998）．

　体サイズの大きな土壌生物グループは，少なくとも機能群レベルで排除実験

を行うのに都合がよい．例えば，サイズの異なるメッシュが体サイズに基づいて選択的に土壌動物を除去するために用いられており，この方法を用いた研究では動物の体サイズ分布は分解者機能（Vossbrink et al. 1979; Wardle et al. 2003c）と植物成長（Setälä et al. 1996）の両方に影響を与えることが示されている．また選択的殺生物剤も歴史的に広くツールとして用いられており（Santos et al. 1981; Ingham et al. 1986; Beare et al. 1992; Heneghan et al. 1999），土壌動物群集のさまざまなグループが分解系に与える影響が定量化されてきた．こういった研究は，殺生物剤が副次効果として対象とする生態系にも影響を与える可能性があるという限界はあるものの，特定の土壌動物グループの消失がどのように生態系機能を変化させるのかについて私たちの理解を深めた．体サイズの大きな土壌動物の除去は他のアプローチを用いても可能である．例えば，ミミズを除去する場合，土壌へ電気ショックを与えることでミミズを土壌表層に誘導し（後に除去する），他の土壌特性や生物に影響が出ないようにすることができる（Bohlen et al. 1995; Staddon et al. 2003）．表層居住性の体サイズの大きな捕食者も，第2章で述べたような適切な除去フェンスを設置することで調査プロットから排除することができる．これは捕食性のクモ（Kajak et al. 1993; Lensing and Wise 2006）やサンショウウオ（Wyman 1998）が分解者を摂食することによる植物リター分解への間接的な影響を定量化するために用いられたものである．要約すると，除去アプローチを土壌動物群集へ適用することで，特定の機能をもつ土壌動物グループ（または特定の機能的特性をもつ動物群集）が消失することによる分解者サブシステムへの影響や，これらの生物が失われた場合の生態系プロセスの損害についての知見を得ることができる．

　第4章で述べたように，地上の植食者は地上・地下の重要な生態系駆動者として機能し，このことは多くの除去・排除実験によって示されてきた．例えばいくつかの研究では殺虫剤を用い，植物群集構造（Siemann et al. 2003）や土壌生物（e.g. Brown and Gange 1989, 1990），または分解者の駆動する土壌プロセス（e.g. Mulder et al. 1999）に植食性昆虫が間接的にもたらす影響の重要性を示した．しかし，上述のようにこういった研究は対象としないものへの殺虫剤の影響という問題をはらんでいる（Siemann et al. 2003）．体サイズの大きな植食者（脊椎動物など）の地上・地下への影響は，フェンスで囲った排除区実験などを含む除去実験によって広く調査されてきた．この目的のために排除アプローチを用いた研究については第4章で詳しく述べたのでここでは深くは触

れない．しかしフェンスによる排除実験は，大型植食者消失の影響を予測するためや，アメリカ合衆国カンザス州のトールグラス草原にバイソンを再導入した後の研究（Knapp et al. 1999）のように，局所絶滅した植食者を再導入する効果を明らかにするためには有効であることは強調したい．また，囲い込み実験は穴のサイズや高さの異なるフェンスを用いることで，体サイズに基づく草食脊椎動物の選択的除去に役立つ（e.g. Bakker et al. 2004, 2006）．こういった研究は（例えば体サイズの大きな）ある動物が消失した際の生態的影響への洞察をもたらし，また残存した他種がもつ生態的影響への効果を明らかにすることも可能である（Bakker et al. 2004）．

　上述のように，実際の生態系において種やグループが消失した場合に何が起こるのかを知るために，除去実験が多様な分類群や生態系に適用されてきた．それにも関わらず，種の消失がどの程度の範囲に影響するのか，生態系間でどう変化するのかについてはほとんど理解されていない．しかし上記のように，Wardle and Zackrisson (2005) や Wardle et al. (2008a)，Gundale et al. (2010) らの研究から，森林林床の種の消失が，土壌の肥沃度や生態系の生産性に依存して地下の特性やフィードバックに影響を与えることが示されている（図5.6）．このなかでは，種の消失が生態系機能に与える影響の有無とそのメカニズムに環境条件が影響していることが指摘された．こういった知見は，人為による特定の生物の消失に対する生態系レベルの応答が生態系ごとに大きく異なることを示唆している．これが事実であるならば，生態系や種の特性がどのように生態系レベルでの種消失の応答を決定しているのか，ということに注目することで，生態系からの種消失の影響をさらに理解することができるだろう．

5.2.3　実際の生態系における種消失の影響

　本章でこれまで述べてきたように，生物多様性がどのように生態系機能に影響するのかを理解するために膨大な量の研究がされてきており，そのなかでは多様なアプローチが用いられ，大規模野外実験から高度に管理された実験までさまざまなものがなされてきた（Díaz et al. 2003）．実際の世界で種消失が生態系レベルの特性にどう影響するのかを理解するためのこういったアプローチの適応可能性には大きな差がある．種数が生態系機能にどう影響するのかという疑問は，実際の絶滅による種の消失が生態系機能にどう影響するかという疑問とは異なり，これら二つの疑問には異なるアプローチが用いられるべきである

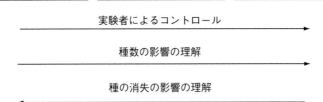

図 5.7 人為による多様性の消失（絶滅など）がどのように生態系機能に影響するかという問いに対して用いられてきたアプローチ．

（図 5.7）．ランダム集団を用いた実験は，生物多様性の減少がどのように生態系機能に影響するかを明らかにするために広く用いられてきたアプローチであるが，このアプローチは群集がランダムに構成されており，（種の特性とは独立して）種がランダムに消失するという仮定条件においてのみ適切である．前述のように，種を絶滅に向かわせるような形質がまた，生態系機能を駆動させるのに重要な形質と同じであった場合には，種消失の影響はランダム集団実験で予想されるよりもはるかに大きいだろう．このことはしばしば起こりうるケースで，これに関する実証的（Petchey et al. 1999; Jonsson et al. 2002; Zavaleta and Hulvey 2004），または理論的（Solan et al. 2004; Bunker et al. 2005）な証拠がある．従って，ランダム集団実験は種消失の生態系への影響を過小評価してしまうかもしれず，正反対の強い主張もあるものの（e.g. Duffy 2009），このことは種消失の生態系への影響を理解するためのこの種の実験の妥当性を損ないかねない（Wardle and Jonsson 2010）．

　人為による種の消失が生態系プロセスにどのように影響するのかを解明するために，実際に起こった種消失に対する生態系の応答を測定することにより，現実的かつ直接的な研究がされている．これは，新しい種が生態系に侵入した際にどのように生態系が応答するのかを直接的に調査した多くの研究と類似している．こういったアプローチは本章の後半で述べるように，侵入生態学への理解に役立つことがしばしば証明されている．植物群集についてみてみると，人為による種消失の影響を直接的に定量した研究はわずかしかない．これまで

行われてきた研究では，多くが上記のように伐採による樹木の選択的除去に焦点が当てられてきた．これらの研究では，択伐された樹種が森林内で構造的に優占している場合には，この種の消失が生態系機能に特に重要な影響をおよぼすことが示されている（Díaz et al. 2003; Wardle et al. 2008c）．こういったタイプの自然の，もしくは意図していなかった「除去実験」は，人間による生物的・非生物的環境改変によって引き起こされる実際の種消失の効果を評価するためのほぼ間違いなく最も直接的な手段となりうる．

実際の種消失が生態系プロセスにどう影響するのかについての説得力のあるいくつかの研究のなかには，地上の哺乳類が局所絶滅したケースを扱ったものがある．第4章で概要を述べたように，草食哺乳類とその捕食者はしばしば生態系プロセスに主要な影響力をもち，これらが消失するということは重大な結果をもたらす．例えば，かつては北米のグレートプレーンズにおける優占大型草食動物であったアメリカバイソン（*Bison bison*）は，1880年代までに数千頭にまで数を減らし，多くの自然分布域で絶滅した．フェンスによる排除区の設置とともに行われた1980年代半ばのKonzaプレーリーへのバイソンの再導入によって，バイソンの消失は植物相構成を変え，植物多様性，植生の空間的変動性，土壌の窒素無機化速度，植物体の窒素濃度を減少させることが明らかになった（Knapp et al. 1999; Johnson and Matchett 2001）．さらに世界的に起こっている人為による大型捕食者の消失は草食動物の個体群成長と，過密を引き起こす（Wardle and Bardgett 2004）．例えば，北米の多くの生態系で起こったピューマ（*Puma concolor*）とオオカミ（*Canis lupus*）の絶滅はオジロジカ（*Odocoileus virginianus*），エルク（*Cervus canadensis*），ムース（*Alces alces*）といったシカ類の増大を招いた．これらの増加により，シカ類の嗜好性植物の消費（Creel and Christianson 2009），森林植生の構成の変化が起こり，林床・河畔植生が減少し，侵食が促進されて集水域全体の水文が変化した（Ripple and Beschta 2006; Beschta and Ripple 2008）．養分循環への草食哺乳類の影響を考慮すると，第4章で触れたように捕食者が消失することもまた彼らの影響を悪化させる．例えば，イエローストーン国立公園へのオオカミの再導入では，オオカミの絶滅とそれによる有蹄類の増加によって，間接的に土壌中の窒素無機化とそれを駆動する土壌生物が増加した証拠が示された（Frank 2008）．

現代の生態系機能に大型哺乳類の絶滅が与える影響は，過去数百・数千年前に起こった絶滅からも明らかである．人為による直接的影響か，気候や植生の

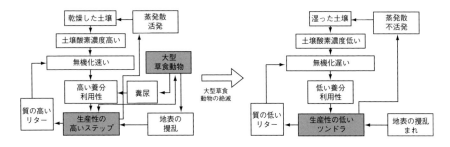

図 5.8 ロシア北部で更新世後期に起こった大型草食動物の絶滅が植生と栄養サイクル間のフィードバックに与えた影響. Zimov et al. (1995) による仮説. Wardle (2002) よりプリンストン大学出版局の許可を得て転載.

変化など別の要因があるのかは不確実な場合もあるが (Zimov et al. 1995; Guthrie 2003), 人間の新しい土地への定着は, しばしば大型草食動物の絶滅と一致する. 大型草食動物の絶滅は維管束植物のタイプや地下のサブシステムの機能に大きな変化をもたらしたという証拠がある. 例えば, 過去1万年から1万2千年前にアラスカとロシアで起こった大型草食動物の絶滅はステップ草地からコケの優占するツンドラへと植生を変化させた (Zimov et al. 1995). このことは質の低いリターを生産する植物の優占, 冠水, 土壌窒素無機化の減退を招き, 結果, ツンドラ植生の優占が保たれることとなった (図5.8). 人間の定着が大型草食動物の消失と関係している場所ではどこでも, 地上と地下のつながりや生態系機能に対する重大かつ不可逆な影響が起こりうる.

種の消失が生態系機能に与える影響についての話題を離れる前に, 樹木やいくつかの哺乳類の消失が生態系に与える影響についての最も言及され説得力のある例について触れておきたい. 樹木や哺乳類はその大きさゆえに人間によって資源として利用されたり (樹木や草食動物など), 意図的に絶滅 (大型肉食動物など) させられたりした. 彼らは生態系の機能に対して非常に強い影響をもっている. 一方, 人間によって引き起こされた群集や生態系プロセスに影響を与える土壌生物を含む小さな生物の消失についてはわずかな例しかない. このことは, 体サイズの小さな種の消失は生態系特性に小さな影響しかないという理由かもしれないし, 小さな生物が生態的影響を失った (その種自体が消失した) ことが検出されにくいという理由によるのかもしれない.

5.3　侵入による種の加入と地上・地下のつながり

　新しい生態系への外来種の侵入は，群集にとっては新しい種の獲得であり，絶滅の逆であるともいえる．種の絶滅の場合と同様に，もし侵入種が彼らの栄養段階でバイオマス上の優占種になったり，在来種と全く異なる形質をもっている場合は，群集，または生態系レベルで重要な影響力をもつ．ここでは，生物群集への新しい種の侵入の影響を理解するうえでの最新の概念を紹介する．

5.3.1　植物の侵入
5.3.1.1　侵入種と在来種の機能の違い

　地上と地下を統合した観点から侵入種を考察した研究の多くが侵入植物を扱っている．植物群集では，ほとんどの外来種は侵入した群集において少数で，機能的に重要でない構成要素となるが（Thompson et al. 1995），いくつかの種はキーとなる形質の違いにより，生態系機能において重要な影響をもちうる．この点において，在来・外来植物相を比較した研究では，しばしば重要な機能的形質に大きな違いがみられる．例えば Baruch and Goldstein (1999) は，ハワイ諸島における63種の外来植物は，在来種と比較して資源を獲得しやすい葉形質（高い比葉面積，二酸化炭素同化効率，葉中養分濃度など）をもっていることを示した（図5.9）．同様に，Leishman et al. (2007) と Peltzer et al. (2009) は，オーストラリアのシドニー近郊とニュージーランドの Kaikoura で，それぞれ外来種は在来種よりも平均的に比葉面積が大きく，窒素やリンの濃度が高いことを示した（図5.9）．しかし，外来種と在来種の間の葉形質の差は生育地の状況に大きく依存するかもしれない（Baruch and Goldstein 1999）．例えば，Funk and Vitousek (2007) は，ハワイで系統的に近縁な植物種ペアを比較し，外来種の方が高い光合成速度と高い資源利用効率（水，栄養，光）をもつことを明らかにした．一方で彼らはまた，こういった違いのいくつかは短いタイムスケールにおいてのみみられ，生育している環境の資源制限に強く影響されていることも示している．現在に至るまでに得られた証拠からは，一般的に在来種と外来種は主要な生理生態的特性が異なることが示されている（Rejmanek et al. 2005）．

　在来種と外来種でしばしば異なる主要な形質としてよく知られているのが，第3章でも議論したリター分解過程への影響である．わずかな比較研究しか

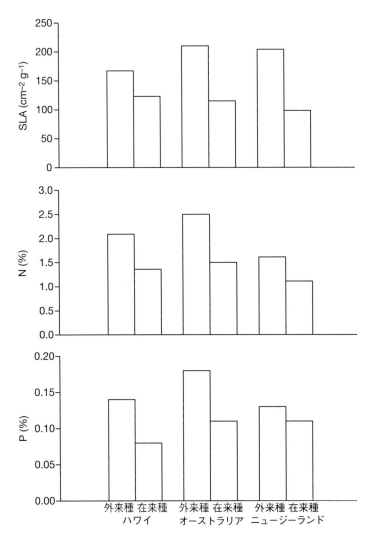

図5.9 ハワイ (64種, Baruch and Goldstein 1999), オーストラリアシドニー近郊の低木林 (55種, Leishman et al. 2007), ニュージーランド Kaikoura の氾濫原 (41種, Peltzer et al. 2009) における外来種と在来種の比葉面積 (SLA) と葉中窒素, リン濃度の比較.

いものの，在来種と外来種でリターの分解性が異なることが予測されている．Liao et al. (2008) による 94 例のメタ解析では，窒素固定植物を含めずに解析すると影響は減少するものの，外来種のリターは平均で 2.17 倍速く分解されることが示された．ただこの解析においては，この差が二つのグループ間の系統的違いによるものなのか確かめることは難しい．一方で，Allison and Vitousek (2004) は 11 種（在来 5 種，外来 6 種）のハワイの林床植物のリター分解速度を比較し，在来種のリターの分解速度がより遅いことを示した．ただし，外来種は 5 種が被子植物である一方，在来種のうち 4 種はシダで，シダのリターは通常被子植物のそれよりも分解速度が遅いことが知られている（第 3 章参照）．一方，Kurokawa et al. (2010) は 41 種のニュージーランド氾濫原の低木種のリター分解速度を比較し，外来の窒素固定植物のリターは在来の窒素固定植物よりも速く分解されることを示した．しかし，窒素固定しない外来種，在来種の間には違いはみられなかった．共存する在来・外来種のリター分解速度を比較した他の研究（Ehrenfeld 2003 にレビュー）では，外来種のリターはより速く分解されることが示されている（e.g. Cameron and Spencer 1989; Standish et al. 2004）．一方で，特に在来種と外来種が異なる生活形をもっている場合には多くの例外がみられる（e.g. Kourtev et al. 2002b; Güsewell et al. 2006）．例えば，世界中で大きな問題となっている侵入マツ種（Richardson 2006）のリターは，在来種よりも分解速度が遅い（Ågren and Knecht 2001; Ehrenfeld 2003，図 5.10）．

　共存する在来種と外来種の機能的な違いは地下にも影響する．外来種が窒素固定を行う根粒を形成することができ，在来種ができない場合に最も顕著な影響が出る．古典的研究として Vitousek and Walker (1989) は，窒素固定植物のいなかったハワイの山林に侵入した根粒形成低木 *Myrica faya*（アソーレス・カナリア諸島原産）が生態系への窒素流入を 4 倍増加させたことを示した．このことは，この場所における窒素制限を軽減し，生態系レベルでの影響をもたらしたといえる．しかし，窒素固定をしない侵入植物もまた土壌特性を大きく変化させ，しばしば（いつもではないが）養分循環速度（Ehrenfeld 2003）・可給態窒素（Zou et al. 2006）・リン（Chapuis-Lardy et al. 2006）やその他無機物（Vanderhoeven et al. 2005）を増加させうる．土壌に入る資源の量と質を変化させることによって，侵入植物は土壌の食物網を大きく変化させる．例えば，Kourtev et al. (2002a) はニュージャージー州の林床に侵入した植物が土壌微生

(a)

(b)

図 5.10 ニュージーランド Craigieburn に侵入した北アメリカ原産のロッジポールマツ (*Pinus contorta*). 侵入したマツは質の低いリターと酸性土壌をもたらし, 地下部プロセスに障害を与え地下部群集を変化させた. 写真：D. Peltzer.

物群集の構造に大きく影響したことを示した．さらに，ユタ州南東の草原においては，土壌動物個体群（線虫と小型節足動物）が外来草本 *Bromus tectorum* に対し負の反応を示した（Belnap et al. 2005）．同様に Yeates and Williams (2001) は，ニュージーランドへの3種の外来植物の侵入は，それぞれ植物種や場所によって効果の程度は異なるものの，土壌微生物群集に影響を与えたことを明らかにした．侵入植物の地下への影響は，その植物が全く異なる機能的特性をもっていれば，バイオマスで優占していなかったとしても顕著かもしれない．例えば，Peltzer et al. (2009) はニュージーランドの氾濫原群集において，わずか3％のバイオマスしかない外来種が土壌微生物群集や微生物食・捕食性線虫に大きな影響を与えていることを明らかにした（図5.10）．

侵入植物は生態系の攪乱レジーム（攪乱の起こり方）を変化させることで，地上・地下両方に重要な影響を与えうる（Mack and D'Antonio 1998）．このことは，特に侵入種と在来種で燃えやすさに関する形質が異なる場合に顕著である．なぜならこの形質は生態系における火災レジームに大きく影響するからである．とりわけ，ハワイ・オーストラリア・南北アメリカの森林生態系に侵入した草本種は非常に燃えやすい組織を生産し，地表部に可燃材を蓄積させることでこれらの地域における火災を増加させている（Brooks et al. 2004; Bradley et al. 2006; Pauchard et al. 2008）．例えば，ハワイの山麓に侵入した多年生 C_4 草本は急速に易燃性の物質を蓄積し，結果として在来植生の多くを失わせる火災を引き起こした．この草本は火災後，在来種が回復できない間に急速に回復し，火災との間に正のフィードバックを構築した（D'Antonio and Vitousek 1992; Brooks et al. 2004）．火災が地下のサブシステムにもさまざまな影響を与えることを考えると（Certini 2005），まだほとんど研究されてはいないものの，侵入種によってもたらされる火災レジームの変化は地下に重要な影響を与えうる．ハワイにおいて Ley and D'Antonio (1998) は，火災によって形成された外来草本の優占する草地における窒素固定速度は，外来種のいない近接する森林地帯におけるそれよりも低いことを示した．このことは，窒素固定時の主な基質，すなわち在来木本からのリターが草地ではほとんど存在しないからである．

5.3.1.2　植物の移入と植物−土壌フィードバック

在来植物と外来植物が土壌生物相へ異なる影響を与えているということは，植物のパフォーマンスへ重要なフィードバック効果をもつということでもある．

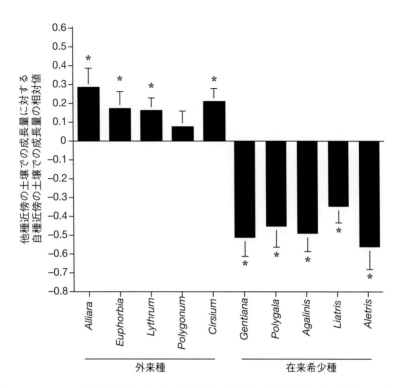

図 5.11 カナダの草地と牧草地における外来植物 5 種と在来希少植物 5 種に対する土壌フィードバック実験の結果. バーは平均 ± 標準誤差 (n = 10) を示す. 侵入植物は関係する土壌生物と正のフィードバックに, 一方在来希少植物は負のフィードバックにさらされている. Macmillan Publishers Ltd. の許可を得て Klironomos (2002) を改変.

第 3 章で述べたように (図 3.11 参照), 植物と土壌生物間のフィードバックに関しては, 近年たくさんの研究が行われている. このアプローチの意義深い応用の一つが, 植物の移入とそれに関連する土壌生物相との関係に関する研究である (Wolfe and Klironomos 2005; Van der Putten et al. 2007). 有名な例として, Klironomos (2002) は植物−土壌フィードバックに関する実験を行い, カナダの草地生態系に侵入した植物が一貫して正の植物−土壌フィードバックをみせたのに対し, 在来の希少植物は一貫して負の植物−土壌フィードバックをみせたことを示した (図 5.11). この実験は, 侵入した植物が新しい生育地において土壌生物相との正のフィードバックをもたらし, 利益を得ることを示している. フィードバック実験によって, 移入種は在来種と比較して, 土壌生物相と

より好意的に反応しているという証拠が示されてきている（e.g. Reinhart et al. 2003; Callaway et al. 2004; Knevel et al. 2004）．例えば，Reinhart et al. (2003) はフィードバック実験を用い，ブラックチェリー（*Prunus serotina*）は，本来の生育域である北米では土壌群集から負の影響を受けているのに対し，新天地である北西ヨーロッパにおいては，土壌群集から正の影響を受けていることを示した．こういった研究から，移入植物種は自生地に存在する土壌中の敵対者（病原体など）から逃避することで，新天地でよりよく生育するという天敵解放仮説（enemy release hypothesis）が提唱されている（Elton 1958; Keane and Crawley 2002）．しかし，こういった実験結果の解釈についてはいくつかの注意が必要である．なぜなら，この仮説に対する説得力のある証拠を得るためには，自生地・非自生地から得た土壌と植物両方を用いなければならないが（Van der Putten et al. 2007），そうした研究はわずかしかないからである（ただし，Reinhart et al. 2003 参照）．

　侵入植物の地下への影響は共存する在来種にも重要な影響力をもつ．この例の一つは，アレロパシー（他感）物質を放出し在来植物に負の影響を与えるというものである（Wardle et al. 1998b; Ridenour and Callaway 2001）．このアイデアの発展形は，侵入植物種は在来種にとって未知の，そして適応できず被害を受けやすい毒性物質を放出する，といういわゆる新奇防衛仮説（novel weapons hypothesis）である（Callaway and Ridenour 2004）．明確な証拠を挙げるのは難しいものの，新しい群集への種の侵入によって在来種へ毒性効果があったとする文献がいくつかある（Harper 1977; Stowe 1979; Keeley 1988）．多くの注目を集めた一つの例として，ユーラシア大陸の侵入植物 *Centaurea maculosa* のカテキン生成能力がある．ここでは，自生地よりも侵入地（北米など）の他の草本種により強い負の影響を与えることが報告されている（e.g. Bais et al. 2003; Callaway and Ridenour 2004; Thorpe et al. 2009）．しかし，後の調査によって *C. maculosa* による土中への放出カテキン濃度は近隣の草本に負の影響を与えるほど十分ではないことが示されている（Blair et al. 2005; Perry et al. 2007; Duke et al. 2009）．他の研究では，侵入植物は菌根共生を破壊することで在来種に負の影響を与えることが示されている．このことは，近年では非菌根共性植物 *Alliaria petiolata* において示され，ここでは侵入した北米の森林において菌根菌とそれと共生する在来種の実生に負の影響を与えることが明らかになっている（Stinson et al. 2006; Callaway et al. 2008; Wolfe et al. 2008）．

これは *A. petiolata* によって生成されるカビ毒がこの影響の原因であるとされている．しかし，カテキンの例と同様，この毒素が効果をもたらすのに十分な濃度で土壌中に蓄積しているのかについては不明である．

　侵入種が地下の天敵から逃避することで新天地において成功する，ということに多くの研究で焦点が当てられているが，侵入種はまた自らに有利な地下の共生者も自生地に置き去りにしてきているともいえる．このことは，南半球のマツのように菌根菌との共生に依存している侵入種にとって重要となりうる (Richardson et al. 1994, 2000)．マツ科植物はしばしば菌根共生宿主を欠く群集に侵入するが，このマツ科の急速な侵入は，例えば意図的に菌根菌が接種されている近隣のマツ植林地などから風散布の胞子が到達した後に起こる (Richardson et al. 2000; Nuñez et al. 2009)．対照的に，アーバスキュラー菌根菌との共生関係をもつ侵入種については，この種の菌根菌は広く分布し宿主特異性も低いため，菌根接種源の利用可能性に強い影響を受けることはあまりないだろう (Richardson et al. 2000)．*Rhizobium* や *Frankia* といった窒素固定細菌と共生関係を結ぶ植物の場合，こうした共生細菌はしばしば宿主のいない土壌にも広く分布しており，さらに世界中の多くの土地への共生細菌の意図的な導入がこういった植物の分布拡大に一役買っている (Richardson et al. 2000; Van der Putten et al. 2007)．いくつかの例では，共生細菌がどこからやってきたのか分からないことがある．例えば，ハワイにおいて根粒を形成する侵入植物 *Myrica faya* (Vitousek and Walker 1989) が彼らと共生する *Frankia* 株とともにやってきたのか，それとも共生可能な *Frankia* 株が既に土壌中に存在していたのかは不明である (Richardson et al. 2000)．最も広く発展した植物と土壌生物との共生関係は，植物と，植物の成長に欠かせない養分を無機化する腐生菌との間の関係だろう（第3章参照）．ここでいう腐生菌群集とは幅広い機能群を含み，多くの土壌にはほとんどの機能群の腐生菌が存在する．この理由により植物が特定機能をもつ腐生菌から「逃避」したり，新しい環境において全く新しいタイプの腐生菌に遭遇したりすることは起こりにくい (Van der Putten et al. 2007)．

　侵入植物の話題から離れる前に，侵入植物が生態系全体へ影響を与える三つの要素，すなわち「分布」・「優占度」・「個体数あたり，もしくはバイオマスあたりの侵入の効果」(Parker et al. 1999) を強調しておきたい．例えば，侵入種の地下への影響（それと地上へのフィードバック）に関するほとんどの研究が

三つ目の要素に焦点を当てている一方，侵入種は彼らが十分な範囲を占め優占種となっている場合にのみ，生態系に重要なインパクトを与えうる．新しい生育地における侵入種の分布・優占度拡大の能力は，侵入種の動態的・生理的特性や侵入した先の生育地・植物群集の特徴によって決まる．在来の植物群集がもつ侵入種への対抗度合いによっては，侵入種の地上・地下への影響を減少させうる．結果として，在来群集の性質や優占種の特性（Fridley et al. 2007），資源の供給と利用可能性（Huston 1994; Davis et al. 2000），攪乱レジーム（Burke and Grime 1996）は全てその群集がそもそも侵入されうるか，またどの程度侵入されるかの重要な決定要素となる．単に侵入種が一度定着した効果だけでなく，侵入種が重要な影響を与えるのに十分なだけ分布・優占度を増加させるかどうかを考慮することで，侵入植物種がどのように生態系に影響を与えうるのか，という問いに関するさらなる知見が得られるだろう．

5.3.2 地下の侵入者

　一般に，外来微生物の存在や生態的重要性に関しては比較的わずかしか知られていない．しかし，この章の前半で触れたように腐生菌の多くのグループには分布制限がなく（Finlay 2002），結果微生物が全く新しい場所へ侵入する余地は少ない．ほとんどの腐生菌は種レベルで同定されてはいないので，検出されないままに侵入が起こったことはあっただろう（Van der Putten et al. 2007）．さらに，腐生菌群集の幅広い機能的多様性を考慮すると，侵入した微生物が生態的効果を検出するのに十分なほど新しい機能的属性をもっているとは考えにくい．しかし，土壌感染性の病原菌が新しい生息地に侵入し，在来植生に広く影響を与えたいくつかの例が知られている（Desprez-Loustau et al. 2007; Loo 2009 にレビュー）．例えば，オーストラリアの天然植生の立ち枯れは，*Phytophthora cinnamomi*（Peters and Weste 1997）や *Armillaria luteobubalina*（Shearer et al. 1998）といった根の病原菌の侵入によって起こった．同様に，カリフォルニアにおいては，広範囲の維管束植物に感染し急性ナラ枯れを引き起こす *Phytophthora ramorum* の侵入がよく知られている（Venette and Cohen 2006）．こういった例では，在来植生の耐性が低い新しい種類の攻撃性をもつ病原菌の侵入が示されている．在来樹木と共生関係を結ぶ共生菌の侵入についてもいくつか例がある．例えば，ヨーロッパの代表的な外生菌根菌であるベニテングタケ（*Amanita muscaria*）はニュージーランドとオーストラリアに侵入

図 5.12 ハエ取りキノコとして有名なヨーロッパ原産の外生菌根菌であるベニテングタケ (*Amanita muscaria*) は，ニュージーランドとオーストラリアに侵入し在来植物と関係を結んだ．しかし，この菌の侵入が在来樹木の成長，在来菌根菌群集や他の生態系要素に与える影響はよく分かっていない．写真：Ian Dickie.

し（図 5.12）．一方タマゴテングタケ (*Amanita phalloides*) はヨーロッパから世界中の森林地帯へ広がった（Pringle and Vellinga 2006）．しかし，侵入した外生菌根菌が在来植生の成長や在来外生菌根菌群集，分解者サブシステムに与える影響はまだよく分かっていない．

　地下の無脊椎動物について考えてみると，線虫や原生動物など微小動物の侵入については，大部分の種が未記載であるがゆえにほとんど知られていない．さらに細菌と同様，少なくとも一部の微小動物群集には分布の制限がないだろう（Finlay 2002; ただし Foissner et al. 2008 参照）．しかし，生物地理学的な境界をもつ大型の土壌無脊椎動物は新しい生態系へ侵入することが可能である．中型土壌動物については，最もよく記載された例に亜南極の島へのヨーロッパ産トビムシの侵入の例がある（Frenot et al. 2005）．例えば，亜南極の Marion 島へ侵入したトビムシ類は非常に高密度に達し，これは在来のトビムシ類からの種の置き換わりが起こったことを示唆している（Convey et al. 1999）．ヤスデやワラジムシといった大型腐食性土壌動物や，甲虫類やハエ類など少なくとも生活史の一部を地下で過ごす昆虫による生態系への侵入については世界の多

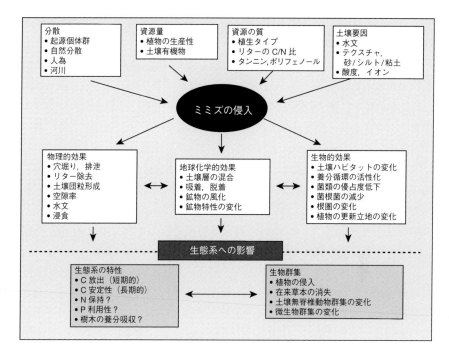

図 5.13 在来ミミズが存在しなかった北米の温帯林に侵入したミミズが与えた広範囲にわたる影響の概念モデル. Bohlen et al. (2004b) よりアメリカ生態学会の許可を得て転載.

くの地域で報告されている (e.g. Gaston et al. 2003; Arndt and Perner 2008). しかし, これらの侵入者が在来の分解者相や土壌プロセス, 植物の成長, 栄養吸収に与える影響については大部分が調べられていない.

侵入の影響が比較的よく研究されている土壌動物はミミズ類である (Bohlen et al. 2004b; Hendrix et al. 2008). 新しいミミズ種が世界中の多くの温帯・熱帯地域に侵入しており (Hendrix et al. 2008), 侵入した先の生態系に機能的に同等な種がいない場合には彼らのもつ生態的影響は特に顕著である. 例えば, 更新世の氷河によって既存のミミズ類が消えた地域において外来ミミズの強い影響がみられている (Hendrix et al. 2008). ミミズ類侵入の地下への影響は広範囲におよぶ (Bohlen et al. 2004b; 図 5.13). 例えば, 土壌食の南米産ミミズ *Pontoscolex corethurus* は熱帯の多くの森林地帯や耕作地に侵入している. 彼らはそこで, 土壌圧密を高め, 結果土壌間隙が減少した (Chauvel et al. 1999). これにより土壌が固くなり, これは他の土壌動物や植物の成長の両方に負の影

響を与えうる (Lapied and Lavelle 2003; Gonzalez et al. 2006). 一方, ヨーロッパの地表性ミミズ *Dendrobaena octaedra* はカナダ・アルバータ州の森林に侵入し, 結果これは成長の速い菌類の優占と多くのダニ類の優占度の減少を招いた (McLean and Parkinson 2000a, b). さらに北米温帯林へのミミズ類の侵入は土壌の物理的構造に強く影響し, 有機物の無機化を促進し, 土壌有機物や養分の消失を招く. これらの効果は地表性よりも穿孔性のミミズにおいて顕著である (Bohlen et al. 2004a; Hale et al. 2005). 有機物の無機化を行う外来ミミズは短期的には植物の影響や成長を改善させるが (Scheu and Parkinson 1994), 長期的には表層の有機物層が除かれ, 厚い林床有機物層に適応した植物種に悪影響を与える (Gundale 2002; Frelich et al. 2006). また, ミミズ類の侵入は在来草本の消失を招く一方でいくつかの外来植物種の侵入を促進し (Bohlen et al. 2004b), 森林樹種の実生更新を妨げた (Frelich et al. 2006; Hale et al. 2006). しかし, ミミズ類の侵入が地上と地下の特性に与える影響の性質は, そのミミズの機能的性質や侵入される生態系の特性に依存している. 多くの地域の森林生態系へのミミズ類の侵入は比較的近年始まったもので, 森林動態に与える長期の影響については多くが未解明である (Bohlen et al. 2004b).

　土壌中に侵入した捕食者も, 生態系のなかで機能的に置き換え不可能な生物を捕食する場合には生態系レベルで重要な影響をもちうる. 最も重要な例の一つがニュージーランドの捕食性扁形動物 *Arthurdendyus triangulata* である. この種は偶発的にブリテン諸島とフェロー諸島にもち込まれ, その後拡散し被食者である Lumbricidae 科のミミズを減少させることで生態系を改変した (Boag and Yeates 2001). 例えば, この扁形動物によってミミズが減少したスコットランドの草地では, 土壌孔隙率や水はけに悪影響が出て, 冠水の増加, イグサ属の優占度の増加, 穿孔性モグラの減少が起こった (Boag 2000) (図5.14). 他の例として, イエネズミの亜南極島嶼への移入がある (Smith et al. 2002; Angel et al. 2009). ここではネズミが, 主要なデトリタス食者である固有の飛べないガ *Pringleophaga marioni* を含む多くの分類群の無脊椎動物を捕食した. この生態系においては, ネズミによるガの捕食によって, ガが行ってきたリターの分解が推定40％減少し (Crafford 1990), 泥炭の蓄積率が大きく増加した (Smith and Steenkamp 1990). アリや地表徘徊性甲虫を含む地上性昆虫も大量にデトリタス食者を消費し, 結果彼らが駆動してきたプロセスに影響を与えうる. こういったタイプの捕食者が関係する在来捕食者に悪影響を与えることが

図 5.14 (a) ブリテン諸島とフェロー諸島の草地に侵入したニュージーランド原産の捕食性扁形動物（*Arthurdendyus triangulate*）．この種は餌となる穿孔性ツリミミズの密度を激減させ，生態系におけるミミズの影響を逆転させた．(b) 扁形動物によるミミズの除去は土壌の多孔性と排水性を大きく低下させ，湛水とイグサ属（*Juncus* spp.）の優占を招いた．写真：B. Boag.

知られている（Gotelli and Arnett 2000; Niemelä et al. 1997; Snyder and Evans 2006）．一方で地下の生物や彼らが駆動するプロセスへの影響は未調査のままである（Kenis et al. 2009）．

5.3.3 地上の消費者の侵入

第4章で述べたように地上の一次消費者は地上・地下の両方に広範な影響を与える．特に彼らが天敵から逃避でき，新しい宿主が適応できないような場合にこういった影響は強くなる．地上と地下の外来病原菌（Desprez-Loustau et al. 2007; Loo 2009）や植食昆虫（Liebhold et al. 1995; Kenis et al. 2009）によって森林生態系が大きく改変されたいくつかの例が知られている．外来病原菌の例としてアジアから侵入したクリ胴枯病（*Cryphonectria parasitica*）がある．この病原菌はアメリカ東部の森林からアメリカグリ（*Castanea dentata*）を広く消失させた．クリは，消失後置き換わった他の広葉樹種よりも質が低くタンニンの多い材を生産するため，この病原菌による侵入は，分解者サブシステムや栄養循環を大きく変化させると考えられる（Ellison et al. 2005; Kenis et al. 2009）．実験的に確かめられてはいないものの，ニレ立ち枯れ病（*Ophiostoma* spp.）の侵入後に起こったニレ類（*Ulmus*）の広範にわたる消失といった，外来病原菌による選択的な特定樹種の消失は，地下にも重要な影響を与えるだろう．植食昆虫に関していえば，外来マイマイガ（*Lymantria dispar*）の大発生による北米コナラ属の深刻な食害は，地下にかなりの影響を与え，これは地上にもフィードバックするだろう（Lovett et al. 2006）．特に大発生後，林床には昆虫のフン・幼虫の死骸・消費されなかった落葉に由来する窒素や易分解性炭素が大量に生じた．この窒素の大部分は土壌微生物によって固定されるか土壌有機物に取り込まれた（Lovett and Ruesink 1995）．ツガカサアブラムシ（*Adelges tsugae*）は現在，北東アメリカでツガ類（*Tsuga*）の広範な枯死を引き起こしている．ツガ類は置き換わりうる他の樹種よりも低質なリターを生産するため，樹種構成の変化は生態系の構造や機能へ長期間に渡り影響するだろう（Lovett et al. 2006）．

例えばシカやウサギ，ヤギなど草食哺乳類は世界中の多くの場所に導入されており，自然生態系の地上と地下の両方へ大きな影響を与えている（Wardle et al. 2001; Vázquez 2002; Spear and Chown 2009）．例えば，いくつかのシカ類やヤギ（*Capra aegagrus hircus*）は1770年代から1920年代に意図的にニュージーランドに導入された．ここで彼らは成長の速い双子葉広葉植物を消費し不嗜好性植物を増加させることで，林床の構造を広範に変化させた．ニュージーランドには在来の草食哺乳類が生息せず，数百年前に狩猟によって絶滅した在来の大型草食動物（モアなど）の森林への影響は，おそらく導入された草食動

物による影響よりもかなり小さかっただろう（McGlone and Clarkson 1993）．ニュージーランド全域の森林に設置された長期シカ排除プロットを用いた調査から，Wardle et al. (2001, 2002) は，外来のシカやヤギは質が高く易分解性のリターを生産する林床植物を確実に減少させ，質の低いリターを生産する植物を増加させることを示した．また，草食哺乳類はおそらく踏みつけ効果によって物理的に土壌を攪乱することで（Wardle et al. 2001），大型土壌生物にも負の影響を与えている（図 5.15）．しかし，微生物や微小動物を含む体サイズの小さな多くの土壌動物は外来草食動物に対して特異的な反応をみせ，場所によって正の影響も負の影響もある（図 5.15）．土壌炭素無機化や炭素・窒素の隔離といった土壌生物によって駆動される生態系の特性もまた環境の背景によって異なる反応をみせる．第4章で議論したように草食動物は環境の背景に依存して分解者に正・負の影響を与えるため，こういった異なる反応が出てくる．

　外来草食動物が与える物理的効果による生態系への影響は，その生態系にとって彼らが引き起こす攪乱が初めてのものであった場合に特に重要だろう．世界中に広く広まっている例の一つが，今や南極以外の全ての大陸と多くの島嶼に存在する野生化したブタ（*Sus scrofa*）である．彼らは植物根や無脊椎動物を探して土壌を反転させることで大きな物理的攪乱を引き起こす．森林生態系においてはこの行動は樹木の枯死を増加させるが，草地においては多年生草本からより寿命の短い草本や広葉草本への置き換わりや，外来植物種の拡大を引き起こす（Tierney and Cushman 2006）．また，この攪乱レジームは多くの小型節足動物グループにも負の影響を与えることが示されており，このグループは生態系からブタが除かれた後にのみ密度が回復する（Vtorov 1993）．外来草食動物による生態系への影響に関する最も目を引く例は，南アメリカ南部のナンキョクブナ（*Nothofagus*）の優占する森林生態系に意図的に導入されたビーバー（*Castor canadensis*）のものだろう（Anderson et al. 2006, 2009）．ビーバーによる木の伐採とダム建設は，生態系への氷河期後期以降最も大きな景観レベルの影響とされる（Anderson et al. 2009）．ここでビーバーは河畔林を消滅させ，川から30 m 以内の林冠を減少させた（Anderson et al. 2006）．これは種多様性の高い草地形成を伴ってはいるが，非常に多くの外来種の侵入ももたらしている．まだ調査されていないものの，この改変による地下への影響はかなり大きいだろう．

　地上の消費者の侵入による最も強い生態系への影響には，捕食者によるもの

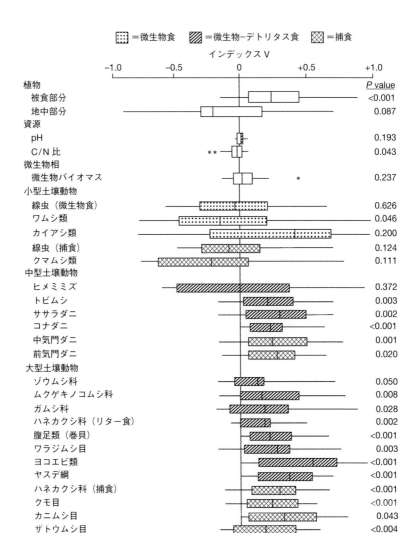

図 5.15 ニュージーランド各地の 30 地点における哺乳類排除区内外での，資源，独立栄養生物（植物），リター層の分解者食物網の各構成要素の草食哺乳類に対する応答（Wardle et al. 2001 参照）を示すボックスプロット．各調査地点における応答変数に対して定められたインデックス V（Wardle et al. 2001）は，−1 から +1 までの値をとり，排除区内の値が排除区外よりも大きければマイナス，逆ならばプラスとなる．0 は差がないことを示す．各変数においてボックスは第 1 から第 3 四分位点までのデータの半数（30 地点中 15 地点）を含み，ボックス内部の縦線は中央値，ボックス外部の横線は値の範囲，星印は外れ値を示す．P 値は 30 地点での排除区内外の有意差を対応のある t 検定で比較したもの．Wardle et al. (2001) よりアメリカ生態学会の許可を得て転載．

図5.16 南アメリカ南部 Navarino 島へのビーバー（*Castor canadensis*）の侵入でナンキョクブナ（*Nothofagus*）が枯死したことで大きく改変された生態系．Anderson et al. (2009) によって明らかになったこの攪乱は，最終氷期以降最大の森林への影響である．(a) ビーバーによる高標高河畔林のナンキョクブナ（*Nothofagus antarctica*）の大規模な枯死．更新もみられない．(b) ビーバーによる低標高域の河川での貯水によって，*Nothofagus pumilio* と *Nothofagus betuloides* からなる河畔林に土砂の堆積と氾濫が起こった．写真：C. Anderson.

も含まれる．生態系への新しい捕食者の加入は，単なる侵入イベントというだけでなく，しばしば被食者の減少や消失，ときには絶滅をも招く．外来捕食者は世界中に存在し，その捕食者によって生態系のなかで重要な役割をもつ消費者が失われたときに彼らの影響は最も深刻となる．このような例の一つが，インド洋クリスマス島の森林生態系のものである．この島のクリスマスアカガニ (*Geracoidea natalis*) は種子や実生の主な消費者であり，リターの重要な分解者でもある（O'Dowd et al. 2003; Green et al. 2008）．この島はカニの主な捕食者であるアシナガキアリ（*Anoplolepis gracilipes*）に侵入され，カニが行ってきた生態的役割が失われた．結果，樹木実生の定着が促進され，リターの分解が減少した（O'Dowd et al. 2003）．もう一つの例は，アリューシャン列島へのキツネの導入である．ここでキツネは海鳥のコロニーを大幅に減少させ，結果海鳥が行ってきた海から陸への養分移動が妨げられている．キツネによる海鳥の捕食がみられない島との比較においては，イネ科植物から背丈の低い広葉草本や低木への優占植生の変化，土壌と葉の養分レベルの低下，地上部消費者の栄養段階を通じた窒素フローの変化が起こっていることが示されている（Croll et al. 2005; Maron et al. 2006）．

　外来捕食者は，地下の食物網にもカスケード効果を与えうる．このことはニュージーランド北方沖にある森林で覆われた海洋諸島での研究によって明らかである．こうした島に海鳥が高密度に生息すると，彼らは海から陸へ養分を移行させ，巣作り時に穴を掘ることによって土壌を耕す．この諸島のうち，外来のネズミ（*Rattus*）が侵入したいくつかの島ではネズミによってヒナや卵が捕食され，海鳥の密度が減少している．結果として，外来ネズミは海鳥が行ってきた養分加入を減少させ，土壌中食物網の多くの要素（Fukami et al. 2006; Towns et al. 2009）（図5.17）やリター分解といった土壌生物が駆動してきたプロセス（Fukami et al. 2006）に負の影響を与えた．さらにネズミが侵入した島における養分加入の減少と分解者密度の低下は，植物の成長率（Fukami et al. 2006），葉やリター内の養分濃度，分解したリターからの養分放出率の低下を招いた（Wardle et al. 2009b）．ネズミが侵入した島の樹木は，落葉前に葉からより多く養分を吸収しており（Wardle et al. 2009b），このことはネズミの侵入による養分制限が大きいことを示している．しかし，一方でネズミは海鳥の穴掘り行動による土壌攪乱や根の損傷を減少させており，これによって実生密度（Fukami et al. 2006; Mulder et al. 2009）や立木バイオマス（Wardle et al.

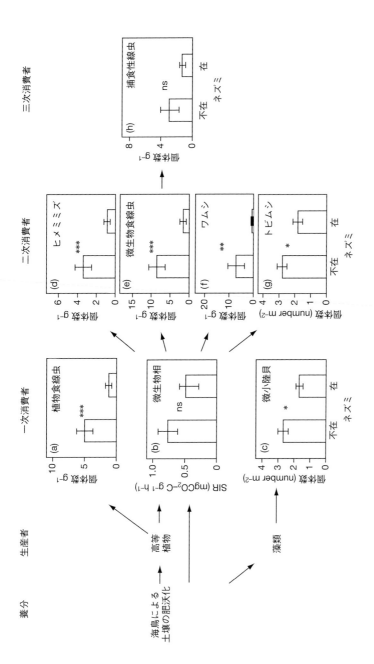

図 5.17 ニュージーランド北部の海洋島における土壌食物網の外来ネズミ (*Rattus* spp.) に対する応答. ネズミは海鳥のヒナや卵を捕食し, 海鳥から海への養分移送を妨げている. データはネズミのいない (海鳥の優占する) 9 島とネズミの侵入した 9 島での平均値を示す. *, **, *** はそれぞれ $P < 0.05$, 0.01, 0.001 水準での有意差を示す. SIR (substrate-induced respiration): 基質誘導呼吸, 相対的な微生物バイオマス量の測定に使用. Fukami et al. (2006) より Wiley-Blackwell の許可を得て転載.

第5章 種の絶滅や移入が地上と地下に与える影響 ● 219

2007) が増加している.

　最後に外来種の効果についてまとめると，外来種が地上と地下の生態系の構成を明らかに変化させた例が多数存在している．こういった効果は，侵入種が在来生物相のもっていなかった特定の能力をもっていた場合に必然的に最も大きくなり，全ての栄養段階グループで多くの例がみられる．外来生産者については，在来種のもっていない窒素固定能力をもつ場合や，土壌生物と新しい関係性を結ぶ場合に特に大きな影響力をもつ．外来動物のなかには，生態系の物理的構造を変える（ミミズやビーバー，ブタなど）ことや，生態系で重要な機能をもつ動植物を消費することで，生態系に大きな影響を与えるものもある．新しい生態系に侵入した多くの外来生物は比較的小さな役割を果たすのみであるが（Thompson et al. 1995），上述のようにいくつかの外来種については，生態系を急激に改変させ新たな安定状態に移行させる例が多くみられる．

5.4　環境変動によって引き起こされる種の増減

　本章ではこれまで，種の消失や（主に外来種による）種の加入が地上・地下の生物相や彼らが駆動する生態系プロセスについて考えてきた．種消失や増加の最も大きな原因は，生息地の破壊や土地利用の変化，生物的侵入によるものである．一方で気候変動を含む地球規模での変化が地上・地下の生態的特性や気候へのフィードバックに広範な影響を与えているという証拠が増えてきている．種の環境適性に基づく気候エンベロープモデルは，気候温暖化により重大な生物多様性の消失が起こることを予測しており（Thomas et al. 2004; Thuiller et al. 2005），これは主に気候変動が起こる時間スケールの間に生物が分布を変えることができないことに由来している．さらに，気候変動はフェノロジーや相互作用の強さに影響を与え，これは消費者の生活史と資源のミスマッチ（Post and Forchhammer 2008）や，彼らが依存する栄養相互作用の分離（e.g. Fox et al. 1999; Visser and Both 2005; Memmott et al. 2007）を招くことで結果として，種の消失を引き起こす．この章の前半で述べたように，こういった種の消失や群集構造の変化は，特に消失した種の生理的特性が残存している種と大きく異なる場合に，地下のサブシステムや生態的プロセスに重要な意味をもつ．

　気候変動が間接的に生態的プロセスに影響を与えるもう一つの重要な経路に，

新しい生育地への種の分布拡大がある．種の分布域の変化は土地利用の変化でも起こりうるが，わずか数十年の間に多くの種が高標高・高緯度地域へ拡大していることがよく報告されており，これは気候温暖化の影響を強く示唆している（Walther et al. 2002; Parmesan and Yohe 2003）．例えば，気候温暖化は高山植物の高標高域への移動（Klanderud and Birks 2003; Walther et al. 2005; Lenoir et al. 2008, ただし Wilson and Nilsson 2009 参照）や，森林限界標高の上昇（Kullman 2002; Kulluman and Öberg 2009）の原因となった．一方，近年の地球規模でのメタ分析では森林限界高度が普遍的に気候温暖化に反応しているわけではないことが示されている（Harsch et al. 2009）．第3章で触れたように，気候温暖化はカナダのツンドラへの北方林の拡大（Danby and Hik 2007）や，環北極草地の北極ツンドラへの侵入（Sturm et al. 2001; Epstein et al. 2004; Tape et al. 2006; Wookey et al. 2009）の原因ともされている．また，高緯度・高標高域への移動がイギリスの多くの脊椎動物・無脊椎動物（Hickling et al. 2006; Menendez et al. 2007）（図5.18）や，北米の小型哺乳類（Moritz et al. 2008）やマウンテンパインビートルのような無脊椎動物（Logan and Powell 2001; Williams and Liebhold 2002）でみられ，これも気候温暖化と結び付けられている．下に示すように，分布域の変化やそれに伴う多様性や群集構造の変化は，彼らが侵入した陸域の生態的プロセスを大きく変化させる可能性があり，ときとして炭素循環フィードバックへの広範な影響を伴う．

　多くの生物的要素，例えば分散能力や生育地選好性（Warren et al. 2001; Menendez et al. 2006, 2007），利用可能性（Hill et al. 2001），天敵からの逃避（Menendez et al. 2008）などは，気候温暖化下での種の分布域変更能力を決定する．これに関しては地上に注目した多くの研究がされてきたが，現在では地下の生物相も種の分布域拡大に影響しているという証拠が多く挙げられている．例えば Engelkes et al.（2008）は，分布拡大してきた植物種は，同所的に生育する近縁の在来種よりも茎や根の天敵に対する耐性をもっていることを示しており，このことは，分布拡大種は在来種よりも地上・地下の天敵によるコントロールを受けていないことを示唆する．気候変動下における種の新しい生育地への進出能力に影響を与えるもう一つのメカニズムに植物と土壌生物群集との種特異的なつながりがある．第3章で議論したように，植物種と土壌生物群集の間には高い特異性がある．例えば，ある植物種は自らのリターの分解を促進する分解者を優先的に選択している証拠があり（e.g. Hansen 1999; Vivanco and

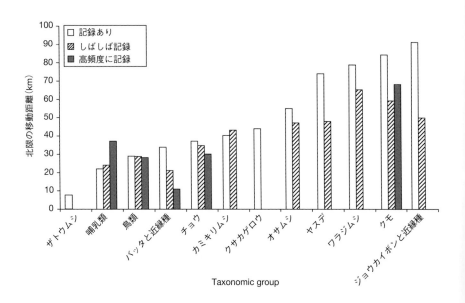

図5.18 イギリスにおける1960年代以降の陸生生物12分類群における北方への分布拡大を10 kmメッシュ解像度で示す．分類群：バッタと近縁種（Orthoptera），クサカゲロウ（Neuroptera），チョウ（Rhopalocea），クモ（Araeae），哺乳類（Mammalia），ワラジムシ（Isopoda），オサムシ（Carabidae），ザトウムシ（Opiliones），ヤスデ（Diplopoda），カミキリムシ（Cerambycidae），ジョウカイボンと近縁種（Cantharoidea, Buprestoidea），鳥類（Aves）．結果は記録あり，しばしば記録，高頻度に記録の3段階による．Hickling et al. (2006) よりWiley-Blackwellの許可を得て転載．

Austin 2008; Ayres et al. 2009），これはフィードバック機構を示唆している．結果，気候変動下でのこういった種の分布拡大は，地上と地下の関係における特異性を攪乱し，新しい生育地での彼らの成長や競争的関係に正の影響を与えうる．しかし，このアイデアはつい最近検証され始めたばかりである（e.g. Van Grunsven et al. 2007, 2010; Engelkes et al. 2008）．

　土壌生物相や生態系プロセスへ分布拡大種が与える影響については比較的わずかしか知られていない．第3章で述べたように，気候変動が駆動する土壌生物への植物の影響の主要な経路は，おそらく土壌に流入する有機物の質と量の変化や，根の構造や根の深さの変化といった土壌の物理的環境の改変だろう（Jackson et al. 1996）．気候変動が駆動する分布拡大の生態系プロセスや炭素循環フィードバックへの影響について最もよく記述された例の一つは，北極圏の高山帯における低木の北方への拡大である（Wookey et al. 2009参照）．第3章

で述べたように，低木はイネ科や広葉草本とくらべて質が低く難分解性の木質リターを生産する（Cornelissen 1996; Quested et al. 2003; Dorrepaal et al. 2005）．低木の拡大はリター分解速度を遅らせ，温暖化による分解の直接的な促進が妨げられ，結果として北極圏の土壌から炭素が失われるかもしれない（Cornelissen et al. 2007）．しかし，第3章のこのトピックで強調したように，北極圏における低木の分布拡大は，根の深さや火災，積雪といった炭素循環に関係する他の要素にも影響を与える．さらに Olofsson et al. (2009) が示したように，温暖な北極圏における低木の分布拡大は，トナカイによる摂食など生物的な要因によって制限されている．従って，第3章で示したようにツンドラ生態系において気候変動がどのように低木の分布拡大や炭素循環フィードバックに影響をおよぼしているのかを理解するためには，生物的要因の役割や関係性を考慮する必要がある（Olofsson et al. 2009; Wookey et al. 2009）．

　もう一つの例として，世界中の乾燥・半乾燥帯の草地で起こっている低木の分布拡大の例を挙げる（Schlesinger et al. 1990; Peters et al. 2006; Throop and Archer 2008; Maestre et al. 2009）．こういった生態系における低木の分布拡大は過剰放牧や野火，気候変動などさまざまな要因と関連し（Archer et al. 1995; Van Auken 2000），低木パッチ下における養分の「島」形成や，木々の間の空間の不毛化などによって，土壌資源の不均一性を高めてきた（Schlesinger and Pilmanis 1998）．アメリカのチワワ砂漠のようないくつかの状況下においては，このプロセスは気候変動や過放牧の影響をさらに悪化させ（Verstraete et al. 2009），最終的には生態系の砂漠化をもたらすフィードバックを形成することが示されている（Schlesinger et al. 1990）．しかしこのプロセスは全世界的なものではない．例えば，地中海地域における *Stipa tenacissima* の優占する草地への低木の侵入は砂漠化プロセスを逆転させる過程であることが明らかになっている（Maestre et al. 2009）．この低木の侵入は，気候変動よりもむしろ土地の放棄によって起こったものであったが，土壌中の炭素・窒素含量を高め，低木や *Stipa* 直下だけでなく裸地の土壌中においても窒素無機化速度を高めた．

　一般的に，低木の侵入が地下のサブシステムや土壌の炭素・窒素プールにどのように正（Throop and Archer 2008; Maestre et al. 2009），または負の影響（Schlesinger et al. 1990; Jackson et al. 2002）をもたらすのかについてはあまり知られていない．さらに，生態系の炭素貯留への低木の影響は気候条件によって異なるようである．例えば Knapp et al. (2008) は，北米の北極圏ツンドラ地

帯から大西洋岸の砂丘まで年間降水量に4倍の差がある，低木が侵入した8ヵ所のイネ科優占草地で研究を行った．乾燥した地域においては，低木の侵入によって地上の純一次生産量（NPP）とそれに伴った炭素流入量も減少した一方，降水量の多い地域においては，地上のNPPが劇的に増加した（図5.19）．しかしJackson et al. (2002) は対照的に，アメリカ南西部において降水量の勾配に沿った樹木の侵入を調査し，降水量と土壌中有機炭素成分の間に強い負の相関を示した．すなわち，乾燥地域への樹木の侵入は土壌炭素の増加をもたらし，一方で湿潤な地域においては土壌炭素の消失を引き起こした．Maestre et al. (2009) が示唆しているように，低木の侵入が炭素動態に与える影響のこういった差異は，異なる気候条件下における樹木特性の違いによるものだろう．この違いは第3章で触れたように植物の地下への影響を決定する主な要因である．低木侵入が地下のサブシステムや炭素循環フィードバックに与える影響についてはいまだ多くが未解明であると広く認識されており（Jackson et al. 2002; Knapp et al. 2008; Maestre et al. 2009)，低木侵入の世界的な広がりや，この減少を悪化させうる気候変動の力についてさらなる研究が求められている．

　近年では，植食者の分布拡大が生態系の炭素動態に与える影響についても注目されている．植食昆虫に関して，Kurz et al. (2008) はカナダのブリティッシュ・コロンビアにおけるマウンテンパインビートル（*Dendroctonus ponderosae*）の，過去の大発生よりも規模も深刻度も桁違いに大きな（Taylor et al. 2006; Williams and Liebhold 2002) 近年の大発生を推定するシミュレーションを行った．その結果，大発生が始まると森林は二酸化炭素吸収源から巨大な二酸化炭素発生源へと変わった（図5.20）．これは，大規模な樹木枯死によって起こった光合成（それに付随した炭素の取り込み）能力の低下と，それとともに起こった枯死木の分解に由来する従属栄養生物の呼吸増加に起因する．重要な事に，21年にわたるこの炭素放出急増の影響は，森林火災など他の要因による炭素放出を超え，カナダの運輸分野から放出される温室効果ガス5年分に匹敵すると算出されている（二酸化炭素換算で2億トン）．大発生の増大している範囲と重症性は，宿主樹木（成熟したマツ林分）生育域の拡大に一部起因するものの，多くは気候変動によるもので，これによって大発生が北方・高標高の森林に拡大している（Taylor et al. 2006; Williams and Liebhold 2002)．Kurz et al. (2008) が示しているように，森林性昆虫の分布拡大範囲と重症性に関係する気候変動の証拠は多くあり，将来の気候変動はさらなる分布拡大を招

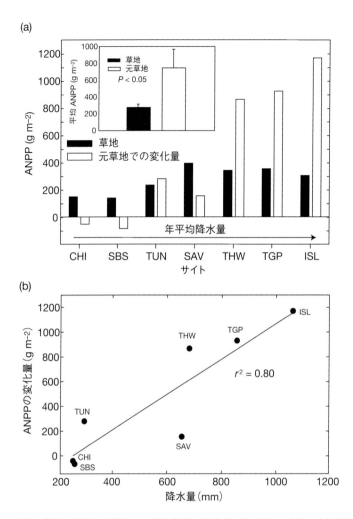

図 5.19 北米の草地に侵入した低木への地上部純一次生産 (ANPP) の応答. (a) 平均年間降水量に従った草地 (黒バー) と現在低木が優占する元草地 (白バー) における ANPP のパターン. 低木への転換に対する ANPP の最も大きな応答は, 最も湿潤なサイトでみられた (差込み図は全てのサイトの平均を示す). (b) 草地から低木林へと転換した北米の 7 サイトにおける平均年間降水量と ANPP の変化量の相関. 直線は正の相関を示す. CHI：チワワ砂漠 (ニューメキシコ州), SBS：セージブッシュのステップ (ワイオミング州), TUN：ツンドラ草地 (アラスカ州), SAV：亜熱帯サバンナ (テキサス州), THW：亜熱帯有刺林 (テキサス州), TGP：高茎草本プレーリー (カンザス州), ISL：防波島 (ヴァージニア州). Knapp et al. (2008) より Wiley-Blackwell の許可を得て転載.

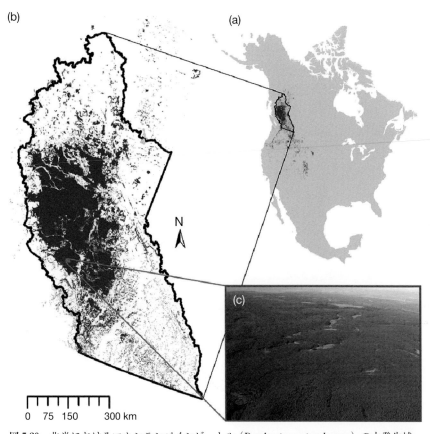

図 5.20 北米におけるマウンテンパインビートル (*Dendroctonus ponderosae*) の大発生域. (a) マウンテンパインビートルの範囲 (灰色), (b) 現在の大発生域の 98% を含む調査域, (c) 大発生により枯死に瀕するマツ林. 写真ではみえないが, マツは枯死一年目は赤くなり, その後灰色になる. Kurz et al. (2008) より Macmillan Publishers Ltd. の許可を得て転載.

きうる. 彼らの影響評価に失敗することは, 人為による二酸化炭素放出を相殺する森林の能力を過大評価することにつながりかねない.

哺乳草食動物の分布拡大とそれに伴う密度過剰もまた多く観察されている. 特に森林や草地, ツンドラにおけるさまざまなシカ類の例が顕著である (Côte et al. 2004). 例えば, ニホンジカ (*Cervus nippon*) は過去 20 年間で 70% 近く分布を拡大させた (Takatsuki 2009). シカ類の分布拡大における, 地球規模で変化するさまざまな要素の相対的な重要性はほとんど分かっていないが, 気候

変動はカナダのラブラドル半島において降雪パターンや食料（とりわけ地衣類），局所スケールの気温，火災レジーム，吸血性昆虫の数に影響し（Sharma et al. 2009），カリブー（*Rangifer tarandus*）の分布拡大や群れの縮小を引き起こしていると予想されている．森林域とツンドラの両方でのシカ類の分布拡大は植生構成の大きな変化を引き起こしうる（Côte et al. 2004; Takatsuki 2009）．これは第3章で述べたように炭素貯留を含めた生態系プロセスへの重大な波及効果をもつ．シカ類の分布拡大とそれに続く集団の拡大による新しい土地への定着が生態系プロセスに与える影響はあまり研究されていないが，これらの効果はこの章で述べたように，よく観察されているようなシカの侵入や密度過剰の結果と基本的に類似していることが予想される（Wardle and Bardgett 2004）．

単に温暖化だけでなく，土地利用や他の環境変化に関係して起こる種の分布変化に関与しているさまざまな生態的特性やメカニズムについては研究が進められている最中である（Hickling et al. 2006）．さらに，上記のように種の分布変化が広範な分類群，地域で起こっているという証拠が蓄積されているにも関わらず，群集や生態系の特性への分布変化の影響についてはわずかしか分かっていない．さらにいくつかのケースにおいてはこういった分布変化は地上と地下のサブシステムの構成や機能の両方，究極的には気候－炭素循環フィードバックに重大な結果をもたらしうるという認識が高まっている．しかしこれまで強調してきたように，こういった影響の範囲は，分布を変化させた種の特性や，侵入した場所の環境条件や生育地の不均質性（第2章，第3章で述べたように，これらはまた気候変動によっても影響を受ける）などさまざまな要因によって大きく異なるだろう．従って，これからの大きな課題は，気候変動が分布変化や地上・地下の群集への直接的・間接的効果を通じて陸圏生態系に影響を与えるメカニズムを理解することである．

5.5 結論

第2章から第4章では，植物・土壌生物・植食者・捕食者などの群集組成やそれらの相互作用によって陸圏生態系の機能がどのように駆動されていくのかを示した．しかし，本章で強調してきたように，群集内の種の組成は一定しているものではなく，時間の経過に伴い増加し，また減少もする．こういった種の消失・増加は自然に起こる一方で，人間活動によって数桁の割合で促進され

る．結果として群集は同時にいくつかの種を失い，また別の種が加入し，群集の構造的・機能的特性が変化する．この章では，幅広い分類群や生態系からいくつかの例を取り上げ，種の消失と加入が地上・地下の生物相やそのつながり，結果としての生態系機能にどう影響を与えるのかを示した．

　実際の生態系において種の消失が生態系プロセスにどう影響するのかを明らかにしようとした多くの研究では，種数を実験的に変化させ，かつそれぞれの種数レベルでの種構成はランダムに決められるという実験設定を用いている．過去10年間，このアプローチに膨大な研究努力が払われてきたにも関わらず，人為によって引き起こされた生物的・非生物的要素を介した生物多様性消失の影響の理解はいまだ乏しいままである．さらに本章で強調したように，生態系プロセスにおける強力かつ一貫した種多様性の影響の証拠は，特に地下を考慮すると限られている．それに引き換え，生物多様性が生態系プロセスに与える影響は，その環境の背景によって大きく異なるという多様性の状況依存的な影響に関する証拠が多くなってきている（e.g. Fridley 2002; Hättenschwiler and Gasser 2005; Jonsson and Wardle 2008）．さらに近年では，種数操作実験は実際の生態系において種の消失が生態系プロセスに与える影響を現実に即して示すものではないという認識が高まっている．なぜなら，実際の群集においては種はランダムに消失するものではないからである（Wardle 1999; Leps 2004; Ridder 2008）．従って本章で私たちは，地上・地下における生物多様性消失の結果をよりよく知るためには，実際の生態系において行う実験が必要であることを主張した．そしてそれは，人為によって生物的・非生物的に起こる変化によって引き起こされる種や機能群の消失を示すために，種を実際の生態系から実験的に取り除く「除去実験」によって最もよく達成される（Díaz et al. 2003; Wardle and Zackrisson 2005; Suding et al. 2008; Ward et al. 2009）．私たちはこのアプローチの有用性を，植物・土壌微生物・地上の消費者の実験的除去がどのように地上・地下の主要な生態系プロセスに影響を与えるのかという例を示すことで強調した．実際の種消失が生態系へ与える影響の調査と組み合わせることで（e.g. Zimov et al. 1995; Ripple and Beschta 2006），これらの研究は生態系プロセスが主に消失した種と残存した種の形質の違いによって影響を受けることを示した．

　侵入種の加入が地上と地下のつながりや生態系プロセスにどう影響するのかについての理解が最近の研究で重要な進歩をみせている．特に，在来種と侵入

種の共存を比較した研究においては，両者の機能的に重要な特性の違い（Baruch and Goldstein 1999; Leishman et al. 2007），分解や無機化プロセスへの影響（Ehrenfeld 2003），土壌生物相を含むフィードバック作用（Klironomos 2002）などが示されている．近年の研究では，侵入植物は新しい環境においてこれまでとは異なる土壌生物相や他の植物種との相互作用にさらされており（Reinhart et al. 2003; Wolfe and Klironomos 2005），これは彼らの侵入者としての成功にもつながることが強調されている．地上と地下のつながりにおける侵入者の効果を調べる大部分の研究では侵入植物に焦点を当てている一方で，本章で私たちは，侵入消費者が在来動物相のもっていなかった機能的能力を持っている場合に，生態系を変化させうるという新しいいくつかの例を示した．注目すべき例は，ビーバー・シカ・マイマイガといった侵入植食者やクマネズミ・キツネ・アリといった侵入捕食者，ミミズや扁形動物などの侵入土壌動物などである．さらに，気候変動がフェノロジーや相互作用の強さを変えるだけでなく，多くの種で高標高・高緯度への分布拡大を引き起こすことで，種の加入や消失の重要な駆動力となっていることを示した．地上と地下の観点から分布拡大種を扱っている研究例はわずかだが，近年の研究では，こういった種は生態系の特性や炭素循環フィードバックに対し重要な影響力をもっており（e.g. Knapp et al. 2008; Kurz et al. 2008），在来の競争相手と異なる相互作用を示すだろうとされている（Engelkes et al. 2008）．

種の消失と加入が生態系にどのように影響するかを知ろうとする努力が払われているものの，種消失が生態系プロセスに与える影響についての理解は限られている．それは主に，実際の生態系におけるノンランダムな種消失の影響や，その影響が異なる環境的背景によってどう変化するのかを考慮した研究が少ないからである．最も生産的な方法は，機能的に重要な特性をもつ種の消失がどのように他の生物や生態系プロセスに直接的に影響するのか，また，種を絶滅させやすい特性は同時に生態系プロセスを駆動させやすいのか，といったことを直接的に調査する実験的・理論的アプローチの普及を進めることである．侵入生物に関して私たちは，新しい植物種の侵入が地上と地下のプロセスに与える影響について合理的に理解しているが，関連するメカニズムや，そのメカニズムが侵入種の拡大にどう寄与しているのかについては多くが未知のままである．メカニズムに関する興味深い理論（新奇防衛仮説，天敵解放仮説など）が提唱されているものの，これらの生態的な重要性についてはまだよく分かって

いない．侵入植物が，単に個体あたりの効果だけでなく，彼らの生育域や優占度を増加させることでどのように生態的効果を働かせるのかについてもあまり調査されていない．これらの情報は生物の侵入が生態系に引き起こす結果を予測するのに重要である．地上と地下の両方における侵入動物の影響が多くの研究で認知されている一方，私たちは侵入動物が生態系にどのように影響するかを理解するための強力な予測や概念的フレームワークを開発するための事例収集から抜け切れていない．私たちは気候変動（地球温暖化など）の結果起こった分布拡大種の新しい生育地での生態的効果について理解し始めたばかりであり，環境の生物的・非生物的特徴や種の形質・相互作用によって，分布拡大やそれに伴う生態的な結果がどのように引き起こされるのかを知ることは大きなチャレンジである．

第6章

展　　望

6.1　はじめに

　本書では，地上と地下の生物群集間の相互作用が生物群集の動態や生態系機能に重要な役割を果たしていることを紹介してきた．この分野の研究の歴史は古いが，特にこの20年間の進展はめざましく，いくつもの概念的な進展があったことはこれまで紹介してきた通りである．そのなかで，地上と地下のサブシステムはそれぞれ個別には機能せず，密接な相互依存的な関係にあることが明らかになってきた．地上と地下のサブシステム間のフィードバックは，植物が分解者と間接的に相互作用したり，根圏の生物（例えば病原性物，根食者，菌根菌など）と直接的に相互作用したりすることで起こっており，これらの相互作用はまた，植食者や微生物食者などとの捕食-被食関係によって制御されている（図2.1）．地上のプロセスを理解するためには地下で起こっていることを知らなければならず，その逆もまたしかりと考えた生態学者はこれまでにもいたが（e.g. Müller 1884; Handley 1954; Vitousek and Walker 1989），ここ数年でこの現象は普遍的であることが認識されるようになった．こうした認識はさらなる研究を促し，植物と土壌の相互作用やフィードバックとそれが駆動する生態系機能に関する理解が進んできている．本書ではそれらの研究から今日までに分かっていることをまとめた．

　本書では，地上と地下のフィードバックを扱ううえで鍵となる四つの要素に注目した．土壌中の生物間相互作用（第2章），植物群集の影響（第3章），地上の消費者の役割（第4章），そして種の増加および消失の影響（第5章）である．本書ではこれらのトピックを個別に紹介してきたが，横断的なテーマもたくさんあり，この章ではそうした内容を紹介する．これらのテーマは，空間

的・時間的スケールの異なる三つのカテゴリーに分けられる．一つ目は，局所的なスケール（生物個体スケール）で起こる生物間相互作用やフィードバックとそれが生態系プロセスに果たす役割である．二つ目は，より大きな空間的・時間的スケールで起こる，地上と地下のプロセスの生態系間での違いを対象としたものである．三つ目は，気候変動など人間活動に起因する地球規模の環境変動との関係である．本章では，これら横断的なテーマを紹介することで，近年特に進展している分野やこれからの研究の方向性に光を当てたい．

6.2 生物間相互作用およびフィードバックと生態系プロセス

6.2.1 地上と地下の相互作用とフィードバック

　植物種は土壌の生物群集に影響を与え，逆に土壌の生物群集は植物群集に影響を与える．古くから知られている通り，こうした植物と土壌生物群集の間のフィードバックが存在することは疑いようがない．本書の主な目的は，植物と土壌の間に起こる正や負の相互作用に光を当て，これらのフィードバック関係についての理解を深めることである．図2.1に示した通り，土壌には多様な生物が生息しており，それぞれが植物と間接的（分解者）あるいは直接的（根の病原性物や根食者，菌根菌など）に関係していることは，本書を通じて強調してきた．最近の研究の多くはフィードバック実験によるもので（第3章），これにより植物と土壌生物間のフィードバック関係の方向性や強さを評価している．第2章や第3章，第5章で紹介した通り，フィードバック実験によって多くのことが明らかになってきた．例えば，植物種の置き換わり（Packer and Clay 2000）や遷移（Kardol et al. 2006），植物の移入（Klironomos 2002; Reinhart et al. 2003），地球規模の環境変動下での植物の分布拡大（Engelkes et al. 2008）などである．これらの研究から，植物と土壌生物相との間のフィードバックの強さや方向性が，性質の異なる植物種間で大きく異なることや，土壌生物群集が植物群集の動態や多種共存に強い影響を与えていることが明らかになってきた．

　植物−土壌フィードバックの研究では負のフィードバックが検出されることが多いが（Kulmatiski et al. 2008），第3章で述べたようにこれは方法論の問題だと考えられる．また，多くの研究が遷移後期の木本ではなく遷移初期の草本を対象としていることも，土壌生物との負の関係が検出されやすい原因だと思

われる．第2章や第3章で述べたように，菌根菌は植物群集と正の関係を築くことが多く，1種からせいぜい数種のごく限られた外生菌根性の樹種からなる森林で特に正のフィードバックが起こりやすい．さらに，植物が自身のリターを分解して無機化するのに特殊化した分解者群集の発達を促すのであれば (Vivanco and Austin 2008)，これも植物と分解者生物との間に普遍的に存在する正のフィードバックだろう．土壌中の多様な生物群集（最近の土壌フィードバック研究の方法論では扱いにくいものも含む）と植物種との間のフィードバック関係や，それが植物群集の動態や最終的には生態系プロセスにどう影響するのかといった問題は，この分野のこれからの主要な研究テーマになるだろう．

　植物やそれと直接的に関係する微生物は，ともに動物による摂食を受ける．こうした動物による摂食は地上と地下の関係の重要な駆動要因であり，土壌動物群集の構造が植物や地上の植食者に与える間接的な影響（第2章）や地上の植食者が地下のプロセスに与える間接的な影響（第4章）が知られている．また，植食者の減少や移入，分布域拡大が地下に与える影響に関する研究例も増えている（第5章）．さらに，地上や地下への植食者の影響を定量するだけでなく，そのメカニズムや (e.g. Mikola et al. 2009; Sørensen et al. 2009)，植物成長へのフィードバック (Hamilton and Frank 2001; Hamilton et al. 2008) に関する研究も出てきている．しかし，こうした研究はまだ始まったばかりであり，植食者がもたらす効果のさまざまなメカニズムやフィードバックの相対的な重要性について，多くの生態系でさらなる研究が必要である．また，地上および地下における，より上位の消費者（植食者や微生物食者に対する捕食者）による栄養カスケードが，地上から地下へ，地下から地上へといった間接効果をもたらす例も知られている．例えば，島嶼に侵入したネズミ (Fukami et al. 2006)，キツネ (Maron et al. 2006)，アリ (O'Dowd et al. 2003) といった地上の捕食者が植物群集，土壌の肥沃度や植物成長へのフィードバックにおよぼしたカスケード効果が報告されている（第5章）．しかし，上位捕食者の移入や消失が生態系機能に与える影響に関する研究はまだ少なく（第2章，第4章，および第5章参照），最近の報告例が特殊なケースなのか，普遍的な現象なのかはまだ不明である．地上と地下における栄養関係が陸上生態系の機能に与える影響を理解するためには，さらなる研究が必要である．

　地上と地下の相互作用とフィードバックを理解するうえで重要になるのは，植物群集の構造が土壌の生物群集をどのくらい規定しているのか，また逆はど

うか，ということである．この10年間に，地上と地下の群集がどのくらい関係しているか（第2章，第3章），そしてそれらの多様性がどのくらい同調しているかについていくつか先駆的な研究が行われてきた（Wardle 2006にレビュー）．しかし，土壌の生物群集を高い解像度で定量することの難しさが，この分野の進展を阻んでいる．土壌生物の多くのグループでは，分類が確立していないために群集構造を特徴づけるのが難しい．微生物や小型土壌動物のおよそ90％は未記載だと思われるうえ，中型土壌動物より小さいサイズの生物を正確に同定できる分類学者の数は減少してきている．これが，これまで多くの生態学者や土壌学者が土壌の生物群集を「ブラックボックス」として扱ってきた大きな理由である．これからの一つの方向性としては，分子的な手法によってこれまでとは異なる方法で土壌生物群集を記載していくことが挙げられる．伝統的なPCR法に基づいた手法（例えば，変性剤濃度勾配ゲル電気泳動法（DGGE）や末端標識制限酵素断片多型分析法（TRFLP））は，土壌中に存在する生物のリストを作ることはできるが優占度を評価することは難しく，環境条件に対して微生物群集がどう応答しているかといった生態学的な疑問に答えることができない（Ramsey et al. 2006）．しかし，454 pyrosequencing法に基づいた新しい技術（Goldberg et al. 2006; Hudson 2008）は，環境要因に対する微生物群集の応答をこれまでよりもはるかに高い解像度で記述できる可能性を秘めている．この手法はすでに土壌菌（Buée et al. 2009）や樹木の葉面菌（Jumpponen and Jones 2009），根圏や土壌中の細菌の多様性（Uroz et al. 2010）の研究に使われ，それらが想像以上に多様であることを明らかにしている．この手法から得られる大量のデータによって，これまでよりもはるかに詳細に微生物群集を記載することができるので，植物と土壌生物群集の結びつきに関する理解が飛躍的に高まると期待される．

6.2.2 生態系の駆動要因としての生物の形質

植物生態学の分野では，生活戦略の異なる植物種間で形質の違いが議論されてきた（Grime 1977, 1979）．第3章で紹介した通り，現在では資源の素早い獲得に特化した種から，資源を節約的に使う種まで，進化的な特殊化が起こっていることが知られている（Grime et al. 1997; Díaz et al. 2004）．本書では，こうした形質の種間差が生態系に大きな影響を与える点に注目してきた．植物の形質は葉やリターの質，根，シュート，幹といったさまざまな植物遺体の分解速

度に影響し（第3章），また植食者による葉の摂食（第4章）や，最終的には地上と地下のサブシステム間の養分循環やフィードバックに影響する（第3章，第4章）．すなわち，優占する植物種が生態系機能に影響するうえで，植物の形質は鍵となる因子だといえる．また，第5章で議論した通り，移入した植物は在来の植物とは異なる機能形質を備えている場合があり，生態系レベルの重大な影響をもたらす可能性がある．植物種の消失も同様な影響をもたらす可能性があるが，第5章で述べた通り，その影響についてはよく分かっていない．関連して近年明らかになったことは，重要な機能形質に地球全体でみられるのと同じくらいの大きな種間差（Richardson et al. 2008）が局所的にもみられることである（Hättenschwiler et al. 2008）．すなわち，リター分解速度はバイオーム間の大気候の違いよりも種間の形質の違いによって大きな影響を受けており，局所的にも大きく異なると考えられる（Cornwell et al. 2008）．また，植物種による形質の違いは，その群集の生態系機能に決定的な影響を与え（e.g. Vile et al. 2006; Fortunel et al. 2009），人間活動が生態系や生態系サービスにどういった影響を与えるかを左右する（e.g. Díaz et al. 2007; De Deyn et al. 2008）．

　植物の形質が生態系におよぼす影響については多くの関心が寄せられているが，まだよく分かっていないことや，注目され始めたばかりの事柄もある．ここでは，第3章で取り上げた注目すべき三つの問題に焦点を当てる．一つ目は，多くの研究が葉の形質のみに注目しており，根や茎，（そして森林では）材といったNPPのなかで大きな割合を占める他の植物組織が地上や地下の生態系プロセスにどういった影響を与えるかはよく分かっていない点である（しかしWeedon et al. 2009; Cornwell et al. 2009など研究例はある）．二つ目は，多くの研究が高等植物に注目している点である．世界中の多くの生態系ではコケやシダもまた重要な役割を担っており，寒帯林やツンドラではNPPのうち大きな割合をコケが占めている．しかし，コケやシダの形質が生態系に与える影響としては，リター分解に関する研究がいくつか行われているだけである（例えば森林性のシダに関してはWardle et al. 2002; Amatangelo and Vitousek 2008，亜北極のコケに関してはDorrepaal et al. 2005; Lang et al. 2009）．三つ目は，植物の形質に関する研究の多くが種や機能群レベルでの解像度にとどまっている点である．第3章で紹介した通り，植物種によっては葉やリターの質が種内で大きく異なるが，機能的に重要な他の形質にも同様に，種間差と同レベルの種内変異があるのかといったことはよく分かっていない．遺伝子型の異なる個体間

でリターの分解速度や葉の被食量が大きく異なることは知られており（e.g. Classen et al. 2007; Silfver et sl. 2007），極端に環境が異なるような条件下では，生態学的に十分意味をもつような種内変異がみられる可能性は十分にある．しかし，こうした研究はまだほとんど行われていない．

　植物の形質が地上や地下の消費者の群集構造や生態系に影響するメカニズムもまた，未解明の大きなテーマである．大きく分ければ，土壌食物網における細菌系と菌系のエネルギー経路とでは養分循環に与える影響が大きく異なることが知られており（第 2 章），関連する植物の形質もこれら二つの経路に影響する（第 4 章；図 4.3）．また，動物の体サイズは生態系間で大きく異なり（Mulder and Elser 2009），土壌のプロセスに影響をおよぼす（第 2 章）が，そこに優占する植物の形質からどういった影響を受けるのかは分かっていない．より細かい視点でみると，共存している菌類も代謝機能は種間で大きく異なる．また，線虫やダニといった主要な土壌動物も，口器の形態や摂食に関わる重要な機能形質は種間で大きく異なる．これら土壌生物の形質が地下の生態系に重要な影響を与えていることは間違いないが，植物の形質がどのように地下の生物群集の構造や土壌生物の形質の分布に影響しているかについてはほとんど分かっていない．しかし，地上と地下の生物群集のつながりが生態系機能にどう影響しているかを理解するうえでこの情報は欠かせない．第 4 章で述べたように，植物群集と植食者の関係性には植物の形質が重要だということが分かってきているが（Díaz et al. 2006），植物の形質がどのように植食者群集や植食者の形質の分布に影響しているかについてはほとんど分かっていない．まとめると，地上や地下の消費者の形質は，より上位の栄養段階の生物や生態系プロセスに重要な影響を与えるが，植物の形質がこれら消費者の形質にどう影響するかについてはまだよく分かっていない．

　形質に基づいた研究手法は，多種からなる生物群集における生態系プロセスを理解するうえで有用である．第 3 章で紹介した通り，最近の研究では群集レベルで植物の生産性（Vile et al. 2006）や分解速度（Quested et al. 2007; Fortunel et al. 2009）を推定するうえで「種の優占度で重み付けした形質」（群集内の各々の種の形質の測定値を，その種の優占度で重み付けしたもの）が使われている．しかし，第 3 章で議論したように，群集内での優占度に不釣り合いな影響力をもつ種がいる場合には，この方法は使えない．現在までのところ，この問題はあまり注目されていないが，植物（Hooper et al. 2005）や分解者の

無脊椎動物 (Heemsbergen et al. 2004), 質の異なるリター (Wardle et al. 1997a; Quested et al. 2005) などで, 形質の違いが生態系レベルのプロセスに与える影響の定量化が試みられている. こうしたアプローチは種の増加（移入による）や減少（絶滅による）が生態系に与える影響を理解するうえで重要になる. 特に, 種の増加や減少によって群集の形質が変化する場合にはこの影響が大きくなると予想される. しかし第5章で紹介した通り, 実際の群集における種の減少が生態系機能にどういった影響を与えるかについては, まだよく分かっていない. これは, 多くの研究が種をランダムに組み合わされて多様性を人工的に操作した群集を用いた実験に基づいているためである (Wardle and Jonsson 2010). 実際の生態系における多様性の喪失が生態系機能に与える影響を理解するためには, どの機能形質が生態系に影響しており, どういった形質により絶滅しやすくなっているのかといったことを知る必要があることは, 第5章で述べた.

6.3 時空間的な変化をもたらす要因

6.3.1 時間に伴う変化をもたらす要因

地上と地下の関係は, 日変化や季節変化, さらには数百年, 数百万年といった変化まで幅広い時間スケールで動いている. 最も短い時間スケールでの変化（日変化や年変化）は, 資源の可給性の時間変化に起因することが多い (Bardgett et al. 2005). 例えば, 第2章で山岳生態系の例で紹介したように, 土壌微生物群集の季節変化は植物の養分可給性の時間変化に影響し, 微生物と植物の間で季節に応じた養分の使い分けを実現している. また, 4章で紹介した通り, 葉食者は根滲出物のパルス的な放出を促す. これにより根圏における土壌微生物の活性や養分無機化が促進され, 最終的に植物の成長が改善される. 他の多くの研究例からも, 植物や動物から供給されるさまざまな資源パルス（植物では季節的な落葉, 嵐による倒木, 種子の大量落下（第3章）, 花粉など；動物では排泄物や死体（第4章））が地上・地下に与える影響が報告されている. 第4章で紹介した重要な例としては, 17年周期で羽化するセミの成虫の影響が挙げられる. 大量のセミの成虫の死体は養分パルスとなり, 地上・地下に広範な影響をおよぼす (Yang 2004). こういった生態系における資源パルスの例は増えてきているが (Yang et al. 2008), 地上と地下のつながりの時

間変化の要因，特に年変化の要因についてはよく分かっていない．生態系のNPPが大気候の変化に応じて大きく年変動することは知られており，この変動の大きさは植生タイプなどの要因に左右されることは分かっている（Knapp and Smith 2001）が，これが地下サブシステムの年変動や地上へのフィードバックにどう影響するかはよく分かっていない．第4章で紹介したように，草食動物が植物や養分循環に与える影響の大きさには降雨量の年変動が影響しており（e.g. Augustine and McNaughton 2006），気候の年変化は地上と地下の関係に影響をおよぼすことが予想される．

より長い時間スケール（数十年から数百年）では，地上と地下の変化は植生遷移のように予測可能な方向へ進むと考えられてきた（第3章）．遷移の過程で地上と地下がどのように相互作用しながらともに変化するのか，そのメカニズムについてはよく分かっていないが，草地生態系において行われた最近の実験によれば，遷移初期には土壌生物による負のフィードバックが種の置き換わりを促進することが報告されている（e.g. De Deyn et al. 2003; Kardol et al. 2006）．また，植物−土壌フィードバックは，植物が新しい場所に侵入したときにどの程度優占できるのかを理解するうえでも重要であることが最近の実験から明らかになってきている（第5章）（Van der Putten et al. 2007）．一方で，菌根菌や分解者など，植物−土壌フィードバック実験では活躍しにくいタイプの土壌生物も植物群集の遷移に影響していると考えられるが，検証例は少ない（第3章）．特に，分解系の生物が養分の可給性を介して植生の遷移に与えるフィードバックについてはほとんど研究されていない（Berendse 1998; Bowman et al. 2004; Meier et al. 2008）．

植食者による葉の摂食が遷移に影響することは広く知られているが，遷移を促進するか停滞させるかは状況に依存する．第4章で紹介した通り，植食者による摂食は植生を変化させ，植物から土壌に供給される資源の量や質，さらには土壌の養分可給性にも影響しうる．ただ，最近の研究では，過剰な摂食が生態系を「代替安定状態（alternative stable states）」へと急激に変化させてしまい，土壌の崩壊と植生の不可逆的な消滅をもたらす可能性も示されている（第4章）（Rietkerk et al. 1997; Rietkerk and van de Koppel 1997）．その結果，植食者による影響の程度に応じてさまざまな植生のパッチがモザイク状に分布することになる．第5章で紹介した通り，代替安定状態への急速な変化は，機能的に重要な植食者が新しい生態系に移入した場合（例えば南アメリカへのビーバ

ーの侵入による森林の崩壊；図5.16）や，生態系から消失した場合（例えば更新世の北極における大型草食動物の絶滅；Zimov et al. 1995）にも起こる．こうした急激な変化についても地上での研究例が多いが，植物から供給される物質の変化や土壌の攪乱などを通じて地下にも影響することが予想される．

　地上と地下の生物群集の関係性は，千年以上の長期的な時間スケールでもみることができる．第3章で紹介した通り，長期にわたり壊滅的な攪乱が起こらないと，養分（特にリン）の長期的な枯渇が起こることにより植生遷移は衰退期に入り，植物の生産性やバイオマス，リターの質，土壌微生物量，さらには分解や養分無機化の速度が減少する（Vitousek 2004; Wardle et al. 2004b）．衰退期まで到達するには地質的な時間スケールが必要で（例えばハワイでは4百万年程度；Vitousek 2004），土壌形成の過程で起こる母材や土壌の変化を伴う．生態系の衰退に関する研究からは，局所的な空間スケールにおける養分可給性の変化がいかに生物群集や生態系プロセスに影響するかが分かる．しかし，これまでに生態系の衰退が研究された場所はわずかであり，熱帯など養分の欠乏した古い土壌でもこうした生態系の衰退と同様な現象が起こるかは不明である．最後になるが，地質的，あるいは進化的な時間スケールより長いスケールでの生態系の変化と地上−地下関係について行われた研究はほとんどない．唯一，Berendse and Scheffer (2009) が最近行った報告によれば，裸子植物に対する被子植物の優占度が増してきた白亜紀には，被子植物の質の高いリターが増えることによって土壌中の養分可給性が増した可能性が示唆されている．これは被子植物に正のフィードバックをもたらし，被子植物の優占度をさらに増加させたと考えられる．

6.3.2　空間的な変異をもたらす要因

　陸上生態系における地上と地下の特性の変異は，さまざまな空間スケールで起こり，入れ子状構造を示す（Ettema and Wardle 2002）（図3.4）．要因には外的なものと内的なものがあり，数ミリ四方から数ヘクタールまでさまざまなスケールでの空間的パターンを形成している（Ettema and Wardle 2002）．例えば大きな空間スケールでは，地形が重要な影響をおよぼす．地形は土壌中の養分や水分の分布や土壌の構造に影響を与え，植物や土壌生物，地上の植食者の分布などに影響を与える．このなかに入れ子状に含まれる局所スケールでは，植生のパッチや大型草食動物の活動などによって，地上と地下の空間的な変異が

生じている．さらに微細な空間スケールでは，微地形や土壌団粒構造の変異，リターや土壌有機物の堆積量などにより，微生物や線虫，原生動物，小型節足動物といった小さな土壌生物の分布が決定されており，それにより分解や無機化の過程が影響を受けている．植物や土壌生物，植食者が地上－地下関係の空間的な変異にどう影響し，それにより生物群集や生態系プロセスにどういったフィードバックがあるのかについては，本書で繰り返し述べてきた．

　第3章に概説したように，同所的に分布する植物でも地下の生物群集やその活動に影響を与える重要な形質は種間で大きく異なる．他種（あるいは遺伝子型が異なる同種）の個体同士の分布が離れており，植物由来の物質の水平移動が少なければ，各植物個体は直下の土壌に強い影響を与えうる．もし植物間で地下への影響（例えばリターの質や根圏での影響力）が大きく異なれば，土壌生物や分解過程，土壌の養分可給性などに空間的な不均一性を生じる．極端な場合には，第3章で紹介したような「肥沃な島」や「ツリーアイランド」が形成される．植物個体が地下の空間的変異に与えるこうした影響がどのように地上にフィードバックするかという点は未解明だが，おそらく正にも負にもなりうるだろう．負のフィードバックの例としては，Packer and Clay (2000) がブラックチェリー（*Prunus serotina*）で明らかにしたような，植物個体の周囲に病原生物が蓄積することによる負のフィードバックが挙げられる．このフィードバックが地下サブシステムの空間的な変異にどう影響するかは，その植物が地下のパッチにどのような影響を与えるかに依存する．正のフィードバックの例としては，群集内の全ての植物が自身のパッチの地下の養分可給性を調節している可能性が挙げられる．これにより植生の不均一性が維持され，植物の種多様性が維持される．こうしたメカニズムは理論的には支持されているが(e.g. Huston and De Angelis 1994)，直接的な実証例は少ない．しかし，植物が自分のリターを効率よく分解（そしておそらく無機化）する分解者群集を発達させているという可能性（Vivanco and Austin 2008）がこのアイデアの根拠の一つとなっている．地上－地下のフィードバックが植物の分布にどう影響しているか，そのメカニズムが明らかになれば，植物群集を形作る要因や，第5章で述べたような植物の移入や分布域拡大の際の生態系への影響に関する理解が深まるだろう．

　消費者は，資源を空間的に再分配することで地上と地下の空間的変異に重要な影響を与えている．第2章でいくつか例を示したように，地下の無脊椎動物

は，体サイズに応じたさまざまな空間スケールで空間的不均一性を生み出している．腐植食の小型節足動物は，糞（微生物活動による無機化が活発）を排泄することで微細な空間スケールでの不均一性を創出している．より大きなスケールでは，草地生態系においてミミズが土盛りや糞隗を形成することで微生物や小型の土壌生物に影響し，それにより植物の群集構造が変化する例が知られている．シロアリやアリのような社会性の土壌動物も，巣に資源を集積させる．巣の周囲には特定の種の植物が定着し，ランドスケープレベルでの植生の不均一性や遷移に影響を与える．また第4章で議論したように，地上の動物，特に草食動物も，糞尿や（e.g. Schütz et al. 2006; Jewell et al. 2007）死体として（e.g. Bump et al. 2009a, c; Parmenter and MacMahon 2009）パッチ状の資源を提供し，地下や植生の不均一性に大きく貢献している．さらに重要なことは，草食動物は植生を代替安定状態に移行させることで植生のモザイクを作り出し，景観の不均一性を高めることである（Rietkerk et al. 1997; Rietkerk and van de Koppel 1997）．しかし，この問題に関する研究の多くは地上に注目しており，地下の生物や地下のプロセスへの影響はほとんど研究されていない．一方で，消費者はある生態系で食べたものを別の生態系で排泄する（例えば水圏から陸圏へ）ことで，ランドスケープレベルでの物質の分散にも貢献している．すなわち，第5章で紹介したように，こうした物質の移動を担う動物が生態系から絶滅したり新たに移入したりすると問題が生じうる．例えば，海から陸上への物質の移動を担っていた海鳥を補食する生物が移入すると，海から陸への物質の移動が制限されることにより地上と地下の生態系機能に大きな変化が起こる（e.g. Fukami et al. 2006; Maron et al. 2006）．

6.3.3 生態系間での違い

　本書では生態系間の比較をよく行ってきた．生態系は土壌の肥沃度（母材や土壌生物により異なる）や大気候に応じて大きく異なるが，局所的には肥沃度が注目されることが多い．すなわち，肥沃な生態系と貧栄養な生態系では生物相に大きな違いがある（図4.3）．第3章で議論した通り，肥沃な生態系では素早い資源獲得に特化した植物が優占し，質の高いリターが生産される．また，第2章で紹介した通り，肥沃な生態系では養分節約型の菌系の食物網よりも，素早い養分循環を促進する細菌系の食物網が発達する．そして第4章で述べたように，植物の生産量に占める植食者による摂食量の割合は，貧栄養な生態系

よりも肥沃な生態系で大きく，植生遷移を遅らせる傾向にある．すなわち，貧栄養な生態系では植物や分解者，植食者の相互作用が，限られた養分を保持して節約的に利用する方向に働くのに対し，肥沃な生態系では養分を速やかに獲得して代謝する方向に働く．これら三つのグループの生物間の相互作用が，さまざまなメカニズムで地上や地下の生態系プロセスに正や負のフィードバックを与えることは，本書のなかで数多くの例を用いて紹介した通りである．しかし，こうしたフィードバックメカニズムが肥沃な生態系と貧栄養な生態系の間でどう異なるのか，またそれにより土壌の肥沃度は増加するのか，あるいは減少するのかといった問題はまだ未解決である．

　生態系間の差異をもたらす一つの要因として，ある生物が群集や生態系に与える影響が「状況依存」であることが挙げられる．生物が生態系に与える影響については数多くの研究がなされてきたが，近年注目されているのは，こうした影響が環境条件によってどう変化するかという点である．第2章で紹介した通り，土壌動物は住み場所によって微生物や分解過程に与える影響が大きく異なる．例えば，クモが分解に与える影響はその場所の水分条件によって異なる（Lensing and Wise 2006）．また，捕食性ダニが土壌微生物に与える間接効果は土壌の肥沃度によって異なる（Lenoir et al. 2007）．同様に，葉食者がさまざまなメカニズムで地下の生物相やプロセスに正や負の間接的な影響を与えることは第4章で紹介した通りだが，これも状況に応じて異なるメカニズムによって駆動している．例えば土壌の肥沃度や地形といった環境勾配に沿って，植食者の影響は正にも負にもなりうる．植物-土壌フィードバックもまた状況依存である．第5章で述べたように，移入植物と土壌生物のフィードバック関係は，その植物の自生地と移入先の新しい土地では，強さも方向性も大きく異なる．状況依存的な効果は，生物多様性の変化が生態系機能に与える影響においてもみられる．第5章で議論したように，植物や植食者の群集の多様性が地上や地下のプロセスに与える影響は，生態系間の環境条件の違いにより左右される．地上と地下の関係を生態学的に研究するうえで，どの種が生物群集や生態系に影響するかということだけでなく，環境条件の異なる生態系間でこうした影響がどう変化するかということも，重要なテーマである．

　生態系間の違いを特徴づけるもう一つの要素として，主要な栄養素の構成比が挙げられる（Elser et al. 2000）．第3章で紹介した通り，植物や微生物，動物，そして土壌有機物といった生態系の各要素の窒素：リン比は，お互いに密接に

関係するとともに生態系間で大きく異なる．例えば，衰退期にある生態系では，他の生態系にくらべ窒素に対するリンの可給性が顕著に低い．こうしたリン制限により，衰退期にある生態系の生物の窒素：リン比は著しく高くなり，植物の生産性やリター分解速度，土壌からの養分供給速度は低下する（Wardle et al. 2004b）．さらなる変化は，細菌系から菌系へのエネルギー経路の変化と，土壌節足動物の個体数の減少である．オランダの農地における土壌食物網でも，窒素：リン比の違いが群集レベルの影響をもたらしていることが示されている（Mulder and Elser 2009; Reuman et al. 2009）．すなわち，土壌の窒素：リン比が増加すると土壌動物の個体数や体サイズが影響を受け，小型の土壌動物が優占する細菌系のエネルギー経路から，大型の土壌動物が優占する菌系のエネルギー経路へと変化する．第2章から明らかなように，生態系間のこうした違いは土壌養分循環や地上へのフィードバックにも重要な影響をおよぼす．しかし，生態系間の窒素：リン比の違いが群集や生態系プロセスにどう影響しているかについての研究はいまだ少なく，窒素：リン比が分解者や植物，および植食者の相互作用にどう影響しているかはよく分かっていない．

6.3.4 世界規模での比較

前章までで明らかなように，地上と地下の生物相やそれらが駆動するプロセスはバイオーム間で大きく異なるため，世界規模で比較する必要がある．土壌生物の主要なグループについては，これまでにも定性的（e.g. Swift et al. 1979），定量的（e.g. Wardle 1992; Fierer et al. 2009）な比較が世界規模でなされてきており，気候帯間で土壌生物の重要な機能群が異なることが知られている．例えば低緯度地域のミミズは，高緯度地域の種にくらべ難分解性の基質を分解できる酵素を生産する能力が高い（Lavelle et al. 1995）．このように土壌動物の主要なグループが世界規模で異なることは分かってきているが，土壌動物のグループが異なると機能がどう異なるのかを広域で検証した例は少なく，それが地上と地下の相互作用や生態系プロセスにどういった影響を与えているのかはよく分かっていない．しかし近年，リター分解における土壌動物の役割を生態系間で広域的に比較しようとする操作実験も行われてきている（e.g. Gonzalez and Seastedt 2001; Wall et al. 2008; Powers et al. 2009）．具体的には，土壌動物の有無を操作したリターバッグ実験であり，その結果から土壌動物と大気候（気温や降水）の相互作用が分解速度に与える影響が検証されている．

マクロ生態学の分野では，地球規模でみられるパターンを説明するうえで土壌の性質や肥沃度が注目されることはほとんどなく（Huston 1993），大気候と土壌の肥沃度が地上と地下の生物相や生態系プロセスに与える影響の相対的な重要性について，地球規模で検証した研究例はほとんどない．熱帯の土壌は一般に有機物が乏しく，時代が古いために風化が進んでおり，リンの含有量が少ないので高緯度の土壌よりも貧栄養である．すなわち，地球規模でみると大気候と土壌の肥沃度は独立しておらず，生物の分布や生態系プロセスのパターンに大気候が直接的に（気温や降水として）影響しているのか，間接的に（長期的な土壌への影響を介して）影響しているかを区別することは困難である．地球規模で行われている研究からは，どちらの影響も重要であることが示唆されている．例えば，土壌の肥沃度はバイオーム間での土壌生物相の違いに重要であり（Wardle 1992; Fierer et al. 2009），大気候はリター分解速度（Berg et al. 1993）や土壌動物によるリター分解（Wall et al. 2008）に重要であることが報告されている．大気候と土壌の肥沃度の相対的な重要性に関する研究例もわずかながらある．例えば Huston and Wolverton (2009) は，熱帯林の生産力が温帯林よりも一般に低いのは土壌の肥沃度が低いためであり，森林のNPPは温度よりも土壌の肥沃度によって決定されていると述べている．第3章で述べたように，地下のサブシステムは生態系の生産性から大きな影響を受けているので，NPPへの影響は地下のサブシステムにも重要である．さらに Cornwell et al. (2008) によれば，局所的な植物の形質は土壌の肥沃度から大きな影響を受けており，植物の形質は大気候よりも強い影響をリター分解に与える．一方で，地球規模でみられる地上と地下の生物相やプロセスの変異に対して，土壌の肥沃度よりも大気候が強い影響を与えていることを示す直接的な証拠は少ない．

6.4　地球規模の環境変動

　人為による地球環境の変化（二酸化炭素濃度の上昇，気候変動，窒素負荷，生物の移入や絶滅）が地上と地下の生物相やプロセスに与える影響については，本書全体を通して強調してきた．また，こうした変化が生態系全体や地球規模のシステムに影響する可能性についても述べてきた．重要なのは，地球規模の環境変動は地下のサブシステムに直接的にも間接的にも影響をおよぼすことと，その結果地上の生物相や生態系の養分・炭素循環，二酸化炭素など温室効果ガ

スの放出量などへフィードバックが起こることである．この点については，気候変動が生態系の炭素循環に与えるフィードバックが最も有名だろう．例えば第2章，第3章で紹介したように，気候変動による気温や降水量の変化や異常気象が，直接的に土壌生物や生態系の炭素動態に影響することや，植物の生産性や植生の変化を通じて間接的に影響することは，数多くの研究から明らかになってきている．植物の生産性や植生の変化により，土壌の物理化学性や土壌への炭素供給，分解系に関わる土壌生物群集の構造や活性が変化し，土壌からの炭素放出に影響する（図2.19）．また，人為による窒素負荷が土壌の生物相に直接的にあるいは植生の変化を介して間接的に影響することで，地下のサブシステムや生態系レベルのプロセスに影響することを示す研究例も多い．

　近年，この分野の発展は著しいが，まだ分からないことも多い．例えば，最近の実験（e.g. Manning et al. 2006; Suding et al. 2008）から少しだけ解明されつつあるが，地球規模の環境変動が生態系に与える直接的な影響と間接的な影響の相対的な重要性はほとんど分かっていない．また，気候変動が土壌呼吸に与える影響もよく分かっていない．この理由は，植物から土壌に供給される資源の質（Davidson and Janssens 2006）だけでなく，気候と植物，植食者や共生者，土壌中のさまざまな生物間の多種多様な相互作用（Wolters et al. 2000; Högberg and Read 2006; Bardgett et al. 2008）など，多数の要因が関係しているためである．さらに，旱魃や土壌の凍結といった気候変動に伴う異常気象が地上と地下の生物相や生態系プロセスに与える影響や，複数の環境変動が生物群集や生態系プロセスに与える複合的な影響についても，ほとんど分かっていない．第2章や第3章で述べた通り，地球規模の環境変動の将来的な影響を予測するためには，複数の環境変化が土壌生物群集に与える複合的な影響について理解する必要がある（Bardgett et al. 2008; Tylianakis et al. 2008）．第2章でも述べたが，環境変化同士にも相互作用が起こる可能性があるため，気候変動が地下のサブシステムに与える影響や炭素循環へのフィードバックは，増幅される場合もあれば阻害される場合，相殺されて影響がなくなる可能性も考えられるが，この分野の研究例はまだ少ない．二つ以上の環境変化を組み合わせた実験を行うことにより，地上と地下の相互作用やその生態系プロセスへの影響が，地球規模の環境変動に対してどう応答するかについての理解が深まるだろう．これはこれからの主要な研究テーマになるはずである．

　本書を通じて明らかになった未解明の重要な問題はもう一つある．それは，

地球規模の環境変動が陸上生態系に与える影響を，地上の消費者が大きく変化させうる点についてである．最近分かってきた重要な点としては，地上の消費者は陸上生態系の炭素収支（e.g. Welker et al. 2004; Ward et al. 2007; Van der Wal et al. 2007）に強く影響するだけでなく，気候が炭素収支に与える影響自体も左右しうるという事実である（Polly et al. 2008）．最近の実験によれば，草食動物による摂食は，陸上生態系の炭素収支への気候変動の影響を大きく緩和することが分かってきた．例えば北極における研究からは，温暖化と摂食が植物群集（Post and Pedersen 2008）や地下のプロセス（Rinnan et al. 2009），生態系の炭素貯留能（Sjögersten et al. 2008）などに与える複合的な影響が報告されている．また長期研究からは，温暖化による木本植物の分布拡大が大型草食動物によって抑制されることが示唆されている（Post et al. 1999; Olofsson et al. 2009）．第4章で強調したように，植食者（および捕食者など，他の栄養群の生物）が気候変動によってどんな影響を受け，それにより生物群集や，生態系の炭素循環といった生態系プロセスにどういった影響があるかについては，まだ未解明の点が多くある．植食者や他の生物的な要因が，生態系への気候変動の影響をどのように軽減しうるのか，そして植食者をどう管理すれば気候変動を緩和できるのかといったことを明らかにするためには，さらなる研究が必要である．こうした研究は，陸上生態系の炭素動態を予測するモデルに，植食者による摂食といった生物的な要因を組み込んでモデルの精度を高めるうえで非常に重要である．

　第5章で注目したように，気候変動は種の移入や絶滅に大きな影響を与えることで，地上や地下の生態系に影響をおよぼし，さらには気候へとフィードバックをおよぼす可能性がある．第5章では生物の移入や分布拡大が生物群集や生態系プロセスに与える影響に注目した．確かに，生物の分布域の変化が多くの分類群において世界中で起こっており（e.g. Hickling et al. 2006; Menendez et al. 2007; Lenoir et al. 2008），それには気候の温暖化が重要な役割を担っている（Walther et al. 2002; Parmesan and Yohe 2003）ことを示す研究例は増えてきている．まだ研究例は少ないが，生物の分布域の変化が生態系の炭素収支に影響する可能性（e.g. Knapp et al. 2008; Kurz et al. 2008; Takatsuki 2009）や，移入種が在来種とは異なる相互作用関係を天敵と築く可能性を示す結果も報告されてきている（Engelkes et al. 2008）．しかし，移入種による影響の大きさは，移入種の形質や移入先の環境に大きく左右され，その環境もまた気候変動から

影響を受ける．すなわち，今後必要になってくるのは，気候変動が生物の分布域変化を通じて陸上生態系に与える影響のメカニズムや，気候変動が地上や地下の生物群集に直接的・間接的に与える影響のメカニズムに関する研究である．

　本書の始めに述べた通り，生態系の地上部と地下部はこれまで個別に扱われてきた．しかし本書を通して述べてきたように，この20年間，特にこの5年間で，地上と地下が密接に関係していることを示す研究や，地上と地下の相互作用が陸上生態系の構造や機能の調節に重要な役割を果たしていることを示す研究，気候変動との関係に関する研究が急激に増えてきた．これらの研究により生態系生態学の分野が大きく進展した．特に，陸上生態系を駆動する要因として，地上と地下，さらに複数の栄養段階を含む生物間相互作用や，生物の形質の重要性が非常に大きいことが分かってきた．さらに，地上と地下の生物間相互作用は，地球規模の環境変動に対する生態系の応答や，地球の炭素循環システムにも重要な影響をおよぼすことが分かりつつある．しかし，本書を通じて述べてきた通り，残された課題は多い．特に，地上と地下の相互作用についての知識を，地球規模でみられるパターンやプロセスを説明するために現在用いられている概念に組み込む必要がある．地上と地下のさまざまなタイプの相互作用に関する研究は数多く行われてきているが，この分野を統一できる強力な理論的基盤はまだない．そのため，地上と地下の相互作用が陸上生態系のプロセスに与える影響や，地球規模の環境変動に対する陸上生態系の応答の予測は，限られたものにならざるを得ない．また，炭素循環における植物と土壌微生物の役割についての理解は急速に進んできているが，地球規模の炭素循環モデルに充分反映されているとはいえない．現在，生態系生態学は，人間に対する生態系サービスに地球規模の環境変動が与える影響を予測することを目指す方向に進んでいる．地上と地下の相互作用が生態系サービスや人間の暮らしに果たす役割をよりよく理解することは，生態系生態学の新しい課題となるだろう．

訳者あとがき

　Plant-soil feedback（植物と土壌のフィードバック）が生態学の主要なテーマとして注目されて久しい．土壌との相互作用が植物の成長に重要であることは，古くから農業生態系において認識されてきていたが，それが自然生態系においても植生の動態を決定づける重要な要素であることが近年急速に明らかになってきている．本書は，現在この分野で世界を牽引している Richard D. Bardgett 博士と David A. Wardle 博士の共著"Aboveground-Belowground Linkages: Biotic interactions, Ecosystem Processes, and Global Change"の全訳である．

　植物と土壌のフィードバックにおいて，土壌側の主役は土壌中の生物，特に菌類や細菌類などの微生物や，土壌動物たちである．土壌1g中に存在する膨大な数の細菌や数百メートルにおよぶ菌類の菌糸，片足の足跡の面積の下に生息する多様な土壌動物についてご存知の読者もいるだろう．これらの土壌生物が植物と多種多様な直接的・間接的相互作用を繰り広げる．例えば，氷河が後退して現れたまっさらなモレーン堆積物には，生物はおろか有機物すらわずかしか含まれていない．そこに最初の地衣類や蘚苔類などが定着して有機物や利用可能な養分が増えてくると，維管束植物が定着できるようになるとともに，微生物や土壌動物の種数や量も増加する．そのなかには植物と共生関係を結ぶ生物や，植物に病害を引き起こして枯死させるような種もおり，それにより植生が決定されていく．そうして発達した植生は，落葉や根からの滲出物の質，共生関係などを通して，地下の生物群集に影響する．こうしたぐるぐる回る一連の相互作用の流れが，植物と土壌のフィードバックであり，植物の遷移や植物群集の多様性に重要な影響を与えることが，豊富な事例とともに紹介されている．

　本書では，土壌中の生物が植物の生産性や群集構造に与える影響と，逆に植物が土壌中の生物群集に影響するメカニズムついて，それぞれ1章を使って丁寧に紹介した後，地上の植食者が植物を摂食することで地下の生物群集，さらには生態系全体に与える影響や，種の絶滅や移入による生態系の種数の変化が植物と土壌のフィードバックを通して生態系全体に与える影響について，詳しく紹介している．研究事例は植物個体レベルからバイオームレベルまで，数時

間といった短期的な影響から数千万年といった地史的な変化まで，幅広い空間的・時間的スケールにおよんでいる．各章の最後には，近年注目されている地球の環境変動と各トピックとの関係が述べられている．たった2名でこの膨大なトピックをまとめあげた著者の力量には感服せざるをえない．

我々は2011年に本書の輪読を行い，生態学の幅広いトピックが植物と土壌のフィードバックという視点から明快に語られていることに感銘を受けた．わが国でも，植物と土壌の関係を総合的に解説した書物が近年出版されているが（『森のバランス：植物と土壌の相互作用』森林立地学会 編．東海大学出版会），主に土壌の物理化学性や養分循環，水文プロセスに注目した内容であり，生物的な相互作用を詳細に扱った書物は，多数のトピックを集めた書物の一部（『生態系と群集をむすぶ』大串隆之・近藤倫生・仲岡雅裕 編．京都大学学術出版会，など）や，個別の共生系に注目したもの（『菌根の生態学』M.F. アレン著．中坪孝之・堀越孝雄 訳．共立出版）に限られていたため，土壌中の多様な生物群集が地上の植生動態を駆動する面白さを多くの人に知ってほしいと願い，本書を翻訳した．深澤が序文および日本語版への序文と，第1～第3章および第6章を，吉原と松木が第4章および第5章を担当した．それぞれの翻訳文を互いに確認し，内容を検討した．さらに，研究室の学生諸氏に日本語としての分かりにくさを指摘していただいた．この作業にあたってくれた佐々木崇徳さん，根岸有紀さん，駒形泰之さん，安藤洋子さんには感謝している．翻訳にあたり，引用文献の明らかな間違いは訂正した．また，5.3.1.1節の最後の段落，再終行から2～3行目にある「森林地帯におけるそれよりも低い」という記述は，原著では「森林地帯におけるそれよりも高い」という記述だったが，原著者に確認のうえ訂正した．また，6.3.3節の初めから5行目にある「質の高いリターが生産される」という記述は，原著では「質の低いリターが生産される」という記述だったが，原著者に確認のうえ訂正した．誤訳には十分に気をつけたが，思いがけない誤りや読みにくい箇所があるかもしれない．そのような箇所に気がついた場合はご指摘いただけると幸いである．

本書の出版に際しては多くの方々のお世話になった．東北大学川渡フィールドセンターの清和研二博士と，輪読当時は当センターにおられた，山形大学理学部の富松裕博士とは，本書の内容について非常に有意義な議論をさせていただいた．京都大学生態学研究センター（現同志社大学理工学部）の大園享司博士には，東海大学出版部をご紹介いただいた．東海大学出版部の稲英史さんと

原裕さんには快く出版をお引き受けいただき，翻訳作業を温かく応援していただいた．これらの方々に心よりお礼申し上げる．

　本書の訳者3名は，いずれも三十代の比較的若い研究者である．若い研究者の移動は激しい．翻訳作業終了当時は3名とも同じ所属だったが，4カ月後の現在は既に3名とも別々の所属である．同じ場所に同じ first name の3名が集まって共同で翻訳にあたることができた幸運に感謝しつつ，サクラが満開の東北大学川渡フィールドセンターにて．

2016 年 早春
訳者を代表して
深澤 遊

引用文献

Aarssen, L. 1997. High productivity in grassland ecosystems: effected by species diversity or productive species? *Oikos* **80**, 183–184.

Abdul-Fattah, H.A. and F.A. Bazzaz. 1979. The biology of *Ambrosia trifida* L. 1. Influence of species removal on the organization of the plant community. *New Phytologist* **83**, 813–816.

Aber, J.D., K.J. Nadelhoffer, P. Steudler, et al. 1989. Nitrogen saturation in northern forest ecosystems: excess nitrogen from fossil fuel combustion may stress the biosphere. *Bioscience* **39**, 378–386.

Aber, T., D.E. Bignell and M. Higashi. 2000. *Termites: Evolution, Sociality, Symbioses, Ecology.* Kluwer, Dordrecht.

Aberdeen, J.E.C. 1956. Factors influencing the distribution of fungi and plant roots. Part I. Different host species and fungal interactions. *Papers of the Department of Botany of the University of Queensland* **3**, 113–124.

Aerts, R. and F.S. Chapin. 2000 The mineral nutrition of wild plants revisited: a re-evaluation of processes and patterns. *Advances in Ecological Research* **30**, 1–67.

Afzal, M. and W.A. Adams. 1992. Heterogeneity of soil mineral nitrogen in pasture grazed by cattle. *Soil Science Society of America Journal* **56**, 1160–1166.

Agrawal, A.A., S. Tuzun and E. Bent. 1999. *Induced Plant Defenses Against Pathogens and Herbivores: Biochemistry, Ecology and Agriculture.* APS Press, Saint Paul, MN.

Ågren, G.I. and M. Knecht. 2001. Simulation of soil carbon and nutrient development under *Pinus sylvestris* and *Pinus contorta. Forest Ecology and Management* **141**, 117–129.

Allen, R.B. and W.G. Lee (eds). 2006. *Biological Invasions in New Zealand.* Springer, Berlin.

Allen-Morley, C.R. and D.C. Coleman. 1989. Resilience of soil biota in various food webs to freezing perturbations. *Ecology* **70**, 1127–1141.

Allison, S.D. and P.M. Vitousek. 2004. Rapid nutrient cycling in leaf litter from invasive plants in Hawai'i. *Oecologia* **141**, 612–619.

Allison, S.D., C.I. Czimczik and K.K. Treseder. 2008. Microbial activity and soil respiration under nitrogen addition in Alaskan boreal forest. *Global Change Biology* **14**, 1156–1168.

Alphei, J., M. Bonkowski and S. Scheu. 1996. Protozoa, Nematoda and Lumbricidae in the rhizosphere of *Hordelymus europaeus* (Poaceae): faunal interaction, response of microorganisms and effects on plant growth. *Oecologia* **106**, 111–126.

Amatangelo, K.L. and P.M. Vitousek. 2008. Stoichiometry of ferns in Hawaii: implications for nutrient cycling. *Oecologia* **157**, 619–627.

Amundson, R. 2001. The carbon budget in soils. *Annual Review of Earth and Planetary Sciences* **29**, 535–562.

Anderson, C.B., C.R. Griffith and A.D. Rosemond. 2006. The effects of invasive North American beavers on riparian plant communities in Cape Horn, Chile—Do exotic beavers engineer differently in sub-Antarctic ecosystems? *Biological Conservation* **128**, 467–474.

Anderson, C.B., G.M. Pastur, M.V. Lencinas, et al. 2009. Do introduced North American beavers *Castor canadensis* engineer differently in southern South America? An overview with implications for restoration. *Mammal Review* **39**, 33–52.

Anderson, J.M. and P. Ineson. 1984. Interactions between microorganisms and soil invertebrates in nutrient flux in pathways of forest ecosystems. In: *Invertebrate-Microbial Interactions* (Anderson, J.M., A.D.M. Rayner and D.W.H. Walton, eds), pp. 59–88. Cambridge University Press, Cambridge.

Anderson, J.M., P. Ineson and S.A. Huish. 1983. Nitrogen and cation mobilization by soil fauna feeding on leaf litter and soil organic matter from deciduous woodlands. *Soil Biology and Biochemistry* **15**, 463–467.

Anderson, R.V., D.C. Coleman and C.V. Cole. 1981. Effects of saprophytic grazing on net mineralization. In: *Terrestrial Nitrogen Cycles* (F.E. Clark and T. Rosswall, eds), pp. 201–216. Ecological Bulletin 33. Swedish National Science Research Council, Stockholm.

Anderson, W.B. and G.A. Polis. 1999. Nutrient fluxes from water to land: seabirds affect plant nutrient status of Gulf of California islands. *Oecologia* **118**, 324–332.

Anderson, W.B., D.A. Wait and P. Stapp. 2008. Resources from another place and time: responses to pulses in a spatially subsidized system. *Ecology* **89**, 660–670.

Andresen, E. and D.J. Levey. 2004. Effects of dung and seed size on secondary dispersal, seed predation, and seedling establishment of rain forest trees. *Oecologia* **139**, 45–54.

Angel, A., R.M. Wanless and J. Cooper. 2009. Review of impacts of the introduced house mouse on islands in the Southern Ocean: are mice equivalent to rats? *Biological Invasions* **11**, 1743–1754.

Anisimov, O.A., F.E. Nelson and A.V. Pavlov. 1999. Predictive scenarios of permafrost development under conditions of global climate change in the XXI century. *Earth Cryology* **3**, 15–25.

Anser, G.P., S.R. Levick, T. Kennedy-Bowdoin, et al. 2009. Large-scale impacts of herbivores on the structural diversity of African savannas. *Proceedings of the National Academy of Sciences USA* **106**, 4947–4952.

Archer, S., D.S. Schimel and E.A. Holland. 1995. Mechanisms of shrubland expansion: land use, climate, or CO_2? *Climatic Change* **29**, 91–99.

Armesto, J.J. and S.T.A. Pickett. 1985. Experiments on disturbance in old-field plant communities: impacts on species richness and abundance. *Ecology* **66**, 230–240.

Arndt, E. and J. Perner. 2008. Invasion patterns of ground-dwelling arthropods in Canarian laurel forests. *Acta Oecologica* **34**, 202–213.

Arnold, J.F. 1955. Plant life-form classification and its use in evaluating range conditions and trend. *Journal of Range Management* **8**, 176–181.

Arrow, G.J. 1931. *The Fauna of the British India, including Ceylon and Burma*. Coleoptera, Lamellicornia Part III. Coprinae. Taylor and Francis, London.

Augustine, D.J. and S.J. McNaughton. 1998. Ungulate effects on the functional species composition of plant communities: herbivore selectivity and plant tolerance. *Journal of Wildlife Management* **62**, 1165–1183.

Augustine, D.J. and Frank, D.A. 2001. Effects of migratory grazers on spatial heterogeneity of soil nitrogen properties in a grassland ecosystem. *Ecology* **82**, 3149–3162.

Augustine, D.J. and S.J. McNaughton. 2006. Interactive effects of ungulate herbivores, soil fertility, and variable rainfall on ecosystem processes in a semi-arid savanna. *Ecosystems* **9**, 1242–1256.

Austin, M.P. and B.O. Austin. 1980. Behavior of experimental plant communities along a nutrient gradient. *Journal of Ecology* **68**, 891–918.

Avni, Y., N. Porat, J. Plakht, et al. 2006. Geographic changes leading to natural desertification versus anthropogenic land conservation in an environment, the Negev Highlands, Israel. *Geomorphology* **82**, 177–200.

Ayres, E., J. Heath, M. Possell, et al. 2004. Tree physiological responses to above-ground herbivory directly modify below-ground processes of soil carbon and nitrogen cycling. *Ecology Letters* **7**, 469–479.

Ayres, E., K.M. Dromph and R.D. Bardgett. 2006. Do plant species encourage soil biota that specialize in the rapid decomposition of their litter? *Soil Biology and Biochemistry* **38**, 183–186.

Ayres, E., N.J. Ostle, R. Cook, et al. 2007. The influence of below-ground herbivory and defoliation of a legume on nitrogen transfer to neighbouring plants. *Functional Ecology* **21**, 256–263.

Ayres, E., H. Steltzer, S. Berg, et al. 2009. Soil biota accelerate decomposition in high-elevation forests by specializing in the breakdown of litter produced by the plant species above them. *Journal of Ecology* **97**, 901–912.

Bailey, D.W. and F.D. Provenza. 2008. Mechanisms determining large-herbivore distribution. In: *Resource Ecology: Spatial and Temporal Dynamics of Foraging* (H.H.T. Prins and F. van Langevelde, eds), pp. 7–28. Springer, Amsterdam.

Bailey, J.K., J.A. Schweitzer, F. Ubeda, et al. 2009. From genes to ecosystems: a synthesis of the effects of plant genetic factors across levels of organization. *Philosophical Transactions of the Royal Society of London Series B Biological Sciences* **364**, 1607–1616.

Bais, H.P., T.S. Walker, F.R. Stermitz, et al. 2003. Allelopathy and invasive plants: from genes to invasion. *Science* **301**, 1377–1380.

Bakker, E.S., H. Olff, M. Boekhoff, et al. 2004. Impact of herbivores on nitrogen cycling: contrasting effects of small and large species. *Oecologia* **138**, 91–101.

Bakker, E.S., M.E. Ritchie, H. Olff, et al. 2006. Herbivore impact on grassland plant diversity depends on habitat productivity and herbivore size. *Ecology Letters* **9**, 780–787.

Baldwin, I.T., R.K. Olson and W.A. Reiners. 1983. Protein binding phenolics and the inhibition of nitrification in subalpine balsam fir soils. *Soil Biology and Biochemistry* **15**, 419–423.

Ball, B.A., M.A. Hunter, J.S. Kominoski, et al. 2008. Consequences of non-random species loss for decomposition dynamics: experimental evidence for additive and non-additive effects. *Journal of Ecology* **96**, 303–313.

Ball, B.A., M.A. Bradford, D.C. Coleman, et al. 2009. Linkages between below and above-ground communities: decomposer responses to simulated tree species loss are largely additive. *Soil Biology and Biochemistry* **41**, 1155–1163.

Ballinger, A. and P.S. Lake. 2006. Energy and nutrient fluxes from rivers and streams into terrestrial food webs. *Marine and Freshwater Research* **57**, 15–28.

Balvanera, P., A.B. Pfisterer, N. Buchmann, et al. 2006. Quantifying the evidence for biodiversity effects on ecosystem functioning and services. *Ecology Letters* **9**, 1146–1156.

Bardgett, R.D. 2005. *The Biology of Soil: A Community and Ecosystem Approach.* Oxford University Press, Oxford.

Bardgett, R.D. and K.F. Chan. 1999. Experimental evidence that soil fauna enhance nutrient mineralization and plant nutrient uptake in montane grassland ecosystems. *Soil Biology and Biochemistry* **31**, 1007–1014.

Bardgett, R.D. and E. McAlister. 1999. The measurement of soil fungal:bacterial biomass ratios as an indicator of ecosystem self-regulation in temperate meadow grasslands. *Biology and Fertility of Soils* **29**, 282–290.

Bardgett, R.D. and A. Shine. 1999. Linkages between plant litter diversity, soil microbial biomass and exosystem function in temperate grasslands. *Soil Biology and Biochemistry* **31**, 317–321.

Bardgett, R.D. and D.A. Wardle. 2003. Herbivore mediated linkages between above-ground and below-ground communities. *Ecology* **84**, 2258–2268.

Bardgett, R.D. and L.R. Walker. 2004. Impact of coloniser plant species on the development of decomposer microbial communities following deglaciation. *Soil Biology and Biochemistry* **36**, 555–559.

Bardgett, R.D., J.C. Frankland and J.B. Whittaker. 1993a. The effects of agricultural practices on the soil biota of some upland grasslands. *Agriculture, Ecosystems and Environment* **45**, 25–45.

Bardgett, R.D., J.B. Whittaker and J.C. Frankland. 1993b. The diet and food preferences of *Onychiurus procampatus* (Collembola) from upland grassland soils. *Biology and Fertility of Soils* **16**, 296–298.

Bardgett, R.D., J.B. Whittaker and J.C. Frankland. 1993c. The effect of collembolan grazing on fungal activity in differently managed upland pastures—a microcosm study. *Biology and Fertility of Soils* **16**, 255–262.

Bardgett, R.D., D.K. Leemans, R. Cook, et al. 1997. Seasonality of the soil biota of grazed and ungrazed hill grasslands. *Soil Biology and Biochemistry* **29**, 1285–1294.

Bardgett, R.D., S. Keiller, R. Cook, et al. 1998a. Dynamic interactions between soil fauna and microorganisms in upland grassland soils: a microcosm experiment. *Soil Biology and Biochemistry* **30**, 531–539.

Bardgett, R.D., D.A. Wardle and G.W. Yeates. 1998b. Linking above-ground and below-ground food webs: how plant responses to foliar herbivory influence soil organisms. *Soil Biology and Biochemistry* **30**, 1867–1878.

Bardgett, R.D., C.S. Denton and R. Cook. 1999a. Below-ground herbivory promotes soil nutrient transfer and root growth in grassland. *Ecology Letters* **2**, 357–360.

Bardgett, R.D., E. Kandeler, D. Tscherko, et al. 1999b. Below-ground microbial community development in a high temperature world. *Oikos* **85**, 193–203.

Bardgett, R.D., J.L. Mawdsley, S. Edwards, et al. 1999c. Plant species and nitrogen effects on soil biological properties of temperate upland grasslands. *Functional Ecology* **13**, 650–660.

Bardgett, R.D., J.M. Anderson, B. Behan-Pelletier, et al. 2001a. The role of soil biodiversity in the transfer of materials between terrestrial and aquatic systems. *Ecosystems* **4**, 421–429.

Bardgett, R.D., A.C. Jones, D.L. Jones, et al. 2001b. Soil microbial community patterns related to the history and intensity of grazing in sub-montane ecosystems. *Soil Biology and Biochemistry* **33**, 1653–1664.

Bardgett, R.D., T.C. Streeter, L. Cole, et al. 2002. Linkages between soil biota, nitrogen availability, and plant nitrogen uptake in a mountain ecosystem in the Scottish Highlands. *Applied Soil Ecology* **19**, 121–134.

Bardgett, R.D., T.C. Streeter and R. Bol. 2003. Soil microbes compete effectively with plants for organic nitrogen inputs to temperate grasslands. *Ecology* **84**, 1277–1287.

Bardgett, RD, W.D. Bowman, R. Kaufmann, et al. 2005. A temporal approach to linking aboveground and belowground ecology. *Trends in Ecology and Evolution* **20**, 634–641.

Bardgett, R.D., R.S. Smith, R.S. Shiel, et al. 2006. Parasitic plants indirectly regulate below-ground properties in grassland ecosystems. *Nature* **439**, 969–972.

Bardgett, R.D., A. Richter, R. Bol, et al. 2007a. Heterotrophic microbial communities use ancient carbon following glacial retreat. *Biology Letters* **3**, 487–490.

Bardgett, R.D., R. Van der Wal, I.S. Jōnsdōttir, et al. 2007b. Temporal variability in plant and soil nitrogen pools in a high Arctic ecosystem. *Soil Biology and Biochemistry* **39**, 2129–2137.
Bardgett, R.D., C. Freeman and N.J. Ostle. 2008. Microbial contributions to climate change through carbon-cycle feedbacks. *The ISME Journal* **2**, 805–814.
Bardgett, R.D., G.B. De Deyn and N.J. Ostle. 2009. Plant-soil interactions and the carbon cycle. *Journal of Ecology* **97**, 838–839.
Barford, C.C., S.C. Wofsy, M.L. Goulden, et al. 2001. Factors controlling long- and short-term sequestration of atmospheric CO_2 in a mid-latitude forest. *Science* **294**, 1688–1691.
Barrett, J.E., R.A. Virginia, D.H. Wall, et al. 2004. Variation in biogeochemistry and soil biodiversity across spatial scales in a polar desert ecosystem. *Ecology* **85**, 3105–3118.
Baruch, Z. and G. Goldstein. 1999. Leaf construction cost, nutrient concentration and net CO_2 assimilation rate of native and invasive species in Hawaii. *Oecologia* **121**, 183–192.
Bauhus, J. and R. Barthel. 1995. Mechanisms for carbon and nutrient release and retention in beech forest gaps. II. The role of soil microbial biomass. *Plant and Soil* **168**, 585–592.
Beare, M.H., R.W. Parmelee, P.H. Hendrix, et al. 1992. Microbial and faunal interactions and effects on litter nitrogen and decomposition in agroecosystems. *Ecological Monographs* **62**, 569–591.
Beggs, J.R. and J.S. Rees. 1999. Restructuring of Lepidoptera communities by introduced *Vespula* wasps in a New Zealand beech forest. *Oecologia* **119**, 565–571.
Bellingham, P.J., L.R. Walker and D.A. Wardle. 2001. Differential facilitation by a nitrogen fixing shrub during primary succession influences relative performance of canopy tree species. *Journal of Ecology* **89**, 861–875.
Belnap, J. 2003. Factors influencing nitrogen fixation and nitrogen release in biological soil crusts. In: *Biological Soil Crusts. Structure, Function, and Management* (J. Belnap and O.L. Lange, eds), pp. 241–262. Springer, Berlin.
Belnap, J. and O.L. Lange. 2003. *Biological Soil Crusts: Structure, Function, and Management*. Springer, Berlin.
Belnap, J., S.L. Phillips, S.K. Sherrod, et al. 2005. Soil biota can change after exotic plant invasion: does this affect ecosystem processes? *Ecology* **86**, 3007–3017.
Belovsky, G.E. and J.B. Slade. 2000. Insect herbivory accelerates nutrient cycling and increases plant production. *Proceedings of the National Academy of Sciences USA* **97**, 14412–14417.
Belsky, A.J. 1986. Population and community processes in a mosaic grassland in the Serengeti, Tanzania. *Journal of Ecology* **74**, 841–856.
Bengtsson, G. and S. Rundgren. 1983. Respiration and growth of a fungus, *Mortierella isabellina*, in response to grazing by *Onychiurus armatus* (Collembola). *Soil Biology and Biochemistry* **15**, 469–473.
Bengtsson, J., D.W. Zheng, G.I. Ågren, et al. 1995. Food webs in soil: an interface between population and ecosystem ecology. In: *Linking Species and Ecosystems* (C.G. Jones and J.H. Lawton, eds), pp. 159–165. Chapman and Hall, London.
Berendse, F. 1998. Effects of dominant plant species on soils during succession in nutrient poor ecosystems. *Biogeochemistry* **42**, 73–88.
Berendse, F. and M. Scheffer. 2009. The angiosperm radiation revisited, an ecological explanation for Darwin's 'abominable mystery'. *Ecology Letters* **12**, 865–872.
Berg, B. and G. Ekbohm. 1991. Litter mass loss and decomposition patterns in some leaf and litter types. Long term decomposition in a Scots pine forest. *Canadian Journal of Botany* **69**, 1449–1456.

Berg, B. and C. McClaugherty. 2003. *Plant Litter: Decomposition, Humus Formation and Carbon Sequestration*. Springer, Berlin.
Berg, B., M.P. Berg, P. Bottner, et al. 1993. Litter mass loss rates in pine forests of Europe and eastern United States – some relationships with climate and litter quality. *Biogeochemistry* **20**, 127–159.
Berg, M.P. and J. Bengtsson. 2007. Temporal and spatial variability in soil food web structure. *Oikos* **116**, 1789–1804.
Beschta, R.L. and W.J. Ripple. 2008. Wolves, trophic cascades, and rivers in the Olympic National Park, USA. *Ecohydrology* **1**, 118–130.
Bever, J.D. 1994. Feedback between plants and their soil communities in an old field community. *Ecology* **75**, 1965–1977.
Bever, J.D. 2003. Soil community feedback and the coexistence of competitors: conceptual frameworks and empirical tests. *New Phytologist* **157**, 465–473.
Bever, J.D., K.M. Westover and J. Antonovics. 1997. Incorporating the soil community into plant population dynamics: the utility of the feedback approach. *Journal of Ecology* **85**, 561–573.
Bezemer, T.M. and W.H. Van der Putten. 2007. Diversity in plant communities. *Nature* **446**, E6–E7.
Bezemer, T.M., R. Wagenaar, N.M. Van Dam, et al. 2004. Interactions between above- and belowground insect herbivores as mediated by plant defense system. *Oikos* **101**, 555–562.
Bezemer, T.M., C.D. Lawson, K. Hedlund, et al. 2006. Plant species and functional group effects on abiotic and microbial soil properties and plant-soil feedback responses in two grasslands. *Journal of Ecology* **94**, 893–904.
Billes, G., H. Rouhier and P. Bottner. 1993. Modifications of the carbon and nitrogen allocations in the plant (*Triticum-Aestivum* L) soil system in response to increased atmospheric CO_2 concentration. *Plant and Soil* **157**, 215–225.
Binet, F., L. Fayolle and M. Pussard. 1998. Significance of earthworms in stimulating soil microbial activity, *Biology and Fertility of Soils* **27**, 79–84.
Binkley, D. and C. Giardina (1998) Why do trees affect soils? The Warp and Woof of tree-soil interactions. *Biogeochemistry* **42**, 89–106.
Birch, H. 1958. The effect of soil drying on humus decomposition and nitrogen availability. *Plant and Soil* **10**, 9–31.
Blair, A.C., B.D. Hanson, G.R. Brunk, et al. 2005. New techniques and findings in the study of a candidate allelochemical implicated in invasion success. *Ecology Letters* **8**, 1039–1047.
Blair, J.M., R.W. Parmelee and M.H. Beare. 1990. Decay rates, nitrogen fluxes and decomposer communities in single and mixed-species foliar litter. *Ecology* **71**, 1976–1985.
Blanka, V., J. Raabová, T. Kyncl, et al. 2009. Ants accelerate succession from mountain grassland towards spruce forest. *Journal of Vegetation Science* **20**, 577–587.
Bloemers G.F., M. Hodda, P.J.D. Lambshead, et al. 1997. The effects of forest disturbance on diversity of tropical soil nematodes. *Oecologia* **111**, 575–558.
Boag, B. 2000. The impact of the New Zealand flatworm on earthworms and moles in agricultural land in western Scotland. *Aspects of Applied Biology* **62**, 79–84.
Boag, B. and G.W. Yeates. 2001. The potential impact of the New Zealand flatworm, a predator of earthworms, in western Europe. *Ecological Applications* **11**, 1276–1286.
Bobbink, R. 1991. Effects of nutrient enrichment in Dutch chalk grassland. *Journal of Applied Ecology* **28**, 28–41.
Bobbink, R. and L.P.M. Lamers. 2002. Effects of increased nitrogen deposition. In: *Air Pollution and Plant Life* (J.N.D. Bell and M. Treshow, eds), 2nd edn, pp. 201–345. John Wiley and Sons, Chichester.

Boddey, R.M., R. Macedo, R.M. Tarre, et al. 2004. Nitrogen cycling in *Brachiaria* pastures: the key to understanding the process of pasture decline. *Agriculture, Ecosystems and Environment* **103**, 389–403.

Boddy, L. 1999. Saprotrophic cord-forming fungi: meeting the challenge of heterogeneous environments. *Mycologia* **91**, 13–32.

Bodmer, R.E., J.F. Eisenberg and K.H. Redford. 1997. Hunting and the likelihood of extinction of Amazonian mammals. *Conservation Biology* **11**, 460–466.

Boege, K. 2004. Induced responses in three tropical dry forest plant species—direct and indirect effects on herbivory. *Oikos* **107**, 541–548.

Bohlen, P.J., R.W. Parmelee and J.M. Blair. 1995. Efficacy of methods for manipulating earthwork populations in large scale field experiments in agroecosystems. *Soil Biology and Biochemistry* **27**, 993–999.

Bohlen, P.J., P.M. Groffman, T.J. Fahey, et al. 2004a. Ecosystem consequences of exotic earthworm invasion of north temperate forests. *Ecosystems* **7**, 1–12.

Bohlen, P.J., S. Scheu, C.M. Hale, et al. 2004b. Non-native invasive earthworms as agents of change in northern temperate forests. *Frontiers in Ecology and Evolution* **2**, 427–435.

Bonanomi, G., F. Giannino and S. Mazzoleni. 2005. Negative plant-soil feedback and species coexistence. *Oikos* **111**, 311–321.

Bonkowski, M. 2004. Protozoa and plant growth: the microbial loop revisited. *New Phytologist* **162**, 617–631.

Bonkowski, M., I.E. Geoghegan, A.N.E. Birch, et al. 2001. Effects of soil decomposer invertebrates (protozoa and earthworms) on an above-ground phytophagous insect (cereal aphid) mediated through changes in the host plant. *Oikos* **95**, 441–450.

Boone, R.B., S.B. Burnsilver, J.S. Worden, et al. 2008. Large-scale movements of large herbivores. In: *Resource Ecology: Spatial and Temporal Dynamics of Foraging* (H.H.T. Prins and F. van Langevelde, eds), pp. 187–206. Springer, Amsterdam.

Bowker, M.A., F.T. Maestre and C. Escolar. 2010. Biodiversity of biological crusts influences ecosystem function: A review and reanalysis. *Soil Biology and Biochemistry* **42**, 405–417.

Bowman, W.D. 2000. Biotic controls over ecosystem response to environmental change in alpine tundra of the Rocky Mountains. *Ambio* **29**, 396–400.

Bowman, W.D., T.A. Theodose, J.C. Schardt, et al. 1993. Constraints of nutrient availability on primary production in two alpine communities. *Ecology* **74**, 2085–2098.

Bowman, W.D., T.A. Theodose and M.C. Fisk. 1995. Physiological and production responses of plant growth forms to increases in limiting resources in alpine tundra: Implications for differential community response to environmental change. *Oecologia* **101**, 217–227.

Bowman, W.D., H. Steltzer, T.N. Rosenstiel, et al. 2004. Litter effects of two co-occurring alpine species on plant growth, microbial activity and immobilization of nitrogen. *Oikos* **104**, 336–344.

Bradford, M.A., T.H. Jones, R.D. Bardgett, et al. 2002. Impacts of soil faunal community composition on model grassland ecosystems. *Science* **298**, 615–618.

Bradford, M.A., C.D. Davies, S.D. Frey, et al. 2008. Thermal adaptation of soil microbial respiration to elevated temperature. *Ecology Letters* **11**, 1316–1327.

Bradley, B.A., R.A. Houghton, J.F. Mustard, et al. 2006. Invasive grass reduces aboveground carbon stocks in shrublands of the western U.S. *Global Change Biology* **12**, 1815–1822.

Brais, S., C. Camire, Y. Bergeron, et al. 1995. Changes in nutrient availability and forest floor characteristics in relation to stand age and forest composition in the southern part of the boreal forests of northwest Quebec. *Forest Ecology and Management* **76**, 181–189.

Bremer, D.J., J.M. Ham, C.E. Owensby, et al. 1998. Response of soil respiration to clipping and grazing in a tallgrass prairie. *Journal of Environmental Quality* **27**, 1539–1548.

Bret-Harte, M.S., G.R. Shaver and F.S. Chapin. 2002. Primary and secondary stem growth in arctic shrubs: implications for community response to environmental change. *Journal of Ecology* **90**, 251–267.

Breznak, J.A. and A. Brune. 1994. Role of microorganisms in the digestion of lignocellulose by termites. *Annual Review of Entomology* **39**, 453–487.

Brinkman, E.P., H. Duyts and W.H. Van der Putten. 2005. Consequences of variation in species diversity in a community of root-feeding herbivores for nematode dynamics and host plant biomass. *Oikos* **110**, 417–427.

Briones, M.J.I., P. Ineson and J. Poskitt. 1998. Climate change and *Cognettia sphagnetorum*: effects on carbon dynamics in organic soils. *Functional Ecology* **12**, 528–535.

Brooker, R. and R. Van der Wal. 2003. Can soil temperature direct the composition of high Arctic plant communities? *Journal of Vegetation Science* **14**, 535–542.

Brooks, M.L., C.M. D'Antonio, D.M. Richardson, et al. 2004. Effects of invasive alien plants on fire regimes. *BioScience* **54**, 677–688.

Brown, V.K. and A.C. Gange. 1989. Differential effects of above-ground and below-ground insect herbivory during early plant succession. *Oikos* **54**, 67–76.

Brown, V.K. and A.C. Gange. 1990. Insect herbivory below ground. *Advances in Ecological Research* **20**, 1–58.

Brown V.K. and A.C. Gange. 1992. Secondary plant succession—how is it modified by insect herbivory? *Vegetatio* **101**, 3–13.

Bruno, J.F. and B.J. Cardinale. 2008. Cascading effects of predator richness. *Frontiers in Ecology and the Environment* **6**, 539–546.

Brussaard, L., V.M. Behan-Pelletier, D.E. Bignell, et al. 1997. Biodiversity and ecosystem functioning in soil. *Ambio* **26**, 563–570.

Buckland, S.M. and J.P. Grime. 2000. The effects of trophic structure and soil fertility on the assembly of plant communities: a microcosm experiment. *Oikos* **91**, 336–352.

Buée, M., M. Reich, C. Murat, et al. 2009. 454 pyrosequencing analyses of forest soils reveal an unexpectedly high fungal diversity. *New Phytologist* **184**, 449–456.

Bump, J.K., R.O. Peterson and J.A. Vucetich. 2009a. Wolves modulate soil nutrient heterogeneity and foliar nitrogen by configuring the distribution of ungulate carcasses. *Ecology* **90**, 3159–3167.

Bump, J.K., K.B. Tischler, A.J. Schrank, et al. 2009b. Large herbivores and aquatic-terrestrial links in southern boreal forests. *Journal of Animal Ecology* **78**, 338–345.

Bump, J.K., C.R. Webster, J.A. Vucetich, et al. 2009c. Ungulate carcasses perforate ecological filters and create bighgoechemical hotsopts in forest herbaceous layers allowing trees a competitive advantage. *Ecosystems* **12**, 996–1007.

Bunker, D.E., F. De Clerck, J.C. Bradford, et al. 2005. Species loss and aboveground carbon storage in a tropical forest. *Science* **310**, 1029–1031.

Burke, M.J.W. and J.P. Grime. 1996. An experimental study of plant community invasibility. *Ecology* **77**, 776–790.

Cadisch, G. and Giller, K.E. (eds) 1997. *Driven by Nature—Plant Litter Quality and Decomposition*, pp. 107–124. CAB International, Wallingford.

Callaway, R.M. and W.M. Ridenour. 2004. Novel weapons: invasive success and the evolution of increased competitive ability. *Frontiers in Ecology and the Environment* **2**, 436–443.

Callaway, R.M., G.C. Thelan, A. Rodriguez, et al. 2004. Soil biota and exotic plant invasion. *Nature* **427**, 731–737.

Callaway, R.M., D. Cippolini, K. Barto, et al. 2008. Novel weapons: invasive plant suppresses fungal mutualists but not in its native Europe. *Ecology* **89**, 1043–1055.

Cameron, G.N. and S.R. Spencer. 1989. Rapid leaf decay and nutrient release in a Chinese tallow forest. *Oecologia* **80**, 222–228.

Cardillo, M., G.M. Mace, K.E. Jones, et al. 2005. Multiple cause of high extinction risk in large mammal species. *Science* **309**, 1239–1241.

Cardinale, B.J., D.S. Srivastava, J.E. Duffy, et al. 2006. Effects of biodiversity on the functioning of trophic groups and ecosystems: a meta-analysis. *Nature* **443**, 989–992.

Carline, K.A., H.E. Jones and R.D. Bardgett. 2005. Large herbivores affect the stoichiometry of nutrients in a regenerating woodland ecosystem. *Oikos* **110**, 453–460.

Carpenter, S.R., J.F. Kitchell and J.R. Hodgson. 1985. Cascading trophic interactions and lake productivity. *BioScience* **35**, 634–639.

Carpenter, S.R., H.A. Mooney, J. Agard, et al. 2009. Science for managing ecosystem services: Beyond the Millennium Ecosystem Assessment. *Proceedings of the National Academy of Sciences USA* **106**, 1305–1312.

Carreiro, M.M., R.L. Sinsabaugh, D.A. Repert, et al. 2000. Microbial enzyme shifts explain litter decay responses to simulated nitrogen deposition. *Ecology* **81**, 2359–2365.

Certini, G. 2005. Effects of fire on properties of forest soils: a review. *Oecologia* **143**, 1–10.

Chaneton, E.J., J.H. Lemcoff and R.S. Lavado. 1996. Nitrogen and phosphorus cycling in grazed and ungrazed plots in a temperate subhumid grassland in Argentina. *Journal of Applied Ecology* **33**, 291–302.

Chapin, F.S. and A.M. Starfield. 1997. Time lags and novel ecosystems in response to transient climatic change in Arctic Alaska. *Climate Change* **35**, 449–461.

Chapin, F.S., Walker, L.R., C. Fastie, et al. 1994. Mechanisms of post-glacial primary succession at Glacier Bay, Alaska. *Ecological Monographs* **64**, 149–175.

Chapin, F.S., M. Sturm, M.C. Serreze, et al. 2005. Role of land-surface changes in arctic summer warming. *Science* **310**, 657–660.

Chapin, F.S., J. McFarland, A.D. McGuire, et al. 2009. The changing global carbon cycle: linking plant–soil carbon dynamics to global consequences. *Journal of Ecology* **97**, 840–850.

Chapman, K., J.B. Whittaker and O.W. Heal. 1988. Metabolic and faunal activity in litter mixtures compared with pure stands. *Agriculture, Ecosystems and Environment* **34**, 65–73.

Chapuis-Lardy, L., S. Vanderhoeven, N. Dassonville, et al. 2006. Effect of the exotic invasive plant *Solidago gigantean* on soil phosphorus status. *Biology and Fertility of Soils* **42**, 373–378.

Chauvel, M., E. Grimaldi, E. Barros, et al. 1999. Pasture damage by an Amazonian earthworm, *Nature* **398**, 32–33.

Christensen, S. and J.M. Tiedje. 1990. Brief and vigorous N_2O production by soil at spring thaw. *Journal of Soil Science* **41**, 1–4.

Christie, P., E.I. Newman and R. Campbell. 1974. Grassland plant species can influence the abundance of microbes on each other's roots. *Nature* **250**, 570–571.

Christie, P., E.I. Newman and R. Campbell. 1978. The influence of neighboring grassland plants on each others' endomycorrhizas and root surface microorganisms. *Soil Biology and Biochemistry* **10**, 521–527.

Clarholm, M. 1985. Interactions of bacteria, protozoa and plants leading to mineralization of soil nitrogen. *Soil Biology and Biochemistry* **17**, 181–187.

Classen, A.T., S.K. Chapman, T.G. Whitham, et al. 2007. Genetic-based plant resistance and susceptibility traits to herbivory influence needle and root litter nutrient dynamics. *Journal of Ecology* **95**, 1181–1194.
Cleveland, C.C. and D. Liptzin. 2007. C : N : P stoichiometry in soil: is there a "Redfield ratio" for the microbial biomass? *Biogeochemistry* **85**, 235–252.
Cleveland, C.C., A.R. Townsend, D.S. Schimel, et al. 1999. Global patterns of terrestrial biological nitrogen (N-2) fixation in natural ecosystems. *Global Biogeochemical Cycles* **13**, 623–645.
Cole, L., R.D. Bardgett, P. Ineson, et al. 2002a. Relationships between enchytraeid worms (Oligochaeta), temperature, and the release of dissolved organic carbon from blanket peat in northern England. *Soil Biology and Biochemistry* **34**, 599–607.
Cole, L., R.D. Bardgett, P. Ineson, et al. 2002b. Enchytraeid worm (Oligochaeta) influences on microbial community structure, nutrient dynamics, and plant growth in blanket peat subjected to warming. *Soil Biology and Biochemistry* **34**, 83–92.
Cole, L., P.L. Staddon, D. Sleep, et al. 2004. Soil animals influence microbial abundance, but not plant-microbial competition for soil organic. *Functional Ecology* **18**, 631–640.
Cole, L., M.A. Bradford, P.J.A. Shaw, et al. 2006. The abundance, richness and functional role of soil meso- and macrofauna in temperate grassland—a case study. *Applied Soil Ecology* **33**, 186–198.
Cole, L., S.M. Buckland and R.D. Bardgett. 2008. Influence of disturbance and nitrogen addition on plant and soil animal diversity in grassland. *Soil Biology and Biochemistry* **40**, 505–514.
Coleman, D.C. 1985. Through a ped darkly: an ecological assessment of root-soil-microbial-faunal interactions. In: *Ecological Interactions in Soil: Plants, Microbes and Animals* (A.H. Fitter, D. Atkinson, D.J. Read, et al., eds), pp. 1–21. British Ecological Society Special Publication Number 4. Blackwell, Oxford.
Coleman, D.C. and D.A. Crossley. 1995. *Fundamentals of Soil Ecology*. Academic Press, San Diego, CA.
Coleman, D.C., C.V. Cole, R.V. Anderson, et al. 1977. Analysis of rhizosphere-saprophage interactions in terrestrial ecosystems. In: *Soil Organisms as Components of Ecosystems* (U. Lohm and T. Persson, eds), pp. 299–309. Ecological Bulletin 25, Swedish National Science Research Council, Stockholm.
Coleman, D.C., C.P.P. Reid and C.V. Cole. 1983. Biological strategies of nutrient cycling in soil systems. *Advances in Ecological Research* **13**, 1–51.
Coley, P.D., J.P. Bryant and F.S. Chapin. 1985. Resource availability and plant antiherbivore defense. *Science* **230**, 895–899.
Conant, R.T., K. Paustian and E.T. Elliott. 2001. Grassland management and conversion into grassland: effects on soil carbon. *Ecological Applications* **11**, 343–355.
Conant, R.T., R.A. Drijber, M.L. Haddix, et al. 2008. Sensitivity of organic matter decomposition to warming varies with its quality. *Global Change Biology* **14**, 868–877.
Conen, F., J. Leifeld, B. Seth and C. Alewell. 2006. Warming mobilises young and old soil carbon equally. *Biogeosciences* **3**, 515–519.
Connell, J.H. and R.O. Slatyer. 1977. Mechanisms of succession in natural communities and their role in community stability and organization. *American Naturalist* **111**, 1119–1144.
Connell, J.H. and M.D. Lowman. 1989. Low-diversity tropical rain forests: some possible mechanisms for their existence. *American Naturalist* **134**, 88–119.
Convey, P., P. Greenslade, R.J. Arnold, et al. 1999. Collembola of sub-Antarctic South Georgia. *Polar Biology* **22**, 1–6.

Coomes, D.A., R.B. Allen, W.A. Bently, et al. 2005. The hare, the tortoise, and the crocodile: the ecology of angiosperm dominance, conifer persistence and fern filtering. *Journal of Ecology* **93**, 918–935.

Cooper, E. and Wookey, P. 2001. Field measurements of the growth rates of forage lichens, and the implications of grazing by Svalbard reindeer. *Symbiosis* **31**, 173–186.

Cornelissen, J.H.C. 1996. An experimental comparison of leaf decomposition rates in a wide range of temperate plant species and types. *Journal of Ecology* **84**, 573–582.

Cornelissen, J.H.C. and K. Thompson. 1997. Functional leaf attributes predict litter decomposition rate in herbaceous plants. *New Phytologist* **135**, 109–114.

Cornelissen, J.H.C., P.C. Dies and R. Hunt. 1996. Seedling growth, allocation and leaf attributes in a wide range of woody plants and types. *Journal of Ecology* **84**, 755–765.

Cornelissen, J.H.C., N. Perez-Harguindeguy, S. Díaz, et al. 1999. Leaf structure and defence control litter decomposition rate across species and life forms in regional floras in two continents. *New Phytologist* **143**, 191–200.

Cornelissen, J.H.C., R. Aerts, B. Cerabolini, et al. 2001a. Carbon cycling traits of plant species are linked with mycorrhizal strategy. *Oecologia* **129**, 611–619.

Cornelissen, J.H.C., T.V. Callaghan, J.M. Alatalo, et al. 2001b. Global change and arctic ecosystems: is lichen decline a function of increases in vascular plant biomass? *Journal of Ecology* **89**, 984–994.

Cornelissen, J.H.C., H.M. Quested, D. Gwynn-Jones, et al. 2004. Leaf digestibility and litter decomposability are related in a wide range of subarctic plant species and types. *Functional Ecology* **18**, 779–786.

Cornelissen, J.H.C., P.M. Van Bodegom, R. Aerts, et al. 2007. Global negative vegetation feedback to climate warming responses of leaf litter decomposition rates in cold biomes. *Ecology Letters* **10**, 619–627.

Cornwell, W.K., J.H.C. Cornelissen, K. Amatangelo, et al. 2008. Plant traits are the predominant control of litter decomposition within biomes worldwide. *Ecology Letters* **11**, 1065–1071.

Cornwell, W.K., J.H.C. Cornelissen, S.D. Allison, et al. 2009. Plant traits and wood fates across the globe; rotted, burned or consumed? *Global Change Biology* **15**, 2431–2449.

Cortez, J., R. Hameed and M.B. Bouché. 1989. C and N transfer in soil with or without earthworms fed with ^{14}C- and ^{15}N labelled wheat straw. *Soil Biology and Biochemistry* **21**, 491–497.

Côte, S.D., T.P. Rooney, J.-P. Tremblay, et al. 2004. Ecological impacts of deer overabundance. *Annual Reviews of Ecology and Systematics* **35**, 113–147.

Cottingham, K.L., B.L. Brown and J.L. Lennon. 2001. Biodiversity may regulate the temporal variability of ecological systems. *Ecology Letters* **4**, 72–85.

Coughenour, M.B. 1991. Biomass and N responses to grazing of upland steppe on Yellowstone's northern winter range. *Journal of Applied Ecology* **28**, 71–82.

Coulson, S.J., H.P. Leinass, R.A. Ims, et al. 2000. Experimental manipulation of the winter surface ice layer: the effects on Arctic soil microarthropod community. *Ecography* **23**, 299–306.

Coûteaux. M.M., C. Kurz, P. Bottner, et al. 1999. Influence of increased atmospheric CO_2 concentration on quality of plant material and litter decomposition. *Tree Physiology* **19**, 301–311.

Cox, P.M., R.A. Betts, C.D. Jones, et al. 2000. Acceleration of global warming due to carbon cycle feedbacks in a coupled climate model. *Nature* **408**, 184–187.

Crafford, J.E. 1990. The role of feral house mice in ecosystem functioning on Marion Island. In: *Antarctic Ecosystems: Ecological Change and Conservation* (K.R. Kerry and G. Hempel, eds), pp. 359–364. Springer, Berlin.

Cragg, R.G. and R.D. Bardgett. 2001. How changes in soil faunal diversity and compostion within a trophic group influence decomposition processes. *Soil Biology and Biochemistry* **33**, 2073–2081.

Craine, J.M., D.A. Wedin and F.S. Chapin. 1999. Predominance of ecophysiological controls on soil CO_2 flux in a Minnesota grassland. *Plant and Soil* **207**, 77–86.

Craine, J.M., D. Tilman, D. Wedin, et al. 2002. Functional traits, productivity and effects on nitrogen cycling of 33 grassland species. *Functional Ecology* **16**, 563–574.

Craine, J.M., C. Morrow and N. Fierer. 2007. Microbial nitrogen limitation increases decomposition. *Ecology* **88**, 2105–2113.

Creel, S. and D. Christianson. 2009. Wolf presence and increased willow consumption by Yellowstone elk: implications for trophic cascades. *Ecology* **90**, 2454–2466.

Creel, S., J. Winnie, B. Maxwell, et al. 2005. Elk alter habitat selection as an antipredator response to wolves. *Ecology* **86**, 3387–3397.

Crews, T.E., K. Kitayama, J.H. Fownes, et al. 1995. Changes in soil phosphorus fractions and ecosystem dynamics across a long chronosequence in Hawaii. *Ecology* **76**, 1407–1424.

Crocker, R.L. and J. Major. 1955. Soil development in relation to vegetation and surface age at Glacier Bay, Alaska. *Journal of Ecology* **43**, 427–448.

Croll, D.A., J.L. Maron, J.A. Estes, et al. 2005. Introduced predators transform subarctic islands from grassland to tundra. *Science* **307**, 1959–1961.

Crutsinger, G.M., W.N. Reynolds, A.T. Classen, et al. 2008. Disparate effects of plant genotypic diversity on foliage and litter arthropod communities. *Oecologia* **158**, 65–75.

Curtis, P.S. and X.Z. Wang, X.Z. 1998. A meta-analysis of elevated CO_2 effects on woody plant mass, form, and physiology. *Oecologia* **113**, 299–313.

Curtis T.P., W.T. Sloan and J.W. Scannell. 2002. Estimating prokaryotic diversity and its limits. *Proceedings of the National Academy of Sciences USA* **99**, 10494–10499.

Daily, G.C. and P.A. Matson. 2008. Ecosystem services: from theory to implementation. *Proceedings of the National Academy of Sciences USA* **105**, 9455–9456.

Danby, R.K. and D.S. Hik. 2007. Variability, contingency and rapid change in recent subarctic alpine tree line dynamics. *Journal of Ecology* **95**, 352–363.

D'Antonio, C.M. and P.M. Vitousek. 1992. Biological invasions by exotic grasses, the grass/fire cycle and global change. *Annual Review of Ecology and Systematics* **23**, 63–87.

Davidson, E.A. and I.A. Janssens. 2006. Temperature sensitivity of soil carbon decomposition and feedbacks to climate change. *Nature* **440**, 165–173.

Davis, M.A., J.P. Grime and K. Thompson. 2000. Fluctuating resources in plant communities: a general theory of invasability. *Journal of Ecology* **88**, 528–534.

DeAngelis, D.L. and W.M. Post. 1991. Positive feedback and ecosystem organization. In: *Theoretical Studies of Ecosystems: The Network Perspective* (M. Higashi and T.P. Burns, eds), pp. 155–178. Cambridge University Press, Cambridge.

De Deyn, G.B. and W.H. Van der Putten. 2005 Linking aboveground and belowground ecology. *Trends in Ecology and Evolution* **20**, 625–633.

De Deyn, G.B., C.E. Raaijmakers, H.R. Zoomer, et al. 2003. Soil invertebrate fauna enhances grassland succession and diversity. *Nature* **422**, 711–713.

De Deyn, G.B., C.E. Raaijmakers, J. van Ruijven, et al. 2004. Plant species identity and diversity effects on different trophic levels of nematodes in the soil food web. *Oikos* **106**, 576–586.

De Deyn, G.B., J. van Ruijven, E. Ciska, et al. 2007. Above- and belowground insect herbivores differentially affect soil nematode communities in species-rich plant communities. *Oikos* **116**, 923–930.

De Deyn, G.B., H.C. Cornelissen and R.D. Bardgett. 2008. Plant functional traits and soil carbon sequestration in contrasting biomes. *Ecology Letters* **11**, 516–531.

De Deyn, G.B., H. Quirk, Y. Zou, et al. 2009. Vegetation composition promotes carbon and nitrogen storage in model grassland communities of contrasting soil fertility. *Journal of Ecology* **97**, 864–875.

Degens, B. 1998. Decreases in microbial functional diversity do not result in corresponding changes in decomposition under different moisture regimes. *Soil Biology and Biochemistry* **30**, 1989–2000.

De Graaff, M.A., K.J. van Groenigen, J. Six, et al. 2006. Interactions between plant growth and soil nutrient cycling under elevated CO_2: a meta-analysis. *Global Change Biology* **12**, 2077–2091.

De Graaff, M.A., J. Six and C. van Kessel. 2007. Elevated CO_2 increases ntrogen rhizodeposition and microbial immobilization of root-derived nitrogen. *New Phytologist* **173**, 778–786.

DeLuca, T.H., M.-C. Nilsson and O. Zackrisson. 2002a. Nitrogen mineralization and phenol accumulation along a fire chronosequence in northern Sweden. *Oecologia* **133**, 206–214.

DeLuca, T.H., O. Zackrisson, M.-C. Nilsson, et al. 2002b. Quantifying nitrogen-fixation in feather moss carpets of boreal forests. *Nature* **419**, 917–920.

De Mazancourt, C., M. Loreau and L. Abbadie. 1999. Grazing optimization and nutrient cycling: potential impact of large herbivores in a savannah system. *Ecological Applications* **9**, 784–797.

Denton, C.S., R.D. Bardgett, R. Cook, et al. 1999. Low amounts of root herbivory positively influence the rhizosphere microbial community in a temperate grassland soil. *Soil Biology and Biochemistry* **31**, 155–165.

De Rooij-van der Goes, P.C.E.M. 1995. The role of plant – parasitic nematodes in the decline of *Ammophila arenaria* L. Link. *New Phytologist* **129**, 661–669.

de Ruiter, P.C., A.-M. Nuetel and J.C. Moore. 1995. Energetics, patterns of interactions strengths, and stability in real ecosystems. *Science* **269**, 1257–1260.

Desprez-Loustau, M.L., C. Robin, M. Buee, et al. 2007. The fungal dimension of biological invasions. *Trends in Ecology and Evolution* **22**, 472–480.

de Vries, F.T., E. Hoffland, N. van Eekeren, et al. 2006. Fungal/bacterial ratios in grasslands with contrasting nitrogen management. *Soil Biology and Biochemistry* **38**, 2092–2103.

Diamond, J.M. 2005. *Collapse: How Societies Choose to Fail or Succeed*. Penguin Books, London.

Díaz, S., J.P. Grime, J. Harris, et al. 1993. Evidence of a feedback mechanism limiting plant-response to elevated carbon-dioxide. *Nature* **364**, 616–617.

Díaz, S., F.S. Chapin III, A. Symstad, et al. 2003. Functional diversity revealed through removal experiments. *Trends in Ecology and Evolution* **18**, 140–146.

Díaz, S., J.G. Hodgson, K. Thompson, et al. 2004. The plant traits that drive ecosystems: evidence from three continents. *Journal of Vegetation Science* **15**, 295–304.

Díaz, S., S. Lavorel, S. McIntyre, et al. 2006. Plant trait responses to grazing—a global synthesis. *Global Change Biology* **13**, 313–341.

Díaz, S., S. Lavorel, F. de Bello, et al. 2007. Incorporating plant functional diversity effects in ecosystem service assessments. *Proceedings of the National Academy of Sciences USA* **104**, 20684–20689.
Díaz, S., A. Hector and D.A. Wardle. 2009. Biodiversity in forest carbon sequestration initiatives: not just a side benefit. *Current Opinion in Environmental Sustainability* **1**, 55–60.
Dickie, I.A., R.T. Koide and K.C. Steiner. 2002. Influences of established trees on mycorrhizas, nutrition, and growth of *Quercus rubra* seedlings. *Ecological Monographs* **72**, 505–521.
Dijkstra, F.A. and W.X. Cheng. 2007. Interactions between soil and tree roots accelerate long-term soil carbon decomposition. *Ecology Letters* **10**, 1046–1053.
Dillon, R.J. and V.M. Dillon. 2004. The gut bacteria of insects: nonpathogenic interactions. *Annual Review of Entomology* **49**, 71–92.
Doblas-Miranda, E., D.A. Wardle, D.A. Peltzer, et al. 2008. Changes in the community structure and diversity of soil invertebrates across the Franz Josef Glacier chronosequence. *Soil Biology and Biochemistry* **40**, 1069–1081.
Donnison, L.M., G.S. Griffith, J. Hedger, et al. 2000. Management influences on soil microbial communities and their function in botanically diverse haymeadows of northern England and Wales. *Soil Biology and Biochemistry* **32**, 253–263.
Dormaar, J.F. 1990. Effect of active roots on the decomposition of soil organic matter. *Biology and Fertility of Soils* **10**, 121–126.
Dorrepaal, E., J.H.C. Cornelissen, R. Aerts, et al. 2005. Are growth forms consistent predictors of leaf litter quality and decomposability across peatlands along a latitudinal gradient? *Journal of Ecology* **93**, 817–828.
Dorrepaal, E., S. Toet, R.S.P. van Logtestijn, et al. 2009. Carbon respiration from subsurface peat accelerated by climate warming in the subarctic. *Nature* **460**, 616–619.
Dowrick, D.J., S. Hughes, C. Freeman, et al. 1999. Nitrous oxide emissions from a gully mire in mid-Wales UK, under simulated summer drought. *Biogeochemistry* **44**, 151–162.
Dromph, K., R. Cook, N.J. Ostle, et al. 2006. Root parasite induced nitrogen transfer between plants is density dependent. *Soil Biology and Biochemistry* **38**, 2495–2498.
Duffy, J.E. 2009. Why biodiversity is important to the functioning of real world ecosystems. *Frontiers in Ecology and the Environment* **8**, 437–444.
Duffy, J.E., B.J. Cardinale, K.E. France, et al. 2007. The functional role of biodiversity in ecosystems: incorporating trophic complexity. *Ecology Letters* **10**, 522–538.
Duke, S.O., A.C. Blair, F.E. Dayan, et al. 2009. Is (-)-Catechin a novel weapon of spotted knapweed (*Centaurea stoebe*)? *Journal of Chemical Ecology* **35**, 141–153.
Duncan, R.P. and J.R. Young. 2000. Determinants of plant extinction and rarity 145 years after European settlement of Auckland, New Zealand. *Ecology* **81**, 3048–3061.
Dunham, A.E. 2008. Above and below ground impacts of terrestrial mammals and birds in a tropical forest. *Oikos* **117**, 571–579.
Dunn, R., J. Mikola, R. Bol, et al. 2006. Influence of microbial activity on plant-microbial competition for organic and inorganic nitrogen. *Plant and Soil* **289**, 321–334.
Dyer, H.C., L. Boddy and C.M. Preston-Meek. 1992. Effect of the nematode *Panagrellus redivivus* on growth and enzyme production by *Phanerochaete velutina* and *Stereum hirsutum*. *Mycological Research* **96**, 1019–1028.
Dyer, L.A. and D. Letourneau. 2003. Top down and bottom up diversity cascades in detrital vs. living food webs. *Ecology Letters* **6**, 60–68.
Dyksterhuis, E.J. 1949. Condition and management of rangelands based on quantitative ecology. *Journal of Range Management* **2**, 104–115.

Edwards, C.A. 2004. *Earthworm Ecology*, 2nd edn. CRC Press, Boca Raton, FL.
Edwards, C.A. and P.J. Bohlen. 1996. *Biology and Ecology of Earthworms*, 3rd edn. Chapman and Hall: London.
Edwards, P.J. and S. Hollis. 1982. The distribution of excreta on New Forest grassland used by cattle, ponfies and deer. *Journal of Applied Ecology* **19**, 953–964.
Egerton-Warburton, L.M. and E.B. Allen. 2000. Shifts in arbuscular mycorrhizal communities along an anthropogenic nitrogen deposition gradient. *Ecological Applications* **10**, 484–496.
Ehrenfeld, J.G. 2003. Effects of exotic plant invasions on soil nutrient cycling processes. *Ecosystems* **6**, 503–523.
Ehrlich, P.R. and H.A. Mooney. 1983. Extinction, substitution and ecosystem services. *BioScience* **33**, 248–254.
Eisenhauer, N. and S. Scheu. 2008. Earthworms as drivers of the competition between grasses and legumes. *Soil Biology and Biochemistry* **40**, 2650–2659.
Eldridge, D.J. 1993. Effects of ants on sandy soils in semiarid eastern Australia: local distribution of nest entrances and their effect in infiltration of water. *Australian Journal of Soil Research* **31**, 509–518.
Ellis, J.C. 2005. Marine birds on land; a review of plant biomass, species richness and community composition in seabird colonies. *Plant Ecology* **181**, 227–241.
Ellis, J.C., J.M. Farina and J.D. Whitman. 2006. Nutrient transfer from sea to land: the case of gulls and cormorants in the Gulf of Maine. *Journal of Animal Ecology* **75**, 565–574.
Ellison, A.M., M.S. Bank, B.D. Clinton, et al. 2005. Loss of foundation species: consequences for the structure and dynamics of forested ecosystems. *Frontiers in Ecology and the Environment* **3**, 479–486.
Elser, J.J., R.W. Sterner, E. Gorokhova, et al. 2000. Biological stoichiometry from genes to ecosystems. *Ecology Letters* **3**, 540–550.
Elton, C.S. 1958. *The Ecology of Invasions by Animals and Plants*. Methuen, London.
Engelbrecht, B.M., L.S. Comita, R. Condit, et al. 2007. Drought sensitivity shapes species distribution patterns in tropical forests. *Nature* **447**, 80–82.
Engelkes, T., E. Morrien, K.J.F. Verhoeven, et al. 2008 Successful range-expanding plants experience less above-ground and below-ground enemy impact. *Nature* **456**, 946–948.
Enríquez, S., C.M. Duarte and K. Sandjensen. 1993. Patterns in decomposition rates among photosynthetic organisms: the importance of detritus C:N:P content. *Oecologia* **94**, 457–471.
Epstein, H.E., W.A. Beringer, A.H. Gould, et al. 2004. The nature of spatial transitions in the Arctic. *Journal of Biogeography* **31**, 1917–1933.
Ettema, C. and D.A. Wardle. 2002. Spatial soil ecology. *Trends in Ecology and Evolution* **17**, 177–183.
Ettema, C.H., R. Lowrance, D.C. Coleman, et al. 1999. Riparian soil response to surface nitrogen input: the indicator potential of free living soil nematode populations. *Soil Biology and Biochemistry* **31**, 1625–1638.
Euskirchen, E.S., A.D. McGuire, D.W. Kicklighter, et al. 2006. Importance of recent shifts in soil thermal dynamics on growing season length, productivity, and carbon sequestration in terrestrial high-latitude ecosystems. *Global Change Biology* **12**, 731–750.
Fang, C.M., P. Smith, J.B. Moncrieff, et al. 2005. Similar response of labile and resistant soil organic matter pools to changes in temperature. *Nature* **433**, 57–59.
Fastie, C.L. 1995. Causes and ecosystem consequences of multiple pathways of primary succession at Glacier Bay, Alaska. *Ecology* **76**, 1899–1916.

Feeley, K.J. and J.W. Terborgh. 2005. The effects of herbivore density on soil nutrients and tree growth in tropical forest fragments. *Ecology* **86**, 116–124.

Fenner, N., Freeman, C., Lock, M.A., et al. 2007a. Interactions between elevated CO_2 and warming could amplify DOC exports from peatland catchments. *Environmental Science and Technology* **41**, 3146–3152.

Fenner, N., N.J. Ostle, N. McNamara, et al. 2007b. Elevated CO_2 Effects on peatland plant community carbon dynamics and DOC production. *Ecosystems* **10**, 635–647.

Fierer, N and J.P. Schimel. 2002. Effects of drying-rewetting frequency on soil carbon and nitrogen transformations. *Soil Biology and Biochemistry* **34**, 777–787.

Fierer, N., J.M. Craine, K. McLauchlan, et al. 2005. Litter quality and the temperature sensitivity of decomposition. *Ecology* **86**, 320–326.

Fierer, N., M.S. Strickland, D. Liptzin, et al. 2009. Global patterns in belowground communities. *Ecology Letters* **12**, 1238–1249.

Findlay, S., M. Carreiro, V. Krischik, et al. 1996. Effects of damage to living plants on leaf litter quality. *Ecological Applications* **6**, 269–275.

Finlay, B.J. 2002. Global dispersal of free-living microbial eukaryote species. *Science* **296**, 1061–1063.

Finlay, R.D. 1985. Interactions between soil micro-arthropods and endomycorrhizal associations of higher plants. In: *Ecological Interactions in Soil—Plants, Microbes and Animals* (A.H. Fitter, ed.), pp. 319–331. Blackwell Scientific Publications, Oxford.

Finzi, A.C. and S.T. Berthrong. 2005. The uptake of amino acids by microbes and trees in three cold-temperate forests. *Ecology* **86**, 3345–3353.

Finzi, A.C., E.H. DeLucia, R.G. Hamilton, et al. 2002. The nitrogen budget of a pine forest under free-air CO_2 enrichment. *Oecologia* **132**, 567–578.

Fisk, M.C., D.R. Zak and T.R. Crow. 2002. Nitrogen storage and cycling in old- and second-growth northern hardwood forests. *Ecology* **83**, 73–87.

Flanagan, L.B., L.A. Wever and P.J. Carlson. 2002. Seasonal and interannual variation in carbon dioxide exchange and carbon balance in a northern temperate grassland. *Global Change Biology* **8**, 599–615.

Floate, M.J.S. 1970a. Mineralization of nitrogen and phosphorus from organic materials of plant and animal origin and its significance in the nutrient cycle in grazed upland hills and soils. *Journal of the British Grassland Society* **25**, 295–302.

Floate, M.J.S. 1970b. Decomposition of organic materials from hill soils and pastures II. Comparative studies on the mineralization of carbon, nitrogen and phosphorus from plant materials and sheep faeces. *Soil Biology and Biochemistry* **2**, 173–185.

Floate, M.J.S. 1981. Effects of grazing by large herbivores on N cycling in agricultural ecosystems. In: *Terrestrial Nitrogen Cycles – Processes, Ecosystem Strategies and Management Impacts* (F.E. Clark and T. Rosswalls, eds), pp. 585–597. Ecological Bulletins, Stockholm.

Foissner, W., A. Chao, L.A. Katz, et al. 2008. Diversity and geographic distribution of ciliates (Protista: Ciliophora). *Biodiversity and Conservation* **17**, 345–363.

Fontaine S. and S. Barot. 2005. Size and functional diversity of microbe populations control plant persistence and long-term soil carbon accumulation. *Ecology Letters* **8**, 1075–1087.

Fornara, D.A. and J.T. Du Toit. 2007. Browsing lawns? Response of *Acacia nigrescens* to ungulate browsing in an African savanna. *Ecology* **88**, 200–209.

Fornara, D.A. and J.T. Du Toit. 2008. Browsing-induced effects of leaf litter quality and decomposition in a southern African savanna. *Ecosystems* **11**, 238–249.

Fornara, D.A. and D. Tilman. 2008. Plant functional composition influences rates of soil carbon and nitrogen accumulation. *Journal of Ecology* **96**, 314–322.

Fortunel, C., E. Garnier, R. Joffre, et al. 2009. Leaf traits capture the effects of land use and climate on litter decomposability of herbaceous communities across Europe. *Ecology* **90**, 598–611.

Fox, L.R., S.P., Ribeiro, V.K. Brown, et al. 1999. Direct and indirect effects of climate change on St John's wort, *Hypericum perforatum* L. (Hypericaceae). *Oecologia* **120**, 113–122.

Fox, A.D., Madsen, J., Boyd, H. et al. 2005. Effects of agricultural change on abundance, fitness components and distribution of two arctic-nesting goose populations. *Global Change Biology* **11**, 881–893.

Francis, R. and D.J. Read. 1995. Mutualism and antagonism in the mycorrhizal symbiosis, with special reference to impacts on plant community structure. *Canadian Journal of Botany* **73**, S1301–S1309.

Frank, A.B. 2002. Carbon dioxide fluxes over a grazed prairie and seeded pasture in the Northern Great Plains. *Environmental Pollution* **116**, 397–403.

Frank, A.B., D.L. Tanaka, L., Hofmann, et al. 1995. Soil carbon and nitrogen of Northern Great Plains grasslands as influenced by long-term grazing. *Journal of Range Management* **48**, 470–474.

Frank, D.A. 2008. Evidence for top predator control of a grazing system. *Oikos* **117**, 1718–1724.

Frank, D.A. and P.M. Groffman. 2009. Plant rhizospheric N processes: what we don't know and why we should care. *Ecology* **90**, 1512–1519.

Frank, D.A. and S.J. McNaughton. 1992. The ecology of plants, large mammalian herbivores, and drought in Yellowstone National Park. *Ecology* **73**, 2043–2058.

Freckman, D.W. and R. Mankau. 1986. Abundance, distribution, biomass and energetics of soil nematodes in a northern Mojave desert. *Pedobiologia* **29**, 129–142.

Freckman, D.W. and R.A. Virginia. 1997. Low-diversity Antarctic soil nematode communities: distribution and response to disturbance. *Ecology* **78**, 363–369.

Freeman, C., G.B. Nevison, H. Kang, et al. 2002. Contrasted effects of simulated drought on the production and oxidation of methane in a mid-Wales wetland. *Soil Biology and Biochemistry* **34**, 61–67.

Freeman C., N.J. Ostle, N. Fenner, et al. 2004a. A regulatory role for phenol oxidase during decomposition in peatlands. *Soil Biology and Biochemistry* **36**, 1663–1667.

Freeman, C., N. Fenner, N.J. Ostle, et al. 2004b. Dissolved organic carbon export from peatlands under elevated carbon dioxide levels. *Nature* **430**, 195–198.

Frelich, L.E., C.M. Hale, S. Scheu, et al. 2006. Earthworm invasion into previously earthworm-free temperate and boreal forests. *Biological Invasions* **8**, 1235–1245.

Frenot, Y., S.L. Chown, J. Whinam, et al. 2005. Biological invasions in the Antarctic: extent, impacts and implications. *Biological Reviews* **80**, 45–72.

Freschet, G.T., J.H.C. Cornelissen, L.S.P. van Longtestijn, et al. 2010. Evidence of the plant ecnomics spectrum in a subarctic flora. *Journal of Ecology* **98**, 362–373.

Frey, S.D., M. Knorr, J.L. Parrent, et al. 2004. Chronic nitrogen enrichment affects the structure and function of the soil microbial community in temperate hardwood and pine forests. *Forest Ecology and Management* **196**, 159–171.

Fridley, J.D. 2002. Resource availability dominates and alters the relationship between species diversity and ecosystem productivity in experimental plant communities. *Oecologia* **132**, 271–277.

Fridley, J.D., J.J. Stachowicz, S. Naeem, et al. 2007. The invasion paradox: reconciling pattern and process in species invasion. *Ecology* **88**, 3–17.

Friedlingstein, P., P. Cox, R. Betts, et al. 2006. Climate-carbon cycle feedback analysis: results from the (CMIP)-M-4 model intercomparison. *Journal of Climate* **19**, 3337–3353.

Frost, C.J. and M.D. Hunter. 2004. Insect canopy herbivory and frass deposition affect soil nutrient dynamics and export in oak mesocosms. *Ecology* **85**, 3335–3347.

Frost, C.J. and M.D. Hunter. 2007. Recycling of nitrogen in herbivore feces: plant recovery, herbivore assimilation, soil retention, and leaching losses. *Oecologia* **151**, 42–53.

Frost, C.J. and M.D. Hunter. 2008a. Insect herbivores and their frass affect *Quercus rubra* leaf quality and initial stages of subsequent litter decomposition, *Oikos* **117**, 13–22.

Frost, C.J. and M.D. Hunter. 2008b. Herbivore-induced shifts in carbon and nitrogen allocation in red oak seedlings. *New Phytologist* **178**, 835–845.

Frouz, J., D. Elhottová, V. Sustr, et al. 2002. Preliminary data about the compartmentalization of the gut of the saprophagous dipteran larvae *Penthetria holosericea* (Bibionidae). *European Journal of Soil Biology* **38**, 47–51.

Frouz, J., V. Kristufek, X. Li, et al. 2003. Changes in the amount of bacteria during gut passage of leaf litter and during coprophagy in three species of bibionidae (Diptera) larvae. *Folia Microbiology* **48**, 535–542.

Fukami, T., D.A. Wardle, P.J. Bellingham, et al. 2006. Above- and below-ground impacts of introduced predators in seabird-dominated island ecosystems. *Ecology Letters* **9**, 1299–1307.

Funk, J.L. and P.M. Vitousek. 2007. Resource-use efficiency and plant invasions in low-resource systems. *Nature* **446**, 1079–1081.

Gadgill, R.L. 1971. The nutritional role of *Lupinus arboreus* in coastal sand dune forestry. I. The potential influence of undamaged lupin plants on nitrogen uptake by *Pinus radiata*. *Plant and Soil* **34**, 357–367.

Galloway, J.N., F.J. Dentener, D.G. Capone, et al. 2004. Nitrogen cycles: past, present, and future. *Biogeochemistry* **70**, 153–226.

Galloway, J.N., A.R. Townsend, J. Willem Erisman, et al. 2008. Transformation of the nitrogen cycle: recent trends, questions, and potential solutions. *Science* **320**, 889–892.

Gange, A.C. and V.K. Brown. 1989. Effects of root herbivory by an insect on a folier-feeding species, mediated by changes in the host plant. *Oecologia* **81**, 38–42.

Gange, A.C. and H.M. West. 1994. Interactions between arbuscular mycorrhizal fungi and foliar-feeding insects in *Plantago lanceolata* L. *New Phytologist* **128**, 79–87.

Gange, A.C., V.K. Brown and G.S. Sinclair. 1993. Vesicular-arbuscular mycorrhizal fungi: a determinant of plant community structure in early succession. *Functional Ecology* **7**, 616–622.

Gange, A.C., E.G. Gange, T.H. Sparks, et al. 2007. Rapid and recent changes in fungal fruiting patterns. *Science* **316**, 71.

Garnier, E., J. Cortez, G. Billes, et al. 2004. Plant functional markers capture ecosystem properties during secondary succession. *Ecology* **85**, 2630–2637.

Garrettson, M., J.F. Stetzel, B.S. Halpern, et al. 1998. Diversity and abundance of understory plants on active and abandoned nests of leaf-cutting ants (Atta cephalotes) in a Costa Rican rain forest. *Journal of Tropical Ecology* **14**, 17–26.

Gartner, B and Z. Cardon. 2004. Decomposition dynamics in mixed species leaf litter. *Oikos* **104**, 230–246.

Gaston, K.J., A.G. Jones, C. Hanel, et al. 2003. Rates of species introduction to a remote oceanic island. *Proceedings of the Royal Society of London Series B Biological Sciences* **270**, 1091–1098.

Geden, K.N. and M.D. Bertness. 2009. Experimental warming causes rapid loss of plant diversity in New England salt marshes. *Ecology Letters* **12**, 842–848.

Gehring C.A. and T.G. Whitham. 1994. Interactions between aboveground herbivores and the mycorrhizal mutualists of plants. *Trends in Ecology and Evolution* **9**, 251–255.

Gehring C.A. and T.G. Whitham. 2002. Mycorrhizae–herbivory interactions: population and community consequences. In: *Mycorrhizal Ecology* (M.G.A. Van der Heijden and I.R. Sanders, eds), pp. 295–320. Springer, Berlin.

Gende, S.M., A.E. Miller and E. Hood. 2007. The effects of salmon carcases on soil nitrogen pools in riparian forest of southeastern Alaska. *Canadian Journal of Forest Research* **37**, 1194–1202.

Giller, K.E., E. Witter and Sp.P. McGrath. 1998. Toxicity of heavy metals to microorganisms and microbial processes in agricultural soils—a review. *Soil Biology and Biochemistry* **30**, 1389–1414.

Goldberg, S.M.D., J. Johnson, D. Busam, et al. 2006. A Sanger/pyrosequencing hybrid approach for the generation of high-quality draft assemblies of marine microbial genomes. *Proceedings of the National Academy of Sciences USA* **103**, 11240–11245.

Golluscio, R.A., A.T. Austin, G.C. García Martínez, et al. 2009. Sheep grazing decreases organic carbon and nitrogen pools in the Patagonian Steppe: combination of direct and indirect effects. *Ecosystems* **12**, 686–697.

Gonzalez, G. and T.R. Seastedt. 2001. Soil fauna and plant litter decomposition in tropical and subalpine forests. *Ecology* **82**, 955–964.

Gonzalez, G., C.Y. Huang, X. Zou, et al. 2006. Earthworm invasion in the tropics. *Biological Invasions* **8**, 1247–1256.

Gordon, H., P.M. Haygarth and R.D. Bardgett. 2008. Drying and rewetting effects on soil microbial community composition and nutrient leaching. *Soil Biology and Biochemistry* **40**, 302–311.

Gotelli, N.J. and A.E. Arnett. 2000. Biogeographic effects of red fire ant invasion. *Ecology Letters* **3**, 257–261.

Gough, L., P.A. Wookey and G.R. Shaver. 2002. Dry heath arctic tundra responses to long-term nutrient and light manipulation. *Arctic, Antarctic and Alpine Research* **34**, 211–218.

Gough, L., E.A. Ramsey and D.R. Johnson. 2007. Plant-herbivore interactions in Alaskan arctic tundra change with soil nutrient availability. *Oikos* **116**, 407–418.

Grace, J.B., T.M. Anderson, M.D. Smith, et al. 2007. Does species diversity limit productivity in natural grassland communities? *Ecology Letters* **10**, 680–689.

Gratton, C. and J. Vander Zanden. 2009. Flux of aquatic insect productivity to land: comparison of lentic and lotic systems. *Ecology* **90**, 2689–2699.

Gratton, C., J. Donaldson and M.J. Vander Zanden. 2008. Ecosystem linkages between lakes and the surrounding terrestrial landscape in northeast Iceland. *Ecosystems* **11**, 764–774.

Grayston, S.J., S.Q. Wang, C.D. Campbell, et al. 1998. Selective influence of plant species on microbial diversity in the rhizosphere. *Soil Biology and Biochemistry* **30**, 369–378.

Green, P.T., D.J. O'Dowd and P.S. Lake. 2008. Recruitment dynamics in a rainforest seedling community: context-independent impact of a keystone consumer. *Oecologia* **156**, 373–385.

Greenfield, L.G. 1999. Weight loss and release of mineral nitrogen from decomposing pollen. *Soil Biology and Biochemistry* **31**, 353–361.

Griffiths, B.S., K. Ritz, R.D. Bardgett, et al. 2000. Ecosystem response of pasture soil communities to fumigation-induced microbial diversity reductions: an examination of the biodiversity-ecosystem function relationship. *Oikos* **90**, 279–294.

Griffiths, B.S., K. Ritz, R. Wheatley, et al. 2001. An examination of the biodiversity-ecosystem function relationship in arable soil microbial communities. *Soil Biology and Biochemistry* **33**, 1713–1722.

Grime, J.P. 1977. Evidence for the existence of three primary strategies of plants and its relevance to ecological and evolutionary theory. *American Naturalist* **111**, 1169–1194.

Grime, J.P. 1979. *Plant Strategies and Vegetation Processes*. John Wiley, Chichester, UK.

Grime, J.P. 1998. Benefits of plant diversity to ecosystems: immediate, filter and founder effects. *Journal of Ecology* **86**, 902–910.

Grime, J.P. 2001. *Plant Strategies, Vegetation Processes and Ecosystem Functioning*. Wiley, Chichester.

Grime, J.P., J.M.L. Mackey, S.N. Hillier, et al. 1987. Floristic diversity in a model system using experimental microcosms. *Nature* **328**, 420–422.

Grime, J.P., J.H.C. Cornelissen, K. Thompson, et al. 1996. Evidence of a causal connection between anti-herbivore defence and the decomposition rate of leaves. *Oikos* **77**, 489–494.

Grime, J.P., K. Thompson, R. Hunt, et al. 1997. Integrated screening validates primary axes of specialization in plants. *Oikos* **79**, 259–281.

Groffman, P.M., C.T. Driscoll, T.J. Fahey, et al. 2001. Colder soils in a warmer world: A snow manipulation study in a northern hardwood forest ecosystem. *Biogeochemistry* **56**, 135–150.

Grundmann, G.L. and D. Debouzie. 2000. Geostatistical analysis of the distribution of NH4 and NO2 oxidizing bacteria and serotypes at the millimeter scale along a soil transect. *FEMS Microbiology Ecology* **34**, 57–62.

Güsewell, S. and M.O. Gessner. 2009. N:P ratios influence litter decomposition and colonization by fungi and bacteria in microcosms. *Functional Ecology* **23**, 211–219.

Güsewell, S., W. Koerselman and T.A. Verhoeven. 2003. Biomass N : P ratios as indicators of nutrient limitation for plant populations in wetlands. *Ecological Applications* **13**, 372–384.

Güsewell, S., G. Jacobs and E. Weber. 2006. Native and introduced populations of *Solidago gigantea* differ in shoot production but not in leaf traits or litter decomposition. *Functional Ecology* **20**, 575–584.

Guitian, R. and R.D. Bardgett. 2000. Plant and soil microbial responses to defoliation in temperate semi-natural grassland. *Plant and Soil* **220**, 271–277.

Gundale, M.J. 2002. Influence of exotic earthworms on the soil organic horizon and the rare fern *Botrychium mormo*. *Conservation Biology* **16**, 1555–1561.

Gundale, M.J., D.A. Wardle and M.-C. Nilsson. 2010. Vascular plant removal effects on biological N-fixation vary across a boreal forest island gradient. *Ecology*, in press.

Gunn, A., F.L. Miller, S.J. Barry, et al. 2006. A near-total decline in caribou on Prince of Wales, Somerset and Russell Islands, Canadian Arctic. *Arctic* **59**, 1–13.

Guthrie, R.D. 2003. Rapid body size decline in Alaskan horses before extinction. *Nature* **426**, 169–171.

Hairston, N.G., F.E. Smith and L.B. Slobodkin. 1960. Community structure, population control and competition. *American Naturalist* **94**, 421–425.

Halaj, J. and D.H. Wise. 2001. Terrestrial trophic cascades: how much do they trickle? *American Naturalist* **157**, 262–281.

Hale, C.M., L.E. Frelich and P.B. Reich. 2005. Exotic European earthworm invasion dynamics in northern hardwood forests of Minnesota, USA. *Ecological Applications* **15**, 848–860.

Hale, C.M., L.E. Frelich and P.B. Reich. 2006. Changes in hardwood forest understory plant communities in response to European earthworm invasions. *Ecology* **87**, 1637–1649.

Halvorson, J.J., J.L. Smith and E.H. Franz. 1991. Lupine influence on soil carbon, nitrogen and microbial activity in developing ecosystems at Mt St Helens. *Oecologia* **87**, 162–170.

Hamilton, E.W. and D.A. Frank. 2001. Can plants stimulate soil microbes and their own nutrient supply? Evidence from a grazing tolerant grass. *Ecology* **82**, 239–244.

Hamilton, E.W., D.A. Frank, P.M. Hinchey, et al. 2008. Defoliation induces root exudation and triggers positive rhizospheric feedbacks in a temperate grassland. *Soil Biology and Biochemistry* **40**, 2865–2873.

Han, G., X. Hao, M. Zhao, et al. 2008. Effect of grazing intensity on carbon and nitrogen in soil and vegetation in a meadow steppe in Inner Mongolia. *Agriculture, Ecosystems and Environment* **125**, 21–32.

Handley, W.R.C. 1954. *Mull and Mor in Relation to Forest Soils*. Her Majesty's Stationery Office, London.

Handley, W.R.C. 1961. Further evidence for the importance of residual leaf protein complexes in litter decomposition and the supply of nitrogen for plant growth. *Plant and Soil* **15**, 37–73.

Hanley, M.E., S. Trofmov and G. Taylor. 2004. Species-level effects more important than functional group-level responses to elevated CO_2: evidence from simulated turves. *Functional Ecology* **18**, 304–313.

Hanlon, R.D.G. and J.M. Anderson. 1979. Effects of Collembola grazing on microbial activity in decomposing leaf litter. *Oecologia* **38**, 93–99.

Hansen, R.A. 1999. Red oak litter promotes a microarthropod functional group that accelerates its decomposition. *Plant and Soil* **209**, 37–45.

Hansen, R.A. 2000. Effect of habitat complexity and composition on a diverse litter microarthropod assemblage. *Ecology* **81**, 1120–1132.

Hanski, I. and Y. Cambefort. 1991. *Dung Beetle Ecology*. Princeton University Press, Princeton, NJ.

Harley, J.L. 1969. *The Biology of Mycorrhiza*. Leonard Hill, London.

Harper, J.L. 1977. *Population Biology of Plants*. Academic Press, London.

Harris, W.V. 1964. *Termites: Their Recognition and Control*. Longman, London.

Harrison, K.A. and R.D. Bardgett. 2004. Browsing by red deer negatively impacts on soil nitrogen availability in regenerating woodland. *Soil Biology and Biochemistry* **36**, 115–126.

Harrison, K.A., R. Bol and R.D. Bardgett. 2007. Preferences for uptake of different nitrogen forms by co-existing plant species and soil microbes in temperate grasslands. *Ecology* **88**, 989–999.

Harrison, K.A., R. Bol and R.D. Bardgett. 2008. Do plant species with different growth strategies vary in their ability to compete with soil microbes for chemical forms of nitrogen? *Soil Biology and Biochemistry* **40**, 228–237.

Harsch, M.A., P.E. Hulme, M.S. McGlone, et al. 2009. Are treelines advancing? A global meta-analysis of treeline response to climate warming. *Ecology Letters* **12**, 1040–1049.

Hartley, I.P., D.W. Hopkins, M.H. Garnett, et al. 2008. Soil microbial respiration in arctic soil does not acclimate to temperature. *Ecology Letters* **11**, 1092–1100.

Hartley, S.E. and C.J. Jones. 1997. Plant chemistry and herbivory, or why is the world green? In: *Plant Ecology* (M.J. Crawley, ed.), pp. 284–324. Blackwell Science, Oxford.

Hartnett, D.C. and G.W.T. Wilson. 1999. Mycorrhizae influence plant community structure and diversity in tallgrass prairie. *Ecology* **80**, 1187–1195.

Hassall, M., J.G. Turner and M.R.W. Rands. 1987. Effects of terrestrial isopods on the decomposition of woodland leaf litter. *Oecologia* **72**, 597–604.

Hättenschwiler, S. and P. Gasser. 2005. Soil animals alter plant litter effects on decomposition. *Proceedings of the National Academy of Sciences USA* **102**, 1519–1524.

Hättenschwiler, S. and P.M. Vitousek. 2000. The role of polyphenols in terrestrial ecosystem nutrient cycling. *Trends in Ecology and Evolution* **15**, 238–243.

Hättenschwiler, S., A.V. Tiunov and S. Scheu. 2005. Biodiversity and litter decomposition in terrestrial ecosystems. *Annual Reviews of Ecology, Evolution and Systematics* **36**, 191–218.

Hättenschwiler, S., B. Aeschlimann, M.-M. Coûteaux, et al. 2008. High variation in foliage and leaf litter chemistry among 45 tree species in a neotropical rainforest community. *New Phytologist* **179**, 165–175.

Hawes, C., A.J.A. Stewart and H.F. Evans. 2002. The impact of wood ants (*Formica rufa*) on the distribution and abundance of ground beetles (Coleoptera: Carabidae) in a Scots pine plantation. *Oecologia* **131**, 612–619.

Haystead, A., N. Malajczuk and T.S. Grove. 1988. Underground transfer of nitrogen between pasture plants infected with arbuscular mycorrhizal fungi. *New Phytologist* **108**, 417–423.

He, N., L. Wu, Y. Wang, et al. 2009. Changes in carbon and nitrogen in soil particle-size fractions along a grassland restoration chronosequence in northern China. *Geoderma* **150**, 302–308.

He, Z., T.J. Gentry, C.W. Schadt, et al. 2007. GeoChip: a comprehensive microarray for investigating biogeochemical, ecological and environmental processes. *The ISME Journal* **1**, 67–77.

Heath. J., E. Ayres, M. Possell, et al. 2005. Rising atmospheric CO_2 reduces soil carbon sequestration. *Science* **309**, 1711–1713.

Hector, A., B. Schmid, C. Beierkuhnlein, et al. 1999. Plant diversity and productivity experiments in European grasslands. *Science* **286**, 1123–1127.

Hedlund, K. and M.S. Öhrn. 2000. Tritrophic interactions in a soil community enhance decomposition rates. *Oikos* **88**, 585–591.

Hedlund, K., L. Boddy and C.M. Preston. 1991. Mycelial responses of the soil fungus *Mortierella isabellina* to grazing by *Onychiurus armatus* (Collembola). *Soil Biology and Biochemistry* **23**, 361–366.

Hedlund, K., I.S. Regina, W.H. Van der Putten, et al. 2003. Plant species diversity, plant biomass and responses of the soil community on abandoned land across Europe: idiosyncracy or above-belowground time lags. *Oikos* **103**, 45–58.

Heemsbergen, D.A., M.P. Berg, M. Loreau, et al. 2004. Biodiversity effects on soil processes explained by interspecific functional dissimilarity. *Science* **306**, 1019–1020.

Heimann, M. and M. Reichstein. 2008. Terrestrial ecosystem carbon dynamics and climate feedbacks. *Nature* **451**, 289–292.

Helfield, J.M. and R.J. Naiman. 2002. Salmon and alder as nitrofgen sources to riparian forests in a boreal Alaska watershed. *Oecologia* **133**, 573–582.

Helfield, J.M. and R.J. Naiman. 2006. Keystone interactions; salmon and bear in riparian forests in Alaska. *Ecosystems* **9**, 167–180.

Hendriksen, N.B. 1990. Leaf litter selection by detritivore and geophagous earthworms. *Biology and Fertility of Soils* **10**, 17–21.

Hendrix, P.F., R.W. Parmelee, D.A. Crossley, et al. 1986. Detritus food webs in conventional and no-tillage agroecosystems. *BioScience* **36**, 374–380.

Hendrix, P.F., M.A. Callaham, J.M. Drake, et al. 2008. Pandora's Box contained bait: the global problem of introduced earthworms. *Annual Review of Ecology and Systematics* **39**, 593–613.

Heneghan, L., D.C. Coleman, X. Zou, et al. 1999. Soil microarthropod contributions to decomposition dynamics: Tropical-temperate comparisons of a single substrate. *Ecology* **80**. 1873–1882.

Henry, H., J.D. Juarez, C.B. Field, et al. 2005. Interactive effects of elevated CO_2, N deposition and climate change on extracellular enzyme activity and soil density fractionation in a Californian annual grassland. *Global Change Biology* **11**, 1808–1815.

Herbert, D.A., J.H. Fownes and P.M. Vitousek. 1999. Hurricane damage to a Hawaiian forest: Nutrient supply rate affects resistance and resilience. *Ecology* **80**, 908–920.

Herms, D.A. and W.J. Mattson. 1992. The dilemma of plants: to grow or defend. *Quarterly Review of Biology* **67**, 283–335.

Hickling, R., D.B. Roy, J.K. Hill, et al. 2006. The distributions of a wide range of taxonomic groups are expanding polewards. *Global Change Biology* **12**, 450–455.

Hill, J.K., Y.C. Collingham, C.D. Thomas, et al. 2001. Impacts of landscape structure on butterfly range expansion. *Ecology Letters* **4**, 313–321.

Hobbie, J.E. and E.A. Hobbie. 2006. N-15 in symbiotic fungi and plants estimates nitrogen and carbon flux rates in Arctic tundra. *Ecology* **87**, 816–822.

Hobbie, S.E. 1992. Effects of plant species on nutrient cycling. *Trends in Ecology and Evolution* **7**, 336–339.

Hobbie, S.E. and P.M. Vitousek. 2000. Nutrient limitation of decomposition in Hawaiian forests. *Ecology* **81**, 1867–1877.

Hobbie, S.E., A. Shevtsova and F.S. Chapin. 1999. Plant responses to species removal and experimental warming in Alaskan tussock tundra. *Oikos* **84**, 417–434.

Hobbie, S.E., J.P. Schimel, S.E. Trumbore, et al. 2001. Controls over carbon storage and turnover in high-latitude soils. *Global Change Biology* **6**, 196–210.

Hobbie, S.E., L. Gough and G.R. Shaver, G.R. 2005. Species compositional differences on different-aged glacial landscapes drive contrasting responses of tundra to nutrient addition. *Journal of Ecology* **93**, 770–782.

Hobbie, S.E., P.B. Reich, J. Oleksyn, et al. 2006. Tree species effects on decomposition and forest floor dynamics in a common garden. *Ecology* **87**, 2288–2297.

Hocking, M.D. and T.E. Reimchen. 2002. Salmon-derived nitrogen in terrestrial invertebrates from coniferous forests of the Pacific Northwest. *BMC Ecology* **2**, 4.

Hodge, A., C.D. Campbell and A.H. Fitter. 2001. An arbuscular mycorrhizal fungus accelerates decomposition and acquires nitrogen directly from organic material. *Nature* **413**, 297–299.

Hodkinson, I.D., S.J. Coulson, N.R. Webb, et al. 1996. Can high Arctic soil microarthropods survive elevated summer temperatures? *Functional Ecology* **10**, 314–321.

Hodkinson, I.D., S.J. Coulson, N.R. Webb, et al. 2004. Invertebrate community structure across proglacial chronosequences in the high Arctic. *Journal of Animal Ecology* **73**, 556–568.

Högberg, M.N., Y. Chen and P. Högberg. 2007. Gross nitrogen mineralisation and fungi-to-bacteria ratios are negatively correlated in boreal forests. *Biology and Fertility of Soils* **44**, 363–366.

Högberg, P. 1992. Root symbioses of trees in African dry tropical forests. *Journal of Vegetation Science* **3**, 393–400.

Högberg, P. and D.J. Read. 2006. Towards a more plant physiological perspective on soil ecology. *Trends in Ecology and Evolution* **21**, 548–554.

Högberg, P., A. Nordgren, N. Buchmann, et al. 2001. Large-scale forest girdling shows that current photosynthesis drives soil respiration. *Nature* **411**, 789–792.

Högberg, P., M.N. Högberg, S.G. Gottlicher, et al. 2008. High temporal resolution tracing of photosynthate carbon from the tree canopy to forest soil microorganisms. *New Phytologist* **177**, 220–228.

Hokka, V., J. Mikola, M. Vestberg, et al. 2004. Interactive effects of defoliation and an AM fungus on plants and soil organisms in experimental legume-grass communities. *Oikos* **106**, 73–84.

Holland, E.A. and J.K. Detling. 1990. Plant response to herbivory and below-ground nitrogen cycling. *Ecology* **71**, 1040–1049.

Holland, E.A., F.J. Dentener and B.H. Braswell, et al. 1999. Contemporary and pre-industrial global reactive nitrogen budgets. *Biogeochemistry* **46**, 7–43.

Holland J.N., W. Cheng and D.A. Crossley Jr. 1996. Herbivore-induced changes in plant carbon allocation: assessment of below-ground C fluxes using carbon-14. *Oecologia* **107**, 87–94.

Hölldobler, B. and E. Wilson. 1990. *The Ants*. Springer-Verlag, Berlin.

Holtgrieve, G.W., D.E. Schindler and P.K. Jewett. 2009. Large predators and biogeochemical hotspots: brown bear (*Ursus arctos*) predation on salmon alters nitrogen cycling in riparian soils. *Ecological Research* **24**, 1125–1135.

Hoogerkamp, M., H. Rogaar and H.J.P. Eijsackers. 1983. Effect of earthworms on grassland ion recently reclaimed polder soils in the Netherlands. In: *Earthworm Ecology: From Darwin to Vermiculture* (J.E. Satchell, ed.), pp. 85–105. Chapman and Hall, London.

Hooper, D.U. and J.S. Dukes. 2004. Overyielding among plant functional groups in a long-term experiment. *Ecology Letters* **7**, 95–105.

Hooper, D.U. and P.M. Vitousek. 1997. The effects of plant composition and diversity on ecosystem processes. *Science* **277**, 1302–1305.

Hooper, D.U. and P.M. Vitousek. 1998. Effects of plant composition and diversity on nutrient cycling. *Ecological Monographs* **68**, 121–149.

Hooper, D.U., D.E. Bignell, V.K. Brown, et al. 2000. Interactions between aboveground and belowground biodiversity in terrestrial ecosystems: patterns, mechanisms and feedbacks. *BioScience* **50**, 1049–1061.

Hooper, D.U., F.S. Chapin, J.J. Ewel, et al. 2005. Effects of biodiversity on ecosystem functioning: a consensus of current knowledge and needs for future research. *Ecological Monographs* **75**, 3–35.

Hoorens, B., R. Aerts and M. Strogenga. 2003. Does initial leaf chemistry explain litter mixture effects on decomposition? *Oecologia* **442**, 578–586.

Hopkins, A. and R. Wilkins. 2006. Temperate grassland: key developments in the last century and future perspectives. *Journal of Agricultural Science* **144**, 503–523.

Hopp, H. and Slater, C.S. 1948. Influence of earthworms on soil productivity. *Soil Science* **66**, 421–428.

Houghton, J.T., L.G. Meira Filho, B.A. Callender. 1996. *Climate Change 1995. The Science of Climate Change*. Intergovernmental Panel on Climate Change. Cambridge University Press, Cambridge.

Houlton, B.Z., D.M. Sigman and L.O. Hedin. 2006. Isotopic evidence for large gaseous nitrogen losses from tropical rainforests. *Proceedings of the National Academy of Sciences USA* **103**, 8745–8750.

Houlton, B.Z., Y.P. Wang, P.M. Vitousek, et al. 2008. A unifying framework for dinitrogen fixation in the terrestrial biosphere. *Nature* **454**, 327–334.

Hu, S., F.S. Chapin, M.K. Firestone, et al. 2001. Nitrogen limitation of microbial decomposition in a grassland under elevated CO_2. *Nature* **409**, 188–191.

Hudson, M.E. 2008. Sequencing breakthroughs for genomic ecology and evolutionary biology. *Molecular Biology Resources* **8**, 3–17.

Hungate, B.A., E.A. Holland, R.B. Jackson, et al. 1997. On the fate of carbon in grasslands under carbon dioxide enrichment. *Nature* **388**, 576–579.

Hunt, H.W. and D.H. Wall. 2002. Modelling the effects of loss of soil biodiversity on ecosystem function. *Global Change Biology* **8**, 33–50.

Hunt, H.W., D.C. Coleman, E.R. Ingham, et al. 1987. The detrital food web in shortgrass prairie. *Biology and Fertility of Soils* **3**, 57–68.

Hunt, H.W., E.R. Ingham, D.C. Coleman, et al. 1988. Nitrogen limitation of production and decomposition in prairie, mountain meadow and pine forest. *Ecology* **69**, 1009–1016.

Hunter, M.D. and R.E. Forkner. 1999. Hurricane damage influences foliar nutrient phenolics and subsequent herbivory on surviving trees. *Ecology* **80**, 2676–2682.

Huntly, N. 1991. Herbivores and the dynamics of communities and ecosystems. *Annual Review of Ecology and Systematics* **22**, 477–503.

Huston, M.A. 1993. Biological diversity, soils and economics. *Science* **262**, 1676–1680.

Huston, M.A. 1994. *Biological Diversity. The Coexistence of Species on Changing Landscapes*. Cambridge University Press, Cambridge.

Huston, M.A. 1997. Hidden treatments in ecological experiments: re-evaluating the ecosystem function of biodiversity. *Oecologia* **110**, 449–460.

Huston, M.A. and D.L. De Angelis. 1994. Competition and coexistence: the effects of resource transport and supply rates. *American Naturalist* **144**, 854–877.

Huston, M.A. and S. Wolverton. 2009. The global distribution of net primary production: resolving the paradox. *Ecological Monographs* **79**, 343–377.

Hyodo, F. and D.A. Wardle. 2009. Effect of ecosystem retrogression on stable nitrogen and carbon isotopes of plants, soils and consumer organisms in boreal forest islands. *Rapid Communications in Mass Spectrometry* **23**, 1892–1898.

Hyodo, F., T. Inour, J.I. Azuma, et al. 2000. Role of the mutualistic fungus in lignin degradation of the soil fungus *Macromycetes gilvus* (Isoptera: Macrotermitin ae). *Soil Biology and Biochemistry* **32**, 653–658.

Ilieva-Makulec, K. and G. Makulec. 2002. Effect of the earthworm *Lumbricus rubellus* on the nematode community in a peat meadow soil. *European Journal of Soil Biology* **38**, 59–62.

Ilmarinen, K., J. Mikola, M. Nieminen, et al. 2005. Does plant growth phase determine the response of plants and soil organisms to defoliation? *Soil Biology and Biochemistry* **37**, 433–443.

Ingham, E.R., J.A. Trofymow, R.N. Ames, et al. 1986. Trophic interactions and nitrogen cycling in a semiarid grassland soil. 2. System responses to removal of different groups of soil microbes or fauna. *Journal of Applied Ecology* **23**, 615–630.

Ingham, R.E., J.A. Trofymow, E.R. Ingham, et al. 1985. Interactions of bacteria, fungi, and their nematode grazers: effects on nutrient cycling and plant growth. *Ecological Monographs* **55**, 119–140.

Insam, H. and K. Haselwandter. 1989. Metabolic quotient of the soil microflora in relation to plant succession. *Oecologia* **79**, 174–178.

Insam, H., C.C. Mitchell and J.F. Dormaar. 1991. Relationship of soil microbial biomass and activity with fertilization practice and crop yield of three Ultisols. *Soil Biology and Biochemistry* **23**, 459–464.

IPCC. 2007 *Climate Change 2007: The Physical Science Basis, Contribution of Working Group I to the Fourth Assessment Report of the Intergovernmental Panel on Climate Change*. Cambridge University Press, Cambridge.

Ishida, T.A., K. Nara, M. Tanaka, et al. 2008. Germination and infectivity of ectomycorrhizal fungal spores in relation to their ecological traits during primary succession. *New Phytologist* **180**, 491–500.

Iversen, C.M., J. Ledford and R.J. Norby. 2008. CO_2 enrichment increases carbon and nitrogen input from fine roots in a deciduous forest. *New Phytologist* **179**, 837–847.

Ives, A.R. and S.R. Carpenter. 2007. Stability and diversity of ecosystems. *Science* **317**, 58–62.

Ives, A.R., A. Einarsson, V.A.A. Jansen, et al. 2008. High amplitude fluctuations and alternative dynamical states of midges in Lake Myvatn. *Nature* **452**, 84–87.

Jackson, L.E., D.S. Schimel and M.K. Firestone. 1989. Short-term partitioning of ammonium and nitrate between plants and microbes in an annual grassland. *Soil Biology and Biochemistry* **21**, 409–415.

Jackson, R.B., J. Canadell, J.R. Ehleringer, et al. 1996. A global analysis of root distributions for terrestrial biomes. *Oecologia* **108**, 389–411.

Jackson, R.B., J.L. Banner, E.G. Jobbagy, et al. 2002. Ecosystem carbon loss with woody plant invasion of grasslands. *Nature* **418**, 623–626.

Jackson, R.B., C.W. Cook, J.S. Poppen, et al. 2009. Increased belowground biomass and soil CO_2 fluxes after a decade of carbon dioxide enrichment in a warm-temperate forest. *Ecology* **90**, 3352–3366.

Jaeger, C.H., R.K. Monson, M.C. Fisk, et al. 1999. Seasonal partitioning of nitrogen by plants and soil microorganisms in an alpine ecosystem. *Ecology* **80**, 1883–1891.

Jefferies, R.L. 1998. Pattern and process in arctic coastal vegetation in response to foraging by lesser snow geese. In: *Plant Form and Vegetation Structure: Adaptation, Plasticity and Relationships with Herbivory* (M.P.J. Werger, P.J.M. Van der Aart, H.J. During, et al., eds), pp. 281–300. SPB Publishing, The Hague.

Jenkinson, D.S., D.E. Adams and A. Wild. 1991. Model estimates of CO2 emissions from soil in response to global warming. *Nature* **351**, 304–306.

Jenny, H. 1941. *Factors of Soil Formation*. McGraw Hill, New York.

Jensen, R.A., J. Madsen, M. O'Connell, et al. 2008. Prediction of the distribution of Arctic nesting pink-footed geese under a warmer climate scenario. *Global Change Biology* **14**, 1–10.

Jentschke, G., M. Bonkowski, D.L. Godbold, et al. 1995. Soil protozoa and plant growth:non-nutritional effects and interaction with mycorrhizas. *Biology and Fertility of Soils* **20**, 263–269.

Jewell, P.L., D. Käuferle, N.R. Berry, et al. 2007. Redistribution of phosphorus by cattle on a traditional mountain pasture in the Alps. *Agriculture, Ecosystems and Environment* **122**, 377–386.

Johnson, D.J.R. Leake, N. Ostle, et al. 2002. In situ $^{13}CO_2$ pulse labelling of upland grassland demonstrates a rapid pathway of carbon flux from arbuscular mycorrhizal mycelia to soil. *New Phytologist* **153**, 327–334.

Johnson, D., M. Krsek, E.M. Wellington, et al. 2005. Soil invertebrates disrupt carbon flow through fungal networks. *Science* **309**, 1047.

Johnson, K.H. 2000. Trophic-dynamic considerations relating species diversity to ecosystem resilience. *Biological Reviews* **75**, 347–376.

Johnson, L.C. and J.R. Matchett. 2001. Fire and grazing regulate belowground processes in tall grass prairie. *Ecology* **82**, 3377–3389.

Johnson, N.C., J.H. Graham and F.A. Smith. 1997. Functioning of mycorrhizal associations along the mutualism-parasitism continuum. *New Phytologist* **135**, 575–586.

Jonasson, S., A. Michelsen and I.K. Schmidt. 1999. Coupling of nutrient cycling and carbon dynamics in the Arctic; integration of soil microbial and plant processes. *Applied Soil Ecology* **11**, 135–146.

Jones, C.G. and J.H. Lawton (eds). 1995. *Linking Species and Ecosystems*. Chapman and Hall, New York.

Jones, D.L. and K. Kielland. 2002. Soil amino acid turnover dominates the nitrogen flux in permafrost-dominated taiga forest soils. *Soil Biology and Biochemistry* **34**, 209–219.

Jones, D.L., A. Hodge and Y. Kuzyakov. 2004. Plant and mycorrhizal regulation of rhizodeposition. *New Phytologist* **163**, 459–480.

Jones, D.L., J.R. Healey, V.B. Willett, et al. 2005. Dissolved organic nitrogen uptake by plants – An important N uptake pathway? *Soil Biology and Biochemistry* **37**, 413–423.

Jones, T.H., L.J. Thompson, J.H. Lawton, et al. 1998. Impacts of rising atmospheric carbon dioxide on model terrestrial ecosystems. *Science* **280**, 441–443.

Jónsdóttir, I.S., B. Magnússon, J. Gudmundsson, et al. 2005. Variable sensitivity of plant communities in Iceland to experimental warming. *Global Change Biology* **11**, 553–563.

Jonsson, L.M., M.-C. Nilsson, D.A. Wardle, et al. 2001. Context dependent effects of ectomycorrhizal species richness on tree seedling productivity. *Oikos* **93**, 353–364.

Jonsson, M. and D.A. Wardle. 2008. Context dependency of litter-mixing effects on decomposition and nutrient release across a long-term chronosequence. *Oikos* **117**, 1674–1682.

Jonsson, M. and D.A. Wardle. 2009. The influence of freshwater-lake subsidies on invertebrates occupying terrestrial vegetation. *Acta Oecologica* **35**, 698–704.

Jonsson, M. and D.A. Wardle. 2010. Structural equation modelling reveals plant-community drivers of carbon storage in boreal forest ecosystems. *Biology Letters* **6**, 116–119.

Jonsson, M., O. Dangles, B., Malmqvist, et al. 2002. Simulating species loss following perturbation: assessing the effects on process rates. *Proceedings of the Royal Society of London Series B Biological Sciences* **269**, 1047–1052.

Jumpponen, A. and K.L. Jones. 2009. Massively parallel 454 sequencing indicates hyperdiverse fungal communities in temperate *Quercus macrocarpa* phyllosphere. *New Phytologist* **184**, 438–448.

Jurgensen, M.F., L. Finér, T. Domisch, et al. 2008. Organic mound-building ants: their impact on soil properties in temperate and boreal forests. *Journal of Applied Entomology* **132**, 266–275.

Kahmen, A., A. Renker, S.B. Unsicker, et al. 2006. Niche complementarity for nitrogen: an explanation for the biodiversity and ecosystem functioning relationship. *Ecology* **87**, 1244–1255.

Kaiser, J. 2000. Rift over biodiversity divides ecologists. *Science* **289**, 1282–3.

Kajak, A., K. Chmielewski, M. Kaczmarek, et al. 1993. Experimental studies on the effect of epigeic predators on matter decomposition process in managed peat grassland. *Polish Ecological Studies* **17**, 289–310.

Kampichler, C and A. Bruckner. 2009. The role of microarthropods in terrestrial decomposition: a meta-analysis of 40 years of litterbag studies. *Biological Reviews* **84**, 375–389.

Kandeler, E., D. Tscherko, R.D. Bardgett, et al. 1998. The response of soil microorganisms and roots to elevated CO_2 and temperature in a terrestrial model ecosystem. *Plant and Soil* **202**, 251–262.

Kardol, P., T.M. Bezemer and W.H. Van der Putten. 2006. Temporal variation in plant-soil feedback controls succession. *Ecology Letters* **9**, 1080–1088.

Kardol, P., N.J. Cornips, M.M.L. van Kempen, et al. 2007. Microbe-mediated plant-soil feedback causes historical contingency effects in plant community assembly. *Ecological Monographs* **77**, 147–162.

Kardol, P., M.A. Creggor, C.E. Campany, et al. 2010. Soil ecosystem functioning under climate change: plant species community effects. *Ecology*, in press.

Kaspari, M., M.N. Garcia, K.E. Harms, et al. 2008. Multiple nutrients limit litterfall and decomposition in a tropical forest. *Ecology Letters* **11**, 35–43.

Kaufmann R. 2001. Invertebrate succession on an alpine glacier foreland. *Ecology* **82**, 2261–2278.

Kauserud, H., L.F. Stige, J.O. Vik, et al. 2008. Mushroom fruiting and climate change. *Proceedings of the National Academy of Sciences USA* **105**, 3811–3814.

Kaye, J.P. and S.C. Hart. 1997. Competition for nitrogen between plants and soil microorganisms. *Trends in Ecology and Evolution* **12**, 139–143.

Keane, R.M. and M.J. Crawley. 2002. Exotic plant invasions and the enemy release hypothesis. *Trends in Ecology and Evolution* **17**, 164–170.

Keeley, J.E. 1988. Allelopathy. *Ecology* **69**, 262–263.

Keith, A.M., R. Van der Wal, R.W. Brooker, et al. 2008. Increasing litter species richness reduces variability in a terrestrial decomposer system. *Ecology* **89**, 2657–2664.

Kenis, M., M.A. Auger-Rozenberg, A. Roques, et al. 2009. Ecological effects of invasive alien insects. *Biological Invasions* **11**, 21–45.

Kielland, K. 1994. Amino acid absorption by arctic plants: Implications for plant nutrition and nitrogen cycling. *Ecology* **75**, 2375–2383.

Kielland, K. and J.P. Bryant. 1998. Moose herbivory in Taiga: Effects on biochemistry and vegetation dynamics in primary succession. *Oikos* **82**, 377–383.

Killingbeck, K.T. 1996. Nutrients in senesced leaves: keys to the search for potential resorption and resorption proficiency. *Ecology* **77**, 1716–1727.

King, L.K. and K.J. Hutchinson. 1976. The effects of sheep stocking intensity on the abundance and distribution of mesofauna in pastures. *Journal of Applied Ecology* **13**, 41–55.

King, L.K., K.J. Hutchinson and P. Greenslade. 1976. The effects of sheep numbers on associations of Collembola in sown pastures. *Journal of Applied Ecology* **13**, 731–739.

Kirschbaum, M.U.F. 2004. Soil respiration under prolonged soil warming: are rate reductions caused by acclimation or substrate loss? *Global Change Biology* **10**, 1870–1877.

Kirschbaum, M.U.F. 2006. The temperature dependence of organic-matter decomposition— still a topic of debate. *Soil Biology and Biochemistry* **38**, 2510–2518.

Klanderud, K. and H.J.B. Birks. 2003. Recent increases in species richness and shifts in altitudinal distributions of Norwegian mountain plants. *The Holocene* **13**, 1–6.

Kleb, H. and S.D. Wilson. 1997. Vegetation effects on soil resource heterogeneity in prairie and forest. *American Naturalist* **150**, 283–298.

Klironomos, J.N. 2002. Feedback with soil biota contributes to plant rarity and invasiveness in communities. *Nature* **417**, 67–70.

Klironomos, J.N. 2003. Variation in plant response to native and exotic arbuscular mycorrhizal fungi. *Ecology* **84**, 2292–2301.

Klironomos, J.N., M.C. Rillig, M.F. Allen, et al. 1997. Soil fungal-arthropod responses to *Populus tremuloides* grown under enriched atmospheric CO_2 under field conditions. *Global Change Biology* **3**, 473–478.

Klironomos, J., M.C. Rillig and M.F. Allen. 1999. Designing belowground field experiments with the help of semi-variance and power analysis. *Applied Soil Ecology* **12**, 227–238.

Klironomos, J., J. McCune and P. Moutoglis. 2004. Species of arbuscular mycorrhizal fungi affect mycorrhizal responses to simulated herbivory. *Applied Soil Ecology* **26**, 133–141.

Klopatek, C.C., E.G. O'Neill, D.W. Freckman, et al. 1992. The sustainable biosphere initiative: a commentary from the U.S. Soil Ecology Society. *Bulletin of the Ecological Society of America* **73**, 223–228.

Klumpp, K., J.F. Soussana and R. Falcimagne. 2007. Effects of past and current disturbance on carbon cycling in grassland mesocosms. *Agriculture, Ecosystems & Environment* **121**, 59–73.

Klumpp, K., S. Fontaine and E. Attard. 2009. Grazing triggers soil carbon loss by altering plant roots and their control on soil microbial community. *Journal of Ecology* **97**, 876–885.

Knapp, A.K. and M.D. Smith. 2001. Variation among biomes in temporal dynamics of aboveground primary production. *Science* **291**, 481–484.

Knapp, A.K., S.L. Conrad and J.M. Blair. 1998. Determinants of soil CO_2 flux from a sub-humid grassland: effect of fire and fire history. *Ecological Applications* **8**, 760–770.

Knapp, A.K., J.M. Blair, J.M. Briggs, et al. 1999. The keystone role of bison in North American tallgrass prairie. *BioScience* **49**, 39–50.

Knapp, A.K., J.M., Briggs, S.L. Collins, et al. 2008. Shrub encroachment in North American grasslands: shifts in growth form dominance rapidly alters control of ecosystem carbon inputs. *Global Change Biology* **14**, 615–623.

Knevel, I.C., T. Lans, F.B.J. Menting, et al. 2004. Release from native root herbivores and biotic resistance by soil pathogens in a new habitat both affect the alien *Ammophila arenaria* in South Africa. *Oecologia* **141**, 502–510.

Knight, D., P.W. Elliot, J.M. Anderson, et al. 1992. The role of earthworms in managed, permanent pastures in Devon, England. *Soil Biology and Biochemistry* **24**, 1511–1517.

Knight, T.M., M.W. McCoy, J.M. Chase, et al. 2005. Trophic cascades across ecosystems. *Nature* **437**, 880–883.

Kobe, R.K., C.A. Lepczyk and M. Iyer. 2005. Resorption efficiency decreases with increasing green leaf nutrients in a global data set. *Ecology* **86**, 2780–2805.

Koerselman, W. and A.M.F. Meuleman. 1996. The vegetation N:P ratio: A new tool to detect the nature of nutrient limitation. *Journal of Applied Ecology* **33**, 1441–1450.

Kohler, F., F. Gillet, S. Reust, et al. 2006. Spatial and seasonal patterns of cattle habitat use in a mountain wooded pasture. *Landscape Ecology* **21**, 281–295.

Kohls, S.J., D.D. Baker, C. van Kessel, et al. 2003. An assessment of soil enrichment by actinorhizal N_2 fixation using delta ^{15}N values in a chronosequence of deglaciation at Glacier Bay, Alaska. *Plant and Soil* **254**, 11–17.

Körner, C. and J.A. Arnone. 1992. Responses to elevated carbon dioxide in artificial tropical ecosystems. *Science* **257**, 1672–1675.

Körner, C., M. Diemer, B. Schäppi, et al. 1997. The response of alpine grassland to four seasons of CO_2 enrichment: a synthesis. *Acta Oecologia* **18**, 165–175.

Korthals, G.W., P. Smilauer, C. Van Dijk, et al. 2001. Linking above- and below-ground biodiversity: abundance and trophic complexity in soil as a response to experimental plant communities on abandoned arable land. *Functional Ecology* **15**, 506–514.

Kourtev, P.S., J.G. Ehrenfeld and M. Häggblom. 2002a. Exotic species alter the microbial community structure and function in soil. *Ecology* **83**, 3152–3166.

Kourtev, P.S., J.G. Ehrenfeld and W.Z. Huang. 2002b. Enzyme activity during litter decomposition of two exotic and two native plant species in hardwood forests of New Jersey. *Soil Biology and Biochemistry* **34**, 1207–1218.

Kuikka, K., E. Härmä, A.M. Markkola, et al. 2003. Severe defoliation of Scots pine reduces reproductive investment by ectomycorrhizal symbionts. *Ecology* **84**, 2051–2061.

Kullman, L. 2002. Rapid recent range-margin rise of tree and shrub species in the Swedish Scandes. *Journal of Ecology* **90**, 68–76.

Kullman, L. and L. Öberg. 2009. Post-Little Ice Age tree line rise and climate warming in the Swedish Scandes: a landscape ecological perspective. *Journal of Ecology* **97**, 415–429.

Kulmatiski, A. and P. Kardol. 2008. Getting plant-soil feedback out of the greenhouse: experimental and conceptual approaches. *Progress in Botany* **69**, 449–472.

Kulmatiski, A., K.H. Beard, J.R. Stevens, et al. 2008. Plant–soil feedbacks: a meta-analytical review. *Ecology Letters* **11**, 980–992.

Kurokawa, H. and T. Nakashizuka. 2008. Leaf herbivory and decomposability in a Malaysian tropical rain forest. *Ecology* **89**, 2645–2656.

Kurokawa, H., D.A. Peltzer and D.A. Wardle. 2010. Plant traits, leaf palatability and litter decomposability for coexisting woody species differing in invasion status and nitrogen fixation ability. *Functional Ecology*, in press.

Kurz, W.A., C.C. Dymond, G. Stinson, et al. 2008. Mountain pine beetle and forest carbon feedback to climate change. *Nature* **452**, 987–990.

Kuzyakov, Y. 2006. Sources of CO_2 efflux from soil and review of partitioning methods. *Soil Biology and Biochemistry* **38**, 425–448.

Kytöviita, M.-M., M. Vestberg and J. Tuomi. 2003. A test of mutual aid in common mycorrhizal networks: established vegetation negates benefit in seedlings. *Ecology* **84**, 898–906.

Laakso, J. and H. Setälä. 1997. Nest mounds of red wood ants (*Formica aquilonia*): hot spots for litter-dwelling earthworms. *Oecologia* **111**, 565–569.

Laakso, J. and H. Setälä. 1998. Composition and trophic structure of detrital food web in ant nest mounds of *Formica aquilonia* and in the surrounding forest soil. *Oikos* **81**, 266–278.

Laakso, J. and H. Setälä. 1999a. Sensitivity of primary production to changes in the architecture of belowground food webs. *Oikos* **87**, 57–64.

Laakso, J. and H. Setälä. 1999b. Population- and ecosystem-effects of predation on microbial-feeding nematodes. *Oecologia* **120**, 279–286.

Lagerström, A., M.C. Nilsson, O. Zackrisson, et al. 2007. Ecosystem input of nitrogen through biological fixation in feather mosses during ecosystem retrogression. *Functional Ecology* **21**, 1027–1033.

Lal, R. 2004. Soil carbon sequestration impacts on global change and food security. *Science* **304**, 1623–1627.

Lal, R. 2009. Sequestering carbon in soils of arid ecosystems. *Land Degradation and Development* **20**, 441–454.

Lang, S.I., J.H.C. Cornelissen, T. Klahn, et al. 2009. An experimental comparison of chemical traits and litter decomposition rates in a diverse range of subarctic bryophyte, lichen and vascular plant species. *Journal of Ecology* **97**, 998–900.

Lapied, E. and P. Lavelle. 2003. The peregrine earthworm *Pontoscolex corethrurus* in the East coast of Costa Rica. *Pedobiologia* **47**, 471–474.

Lavelle, P. and A. Martin. 1992. Small-scale and large-scale effects of endogeneic earthworms on soil organic matter dynamics in soil and the humid tropics. *Soil Biology and Biochemistry* **24**, 1491–1498.

Lavelle, P., C. Lattaud, D. Trigo, et al. 1995. Mutualism and biodiversity in soils. *Plant and Soil* **170**, 23–33.

Lavelle, P., D. Bignell, M. Lepage, et al. 1997. Soil function in a changing world: The role of invertebrate ecosystem engineers. *European Journal of Soil Biology* **33**, 159-193.

Lavorel, S. and E. Garnier. 2002. Predicting changes in community composition and ecosystem functioning from plant traits: revisiting the Holy Grail. *Functional Ecology* **16**, 545–556.

Lawton, J.H. 1994. What do species do in ecosystems? *Oikos* **71**, 367–374.

Lawton, J.H. and S. McNeill. 1979. Between the devil and the deep blue sea: on the problems of being a herbivore. In: *Population Dynamics* (R.M. Anderson, B.D. Turner and L.R. Taylor, eds), pp. 223–244. Blackwells, London.

Lawton, J.H. and C.G. Jones. 1995. Linking species and ecosystems – organisms as ecosystem engineers. In: *Linking Species and Ecosystems* (C.G. Jones and J.H. Lawton, eds), pp. 141–150. Chapman and Hall, New York.

Leake, J.R. and D.J. Read. 1997. Mycorrhizal fungi in terrestrial habitats. In: *The Mycota IV. Environmental and Microbial Relationships* (D.T. Wicklow and B. Söderström, eds), pp. 281–301. Springer-Verlag, Heidelberg.

Leake, J.R., D. Johnson, D. Donnelly, et al. 2004. Networks of power and influence: the role of mycorrhizal mycelial networks in controlling plant communities and agroecosystem function. *Canadian Journal of Botany* **82**, 1016–1045.

Lee, K. 1985. *Earthworms: Their Ecology and Relationships with Soils and Land Use*. Academic Press: New York.

Leininger, A., T. Urich, M. Schloter, et al. 2006. Archaea predominate among ammonia-oxidizing prokaryotes in soils. *Nature* **442**, 806–809.

Leishman, M.R., T. Haslehurst, A. Ares, et al. 2007. Leaf trait relationships of native and invasive plants: community- and global-scale comparisons. *New Phytologist* **176**, 635–643.

Lenoir, J., J.-C. Gégout, P.A. Marquet, et al. 2008. A significant upward shift in plant species optimum elevation during the 20th century. *Science* **320**, 1768–1771.

Lenoir, L., T. Persson, J. Bengtsson, et al. 2007. Bottom-up or top-down control in forest soil microcosms? Effects of soil fauna on fungal biomass and C/N mineralization. *Biology and Fertility of Soils* **43**, 281–294.

Lensing, J.R. and D.H. Wise. 2006. Predicted climate change alters the indirect effect of predators on an ecosystem process. *Proceedings of the National Academy of Sciences USA* **103**, 15502–15505.

Leps, J. 2004. What do the biodiversity experiments tell us about consequences of plant species loss in the real world? *Basic and Applied Ecology* **5**, 529–534.

Ley, R.E. and C.M. D'Antonio. 1998. Exotic grass invasion alters potential rates of N fixation in Hawaiian woodlands. *Oecologia* **113**, 179–187.

Liao, C.Z., R.H. Peng, Y.Q. Luo, et al. 2008. Altered ecosystem carbon and nitrogen cycles by plant invasion: a meta-analysis. *New Phytologist* **117**, 706–714.

Liebhold, A.M., W.L. Macdonald, D. Bergdahl, et al. 1995. Invasion by exotic forest pests—a threat to forest ecosystems. *Forest Science* **41**, 1–49.

Liiri, M., H. Setälä, J. Haimi, et al. 2002. Relationship between soil microarthropod species diversity and plant growth does not change when the system is disturbed. *Oikos* **96**, 137–149.

Likens, G.E., F.H. Bormann, R.S. Pierce, et al. 1977. *Biogeochemistry of a Forested Ecosystem*. Springer-Verlag, New York.

Lindeman, R.L. 1942. The trophic-dynamic aspect of ecology. *Ecology* **23**, 399–418.

Lipson, D.A. and S.K. Schmidt. 2004. Seasonal changes in an alpine bacterial community in the Colorado Rocky Mountains. *Applied Environmental Microbiology* **70**, 2867–2879.

Liu, L. and T.L. Greaver. 2009. A review of nitrogen enrichment effects on three biogenic GHGs: the CO_2 sink may be largely offset by stimulated N_2O and CH_4 emission. *Ecology Letters* **12**, 1103–1117.

Logan, J.A. and J.A. Powell. 2001. Ghost forests, global warming, and the mountain pine beetle (Coleoptera: Scolytidae). *American Entomologist* **47**, 160–173.

Loo, J.A. 2009. Ecological impacts of non-indigenous invasive fungi as forest pathogens. *Biological Invasions* **11**, 81–96.

Lovett, G.M. and A.E. Ruesink. 1995. Carbon and nitrogen mineralization from decomposing gypsy moth frass. *Oecologia* **104**, 133–138.

Lovett, G.M., C.D. Canham, M.A. Arthur, et al. 2006. Forest ecosystem responses to exotic pests and pathogens in eastern North America. *BioScience* **56**, 395–405.

Lugo, A.E. 2008. Visible and invisible effects of hurricanes on forest ecosystems: an international review. *Austral Ecology* **33**, 368–398.

Luo, Y., S. Wan and D. Hui. 2001. Acclimization of soil respiration to warming in tall grass prairie. *Nature* **413**, 622–625.

Luo, Y., B. Su, W.S. Currie, et al. 2004. Progressive nitrogen limitation responses to rising atmopsheric carbon dioxide. *BioScience* **54**, 731–739.

Macarthur, R.H. and E.O. Wilson. 1967. *The Theory of Island Biogeography*. Princeton University Press, Princeton, NJ.

MacGillivray, C.W., J.P. Grime, S.R. Band, et al. 1995. Testing predictions of the resistance and resilience of vegetation subjected to extreme events. *Functional Ecology* **9**, 640–649.

Mack, M.C. and C.M. D'Antonio. 1998. Impacts of biological invasions on disturbance regimes. *Trends in Ecology and Evolution* **13**, 195–198.

Mack, M.C., E.A.G. Schuur, M.S. Bret-Harte, et al. 2004. Ecosystem carbon storage in arctic tundra reduced by long-term nutrient fertilization. *Nature* **431**, 440–443.

Madritch, M.D. and M.D. Hunter. 2002. Phenotypic diversity influences ecosystem functioning in an oak sandhill community. *Ecology* **83**, 2084–2090.

Madritch, M.D., S.L. Greene and R.L. Lindroth. 2009. Genetic mosaics of ecosystem functioning across aspen-dominated landscapes. *Oecologia* **160**, 119–127.

Maesako, Y. 1999. Impacts of streaked shearwater (*Calonectris leucomelas*) on tree seedling regeneration in a warm temperate evergreen forest on Kanmurijima Island, Japan. *Plant Ecology* **145**, 183–190.

Maestre, F.T., A. Escudero, I. Martinex, et al. 2005. Does spatial pattern matter to ecosystem functioning? Insights from biological soil crusts. *Functional Ecology* **19**, 566–573.

Maestre, F.T., M.A. Bowker, M.D. Puche, et al. 2009. Shrub encroachment can reverse desertification in semi-arid Mediterranean grasslands. *Ecology Letters* **12**, 930–941.

Maherali, H. and J.N. Klironomos. 2007. Influence of phylogeny on fungal community assembly and ecosystem functioning. *Science* **316**, 1746–1748.

Manning, P., J.E. Newington, H.R. Robson, et al. 2006. Decoupling the direct and indirect effects of nitrogen deposition on ecosystem function. *Ecology Letters* **9**, 1015–1024.

Manseau, M., J. Huot and M. Crete. 1996. Effects of summer grazing by caribou on composition and productivity of vegetation: community and landscape level. *Journal of Ecology* **84**, 503–513.

Maron, J.L., J.A. Estes, D.A. Croll, et al. 2006. An introduced predator alters Aleutian Island plant communities by thwarting nutrient subsidies. *Ecological Monographs* **76**, 3–24.

Martikainen, E. and V. Huhta. 1990. Interactions between nematodes and predatory mites in raw humus soil: a microcosm experiment. *Revue d' et de Biologie du Sol*, **27**, 13–20.

Martinson, H.M., K. Schneider, J. Gilbert, et al. 2008. Detritivory: stoichiometry of a neglected trophic level. *Ecological Research* **23**, 487–491.
Massey, F.P., A.R. Ennos and S.E. Hartley. 2007. Grasses and the resource availability hypothesis: the importance of silica-based defences. *Journal of Ecology* **95**, 414–424.
Masters, G.J. and V.K. Brown. 1992. Plant-mediated interactions between spatially separated insects. *Functional Ecology* **6**, 175–179.
Masters, G.J., V.K. Brown and A.C. Gange. 1993. Plant mediated interactions between above- and below-ground insect herbivores. *Oikos* **66**, 148–151.
Masters, G.J., T.H. Jones and M. Rogers. 2001. Host-plant mediated effects of root herbivory on insect seed predators and their parasitoids. *Oecologia* **127**, 246–250.
Matzner, E. and W. Borken. 2008. Do freeze-thaw events enhance C and N losses from soils of different ecosystems? A review. *European Journal of Soil Science* **59**, 274–284.
Mawdsley, J.L. and R.D. Bardgett. 1997. Continuous defoliation of perennial ryegrass (*Lolium perenne*) and white clover (*Trifolium repens*) and associated changes in the composition and activity of the microbial population of an upland grassland soil. *Biology and Fertility of Soils* **24**, 52–58.
May, R.M. 1973. *Stability and Complexity in Model Ecosystems*. Princeton University Press, Princeton, NJ.
McGlone, M.S. and B.D. Clarkson. 1993. Ghost stories: moa, plant defenses and evolution in New Zealand. *Tuatara* **32**, 1–18.
McGroddy, M.E., T. Daufresne and L.O. Hedin. 2004. Scaling of C : N : P stoichiometry in forests worldwide: Implications of terrestrial redfield-type ratios. *Ecology* **85**, 2390–2401.
McIntoch, P.D., R.B. Allen and N. Scott. 1997. Effects of exclosure and management on biomass and soil nutrient pools in seasonally dry high county, New Zealand. *Journal of Environmental Management* **51**, 169–186.
McIntyre, S., S. Lavorel, J. Landsberg, et al. 1999. Disturbance response in vegetation – towards a global perspective on functional traits. *Journal of Vegetation Science* **10**, 621–630.
McKane, R.B., L.C. Johnson, G.R. Shaver, et al. 2002. Resource-based niches provide a basis for plant species diversity and dominance in arctic tundra. *Nature* **413**, 68–71.
McKinney, M.L. and J.L. Lockwood. 1999., Biotic homogenization: A few winners replacing many losers in the next mass extinction, *Trends in Ecology and Evolution* **14**, 450–453.
McLean, M.A. and D. Parkinson. 2000a. Field evidence of the effects of the epigeic earthworm *Dendrobaena octaedra* on the microfungal community in pine forest floor. *Soil Biology and Biochemistry* **32**, 351–360.
McLean, M.A. and D. Parkinson. 2000b. Introduction of the epigeic earthworm *Dendrobaena octaedra* changes the oribatid community and microarthropod abundances in a pine forest. *Soil Biology and Biochemistry* **32**, 1671–1681.
McNaughton, S.J. 1977. Diversity and stability of ecological communities: a comment on the role of empiricism in ecology. *American Naturalist* **111**, 515–525.
McNaughton, S.J. 1983. Serengeti grassland ecology: the role of composite environmental factors and contingency in community organization. *Ecological Monographs* **53**, 291–320.
McNaughton, S.J. 1985. Ecology of a grazing system: the Serengeti. *Ecological Monographs* **55**, 259–294.
McNaughton, S.J., M. Oesterheld, D.A. Frank, et al. 1989. Ecosystem-level patterns of primary productivity and herbivory in terrestrial habitats. *Nature* **341**, 142–144.

McNaughton, S.J., F.F. Banyikwa and M.M. McNaughton. 1997a. Promotion of the cycling of diet-enhancing nutrients by African grazers. *Science* **278**, 1798–1800.

McNaughton, S.J., G. Zuniga, M.M. McNaughton, et al. 1997b. Ecosystem catalysis: soil urease activity and grazing in the Serengeti ecosystem. *Oikos* **80**, 467–469.

McNaughton, S.J., F.F. Banyikwa and M.M. McNaughton. 1998. Root biomass and productivity in a grazing ecosystem: the Serengeti. *Ecology* **79**, 587–592.

Meier, C.L. and W.D. Bowman. 2008. Links between plant litter chemistry, species diversity, and below-ground ecosystem function. *Proceedings of the National Academy of Sciences USA* **105**, 19780–19785.

Meier, C.L., K.N. Suding and W.D. Bowman. 2008. Carbon flux from plants to soil: roots are a below-ground source of phenolic secondary compounds in an alpine ecosystem. *Journal of Ecology* **96**, 421–430.

Meier, C.L., Keyserling and W.D. Bowman. 2009. Fine root inputs to soil reduce growth of a neighbouring plant via distinct mechanisms dependent on root carbon chemistry. *Journal of Ecology* **97**, 941–949.

Melillo, J.M., P.A. Steudler, J.D. Aber, et al. 2002. Soil warming and carbon-cycle feedbacks to the climate system. *Science* **298**, 2173–2175.

Memmott, J., P.G. Craze, M.N. Waser, et al. 2007. Global warming and the disruption of plant–pollinator interactions. *Ecology Letters* **10**, 710–717.

Menendez, R., A. Gonzalez Megias, J.K. Hill, et al. 2006. Species richness changes lag behind climate change. *Proceedings of the Royal Society of London Series B Biological Sciences* **273**, 1465–1470.

Menendez, R., A. Gonzalez-Megias, Y. Collingham, et al. 2007. Direct and indirect effects of climate and habitat factors on butterfly diversity. *Ecology* **88**, 605–611.

Menendez, R., A. Gonzalez-Megias, O.T. Lewis, et al. 2008 Escape from natural enemies during climate-driven range expansion: a case study. *Ecological Entomology* **33**, 413–421.

Menge, B.A. and J.P. Sutherland. 1976. Species diversity gradients: synthesis of the roles of predation, competition, and temporal heterogeneity. *American Naturalist* **110**, 351–369.

Menge, D.N. and L.O. Hedin. 2009. Nitrogen fixation in different biogeochemical niches along a 120,000-year chronosequence in New Zealand. *Ecology* **90**, 2190–2201.

Menge, D.N.L., S.A. Levin and L.O. Hedin. 2008. Evolutionary tradeoffs can select against nitrogen fixation and thereby maintain nitrogen limitation. *Proceedings of the National Academy of Sciences USA* **105**, 1573–1578.

Mikkelsen, T.N., C. Beier, S. Jonasson, et al. 2008. Experimental design of multifactor climate change experiments with elevated CO_2, warming and drought: the CLIMAITE project. *Functional Ecology* **22**, 185–195.

Mikola, J. and H. Setälä. 1998a. No evidence of trophic cascades in an experimental microbial-based soil food web. *Ecology* **79**, 153–164.

Mikola, J. and H. Setälä. 1998b. Productivity and trophic level biomasses in a microbial-based soil food web. *Oikos* **82**, 158–168.

Mikola, J., G.W. Yeates, G.M. Barker, et al. 2001. Effects of defoliation intensity on soil food-web properties in an experimental grassland community. *Oikos* **92**, 333–343.

Mikola, J., R.D. Bardgett and K. Hedlund. 2002. Biodiversity, ecosystem functioning and soil decomposer food webs. In: *Biodiversity and Ecosystem Functioning: Synthesis and Perspectives* (M. Loreau, S. Naeem and P. Inchausti, eds), pp. 169–180. Oxford University Press, Oxford.

Mikola, J., H. Setälä, P. Virkajärvi, et al. 2009. Defoliation and patchy nutrient return drive grazing effects on plant and soil properties in a dairy cow pasture. *Ecological Monographs* **79**, 221–244.

Milchunas, D.G. and W.K. Lauenroth. 1993. Quantitative effects of grazing on vegetation and soil over a global range of environments. *Ecological Monographs* **63**, 327–366.

Milchunas, D.G., O.E. Sala and W.K. Laurenroth. 1988. A generalized model of the effects of grazing by large herbivores on grassland community structure. *American Naturalist* **132**, 87–106.

Miller, A.E. and W.D. Bowman. 2002. Variation in nitrogen-15 natural abundance and nitrogen uptake traits among co-occuring alpine species: Do species partition by nitrogen form? *Oecologia* **130**, 609–616.

Miller, A.E. and W.D. Bowman. 2003. Alpine plants show species-level difference in the uptake of organic and inorganic nitrogen. *Plant and Soil* **250**, 283–292.

Millennium Ecosystem Assessment. 2005. *Ecosystems and Human Well-being*. Island Press, Washington DC.

Monson, R.K., D.L. Lipson, S.P. Burns, et al. 2006. Winter soil respiration controlled by climate and microbial community composition. *Nature* **439**, 711–714.

Moore, J.C. and P.C. de Ruiter. 2000. Invertebrates in detrital food webs along gradients of productivity. In: *Invertebrates as Webmasters in Ecosystems* (D.C. Coleman and P.F. Hendrix, eds), pp. 161–184. CABI, Oxford.

Moore, J.C. and H.W. Hunt. 1988. Resource compartmentation and the stability of real ecosystems. *Nature* **333**, 261–263.

Moore, J.C., T.V. St. John and D.C. Coleman. 1985. Ingestion of vesicular-arbuscular mycorrhizal hyphae and spores by soil microarthropods. *Ecology* **66**, 1979–1981.

Moore, J.C., D.E. Walter and H.W. Hunt. 1988. Arthropod regulation of micro- and mesobiota in below-ground detrital food webs. *Annual Review of Entomology* **33**, 419–439.

Moore, J.C., K. McCann, H. Setala, et al. 2003. Top-down is bootom-up: does predation in the rhizosphere regulate aboveground dynamics? *Ecology* **84**, 846–857.

Moore, J.C., E.L. Berlow, D.C. Coleman, et al. 2004. Detritus, trophic dynamics and biodiversity. *Ecology Letters* **7**, 584–600.

Moritz, C., J.L. Patton, C.J. Conry, et al. 2008. Impact of a century of climate change on small-mammal communities in Yosemite National Park, USA. *Science* **322**, 261–264.

Morris, W.F. and D.M. Wood. 1989. The role of lupine in Mt. St. Helens: facilitation or inhibition? *Ecology* **70**, 697–703.

Mountinho, P., D.C. Nepstad and E.A. Davidson. 2003. Influence of leaf-cutting ant nests on secondary forest growth and soil properties in Amazonia. *Ecology* **84**, 1265–1276.

Mulder, C. and J.A. Elser. 2009. Soil acidity, ecological stoichiometry and allometric scaling in grassland food webs. *Global Change Biology* **11**, 2730–2738.

Mulder, C.P.H. and S.N. Keall. 2001. Burrowing seabirds and reptiles: impacts on seeds, seedlings and soils in an island forest in New Zealand. *Oecologia* **127**, 350–360.

Mulder, C.P.H., J. Koricheva, K. Huss-Danell, et al. 1999. Insects affect relationships between plant species richness and ecosystem processes. *Ecology Letters* **2**, 237–246.

Mulder, C.P.H., M.N. Grant-Hoffman, D.R. Towns, et al. 2009. Direct and indirect effects of rats: will their eradication restore ecosystem functioning of New Zealand seabird islands? *Biological Invasions* **11**, 1671–1688.

Müller, P.E. 1884. Studier over skovjord, som bidrag til skovdyrkningens theori. II. Om muld og mor i egeskove og paa heder. *Tidsskrift for Skovbrug* **7**, 1–232.

Myrold, D.D., P.A. Matson and D.L. Petersson. 1989. Relationships between soil microbial properties and aboveground stand characteristics of coniferous forests in Oregon. *Biogeochemistry* **8**, 265–281.

Naeem, S., L.J. Thompson, S.P. Lawler, et al. 1994. Declining biodiversity can alter the performance of ecosystems. *Nature* **368**, 734–737.

Nara, K. 2006. Pioneer dwarf willow may facilitate tree succession by providing late colonizers with compatible ectomycorrhizal fungi in a primary successional volcanic desert. *New Phytologist* **171**, 187–198.

Nara, K. and T. Hogetsu. 2004. Ectomycorrhizal fungi on established shrubs facilitate subsequent seedling establishment of successional plant species. *Ecology* **85**, 1700–1707.

Nardo, C.D., A. Cinquegrana, S. Papa, et al. 2004. Laccase and peroxidase isoenzymes during leaf litter decomposition of *Quercus ilex* in a Mediterranean ecosystem. *Soil Biology and Biochemistry* **36**, 1539–1544.

Näsholm, T., A. Ekblad, A Nordin, et al. 1998. Boreal forest plants take up organic nitrogen. *Nature* **392**, 914–916.

Negrete-Yankelevich, S., C. Fragoso, A.C. Newton, et al. 2008. Species-specific characteristics of trees can determine the litter invertebrate community and decomposition processes below their canopies. *Plant and Soil* **307**, 83–97.

Nemergut, D.R., S.P. Anderson, C.C. Cleveland, et al. 2007. Microbial community succession in an unvegetated, recently-deglaciated soil. *Microbial Ecology* **53**, 110–122.

Neutel, A.M., J.A.P. Heesterbeek and P.C. de Ruiter. 2002. Stability in real food webs: weak links in long loops. *Science* **296**, 1120–1123.

Neutel, A.M., J.A.P. Heesterbeek, J. van de Koppel, et al. 2007. Reconciling complexity with stability in naturally assembling food webs. *Nature* **449**, 599–601.

Newell, K. 1984a. Interaction between two decomposer basidiomycetes and a collembolan under Sitka spruce: distribution, abundance and selective grazing. *Soil Biology and Biochemistry* **16**, 227–233.

Newell, K. 1984b. Interaction between two decomposer basidiomycetes and a collembolan under Sitka spruce: Grazing and its potential effects on fungal distribution and litter decomposition. *Soil Biology and Biochemistry* **16**, 235–239.

Newsham, K.K., A.R. Watkinson and A.H. Fitter. 1995a. Symbiotic fungi determine plant community structure – changes in a lichen-rich community induced by fungicide application. *Functional Ecology* **9**, 442–447.

Newsham, K.K., A.H. Fitter and A.R. Watkinson. 1995b. Multi-functionality and biodiversity in arbuscular mycorrhizas. *Trends in Ecology and Evolution* **10**, 407–411.

Newton, P.C.D., H. Clark, C.C. Bell, et al. 1995. Plant growth and soil processes in temperate grassland communities at elevated CO_2. *Journal of Biogeography* **22**, 235–240.

Nichols, E., S, Spector, J. Louzada, et al. 2008. Ecological functions and ecosystem services provided by Scarabaenae dung beetles. *Biological Conservation* **141**, 1461–1474.

Nicolai, V. 1988. Phenolic and mineral contents of leaves influences decomposition in European forest systems. *Oecologia* **75**, 575–579.

Niemelä, J., J.R. Spence and H. Carcamo. 1997. Establishment and interactions of carabid populations: an experiment with native and exotic species. *Ecography* **20**, 643–652.

Niklaus, P.A., E. Kandeler, P.W. Leadley, et al. 2001. A link between plant diversity, elevated CO_2 and soil nitrate. *Oecologia* **127**, 540–548.

Nilsson, M.-C. and D.A. Wardle. 2005. Understory vegetation as a forest ecosystem driver: evidence from the northern Swedish boreal forest. *Frontiers in Ecology and the Environment* **3**, 421–428.

Nilsson, M.-C., D.A. Wardle, O. Zackrisson, et al. 2002. Effects of alleviation of ecological stresses on an alpine tundra community over an eight year period. *Oikos* **97**, 3–17.

Norby, R.J., J. Ledford, C.D. Reilly, et al. 2004. Fine-root production dominates response of a deciduous forest to atmospheric CO_2 enrichment. *Proceedings of the National Academy of Sciences USA* **101**, 9689–9693.

Nordin, A., P. Högberg and T. Nasholm. 2001. Soil nitrogen form and plant nitrogen uptake along a boreal forest productivity gradient. *Oecologia* **129**, 125–132.

Nordin, A., I.K. Schmidt and G.R. Shaver. 2004. Nitrogen uptake by arctic soil microbes and plants in relation to soil nitrogen supply. *Ecology* **85**, 955–962.

Northup, R.R., Z.S. Yu, R.A. Dahlgren, et al. 1995. Polyphenol control of nitrogen release from pine litter. *Nature* **377**, 227–229.

Nuñez, M.A., T.R. Horton and D. Simberloff. 2009. Lack of belowground mutualisms hinders Pinaceae invasions. *Ecology* **90**, 2352–2359.

Nykanen, H. and J. Koricheva. 2004. Damage-induced changes in woody plants and their effects on insect herbivore performance: a meta-analysis. *Oikos* **104**, 247–268.

O'Dowd, D.J., P.T. Green and P.S. Lake. 2003. Invasional 'meltdown' on an oceanic island. *Ecology Letters* **6**, 812–817.

Odum, E.P. 1969. The strategy of ecosystem development. *Science* **164**, 262–270.

Oechel, W.C., S.J. Hastings, G.L. Vourlitis, et al. 1993. Recent changes in arctic tundra ecosystems from a carbon sink to source. *Nature* **361**, 520–523.

Oechel, W.C., G.L. Vourlitis, S.J. Hastings, et al. 1995. Change in arctic CO_2 flux over two decades: effects of climate change at Barrow, Alaska. *Ecological Applications* **5**, 846–855.

Ohashi, M., L. Finér, T. Domisch, et al. 2007. Seasonal and diural CO_2 efflux from red wood ant (*Formica aquilonia*) mounds in boreal coniferous forests. *Soil Biology and Biochemistry* **39**, 1504–1511.

Ohtonen, R., H. Fritze, T. Pennanen, et al. 1999. Ecosystem properties and microbial community changes in primary succession on a glacier forefront. *Oecologia* **119**, 239–246.

Oksanen, L., S.D. Fretwell, J. Arruda, et al. 1981. Exploitation ecosystems in gradients of primary productivity. *American Naturalist* **118**, 240–261.

Olff, H. and M.E. Ritchie. 1998. Effects of herbivores on grassland plant diversity. *Trends in Ecology and Evolution* **13**, 261–265.

Olff, H., J. Huisman and B.F. van Tooren. 1993. Species dynamics and nutrient accumulation during early succession in coastal sand dunes. *Journal of Ecology* **81**, 693–706.

Olff, H., M.E. Ritchie and H.H.T. Prins. 2002. Global environmental controls of diversity in large herbivores. *Nature* **415**, 901–904.

Olofsson, J., S. Stark and L. Oksanen. 2004. Reindeer influence on ecosystem processes in the tundra. *Oikos* **105**, 386–396.

Olofsson, J., L. Oksanen, T. Callaghan, et al. 2009. Hebivores inhibit climate-driven shrub expansion on the tundra. *Global Change Biology* **15**, 2681–2693.

Orwin, K.H. and D.A. Wardle. 2005. Plant species composition affects the resistance and resilience of the soil microflora to a drying disturbance. *Plant and Soil* **278**, 205–211.

Ostfeld, R.S. and F. Keesing. 2004. Oh the locusts sang, then they dropped dead. *Science* **306**, 1488–1489.

Overpeck, J., K. Hughen, D. Hardy, et al. 1997. Arctic environmental change of the last four centuries. *Science* **278**, 1251–1256.

Pace, M.L., J.J. Cole and S.R. Carpenter. 1999. Trophic cascades revealed in diverse ecosystems. *Trends in Ecology and Evolution* **14**, 483–488.
Packer, A. and K. Clay. 2000. Soil pathogens and spatial patterns of seedling mortality in a temperate tree. *Nature* **404**, 278–281.
Packer, A. and K. Clay. 2003. Soil pathogens and *Prunus serotina* seedlings and sapling growth near conspecific trees. *Ecology* **84**, 108–119.
Pacovsky, R.S., G. Fuller, A.E. Stafford, et al. 1986. Nutrient and growth interactions in soybeans colonized with *Glomus versiforme* and *Rhizobium japonicum*. *Plant and Soil* **92**, 37–45.
Paetzold, A., M. Lee and D.M. Post. 2008. Marine resource flows to terrestrial arthropod predators of a temperate island: the role of subsidies between systems of similar productivity. *Oecologia* **157**, 653–659.
Paine, R.T. 1969. A note on trophic complexity and community stability. *American Naturalist* **103**, 91–93.
Parfitt, R.L., Ross, D.J., Coomes, D.A., et al. 2005. N and P in New Zealand soil chronosequences and relationships with foliar N and P. *Biogeochemistry* **75**, 305–328.
Parker, I.M., D. Simberloff, W.M. Lonsdale, et al. 1999. Impact: toward a framework for understanding the ecological effects of invaders. *Biological Invasions* **1**, 3–19.
Parmelee, R.W., M.H. Beare and J.M. Blair. 1989. Decomposition and nitrogen dynamics of surface weed residues in no-tillage agroecosystems under drought conditions: influence of resource quality on the decomposer community. *Soil Biology and Biochemistry* **21**, 97–103.
Parmenter, R.R. and J.A. MacMahon. 2009. Carrion decomposition and nutrient cycling in a semiarid shrub-steppe ecosystem. *Ecological Monographs* **79**, 637–661.
Parmesan, C. and G. Yohe. 2003. A globally coherent fingerprint of climate change impacts across natural systems. *Nature* **421**, 37–42.
Pärtel, M., L., Laanisto and S.D. Wilson. 2008. Soil nitrogen and carbon heterogeneity in woodlands and grasslands: contrasts between temperate and boreal regions. *Global Ecology and Biogeography* **17**, 18–24.
Parton, W., W. Silver, I. Burke, et al. 2007. Global scale similarities in nitrogen release patterns during long term decomposition. *Science* **315**, 361–364.
Pastor, J., R.J. Naiman, B. Dewey, et al. 1988. Moose, microbes and the boreal forest. *BioScience* **38**, 770–777.
Pastor, J., R.J. Dewey, R.J. Naiman, et al. 1993. Moose browsing and soil fertility in the boreal forests of Isle Royale National Park. *Ecology* **74**, 467–480.
Pauchard, A., R.A. Garcia, E. Pena, et al. 2008. Positive feedbacks between plant invasions and fire regimes: *Teline monspessulana* (L.) K. Koch (Fabaceae) in central Chile. *Biological Invasions* **10**, 547–553.
Paustian, K. 1994. Modelling soil biology and biochemical processes for sustainable agricultural research. In: *Soil Biota. Management in Sustainable Farming Systems* (C.E. Pankhurst, B.M. Doube, V.V.S.R. Gupta, et al., eds), pp. 182–193. CSIRO, Melbourne.
Pearson, S.M., M.G. Turner, L.L. Wallace, et al. 1995. Winter habitat use by large ungulates following fire in northern Yellowstone National Park. *Ecological Applications* **5**, 744–755.
Pei, S., H. Fu and C. Wann. 2008. Changes in soil properties and vegetation following exclosure and grazing in degraded Alxa desert steppe of Inner Mongolia, China. *Agriculture, Ecosystems and Environment* **124**, 33–39.
Peltzer, D., P.J. Bellingham, H. Kurokawa, et al. 2009. Punching above their weight: low-biomass non-native plant species alter soil ecosystem properties during primary succession. *Oikos* **118**, 1001–1014.

Peltzer, D.A., R.B. Allen, R.B., G.M. Lovett, et al. 2010. Effects of biological invasions on forest carbon sequestration. *Global Change Biology* **16**, 732–746.

Perez Harguindeguy, N., C.M. Blundo, D.E. Gurvich, et al. 2008. More than a sum of its parts? Assessing litter heterogeneity effects on the decomposition of litter mixtures through leaf chemistry. *Plant and Soil* **303**, 151–159.

Perry, D.A., A.P. Amaranthus, J.G. Boerschers, et al. 1989. Bootstrapping in ecosystems: internal interactions largely determine productivity and stability in biological systems with strong feedback. *BioScience* **39**, 230–237.

Perry, L.G., G.C. Thelan, W.M. Ridenour, et al. 2007. Concentrations of the allelochemical (+/-) – catechin in *Centaurea maculosa* soils. *Journal of Chemical Ecology* **12**, 2337–2344.

Personeni, E. and Loiseau, P. 2004. How does the nature of living and dead roots affect the residence time of carbon in the root litter continuum? *Plant Soil* **267**, 129–141.

Petchey, O.L., P.T. McPhearson, T.M. Casey, et al. 1999. Environmental warming alters food-web structure and ecosystem function. *Nature* **402**, 69–72.

Petermann, J.S., A.J.F. Fergus, L.A. Turnbull, et al. 2008. Janzen-Connell effects are widespread and strong enough to maintain diversity in grasslands. *Ecology* **89**, 2399–2406.

Peters, D. and G. Weste. 1997. The impact of *Phytophthora cinnamomi* on six rare native tree and shrub species in the Brisbane Ranges, Victoria. *Australian Journal of Botany* **45**, 975–995.

Peters, D.C., B.T. Bestelmeyer, J.E. Herrick, et al. 2006. Disentangling complex landscapes: new insights into arid and semi-arid system dynamics. *Bioscience* **56**, 491–501.

Petersen, H. and M. Luxton. 1982. A comparative analysis of soil fauna populations and their role in decomposition processes. *Oikos* **39**, 287–388.

Phoenix, G.K., R.E. Booth, J.R. Leake, et al. 2004. Effects of enhanced nitrogen deposition and phosphorus limitation on nitrogen budgets of semi-natural grasslands. *Global Change Biology* **9**, 1309–1321.

Phoenix, G.K., W.K. Hicks, S. Cinderby, et al. 2006. Atmospheric nitrogen deposition in world biodiversity hotspots: the need for a greater global perspective in assessing N deposition impacts. *Global Change Biology* **12**, 470–476.

Pickett, S.T.A., S.L. Collins and J.J. Armesto. 1987. Models, mechanisms and pathways of succession. *Botanical Reviews* **53**, 336–371.

Piearce, T.G., N. Roggero and R. Tipping, R. 1994. Earthworms and seeds. *Journal of Biological Education* **28**, 195–202.

Pimm, S.L., G.J. Russel, J.L. Gittleman, et al. 1995. The future of biodiversity. *Science* **269**, 347–350.

Piñeiro, G., J.M. Paruelo, E.G. Jobbágy, et al. 2009. Grazing effects on belowground C and N stocks along a network of cattle exclosures in temperate and subtropical grasslands of South America. *Global Biogeochemical Cycles* **23**, GB2003.

Pinto-Tomás, A.A., M.A. Anderson, G. Suen, et al. 2009. Symbiotic Nitrogen fixation in the fungus gardens of leaf-cutter ants. *Science* **326**, 1120–1123.

Polis, G.A. 1994. Food webs, trophic cascades and community structure. *Australian Journal of Ecology* **19**, 121–136.

Polis, G.A. and S.D. Hurd. 1996. Linking marine and terrestrial food webs: allochthonous input from the ocean supports high secondary productivity on small islands and coastal communities. *American Naturalist* **147**, 396–423.

Polis, G.A., W.B. Anderson and R.D. Holt. 1997. Toward an integration of landscape and food web ecology: the dynamics of spatially subsidized food webs. *Annual Review of Ecology and Systematics* **28**, 289–316.

Polley, H.W., A.B. Frank, J. Sanabria, et al. 2008. Interannual variability in carbon dioxide fluxes and flux-climate relationships on grazed and ungrazed northern mixed-prairie. *Global Change Biology* **14**, 1620–1632.

Pollierer, M.M., R. Langel, C. Körner C, et al. 2007. The underestimated importance of belowground carbon input for forest soil animal food webs. *Ecology Letters* **10**, 729–736.

Poorter, H. and C. Remkes. 1990. Leaf area ratio and net assimilation rate of 24 wild species differing in relative growth rate. *Oecologia* **83**, 553–559.

Porazinska, D.L., R.D. Bardgett, M.B. Blaauw, et al. 2003. Relationships at the aboveground-belowground interface: Plants, soil biota, and soil processes. *Ecological Monographs* **73**, 377–395.

Post, E. and C. Pedersen. 2008. Opposing plant community responses to warming with and without herbivores. *Proceedings of the National Academy of Sciences USA* **105**, 12353–12358.

Post, E. and M.C. Forchhammer. 2008. Climate change reduces reproductive success of an Arctic herbivore through trophic mismatch. *Philosophical Transactions of the Royal Society Series B Biological Science* **363**, 2369–2375.

Post, E., R.O. Peterson, N.C. Stenseth, et al. 1999. Ecosystem consequences of wolf behavioral response to climate. *Nature* **401**, 905–907.

Power, M., D. Tilman, J.A. Estes, et al. 1996. Challenges in the quest for keystones. *BioScience* **46**, 609–620.

Powers, J.S., R.A. Montgomery, E.C. Adair, et al. 2009. Decomposition in tropical forests; a pan-tropical study of the effects of litter type, litter placement and mesofaunal exclusion across a precipitation gradient. *Journal of Ecology* **97**, 801–811.

Prentice, I.C., W. Cramer, S.P. Harisson, et al. 1992. A global biome model based on plant physiology and dominance, soil properties and climate. *Journal of Biogeography* **19**, 117–134.

Press, M.C., J.A., Potter, M.J.W. Burke, et al. 1998. Responses of a subarctic dwarf shrub heath community to simulated environmental change. *Journal of Ecology* **86**, 315–327.

Pringle, A. and E.C. Vellinga. 2006. Last chance to know? Using literature to explore the biogeography and invasion biology of the death cap mushroom *Amanita phalloides* (Vaill. Ex. fr. Fr.) link. *Biological Invasions* **8**, 1131–1144.

Pritchard, S.G., A.E. Strand, M.L. McCormack, et al. 2008. Fine root dynamics in a loblolly pine forest are influenced by Free-Air-CO_2-enrichment (FACE): a six year minirhizotron study. *Global Change Biology* **14**, 588–602.

Pueschel, D., J. Rydlova, M. Vosatka, et al. 2008. Does the sequence of plant dominants affect mycorrhiza development in simulated succession on spoil banks? *Plant and Soil* **302**, 273–282.

Quested, H.M., J.H.C. Cornelissen, M.C. Press, et al. 2003. Decomposition of sub-arctic plants with differing nitrogen economies: A functional role for hemiparasites. *Ecology* **84**, 3209–3221.

Quested, H.M., T.V. Callaghan, J.H.C. Cornelissen, et al. 2005. The impact of hemiparasitic plant litter on plant decomposition: direct, seasonal and litter mix effects. *Journal of Ecology* **93**, 97–98.

Quested, H., O. Eriksson, C. Fortunel, et al. 2007. Plant traits relate to whole-community litter quality and decomposition following land use change. *Functional Ecology* **21**, 1016–1026.

Quinn, T.P., S.M. Carlson, S.M. Gende, et al. 2009. Transportation of Pacific salmon carcases from streams to riparian forests by bears. *Canadian Journal of Zoology* **87**, 195–203.

Raab, T.K., D.A. Lipson and R.K. Monson. 1999. Soil amino acid utilization among species of the Cyperacea: Plant and soil processes. *Ecology* **80**, 2408–2419.

Raich, J.W. and C.S. Potter. 1995. Global patterns of carbon-dioxide emissions from soils. *Global Biogeochemical Cycles* **9**, 23–36.

Ramsay, A. 1983. Bacterial biomass in ornithogenic soils in Antarctica. *Polar Biology* **1**, 221–225.

Ramsey, P.W., M.C. Rillig, K.P. Feris, et al. 2006. Choice of methods for soil microbial community analysis: PLFA maximizes power compared to CLPP and PCR-based approaches. *Pedobiologia* **50**, 275–280.

Read, D.J. 1991. Mycorrhizas in ecosystems. *Experimentia* **47**, 376–391.

Read, D.J. 1992. The mycorrhizal mycelium. In: *Mycorrhizal Functioning* (M.F. Allen, ed.), pp. 102–133. Chapman and Hall, London.

Read, D.J. 1994. Plant-microbe mutualisms and community structure. In: *Biodiversity and Ecosystem Function* (E.-D. Schulze and H.A. Mooney, eds), pp. 181–209. Springer-Verlag, Berlin.

Read, D.J. and J. Perez-Moreno. 2003. Mycorrhizas and nutrient cycling in ecosystems—a journey towards relevance? *New Phytologist* **157**, 475–492.

Read, D.J., J.R. Leake and J. Perez-Moreno. 2004. Mycorrhizal fungi as drivers of ecosystem processes in heathland and boreal forest biomes. *Canadian Journal of Botany* **82**, 1243–1263.

Reay, D.S., F. Dentener, P. Smith, et al. 2008. Global nitrogen deposition and carbon sinks. *Nature Geoscience* **1**, 430–437.

Redfield, A.C. 1958. The biological control of chemical factors in the environment. *American Scientist* **46**, 205–221.

Reeder, J.D. and Schuman, G.E. 2002. Influence of livestock grazing on C sequestration in semi-arid mixedgrass and short-grass rangelands. *Environmental Pollution* **116**, 457–463.

Reich, P.B., J. Knops, D. Tilman, et al. 2001. Plant diversity enhances ecosystem responses to elevated CO_2 and nitrogen deposition. *Nature* **410**, 809–812.

Reinhart, K.O. and R.M. Callaway. 2006. Soil biota and invasive plants. *New Phytologist* **170**, 445–457.

Reinhart, K.O., A. Packer, W.H. Van der Putten, et al. 2003. Plant-soil biota interactions and spatial distribution of black cherry in its native and invasive ranges. *Ecology Letters* **6**, 1046–1050.

Reinhart, K.O., A.A. Royo, W.H. Van der Putten, et al. 2005. Soil feedback and pathogen activity in *Prunus serotina* throughout its native range. *Journal of Ecology* **93**, 890–898.

Rejmanek, M., D.M. Richardson, S.I. Higgins, et al. 2005. Ecology of invasive species: state of the art. In: *Invasive Species: A New Synthesis* (H.A. Mooney, R.N. Mack, J.A. McNeely, et al., eds), pp. 104–161. Island Press, Washington DC.

Reuman, D.C., J.E. Cohen and C. Mulder. 2009. Human and environmental factors influence soil faunal abundance-mass allometry and structure. *Advances in Ecological Research* **41**, 45–85.

Rey, A. and P. Jarvis. 2006. Modelling the effect of temperature on carbon mineralization rates across a network of European forest sites (FORCAST). *Global Change Biology* **12**, 1894–1908.

Reynolds, H.L., A. Packer, J.D. Bever, et al. 2003. Grassroots ecology: Plant-microbe-soil interactions as drivers of plant community structure and dynamics. *Ecology* **84**, 2281–2291.

Reynolds, H.L., A.E. Hartley, K.M. Vogelsang, et al. 2005. Arbuscular mycorrhizal fungi do not enhance nitrogen acquisition and growth of old-field perennials under low nitrogen supply in glasshouse culture. *New Phytologist* **167**, 869–880.

Rhoades, D.F. 1985. Offensive-defensive interactions between herbivores and plants: their relevance in herbivore population dynamics and ecological theory. *American Naturalist* **125**, 205–238.

Richardson, D.M. 2006. *Pinus*: a model group for unlocking the secrets of alien plant invasions? *Preslia* **78**, 375–388.

Richardson, D.M., P.A. Williams and R.J. Hobbs. 1994. Pine invasions in the Southern Hemisphere: determinants of spread and invisibility. *Journal of Biogeography* **21**, 511–527.

Richardson, D.M., N. Allsop, C.M. D'Antonio, et al. 2000. Plant invasions – the role of mutualists. *Biological Reviews* **75**, 65–93.

Richardson, S.J., D.A. Peltzer, R.B. Allen, et al. 2004. Rapid development of phosphorus limitation in temperate rainforest along the Franz Josef soil chronosequence. *Oecologia* **139**, 267–276.

Richardson, S.J., D.A. Peltzer, R.B. Allen, et al. 2005. Resorption proficiency along a chronosequence: Responses among communities and within species. *Ecology* **86**, 20–25.

Richardson, S.J., R.B. Allen and J.E. Doherty. 2008. Shifts in leaf N:P ratio during resorption reflect soil P in temperate rainforest. *Functional Ecology* **22**, 738–745.

Ridder, B. 2008. Questioning the ecosystem services argument for biodiversity conservation. *Biodiversity and Conservation* **17**, 781–790.

Ridenour, W.M. and R.M. Callaway. 2001. The relative importance of allelopathy in interference: the effects of an invasive weed on a native bunchgrass. *Oecologia* **126**, 444–450.

Rietkerk, M. and J. van de Koppel. 1997. Alternative stable states and threshold effects in semi-arid grazing systems. *Oikos* **79**, 69–76.

Rietkerk, M., F. van den Bosch and J. van de Koppel. 1997. Site-specific properties and irreversible vegetation changes in semi-arid grazing systems. *Oikos* **80**, 241–252.

Rietkerk, M., S.C. Dekker, P.C. de Ruiter and J. van de Koppel. 2004. Self-organized patchiness and catastrophic shifts in ecosystems. *Science* **305**, 1926–1929.

Rillig, M.C. and D.L. Mummey. 2006. Mycorrhizas and soil structure. *New Phytologist* **171**, 41–53.

Rillig, M.C., G.W. Hernandez and P.C.D. Newton. 2000. Arbuscular mycorrhizae respond to elevated atmospheric CO_2 after long-term exposure: evidence from a CO_2 spring in New Zealand supports the resource balance model. *Ecology Letters* **3**, 475–478.

Rinnan, R., S. Stark and A. Tolanen. 2009. Response of vegetation and soil microbial communities to warming and simulated herbivory in a subarctic heath. *Journal of Ecology* **97**, 788–800.

Ripple, W.J. and R.L. Beschta. 2004. Wolves, elk, willows, and trophic cascades in the upper Gallatin Range of Southwestern Montana, USA. *Forest Ecology and Management* **200**, 161–181.

Ripple, W.J. and R.L. Beschta. 2006. Linking a cougar decline, trophic cascade, and catastrophic regime shift in Zion National Park. *Biological Conservation* **133**, 397–408.

Ripple, W.J. and R.L. Beschta. 2008. Trophic cascades involving cougar, mule deer, and black oaks in Yosemite National Park. *Biological Conservation* **141**, 1249–1256.

Risch, A.C. and D.A. Frank. 2006. Carbon dioxide fluxes in a spatially and temporally heterogeneous temperate grassland. *Oecologia* **147**, 291–302.

Risch, A.C., M.F. Jurgensen, M. Schütz, et al. 2005. The contribution of red wood ants to soil C and N pools and to CO_2 emissions in subalpine forests. *Ecology* **86**, 419–430.

Ritchie, M.E., D. Tilman and J.M.H. Knops. 1998. Herbivore effects on plant and nitrogen dynamics in oak savanna. *Ecology* **79**, 165–177.

Robinson, C.H., P. Ineson, T.G. Piearce, et al. 1992. Nitrogen mobilization by earthworms in limed peat soils under *Picea sitchensis*. *Journal of Applied Ecology* **29**, 226–237.

Robinson, C.H., J. Dighton, J.C. Frankland, et al. 1993. Nutrient and carbon dioxide release by interacting species of straw-decomposing fungi. *Plant and Soil* **151**, 139–142.

Robinson, C.H., P. Ineson, T.G. Piearce, et al. 1996. Effects of earthworms on cation and phosphate mobilisation in limed peat soils under *Picea sitchensis*. *Forest Ecology and Management* **86**, 253–258.

Rochon, J.J., C.J. Doyle, J.M. Greef, et al. 2004. Grazing legumes in Europe: a review of their status, management, benefits, research needs and future prospects. *Grass and Forage Science* **59**, 197–214.

Roser, D.J., R.D. Seppelt and N. Ashbolt. 1993. Microbiology of ornithogenic soils from the Windmill Islands, Budd Coast, continental Antarctica: microbial biomass distribution. *Soil Biology and Biochemistry* **25**, 165–175.

Ross, D.J., P.C.D. Newton and K.R. Tate. 2004. Elevated CO_2 effects on herbage and soil carbon and nitrogen pools and mineralization in a species–rich, grazed pasture on a seasonally dry sand. *Plant and Soil* **260**, 183–196.

Roulet, N.T. and T.R. Moore. 1995. The effect of forestry drainage practices on the emissions of methane from northern peatlands. *Canadian Journal of Forest Research* **25**, 491–499.

Rovira, A.D., E.I. Newman, H.J. Bowen, et al. 1974. Quantitative assessment of the rhizoplane microflora by direct microscopy. *Soil Biology and Biochemistry* **6**, 211–216.

Ruess, R.W., R.L. Hendrick and J.P. Bryant. 1998. Regulation of fine root dynamics by mammalian browsers in early successional Alaskan taiga forests. *Ecology* **79**, 2706–2720.

Sabo, J.L. and M.E. Power. 2002. River-watershed exchange: effects of riverine subsidies on riparian lizards and their terrestrial prey. *Ecology* **83**, 1860–1869.

Saetre, P. and E. Bååth. 2000. Spatial variation and patterns of the soil microbial community structure in a mixed spruce-birch stand. *Soil Biology and Biochemistry* **32**, 909–917.

Sala, O.E., F.S. Chapin, J.J. Armesto, et al. 2000. Global biodiversity scenarios for the year 2100. *Science* **287**, 1770–1774.

Salt, D.T., P. Fenwick and J.B. Whittaker. 1996. Interspecific herbivore interactions in a high CO_2 environment: root and shoot aphids feeding on *Cardamine*. *Oikos* **77**, 326–330.

Sanchez-Piñero, F. and G.A. Polis. 2000. Bottom-up dynamics of allochthonous input: direct and indirect effects of seabirds on islands. *Ecology* **81**, 3117–3232.

Sankaran, M. and D.J. Augustine. 2004. Large herbivores suppress decomposer abundance in a semiarid grazing ecosystem. *Ecology* **85**, 1052–1061.

Sankaran, M. and S.J. McNaughton. 1999. Determinants of biodiversity regulate compositional stability of communities. *Nature* **401**, 691–693.

Sankaran, M., N.P. Hanan, R.J. Scholes, et al., 2005. Determinants of woody cover in African savannas. *Nature* **438**, 846–849.

Santiago, L.S. 2007. Extending the leaf economics spectrum to decomposition: Evidence from a tropical forest. *Ecology* **88**, 1126–1131.

Santos, P.F., J. Phillips and W.G. Whitford. 1981. The role of mites and nematodes in early stages of buried litter decomposition in a desert. *Ecology* **63**, 664–669.

Saravesi, K., A. Markkola, P. Rautio, et al. 2008. Defoliation causes parallel temporal responses in a host tree and its fungal symbionts. *Oecologia* **156**, 117–123.

Sariyildiz, T. 2008. Effects of gap-size classes on long-term litter decomposition rates of beech, oak and chestnut species at high elevations in northeast Turkey. *Ecosystems* **11**, 841–853.

Sax, D.F. and S.D. Gaines. 2003. Species diversity: from global decreases to local increases. *Trends in Ecology and Evolution* **18**, 561–566.

Sax, D.F., B.P. Kinlan and K.F. Smith. 2005. A conceptual framework for comparing species assemblages in native and exotic habitats. *Oikos* **108**, 457–464.

Schädler, M. and R. Brandl. 2005. Do invertebrate decomposers affect the disappearance rate of litter mixtures? *Soil Biology and Biochemistry* **37**, 329–337.

Schädler, M., G. Jung, R. Brandl, et al. 2004. Secondary succession is influenced by belowground insect herbivory on a productive site. *Oecologia* **138**, 242–252.

Schadt, C.W.A.P. Martin, D.A. Lipson, et al. 2003. Seasonal dynamics of previously unknown fungal lineages in tundra soils. *Science* **301**, 1359–1361.

Schellekens, J., F.N. Scatena, L.A. Bruijnzeel, et al. 2004. Stormflow generation in a small rainforest catchment in the Luquillo Experimental Forest, Puerto Rico. *Hydrological Processes* **18**, 505–530.

Scheu, S. 1987. The role of substrate-feeding earthworms (Lumbricidae) for bioturbation in a beechwood soil. *Oecologia* **72**, 192–196.

Scheu, S. 2001. Plants and generalist predators as links between the below-ground and aboveground system. *Basic and Applied Ecology* **2**, 3–13.

Scheu. S. 2003. Effects of earthworms on plant growth: patterns and perspectives. *Pedobiologia* **47**, 846–856.

Scheu, S. and D. Parkinson. 1994. Effects of invasion of an aspen forest (Canada) by *Dendrobaena octaedra* (Lumbricidae) on plant growth. *Ecology* **75**, 2348–2361.

Scheu, S. and M. Schaefer. 1998. Bottom-up control of the soil macrofauna community in a beechwood on limestone: manipulation of food resources. *Ecology* **79**, 1573–1585.

Scheu, S. and H. Setälä. 2002. Multitrophic interactions in decomposer food webs. In: *Multitrophic Level Interactions* (T. Tscharntke and B. Hawkins, eds), pp. 223–264. Cambridge University Press, Cambridge.

Scheu, S., A. Theenhaus and T.H. Jones. 1999. Links between the detritivore and the herbivore system: effects of earthworms and Collembola on plant growth and aphid development. *Oecologia* **119**, 541–551.

Scheublin, T.R., K.P. Ridgway, J.P.W. Young, et al. 2004. Nonlegumes, legumes, and root nodules harbor different arbuscular mycorrhizal fungal communities. *Applied Environmental Microbiology* **70**, 6240–6246.

Schimel, J.P. and J. Bennett. 2004. Nitrogen mineralization: Challenges of a changing paradigm. *Ecology* **85**, 591–602.

Schimel, J.P. and F.S. Chapin. 1996. Tundra plant uptake of amino acid and NH_4^+ nitrogen in situ: plants compete well for amino acid N. *Ecology* **77**, 2142–214.

Schimel, J.P. and C. Mikan. 2005. Changing microbial substrate use in Arctic tundra soils through a freeze-thaw cycle. *Soil Biology and Biochemistry* **37**, 1411–1418.

Schimel, D.S., B.H. Braswell, E.A. Holland, et al. 1994. Climatic, edaphic, and biotic controls over storage and turnover of carbon in soils, *Global Biogeochemical Cycles* **8**, 279–293.

Schimel, J.P., R.G. Cates and R.W. Ruess. 1998. The role of balsam poplar secondary chemicals in controlling soil nutrient dynamics through succession in the Alaskan taiga. *Biogeochemistry* **42**, 221–234.

Schimel, J.P., J. Bennett and N. Frierer. 2005. Microbial community composition and soil nitrogen cycling: is there really a connection? In: *Biological Diversity and Function in Soil* (R.D. Bardgett, M.B. Usher and D.W. Hopkins, eds), pp. 172–188. Cambridge University Press, Cambridge.

Schimel, J., T.C. Balser and M. Wallenstein. 2007. Microbial stress-response physiology and its implications for ecosystem function. *Ecology* **88**, 1386–1394.

Schlesinger, W.H. 1997. *Biogeochemistry: An Analysis of Global Change*, 2nd edn. Academic Press, San Diego.

Schlesinger, W.H. 2009. On the fate of anthropogenic nitrogen. *Proceedings of the National Academy of Sciences USA* **106**, 203–208.

Schlesinger, W.H. and A.M. Pilmanis. 1998. Plant-soil interactions in deserts. *Biogeochemistry* **42**, 169–187.

Schlesinger, W.H., J.F. Reynolds, G.L. Cunningham, et al. 1990. Biological feedbacks in global desertification. *Science* **247**, 1043–1048.

Schmidt, S., W.C. Dennison, G.J. Moss, et al. 2004. Nitrogen ecophysiology of Heron Island, a subtropical coral cay of the Great Barrier Reef, Australia. *Functional Plant Biology* **31**, 517–528.

Schmidt, S.K., Reed, S.C., Nemergut, D.R., et al. 2008. The earliest stages of ecosystem succession in high-elevation (5000 metres above sea level), recently deglaciated soils. *Proceedings of the Royal Society of London Series B Biological Sciences* **275**, 2793–2802.

Schmitz, O.J. 2008a. Herbivory from individuals to ecosystems. *Annual Review of Ecology, Evolution, and Systematics* **39**, 133–152.

Schmitz, O.J. 2008b. Effects of predator hunting mode on grassland ecosystem function. *Science* **319**, 952–954.

Schmitz, O.J., O. Ovadia and V. Krivan. 2004. Trophic cascades: the primary trait-mediated indirect interactions. *Ecology Letters* **7**, 153–163.

Schoenecker, K.A., F.J. Singer, R.S.C. Menezes, et al. 2002. Sustainability of vegetation communities grazed by elk in Rocky Mountain National Park. In: *Ecological Evaluation of the Abundance and Effects of Elk Herbivory in Rocky Mountain National Park 1994–1999* (F.J. Singer and L.C. Zeigenfuss, eds), pp. 187–204. US Geological Survey, Fort Collins, CO.

Schultz, J.C. and I.T. Baldwin. 1982. Oak leaf quality declines in response to defoliation by gypsy moth larvae. *Science* **217**, 149–151.

Schulze, E.-D. and H.A. Mooney (eds). 1993. *Biodiversity and Ecosystem Function*. Springer, Berlin.

Schuman, G.E., J.D. Reeder, J.T. Manley, et al. 1999. Impact of grazing management on the carbon and nitrogen balance of a mixed-grass rangeland. *Ecological Applications* **9**, 65–71.

Schütz, M., A.C. Risch, G. Achermann, et al. 2006. Phosphorus translocation by red deer on a subalpine grassland in the central European Alps. *Ecosystems* **9**, 624–633.

Schuur, E.A.G., J.G. Vogel, K.G. Crummer. 2009. The effect of permafrost thaw on old carbon release and net carbon exchange from tundra. *Nature* **459**, 556–559.

Schweitzer, J.A., J.K. Bailey, B.J. Rehill, et al. 2004. Genetically based trait in a dominant tree affects ecosystem processes. *Ecology Letters* **7**, 127–134.

Schweitzer, J.A., J.K. Bailey, D.G. Fischer, et al. 2008. Plant-soil-microorganism interactions: Heritable relationship between plant genotype and associated soil microorganisms. *Ecology* **89**, 773–781.

Seastedt, T.R. 1984. The role of microarthropods in decomposition and mineralization processes. *Annual Review of Entomology* **29**, 25–46.

Seastedt, T.R. and G.A. Adams. 2001. Effects of mobile tree islands on alpine tundra soil. *Ecology* **82**, 8–17.

Seitzinger, S.P., J. Harrison, J. Bohlke, et al. 2006. Denitrification across landscapes and waterscapes: a synthesis. *Ecological Applications*. 16, 2064–2090.

Selosse, M.A., F. Richard, X.H. He, et al. 2006. Mycorrhizal networks: des liaisons dangereuses? *Trends in Ecology and Evolution* **21**, 621–628.

Serreze, M.C., J.E. Walsh, F.S. Chapin, et al. 2000. Observational evidence of recent change in the northern high-latitude environment. *Climatic Change* **46**, 159–207.

Setälä, H. 1995. Growth of birch and pine seedlings in relation to grazing by soil fauna on ectomycorrhizal fungi. *Ecology* **76**, 1844–1851.

Setälä, H. and V. Huhta. 1991. Soil fauna increase *Betula pendula* growth: laboratory experiments with coniferous forest floor. *Ecology* **72**, 665–671.

Setälä, H. and M.A. McLean. 2004. Decomposition rate of organic substrates in relation to the species diversity of soil saprophytic fungi. *Oecologia* **139**, 98–107.

Setälä, H., V.G. Marshall and J.A. Trofymow. 1996. Influence of body size of soil fauna on litter decomposition and ^{15}N uptake by poplar in a pot trial. *Soil Biology and Biochemistry* **28**, 1661–1675.

Sharma, S., Z. Szele, R. Schilling, et al. 2006. Influence of freeze-thaw on the structure and function of microbial communities in soil. *Applied and Environmental Microbiology* **72**, 48–54.

Sharma, S., S. Courtier and S.D. Côte. 2009. Impacts of climate change on the seasonal distribution of migratory caribou. *Global Change Biology* **15**, 2549–2562.

Sharpley, A.N. and J.K. Syers. 1976. Potential role of earthworm cats for the phosphorus enrichment of run-off waters. *Soil Biology and Biochemistry* **8**, 341–346.

Sharpley, A.N., J.K. Syers and J.A. Springett. 1979. Effect of surface casting earthworms on the transport of phosphorus and nitrogen in surface runoff from pasture. *Soil Biology and Biochemistry* **11**, 459–462.

Shaver, G.R., L.C. Johnson, D.H. Cades, et al. 1998. Biomass and CO_2 flux in wet sedge tundras: Responses to nutrients, temperature, and light. *Ecological Monographs* **68**, 75–97.

Shaver, G.R., S.M. Bret-Harte, M.H. Jones, et al. 2001. Species composition interacts with fertilizer to control long-term change in tundra productivity. *Ecology* **82**, 3163–3181.

Shaw, M.R., E.S. Zavaleta, N.R. Chiariello, et al. 2002. Grassland responses to global environmental changes suppressed by elevated CO_2. *Science* **298**, 1987–1990.

Shearer, B.L., C.E. Craine, R.G. Fairman, et al. 1998. Susceptibility of plant species in coastal dune vegetation of southwestern Australia to killing by *Armillaria luteobubalina*. *Australian Journal of Botany* **46**, 321–334.

Shrestha, G. and P.D. Stahl. 2008. Carbon accumulation and storage in semi-arid sagebrush steppe: Effects of long-term grazing exclusion. *Agriculture, Ecosystems and Environment* **125**, 173–181.

Siemann, E., W.P. Carson, W.E. Rogers, et al. 2003. Reducing herbivory using insecticides. In: *Insects and Ecosystem Function* (W.W. Weisser and E. Siemann, eds), pp. 303–327. Springer-Verlag, Berlin.

Silfver, T., J. Mikola, H. Roininen, et al. 2007. Leaf litter decomposition differs among genotypes in a local *Betula pendula* population. *Oecologia* **152**, 707–714.

Silver, W.L., D.J. Herman and M.K. Firestone. 2001. Dissimilatory nitrate reduction to ammonium in tropical forest soils. *Ecology* **82**, 2410–2416.
Silver, W.L., A.W. Thompson, M.K. Firestone, et al. 2005. Nitrogen retention and loss in tropical plantations and old growth forests. *Ecological Applications* **15**, 1604–1614.
Simard, S.W., M.D. Jones and D.M. Durall. 2002. Carbon and nutrient fluxes within and between mycorrhizal plants. In: *Mycorrhizal Ecology* (M.G.A. Van der Heijden and I.R. Sanders, eds), pp. 33–74. Ecological Studies 157. Springer Verlag, Heidelberg.
Sinsabaugh, R.L., C.L. Lauber, M.N. Weintraub, et al. 2008. Stoichiometry of soil enzyme activity at a global scale. *Ecology Letters* **11**, 1252–1264.
Sitch, S., B. Smith, I.C. Prentice, et al. 2003. Evaluation of ecosystem dynamics, plant geography and terrestrial carbon cycling in the LPJ dynamic global vegetation model. *Global Change Biology* **9**, 161–185.
Six, J., S.D. Frey, R.K. Thiet, et al. 2006. Bacterial and fungal contributions to carbon sequestration in agroecosystems. *Soil Science Society of America Journal* **70**, 555–569.
Sjögersten, S., R. Van der Wal and S.J. Woodin. 2008. Habitat type determines herbivory controls over CO_2 fluxes in a warmer arctic. *Ecology* **89**, 2103–2116.
Slade, E.M., D.J. Mann, J.F. Villanueva, et al. 2007. Experimental evidence of the effects of dung beetle functional group richness and composition on ecosystem function in a tropical forest. *Journal of Animal Ecology* **76**, 1094–1104.
Slaytor, M. 2000. Energy metabolism in the termite and its gut microbiota. In: *Termites: Evolution, Sociality, Symbioses, Ecology* (T. Abe, D.E. Bignell and M. Higashi, eds), pp. 307–332. Kluwer Academic Press, Dordrecht.
Smith, P., D. Martino, Z. Cai, et al. 2008. Greenhouse gas mitigation in agriculture. *Philosophical Transactions of the Royal Society Series B Biological Sciences* **363**, 789–813.
Smith, R.S., R.S. Shiel, R.D. Bardgett, et al. 2008. Long-term change in vegetation and soil microbial communities during the phased restoration of traditional meadow grassland. *Journal of Applied Ecology* **45**, 670–679.
Smith, S.E. and D.J. Read. 1997. *Mycorrhizal Symbiosis*, 2nd edn. Academic Press, London.
Smith, V.R. and M. Steenkamp. 1990. Climatic change and its ecological implications at a subantarctic island. *Oecologia* **85**, 14–24.
Smith, V.R., N.L. Avenant and S.L. Chown. 2002. The diet and impact of house mice on a sub-Antarctic island. *Polar Biology* **25**, 703–715.
Snyder, W.E. and E.W. Evans. 2006. Ecological effects of invasive arthropod generalist predators. *Annual Review of Ecology and Systematics* **37**, 95–122.
Solan, M., B.J. Cardinale, A.L. Downing, et al. 2004. Extinction and ecosystem function in the marine benthos. *Science* **306**, 1177–1187.
Sørensen, L.I., M.M. Kytöviita, J. Olfsson, et al. 2008. Soil feedback on plant growth in a sub-arctic grassland as a result of repeated defoliation. *Soil Biology and Biochemistry* **40**, 2891–2897.
Sørensen, L.I., J. Mikola, M.M. Kytöviita, et al. 2009. Trampling and spatial heterogeneity explain decomposer abundances in a sub-arctic grassland subjected to simulated reindeer grazing. *Ecosystems* **12**, 830–842.
Soudzilovskaia, N.A., V.G. Onipchenko, J.H.C. Cornelissen, et al. 2007. Effects of fertilisation and irrigation on 'foliar afterlife' in alpine tundra. *Journal of Vegetation Science* **18**, 755–766.
Sousa-Souto, L., J.H. Schoereder and C.E.G.R. Schaeffer. 2007. Leaf-cutting ants, seasonal burning and nutrient distribution in Cerrado vegetation. *Austral Ecology* **32**, 758–765.

Sousa-Souto, L., J.H. Schoereder, C.E.G.R. Schaeffer, et al. 2008. Ant nests and soil nutrient availability: the negative impact of fire. *Journal of Tropical Ecology* **24**, 639–646.

Spain, A.V. and J.G. McIvor. 1988. The nature of herbaceous vegetation associated with termitaria in north-eastern Australia. *Journal of Ecology* **76**, 181–191.

Spear, D. and S.L. Chown. 2009. Non-indigenous ungulates as a threat to biodiversity. *Journal of Zoology* **279**, 1–17.

Speed, J.D.M., S.J. Woodin, H. Tømmervik, et al. 2009. Predicting habitat utilization and extent of ecosystem disturbance by an increasing herbivore population. *Ecosystems* **12**, 349–359.

Spehn, E.M., M. Scherer-Lorenzen, B. Schmid, et al. 2002. The role of legumes as a component of biodiversity in a cross-European study of grassland biomass nitrogen. *Oikos* **98**, 205–218.

Sprent, J.I. and R. Parsons. 2000. Nitrogen fixation in legume and non-legume trees. *Field Crops Research* **65**, 183–196.

Srivastava, D.S. and R.L. Jefferies. 1986. A positive feedback: herbivory, plant growth, salinity, and the desertification of an Arctic salt-marsh. *Journal of Ecology* **84**, 31–42.

St John M.G., D.H. Wall and H.W. Hunt. 2006. Are soil mite assemblages structured by the identity of native and invasive alien grasses? *Ecology* **87**, 1314–1324.

Staddon, P.L., N. Ostle and A.H. Fitter. 2003. Earthworm extraction by electroshocking does not affect canopy CO_2 exchange, root respiration, mycorrhizal fungal abundance or mycorrhizal fungal vitality. *Soil Biology and Biochemistry* **35**, 421–426.

Staddon, P.L., I. Jakonsen and H. Blum. 2004. Nitrogen input mediates the effects of free-air CO_2 enrichment on mycorrhizal fungal abundance. *Global Change Biology* **10**, 1687–1688.

Stadler, B. and A.F.G. Dixon. 2005. Ecology and evolution of aphid-ant interactions. *Annual Reviews of Ecology, Evolution and Systematics* **36**, 345–372.

Stadler, B., S.T. Solinger and B. Michalzik. 2001. Insect herbivores and the nutrient flow from the canopy to the soil in coniferous and deciduous forests. *Oecologia* **126**, 104–113.

Stamp, N.E. and M.D. Bowers. 1996. Consequences for plantain chemistry and growth when herbivores are attacked by predators. *Ecology* **77**, 535–549.

Stampe, E.D. and C.C. Daehler. 2003. Mycorrhizal species identity affects plant community structure and invasion: a microcosm study. *Oikos* **100**, 362–372.

Standish, R.J., P.A. Williams, A.W. Robertson, et al. 2004. Invasion by a perennial herb increases decomposition rate and alters nutrient availability in warm temperate lowland forest remnants. *Biological Invasions* **6**, 71–81.

Stark, S., D.A. Wardle, R. Ohtonen, et al. 2000. The effect of reindeer grazing on decomposition, mineralisation and soil biota in a dry oligotrophic Scots pine forest. *Oikos* **90**, 301–310.

Stark, S., J. Tuomi, R. Strömmer, et al. 2003. Non-parallel changes in soil microbial carbon and nitrogen dynamics due to reindeer grazing in northern boreal forests. *Ecography* **26**, 51–59.

Steinbeiss, S., H. Bessler, C. Engels, et al. 2008. Plant diversity positively affects short-term soil carbon storage in experimental grasslands. *Global Change Biology* **14**, 2937–2949.

Steinmann, K.R., T.W. Siegwolf, M. Saurer, et al. 2004. Carbon fluxes to the soil in a mature temperate forest assessed by ^{13}C isotope tracing. *Oecologia* **141**, 489–501.

Stephan, A., A.H. Meyer and B. Schmid. 2000. Plant diversity affects culturable soil bacteria in experimental grassland communities. *Journal of Ecology* **88**, 988–998.

Stevens, C.J., N.D. Dise, J.O. Mountford, et al. 2004. Impact of nitrogen deposition on the species richness of grasslands. *Science* **303**, 1876–1879.

Stevenson, B.G. and D.L. Dindal. 1987. Insect effects on decomposition of cow dung in microcosms. *Pedobiologia* **30**, 81–92.

Stinson, K.A., S.A. Campbell, J.R. Powell, et al. 2006. Invasive plant suppresses the growth of native tree seedlings by disrupting belowground mutualisms. *PLOS Biology* **4**, 727–731.

Stowe, L.G. 1979. Allelopathy and its influence on the distribution of plants in an Illinois old field. *Journal of Ecology* **67**, 1065–1085.

Strickland, M.S., E. Osburn, C. Lauber, et al. 2009. Litter quality is in the eye of the beholder: initial decomposition rates as a function of inoculum characteristics. *Functional Ecology* **23**, 627–636.

Strong, D.R. 1992. Are trophic cascades all wet? Differentiation and donor control in speciose ecosystems. *Ecology* **73**, 747–754.

Sturm, M., C. Racine and K. Tape. 2001. Climate change: increasing shrub abundance in the Arctic. *Nature* **411**, 546–547.

Sturm, M., T. Douglas, C. Racine and G.E. Liston. 2005. Changing snow and shrub conditions affect albedo with global implications. *Journal of Geophysical Research-Biogeosciences* **110**, G01004.

Styrsky, J.D. and M.D. Eubanks. 2007. Ecological consequences of interactions between ants and honeydew-producing insects. *Proceedings of the Royal Society London B.*, **274**, 151–164.

Subler, S., C.M. Baranski and C.A. Edwards. 1997. Earthworm additions increased short-term nitrogen availability and leaching in two grain-crop agroecosystems. *Soil Biology and Biochemistry* **29**, 413–421.

Suding, K.N., I.W. Ashton, H. Bechtold, et al. 2008. Plant and microbe contribution to community resilience in a directionally changing environment. *Ecological Monographs* **78**, 313–329.

Susiluoto, S., T. Rasilo, J. Pumpanen, et al. 2008. Effects of grazing on the vegetation structure and carbon dioxide exchange of a Fennoscandian fell ecosystem. *Arctic, Antarctic and Alpine Research* **40**, 422–431.

Swift, M.J., O.W. Heal and J.M. Anderson. 1979. *Decomposition in Terrestrial Ecosystems*. Blackwell, Oxford.

Syers, J.K., P.E.H. Gregg and A.G. Gillingham. 1980. Phosphorus uptake and return in grazed sheep pastures. II. Above-ground components of the phosphorus cycle. *New Zealand Journal of Agricultural Research* **23**, 323–330.

Takatsuki, S. 2009. Effects of sika deer on vegetation in Japan: a review. *Biological Conservation* **142**, 1922–1929.

Tansley, A.G. 1935. The use and abuse of vegetational terms and concepts. *Ecology* **16**, 284–307.

Tao, J., X. Chen, M. Liu, et al. 2009. Earthworms change the abundance and community structure of nematodes and protozoa in a maize residue amended rice–wheat rotation agroecosystem. *Soil Biology and Biochemistry*, **41**, 898–904.

Tape, K., M. Sturm, C. Racine. 2006. The evidence for shrub expansion in Northern Alaska and the Pan-Arctic. *Global Change Biology* **12**, 686–702.

Taylor, B.R., W.F.J. Pardons and D. Parkinson. 1989. Nitrogen and lignin content as predictors of decomposition rate: a microcosm test. *Ecology* **70**, 97–104.

Taylor, S.W., A.L. Carroll, R. Alfaro, et al. 2006. Forest, climate and mountain pine beetle outbreak dynamics in western Canada. In: *The Mountain Pine Beetle: A Synthesis of*

Biology, Management and Impacts in Lodgepole Pine (L. Safranyik and B. Wilson, eds), pp. 67–94. Natural Resources Canada, Canadian Forest Service, Victoria.

Templer, P.H., W.L. Silver, J. Pett-Ridge, et al. 2008. Plant and microbial controls on nitrogen retention and loss in a humid tropical forest. *Ecology* **89**, 3030–3040.

Terborgh, J.K. and J.A. Estes (eds). 2010. *Trophic Cascades*. Island Press, Washington DC, in press.

Terborgh, J., L. Lopez, P.N. Nunez, et al. 2001. Ecological meltdown in predator-free forest fragments. *Science* **294**, 1923–1926.

Terborgh, J., K. Feeley, M. Silman, et al. 2006. Vegetation dynamics of predator-free land-bridge islands. *Journal of Ecology* **94**, 253–263.

Teste, F.P. and S.W. Simard. 2008. Mycorrhizal networks and distance from mature trees alter patterns of competition and facilitation in dry Douglas-fir forests. *Oecologia* **159**, 193–203.

Teuben, A. and H.A. Verhoef. 1992. Direct contribution by soil arthropods to nutrient availability through body and faecal nutrient content. *Biology and Fertility of Soils* **14**, 71–75.

Thébault, E. and M. Loreau. 2003. Food web constraints on biodiversity-ecosystem functioning relationships. *Proceedings of the National Academy of Sciences USA* **100**, 14949–14954.

Thing, H. 1984. Feeding ecology of the West Greenland caribou (*Rangifer tarandus groenlandicus*) in the Sisimiut-Kangerlussuaq region. *Danish Review of Game Biology* **12**, 1–51.

Thomas, C.D., A. Cameron, R.E. Green, et al. 2004. Extinction risk from climate change. *Nature* **427**, 145–148.

Thompson, C.H. 1981. Podzol chronosequences on coastal sand dunes of eastern Australia. *Nature* **291**, 59–61.

Thompson, K.H., A. Green and A.M. Jewels. 1994. Seeds in soil and worm casts from a neutral grassland. *Functional Ecology* **8**, 29.35.

Thompson, K., Hodgson, J.G. and T.C.G. Rich. 1995. Native and alien invasive plants: more of the same? *Ecography* **18**, 390–402.

Thorpe, A.S., G.T. Thelan, A. Diaconu, et al. 2009. Root exudate is allelopathic in invaded community but not in native community: field evidence for the novel weapons hypothesis. *Journal of Ecology* **97**, 641–645.

Throop, H.L. and M.T. Lerdau. 2004. Effects of nitrogen deposition on insect herbivory: Implications for community and ecosystem processes. *Ecosystems* **7**, 109–133.

Throop, H.L. and S.R. Archer. 2008. Shrub (*Prosopis velutina*) encroachment in a semidesert grassland: spatial–temporal changes in soil organic carbon and nitrogen pools. *Global Change Biology* **14**, 2420–2431.

Thuiller, W., S. Lavorel, M.B. Araújo, et al. 2005. Climate change threats to plant diversity in Europe. *Proceedings of the National Academy of Sciences USA* **102**, 8245–8250.

Tierney, T. and J.H. Cushman. 2006. Temporal changes in native and exotic vegetation and soil characteristics following disturbances by feral pigs in a Californian grassland. *Biological Invasions* **8**, 1073–1089.

Tilman, D. 1999. The ecological consequences of changes in biodiversity: the search for general principles. *Ecology* **80**, 1455–1474.

Tilman, D., D. Wedin and J. Knops. 1996. Productivity and sustainability influenced by biodiversity in grassland ecosystems. *Nature* **379**, 718–720.

Tilman, D., J. Knops, D. Wedin, et al. 1997. The influence of functional diversity and composition on ecosystem processes. *Science* **277**, 1300–1302.

Tilman, D., P.B. Reich, J.M.H. Knops. 2006. Biodiversity and ecosystem stability in a decade-long grassland experiment. *Nature* **441**, 629–632.
Tiunov, A.V. and S. Scheu. 1999. Microbial respiration, biomass, biovolume and nutrient status in burrow walls of *Lumbricus terrestris* L. (Lumbricidae). *Soil Biology and Biochemistry* **31**, 2039–2048.
Tiunov, A.V. and S. Scheu. 2005. Facilitative interactions ratherthan resource partitioning drive diversity-functioning relationships in laboratory fungal communities. *Ecology Letters* **8**, 618–625.
Tjoelker, M.G., J.M. Craine, D. Wedin, et al. 2005. Linking leaf and root trait syndromes among 39 grassland and savannah species. *New Phytologist* **167**, 493–508.
Torsvik, V., L. Ovreas and T.F. Thingstad. 2002. Prokaryotic diversity—Magnitude, dynamics, and controlling factors. *Science* **296**, 1064–1066.
Towne, E.G. 2000. Prairie vegetation and soil nutrient responses to ungulate carcasses. *Oecologia* **122**, 232–239.
Towns, D.R., D.A. Wardle, C.P.H. Mulder, et al. 2009. Predation of seabirds by invasive rats: multiple indirect consequences for invertebrate communities. *Oikos* **118**, 420–430.
Townsend, A.R., C.C. Cleveland, G.P. Asner, et al. 2007. Controls over foliar N : P ratios in tropical rain forests. *Ecology* **88**, 107–118.
Tracy, B.F. and D.A. Frank. 1998. Herbivore influence on soil microbial biomass and N mineralization in a northern grassland ecosystem: Yellowstone National Park. *Oecologia* **114**, 556–562.
Trenbath, B.R. 1974. Biomass productivity of mixtures. *Advances in Agronomy* **26**, 177–210.
Treseder, K.K. 2008. Nitrogen additions and microbial biomass: a meta-analysis of ecosystem studies. *Ecology Letters* **11**, 1111–1120.
Treseder, K.K. and P.M. Vitousek. 2001. Potential ecosystem-level effects of genetic variation among populations of *Metrosideros polymorpha* from a soil fertility gradient in Hawaii. *Oecologia* **126**, 266–275.
Trumbore, S. 2006. Carbon respired by terrestrial ecosystems–recent progress and challenges. *Global Change Biology* **12**, 141–153.
Tscharntke, T., A.M. Klein, A. Kruess, et al. 2005. Landscape perspectives on agricultural intensification and biodiversity—ecosystem service management. *Ecology Letters* **8**, 857–874.
Turetsky, M.R. 2003. The role of bryophytes in carbon and nitrogen cycling. *Bryologist* **196**, 395–409.
Turnbull, M.H., D.T. Tissue, K.L. Griffin, et al. 2005. Respiration characteristics in temperate rainforest tree species differ along a long-term soil-development chronosequence. *Oecologia* **143**, 271–279.
Turner, B.L. 2008. Resource partitioning for soil phosphorus: a hypothesis. *Journal of Ecology* **96**, 698–702.
Tylianakis, J.M., R.K. Didham, J. Bascompte, et al. 2008. Global change and species interactions in terrestrial ecosystems. *Ecology Letters* **11**, 1351–1363.
Uroz, S., M. Buée, C. Murat, et al. 2010. Pyrosequencing reveals a contrasted bacterial diversity between oak rhizosphere and surrounding soil. *Environmental Microbiology Reports*, in press.
Van Auken, O.W. 2000. Shrub invasions of North American semiarid grasslands. *Annual Reviews of Ecology and Systematics* **31**, 197–215.
Van Calster, H., R. Vandenberghe, M. Ruysen, et al. 2008. Unexpectedly high 20th century floristic losses in a rural landscape in northern France. *Journal of Ecology* **96**, 927–936.

Van der Heijden, M.G.A. and T.R. Horton. 2009. Socialism in soil? The importance of mycorrhizal fungal networks for facilitation in natural ecosystems. *Journal of Ecology* **97**, 1139–1150.

Van der Heijden, M.G.A., T. Boller, A. Wiemken, et al. 1998a. Different arbuscular mycorrhizal fungal species are potential determinants of plant community structure. *Ecology* **79**, 2082–2091.

Van der Heijden, M.G.A., J.N. Klironomos, M. Ursic, et al. 1998b. Mycorrhizal fungal diversity determines plant biodiversity, ecosystem variability and productivity. *Nature* **396**, 72–75.

Van der Heijden, M.G.A., R. Bakker, J. Verwaal, et al. 2006a. Symbiotic bacteria as a determinant of plant community structure and plant productivity in dune grassland. *FEMS Microbiology Ecology* **56**, 178–187.

Van der Heijden, M.G.A., R. Streitwolf-Engel, R. Riedl, et al. 2006b. The mycorrhizal contribution to plant productivity, plant nutrition and soil structure in experimental grassland. *New Phytologist* **172**, 739–752.

Van der Heijden, M.G.A., R.D. Bardgett and N.M. van Straalen. 2008. The unseen majority: soil microbes as drivers of plant diversity and productivity in terrestrial ecosystems. *Ecology Letters* **11**, 296–310.

Vanderhoeven, S., N. Dassonville and P. Meerts. 2005. Increased topsoil nutrient concentrations under invasive exotic plants in Belgium. *Plant and Soil* **275**, 169–179.

van de Koppel, J., M. Rietkerk and F.J. Weissing. 1997. Catastrophic vegetation shifts and soil degradation in terrestrial grazing ecosystems. *Trends in Ecology and Evolution* **12**, 352–356.

van de Koppel, J., R.D. Bardgett, J. Bengtsson, et al. 2005. Trophic interactions in a changing world: The role of spatial scale. *Ecosystems* **8**, 801–807.

Van der Krift, T.A.J., P.J. Kuikman and F. Berendse. 2002. The effect of living plants on root decomposition of four grass species. *Oikos* **96**, 36–45.

Vandermeer, J. 1990. *The Ecology of Intercropping*. Cambridge University Press, Cambridge.

Van der Putten, W.H. 2003. Plant defense belowground and spatiotemporal processes in natural vegetation. *Ecology* **84**, 2269–2280.

Van der Putten, W.H. 2005. Plant-soil bedback and plant diversity affect the composition of plant communities. In *Biological Diversity and Function in Soils* (R.D. Bardgett, M.B. Usher and D.W. Hopkins, eds), pp. 250–272. Cambridge University Press, Cambridge.

Van der Putten, W.H. 2009. A multitrophic perspective on the functioning and evolution of facilitation in plant communities. *Journal of Ecology* **97**, 1131–1138.

Van der Putten, W.H., L.E.M. Vet and B.A.M. Peters. 1993. Plant-specific soil-borne diseases contribute to succession in foredune vegetation. *Nature* **362**, 53–56.

Van der Putten, W.H., L. Vet, J.A. Harvey, et al. 2001. Linking above- and belowground multitrophic interactions of plants, herbivores and their antagonists. *Trends in Ecology and Evolution* **16**, 547–554.

Van der Putten, W.H., J.N. Klironomos and D.A. Wardle. 2007. Microbial ecology of biological invasions. *The ISME Journal* **1**, 28–37.

Van der Putten, W.H., R.D. Bardgett, P.C. de Ruiter, et al. 2009. Empirical and theoretical challenges in aboveground-belowground ecology. *Oecologia* **161**, 1–14.

Van der Wal, A., J.A. van Veen, W. Smant, et al. 2006. Fungal biomass development in a chronosequence of land abandonment. *Soil Biology and Biochemistry*, **38**, 51–60.

Van der Wal, R. 2006. Do herbivores cause habitat degradation or vegetation state transition? Evidence from the tundra. *Oikos* **114**, 117–186.

Van der Wal, R. and R.W. Brooker. 2004. Mosses mediate grazer impacts on grass abundance in arctic ecosystems. *Functional Ecology* **18**, 77–86.

Van der Wal, R., R. Brooker, E. Cooper, et al. 2001. Differential effects of reindeer on high Arctic lichens. *Journal of Vegetation Science* **12**, 705–710.

Van der Wal, R., I.S.K. Pearce, R. Brooker, et al. 2003. Interplay between nitrogen deposition and grazing causes habitat degradation. *Ecology Letters* **6**, 141–146.

Van der Wal, R., R.D. Bardgett, K.A. Harrison, et al. 2004. Vertebrate herbivores and ecosystem control: cascading effects of faeces on tundra ecosystems. *Ecography* **27**, 242–252.

Van der Wal, R., S. Sjögersten, S.J. Woodin, et al. 2007. Spring feeding by pink-footed geese reduces carbon stocks and sink strength in tundra ecosystems. *Global Change Biology* **13**, 539–545.

Van Grunsven, R.H.A., W.H. Van der Putten, T.M. Bezemer, et al. 2007. Reduced plant-soil feedback of plant species expanding their range as compared to natives. *Journal of Ecology* **95**, 1050–1057.

Van Grunsven, R.H.A., W.H. Van der Putten, T.M. Bezemer, et al. 2010. Plant–soil interactions in the expansion and native range of a poleward shifting plant species. *Global Change Biology* **16**, 380–385.

Van Mantgem, P.J., N.L. Stephensen, J.C. Byrne, et al. 2009. Widespeard increase of tree mortality rates in western United States. *Science* **323**, 521–524.

Van Straalen, N.M. and D. Roelofs. 2006. *An Introduction to Ecological Genomics*. Oxford University Press, Oxford.

Van Wijnen, H.J. and R. Van der Wal. 1999. The impact of herbivores on nitrogen mineralisation rate: Consequences for salt-marsh succession. *Oecologia* **118**, 225–231.

Vasconcelis, H.L. and J.M. Cherrett. 1995. Changes in leaf-cutting ant populations (Formicidae: Attini) after the clearing of mature forest in Brazilian Amazonia. *Studies on Neotropical Fauna and Environment* **30**, 107–113.

Vasconcelis, H.L., E.H.M. Vierea-Neto, F.M. Mundim, et al. 2006. Roads alter the colonization dynamics of a keystone herbivore in neotropical savannas. *Biotropica* **38**, 661–665.

Vázquez, D. 2002. Multiple effects of introduced mammalian herbivores in a temperate forest. *Biological Invasions* **4**, 175–191.

Veen, G.F., Olff, H., Duyts, et al. 2010. Vertebrate herbivores influence soil nematodes by modifying plant communities. *Ecology*, in press.

Venette, R.C. and S.D. Cohen. 2006. Potential climate suitability for establishment of *Phytophthora ramorum* within the contiguous United States. *Forest Ecology and Management* **231**, 18–26.

Verchot, L.V., P.M. Groffman and D.A. Frank. 2002. Landscape versus ungulate control of gross mineralisation and gross nitrification in semiarid grassland of Yellowstone National Park. *Soil Biology and Biochemistry* **34**, 1691–1699.

Verchot, L.V., P.R. Moutinho and E.A. Davidson. 2003. Leaf-cutting ant (*Atta sexdens*) and nutrient cycling: deep soil inorganic nitrogen stocks, mineralization, and nitrification in Eastern Amazonia. *Soil Biology and Biochemistry* **35**, 1219–1222.

Verstraete, M.M., R.J. Scholes and M.S. Smith. 2009. Climate and desertification: looking at an old problem through new lenses. *Frontiers in Ecology and the Environment* **7**, 421–428.

Viketoft, M. 2008. Effects of six grassland plant species on soil nematodes: A glasshouse experiment. *Soil Biology and Biochemistry* **40**, 906–915.

Vilcheck, G. 1997. Arctic ecosystem stability and disturbance: a West-Siberian case history. In: *Disturbance and Recovery in Arctic Lands, an Ecological Perspective* (R.M.M. Crawford, ed.), pp. 179–189. Kluwer Academic Press, Dordrecht.

Vile, D., B. Shipley and E. Garnier. 2006. Ecosystem productivity can be predicted from potential relative growth rate and species abundance. *Ecology Letters* **9**, 1061–1067.

Visser, M.E. and C. Both. 2005. Shifts in phenology due to global climate change: the need for a yardstick. *Proceedings of the Royal Society B-Biological Sciences* **272**, 2561–2569.

Vitousek, P.M. 2004. *Nutrient Cycling and Limitation: Hawai'i as a Model System*. Princeton University Press, Princeton, NJ.

Vitousek, P.M. and R.W. Howarth. 1991. Nitrogen limitation on land and in the sea – how can it occur. *Biogeochemistry* **13**, 87–115.

Vitousek, P.M. and P.A. Matson. 1988. Nitrogen transformations in a range of tropical forest soils. *Soil Biology and Biochemistry* **20**, 361–367.

Vitousek, P.M. and L.R. Walker. 1989. Biological invasion by *Myrica faya* in Hawaiñ: plant demography, nitrogen fixation, ecosystem effects. *Ecological Monographs* **59**, 247–265.

Vitousek, P.M., L.R. Walker and L.D. Whiteaker. 1987. Biological. Invasion by Myerica faya alters ecosystem development in Hawaii. *Science* **238**, 802–804.

Vitousek, P.M., J.D. Aber, R.W. Howarth, et al. 1997a. Human alteration of the global nitrogen cycle: sources and consequences. *Ecological Applications* **7**, 737–750.

Vitousek, P.M., C.M. D'Antonio, L.L. Loope, et al. 1997b. Introduced species: A significant component of human-caused global change. *New Zealand Journal of Ecology* **21**, 1–16.

Vitousek, P.M., H.A. Mooney, J. Lubchenco, et al. 1997c. Human domination of the Earth's ecosystems. *Science* **277**, 494–499.

Vivanco, L. and A.T. Austin. 2008. Tree species identity alters forest litter decomposition through long term plant and soil interactions in Patagonia, Argentina. *Journal of Ecology* **96**, 727–736.

Vogelsang, K.M., H.L. Reynolds and J.D. Bever. 2006. Mycorrhizal fungal identity and richness determine the diversity and productivity of a tallgrass prairie system. *New Phytologist* **172**, 554–562.

Vossbrink, C.R., D.C. Coleman and T.A. Wooley. 1979. Abiotic and biotic factors in litter decomposition in a semiarid grassland. *Ecology* **60**, 265–271.

Vreeken-Buijs, M.J., M. Geurs, P.C. de Ruiter, et al. 1997. The effects of bacterivorous mites and amoebae on mineralization in a detrital based below-ground food web: microcosm experiment and simulation of interactions. *Pedobiologia* **41**, 481–493.

Vtorov, I.P. 1993. Feral pig removal: effects on soil microarthropods in a Hawaiian rain forest. *Journal of Wildlife Management* **57**, 875–880.

Wachinger, G., S. Fiedler, K. Zepp, et al. 2000. Variability of soil methane production on the micro-scale: spatial association with hotspots of organic material and Archaeal populations. *Soil Biology and Biochemistry* **32**, 1121–1130.

Wait, D.A., D.P. Aubrey and W.B. Anderson. 2005. Seabird guano influences on desert islands: soil chemistry and herbaceous species richness and productivity. *Journal of Arid Environments* **60**, 681–695.

Waldrop, M.P., D.R. Zak and R.L. Sinsabaugh. 2004. Microbial community responses to nitrogen deposition in northern forested ecosystems. *Soil Biology and Biochemistry* **36**, 1443–1451.

Walker, J., C.H. Thompson, P. Reddell, et al. 2001. The importance of landscape age in influencing landscape health. *Ecosystem Health* **7**, 7–14.

Walker, L.R. 1989. Soil nitrogen changes during primary succession on a floodplain in Alaska, U.S.A. *Arctic and Alpine Research* **21**, 341–349.
Walker, L.R. and R. del Moral. 2003. *Primary Succession and Ecosystem Rehabilitation.* Cambridge University Press, Cambridge.
Walker, M.D., C.H. Wahren, R.D. Hollister RD, et al. 2006. Plant community responses to experimental warming across the tundra biome. *Proceedings of the National Academy of Sciences USA* **103**, 1342–1346.
Walker, T.W. and J.K. Syers. 1976. The fate of phosphorus during pedogenesis. *Geoderma* **15**, 1–19.
Wall, D.H. 2007. Global change tipping points: Above- and below-ground biotic interactions in a low diversity ecosystem. *Philosophical Transactions of the Royal Society of London Series B Biological Sciences* **362**, 2291–2306.
Wall, D.H., M.A. Bradford, M.G. St John, et al. 2008. Global decomposition experiment shows soil animal impacts on decomposition are climate-dependent. *Global Change Biology* **14**, 2661–2677.
Wallenstein, M.D., S. McMahon and J.P. Schimel. 2007. Bacterial and fungal community structure in Arctic tundra tussock and shrub soils. *Fems Microbiology Ecology* **59**, 428–435.
Walsingham, J.M. 1976. Effect of sheep grazing on the invertebrate population of agricultural grassland. *Proceedings of the Royal Society of Dublin* **11**, 297–304.
Walther, G.R., E. Post, P. Convey, et al. 2002. Ecological responses to recent climate change. *Nature* **416**, 389–395.
Walther, G.R., S. Berger and M.T. Sykes. 2005. An ecological 'footprint' of climate change. *Proceedings of the Royal Society of London Series B Biological Sciences* **272**, 1427–1432.
Ward, C.M. 1988. Marine terraces of the Waitutu district and their relation to the late Cenozoic tectonics of the southern Fiordland region, New Zealand. *Journal of the Royal Society of New Zealand* **18**, 1–28.
Ward, S.E., R.D. Bardgett, N.P. McNamara, et al. 2007. Long-term consequences of grazing and buring on northern peatland carbon dynamics. *Ecosystems* **10**, 1069–1083.
Ward, S.E., R.D. Bardgett, N.P. McNamara, et al. 2009. Plant functional group identity influences short-term peatland ecosystem carbon flux: evidence from a plant removal experiment. *Functional Ecology* **23**, 454–462.
Wardle, D.A. 1992. A comparative assessment of factors which influence microbial biomass carbon and nitrogen levels in soils. *Biological Reviews* **67**, 321–358.
Wardle, D.A. 1999. Is "sampling effect" a problem for experiments investigating biodiversity – ecosystem function relationships? *Oikos* **87**, 403–407.
Wardle, D.A. 2002. *Communities and Ecosystems: Linking the Aboveground and Belowground Components.* Princeton University Press, Princeton, NJ.
Wardle, D.A. 2006. The influence of biotic interactions on soil biodiversity. *Ecology Letters* **9**, 870–886.
Wardle, D.A. 2010. Trophic cascades, aboveground—belowground linkages, and ecosystem functioning. In: *Trophic Cascades* (J. Terborgh and J. Estes, eds). Island Press, Washington DC, in press.
Wardle, D.A. and G.W. Yeates. 1993. The dual importance of competition and predation as regulatory forces in terrestrial ecosystems: evidence from decomposer food-webs. *Oecologia* **93**, 303–306.

Wardle, D.A. and K.S. Nicholson. 1996. Synergistic effects of grassland plant species on soil microbial biomass and activity: implications for ecosystem-level effects of enriched plant diversity. *Functional Ecology* **10**, 410–416.

Wardle, D.A. and P. Lavelle. 1997. Linkages between soil biota, plant litter quality and decomposition. In: *Driven by Nature—Plant Litter Quality and Decomposition* (K.E. Giller and G. Cadisch, eds), pp. 107–124. CAB International, Wallingford.

Wardle, D.A. and W. Van der Putten. 2002. Biodiversity, ecosystem functioning and aboveground-belowground linkages. In: *Biodiversity and Ecosystem Functioning* (M. Loreau, S. Naeem and P. Inchausti, eds), pp. 155–168. Oxford University Press, Oxford.

Wardle, D.A. and R.D. Bardgett. 2004. Human-induced changes in densities of large herbivorous mammals: consequences for the decomposer subsystem. *Frontiers in Ecology and the Environment* **2**, 145–153.

Wardle, D.A. and O. Zackrisson. 2005. Effects of species and functional group loss on island ecosystem properties. *Nature* **435**, 806–810.

Wardle, D.A. and M. Jonsson. 2010. Biodiversity loss in real ecosystems: a response to Duffy. *Frontiers in Ecology and the Environment* **8**, 10–11.

Wardle, D.A., K.S. Nicholson and A. Rahman. 1995. Ecological effects of the invasive weed species *Senecio jacobaea* L. (ragwort) in a New Zealand pasture. *Agriculture, Ecosystems and Environment* **56**, 19–28.

Wardle, D.A., K.I. Bonner and K.S. Nicholson. 1997a. Biodiversity and plant litter: experimental evidence which does not support the view that enhanced species richness improves ecosystem function. *Oikos* **79**, 247–258.

Wardle, D.A., O. Zackrisson, G. Hörnberg, et al. 1997b. Influence of island area on ecosystem properties. *Science* **277**, 1296–1299.

Wardle, D.A., G.M. Barker, K.I. Bonner, et al. 1998a. Can comparative approaches based on plant ecophysiological traits predict the nature of biotic interactions and individual plant species effects in ecosystems? *Journal of Ecology* **86**, 405–420.

Wardle, D.A., M.-C. Nilsson, C. Gallet, et al. 1998b. An ecosystem level perspective of allelopathy. *Biological Reviews* **73**, 305–319.

Wardle, D.A., H.A. Verhoef and M. Clarholm. 1998c. Trophic relationships in the soil microfood-web: predicting the responses in a changing global environment. *Global Change Biology* **4**, 713–727.

Wardle, D.A., K.I. Bonner, G.M. Barker, et al. 1999. Plant removals in perennial grassland: vegetation dynamics, decomposers, soil biodiversity and ecosystem properties. *Ecological Monographs* **69**, 535–568.

Wardle, D.A., K.I. Bonner and G.M. Barker. 2000. Stability of ecosystem properties in response to above-ground functional group richness and composition. *Oikos* **89**, 11–23.

Wardle, D.A., G.M. Barker, G.W. Yeates, et al. 2001. Impacts of introduced browsing mammals in New Zealand forests on decomposer communities, soil biodiversity and ecosystem properties. *Ecological Monographs* **71**, 587–614.

Wardle, D.A., K.I. Bonner and G.M. Barker. 2002. Linkages between plant litter decomposition, litter quality, and vegetation responses to herbivores. *Functional Ecology* **16**, 585–595.

Wardle, D.A., G. Hörnberg, O. Zackrisson, et al. 2003a. Long term effects of wildfire on ecosystem properties across an island area gradient. *Science* **300**, 972–975.

Wardle, D.A., M.-C. Nilsson, O. Zackrisson, et al. 2003b. Determinants of litter mixing effects in a Swedish boreal forest. *Soil Biology and Biochemistry* **35**, 827–835.

Wardle, D.A., G.W. Yeates, G.M. Barker, et al. 2003c. Island biology and ecosystem functioning in epiphytic soil communities. *Science* **301**, 1717–1720.
Wardle, D.A., G.W. Yeates, W. Williamson, et al. 2003d. The response of a three trophic level soil food web to the identity and diversity of plant species and functional groups. *Oikos* **102**, 45–56.
Wardle, D.A., R.D. Bardgett, J.N. Klironomos, et al. 2004a. Ecological linkages between aboveground and belowground biota. *Science* **304**, 1629–1633.
Wardle, D.A., L.R. Walker and R.D. Bardgett. 2004b. Ecosystem properties and forest decline in contrasting long-term chronosequences. *Science* **305**, 509–513.
Wardle, D.A., G.W. Yeates, W.M. Williamson, et al. 2004c. Linking aboveground and belowground communities: the indirect influence of aphid species identity and diversity on a three trophic level soil food web. *Oikos* **107**, 283–294.
Wardle, D.A., W.M. Williamson, G.W. Yeates, et al. 2005. Trickle-down effects of aboveground trophic cascades on the soil food web. *Oikos* **111**, 348–358.
Wardle, D.A., G.W. Yeates, G.M. Barker, et al. 2006. The influence of plant litter diversity on decomposer abundance and diversity. *Soil Biology and Biochemistry* **38**, 1052–1062.
Wardle, D.A., P.J. Bellingham, C.P.H. Mulder, et al. 2007. Promotion of ecosystem carbon sequestration by invasive predators. *Biology Letters* **3**, 479–482.
Wardle, D.A., A. Lagerström and M.-C. Nilsson. 2008a. Context dependent effects of plant species and functional group loss on vegetation invasibility across an island area gradient. *Journal of Ecology* **96**, 1174–1186.
Wardle, D.A., M.-C. Nilsson and O. Zackrisson. 2008b. Fire-derived charcoal causes loss of forest humus. *Science* **320**, 629.
Wardle, D.A., S.K. Wiser, R.B. Allen, et al. 2008c. Aboveground and belowground effects of single tree removals after forty years in a New Zealand temperate rainforest. *Ecology* **89**, 1232–1245.
Wardle, D.A., R.D. Bardgett, L.R. Walker, et al. 2009a. Among- and within-species variation in plant litter decomposition in contrasting long term chronosequences. *Functional Ecology* **23**, 442–453.
Wardle, D.A., P.J. Bellingham, K.I. Bonner, et al. 2009b. Indirect effects of invasive predators on plant litter quality, decomposition and nutrient resorption on seabird-dominated islands. *Ecology* **90**, 452–464.
Warren, M.S., J.K. Hill, J.A. Thomas, et al. 2001. Rapid responses of British butterflies to opposing forces of climate and habitat change. *Nature* **414**, 65–69.
Warrington, S. and J.B. Whittaker. 1985. An experimental field study of different levels of insect herbivory induced by *Formica rufa* predation on sycamore (*Acer pseudoplatanus*). I. Lepidoptera larvae. *Journal of Applied Ecology* **22**, 775–785.
Wasilewska, L. 1994. The effect of age of meadows on succession and diversity in soil nematode communities. *Pedobiologia* **38**, 1–11.
Webb, D.P. 1977. Regulation of deciduous forest litter decomposition by soil arthropod feces. In: *The role of Arthropods in Forest Ecosystems* (W.J. Mattson, ed.), pp. 57–69. Springer-Verlag, Berlin.
Wedin, D. and D. Tilman. 1993. Competition among grasses along a nitrogen gradient: initial conditions and mechanisms of competition. *Ecological Monographs* **63**, 199–229.
Weedon, J.T., W.C. Cornwell, J.H.C. Cornelissen, et al. 2009. Global meta-analysis of wood decomposition rates: a role for trait variation among tree species? *Ecology Letters* **12**, 45–56.
Weigelt, A., R. Bol and R.D. Bardgett. 2005. Preferential uptake of soil nitrogen forms by grassland plant species. *Oecologia* **142**, 627–635

Weintraub, M.N. and J.P. Schimel. 2005. Nitrogen cycling and the spread of shrubs control changes in the carbon balance of arctic tundra ecosystems. *Bioscience* **55**, 408–415.

Welker, J.M., W.D. Bowman and T.R. Seastedt, T.R. 2001. Environmental change and future directions in alpine research. In: *Structure and Function of an Alpine Ecosystem* (W.D. Bowman and T.R. Seastedt, eds), pp. 304–322. Oxford University Press, Oxford.

Welker, J.M., J.T. Fahnestock, K.L. Povirk, et al. 2004. Alpine grassland CO_2 exchange and nitrogen cycling: Grazing history effects, Medicine Bow Range, Wyoming, USA. *Arctic, Antarctic and Alpine Research* **36**, 11–20.

Wertz, S., V. Degrange, J.I. Prosser, et al. 2007. Decline of soil microbial diversity does not influence the resistance and resilience of key soil microbial functional groups following a model disturbance. *Environmental Microbiology* **9**, 2211–2219.

Westoby, M. 1998. A leaf-height-seed (LHS) plant ecology strategy scheme. *Plant and Soil* **199**, 213–227.

White, S.L., R.E. Sheffield, S.P. Washburn, et al. 2001. Spatial and time distribution of dairy cattle excreta in an intensive pasture system. *Journal of Environmental Quality* **30**, 2180–2187.

White, T.R.C. 1978. The importance of relative shortage of food in animal ecology. *Oecologia* **33**, 71–86.

Whitehead, D., N.T. Boelman, M.H. Turnbull, et al. 2005. Photosynthesis and reflectance indices for rainforest species in ecosystems undergoing progression and retrogression along a soil fertility chronosequence in New Zealand. *Oecologia* **144**, 233–244.

Whitham, T.G., W.P. Young, G.D. Martinsen, et al. 2003. Community and ecosystem genetics: A consequence of the extended phenotype. *Ecology* **84**, 559–573.

Whitham, T.G., S.P. Di Fazio, J.A. Schweitzer, et al. 2008. Extending genomics to natural communities and ecosystems. *Science* **320**, 492–495.

Whitman, W.B., D.C. Coleman and W.J. Wiebe. 1998. Prokaryotes: the unseen majority. *Proceedings of the National Academy of Sciences USA* **95**, 6578–6583.

Whittaker, R.H. 1956. Vegetation of the great smoky mountains. *Ecological Monographs* **26**, 1–69.

Widden, P. and D. Hsu. 1987. Competition between *Trichoderma* species: effects of temperature and litter type. *Soil Biology and Biochemistry* **19**, 89–93.

Wilkinson, C.E., M.D. Hocking and T.E. Reimchen. 2005. Uptake of salmon-derived nitrogen by mosses and liverworts in coastal British Colombia. *Oikos* **108**, 85–98.

Williams, D.W. and A.M. Liebhold. 2002. Climate change and the outbreak ranges of two North American bark beetles. *Agricultural and Forest Entomology* **4**, 87–99.

Williamson, W.M., D.A. Wardle and G.W. Yeates. 2005. Changes in soil microbial and nematode communities during ecosystem retrogression across a long term chronosequence. *Soil Biology and Biochemistry* **37**, 1289–1301.

Willott, S.J., A.J. Miller, L.D. Incoll, et al. 2000. The contribution of rabbits (*Oryctolagus cuniculus* L.) to soil fertility in semi-arid Spain. *Biology and Fertility of Soils* **31**, 379–384.

Wilson, G.W.T., C.W. Rice, M.C. Rillig, et al. 2009. Soil aggregation and carbon sequestration are tightly correlated with the abundance of arbuscular mycorrhizal fungi: results from long-term field experiments. *Ecology Letters* **12**, 452–461.

Wilson, S.D. and C. Nilsson. 2009. Arctic alpine vegetation change over 20 years. *Global Change Biology* **15**, 1676–1684.

Wohlfahrt, G., A. Anderson-Dunn, M. Bahn, et al. 2008. Biotic, abiotic, and management controls on the net ecosystem CO_2 exchange of European mountain grassland ecosystems. *Ecosystems* **11**, 1338–1351.

Wold, E.N. and R.J. Marquis. 1997. Induced defense in white oak: effects on herbivores and consequences for the plant. *Ecology* **78**, 1356–1369.
Wolfe, B.E. and J.N. Kliromonos. 2005. Breaking new ground: soil communities and exotic plant invasion. *BioScience* **55**, 477–487.
Wolfe, B.E., V.L. Rogers, K.A. Stinson, et al. 2008. The invasive plant *Alliaria petiole* (garlic mustard) inhibits ectomycorrhizal fungi in its introduced range. *Journal of Ecology* **96**, 777–783.
Wolters, V., W.L. Silver, D.E. Bignell, et al. 2000. Effects of global changes on above- and belowground biodiversity in terrestrial ecosystems: implications for ecosystem functioning. *BioScience* **50**, 1089–1098.
Woodward, F.I. and M.R. Lomas. 2004. Vegetation-dynamics – simulating responses to climate change. *Biological Reviews* **79**, 643–670.
Woodward, F.I., Lomas, M.R. and C.K. Kelly. 2004. Global climate and the distribution of plant biomes. *Proceedings of the Royal Society of London Series B Biological Sciences* **359**, 1465–1476.
Wookey, P.A., R. Aerts, R.D. Bardgett, et al. 2009. Ecosystem feedbacks and cascade processes: understanding their role in the responses of arctic and alpine ecosystems to environmental change. *Global Change Biology* **15**, 1153–1172.
Worthy, T.H. and R.N. Holdaway. 2002. *The Lost World of the Moa*. Canterbury University Press, Christchurch.
Wright, D.C., R. Van der Wal, S. Wanless, et al. 2010. The influence of seabird nutrient enrichment and grazing on the structure and function of island soil food webs. *Soil Biology and Biochemistry* **42**, 592–600.
Wright, I.J., P.B. Reich, M. Westoby, et al. 2004. The worldwide leaf economics spectrum. *Nature* **428**, 821–827.
Wu, T., E. Ayres, G. Li, et al. 2009. Molecular profiling of soil animal diversity in natural ecosystems: Incongruence of molecular and morphological results. *Soil Biology and Biochemistry* **41**, 849–857.
Wurst, S. and W.H. Van der Putten. 2007. Root herbivore identity matters in plant-mediated interactions between root and shoot herbivores. *Basic and Applied Ecology* **8**, 491–499.
Wurst, S.R. Langel, A. Reineking, et al. 2003. Effects of earthworms and organic litter distribution on plant performance and aphid reproduction. *Oecologia* **137**, 90–96.
Wurst, S.R. Langel and S. Scheu. 2005. Do endogeic earthworms change plant competition? A microcosm study. *Plant and Soil* **271**, 123–130.
Wyman, R.L. 1998. Experimental assessment of salamanders as predators of detrital food webs: effects on invertebrates, decomposition and the carbon cycle. *Biodiversity and Conservation* **7**, 641–650.
Yamada, A., T. Inoue, D. Wiwatwitaya, et al. 2005. Carbon mineralization by termites in tropical forests, with emphasis on fungas combs. *Ecological Research* **20**, 453–460.
Yamada, D., O. Imura, K. Shi, et al. 2007. Effect of tunneler dung beetles on cattle dung deposition, soil nutrients and herbage growth. *Grassland Science* **53**, 121–129.
Yang, L.H. 2004. Periodical cicadas as resource pulses in North American forests. *Science* **306**, 1565–1567.
Yang, L.H., J.L. Bastow, K.O. Spense, et al. 2008. What can we learn from pulsed resources? *Ecology* **89**, 621–634.
Yeates, G.W. 1979. Soil nematodes in terrestrial ecosystems. *Journal of Nematology* **11**, 213–229.
Yeates, G.W. 1981. Soil nematode populations depressed in the presence of earthworms, *Pedobiologia* **22**, 191–195.

Yeates, G.W. and P.M. Williams. 2001. Effects of three invasive weeds and invasive site factors in New Zealand. *Pedobiologia* **45**, 367–383.

Yokoyama, K. and H. Kai. 1993. Distribution and flow of nitrogen in cow dung-soil system colonized by paracoprid dung beetles. *Edaphologia* **50**, 1–10.

Yokoyama, K., H. Kai, T. Koga, et al. 1991. Nitrogen mineralization and microbial populations in cow dung, dung balls and underlying soil affected by paracoprid dung beetles. *Soil Biology and Biochemistry* **23**, 649–653.

Zaady, E., P.M. Groffman, M. Shachak, et al. 2003. Consumption and release of nitrogen by the harvester termite *Anacanthotermes ubachi* navas in northern Negev desert, Israel. *Soil Biology and Biochemistry* **35**, 1299–1303.

Zackrisson, O., M.-C. Nilsson and D.A. Wardle. 1996. Key ecological function of charcoal from wildfire in the boreal forest. *Oikos* **77**, 10–19.

Zackrisson, O., M.-C. Nilsson, A. Jäderlund, et al. 1999. Nutritional effects of seed fall during mast years in boreal forest. *Oikos* **84**, 17–26.

Zackrisson, O., T.H. DeLuca, M.C. Nilsson, et al. 2004. Nitrogen fixation increases with successional age in boreal forests. *Ecology* **85**, 3327–3334.

Zak, D.R., K.S. Pregitzer, P.S. Curtis, et al. 1993. Elevated atmospheric CO_2 and feedback between carbon and nitrogen cycles. *Plant and Soil* **151**, 105–117.

Zak, D.R., D. Tilman, R.R. Parmenter, et al. 1994. Plant production and soil microorganisms in late-successional ecosystems: a continental-scale study. *Ecology* **75**, 2333–2347.

Zak, D.R., P.M. Grofman, K.S. Pregitzer, et al. 1990. The vernal dam: plant–microbe competition for nitrogen in northern hardwood forests. *Ecology* **71**, 651–656.

Zak, D.R., W.E. Holmes, D.C. White, et al. 2003. Plant diversity, soil microbial communities, and ecosystem function: Are there any links? *Ecology* **84**, 2042–2050.

Zak, D.R., C.B. Blackwood and M.P. Waldrop. 2006. A molecular dawn for biogeochemistry. *Trends in Ecology and Evolution* **21**, 288–295.

Zaller, G. and J.A. Arnone. 1999. Interactions between plant species and earthworm casts in a calcareous grassland under elevated CO_2. *Ecology* **80**, 837–881.

Zavaleta, E.S. and K.B. Hulvey. 2004. Realistic species losses disproportionately reduce grassland resistance to biological invaders. *Science* **306**, 1175–1177.

Zeller, V., R.D. Bardgett and U. Tappeiner. 2001. Site and management effects on soil microbial properties of subalpine meadows: A study of land abandonment along a north-south gradient in the European Alps. *Soil Biology and Biochemistry* **33**, 639–650.

Zhang, Q. and J.C. Zak. 1998. Potential physiological activities of fungi and bacteria in relation to plant litter decomposition along a gap size gradient in a natural subtropical forest. *Microbial Ecology* **35**, 172–179.

Zhou, G.Y., L.L. Guan, X.H. Wei, et al. 2008. Factors influencing leaf litter decomposition: an intersite decomposition experiment across China. *Plant and Soil* **311**, 61–72.

Zibilske, L.M. and J.M. Bradford. 2007. Oxygen effects on carbon, polyphenols, and nitrogen mineralization potential in soil. *Soil Science Society of America Journal* **71**, 133–139.

Zimmer, M. and W. Topp. 1998. Microorganisms and cellulose digestion in the gut of *Porcellio scaber* (Isopoda: Oniscidea). *Journal of Chemical Ecology* **24**, 1397–1408.

Zimmer, M. and W. Topp. 2002. The role of coprophagy in nutrient release from feces of phytophagous insects. *Soil Biology and Biochemistry* **34**, 1093–1099.

Zimov, S.A., V.I. Chuprynin, A.P. Oreshko, et al. 1995. Steppe-tundra transition: a herbivore-driven biome shift at the end of the Pleistocene. *American Naturalist* **146**, 765–794.

Zogg, D.G., D.R. Zak, K.S. Pregitzer, et al. 2000. Microbial immobilization and the retention of anthropogenic nitrate in a northern hardwood forest. *Ecology* **81**, 1858–1866.

Zou, J.W., W.E. Rogers, S.J. DeWalt, et al. 2006. The effect of Chinese tallow tree (*Sapium sebiferum*) ecotype on soil-plant system carbon and nitrogen processes. *Oecologia* **150**, 272–281.

索引

【A】
Abies balsamea 153, 177
Adelges tsugae 214
Alliaria petiolata 207
Alnus spp. 95
Amanita muscaria 209, 210
Amanita phalloides 210
Ammophila arenaria 96, 187
Aporrectodea longa 45
Armillaria luteobubalina 209
Arthurdendyus triangulata 212

【B】
Betula nana 113, 118, 176
Betula pendula 9, 30, 76, 77
Betula pubescens 127, 137
biological soil crust 38
Bouteloua gracilis 9
Briza media 158
Bromus tectorum 205
Buddleja davidii 92

【C】
C/N 比 5, 7, 29, 31-33, 154, 211, 216
Calluna vulgaris 6, 69
Campanulastrum americanum 160, 162
Carmichaelia odorata 37, 95
Castanea dentata 214
Casuarina 36
Centaurea maculosa 207
Congettia sphagnetorum 28
Coriaria arborea 37, 92
Cryphonectria parasitica 214
Cubitermes severus 45

【D】
Dacrydium cupressinum 193
Dendrobaena octaedra 212
Dendroctonus ponderosae 224, 226
Deschampsia 73, 74, 120, 121, 193

【E】
Empetrum hermaphroditum 73, 74
Erica tetralix 73, 74, 97, 108

【F】
FACE 110
Festuca 75, 158
Folsomia candida 53
Formica 47
Frankia 36, 208

【G】
Geum rossii 73, 193

【H】
Hippophae 36

【L】
Lasius flavus 48
Lolium perenne 45
Lupinus spp. 95
Lymantria dispar 133, 214

【M】
mass ratio hypothesis 6, 89, 90, 92
Metrosideros polymorpha 75
Molinia caerulea 73, 74, 97, 109
Myrica 6, 36, 203, 208
Myrica faya 6, 203, 208

【N】
Narthecium ossifragum 74
Net ecosystem exchange 71
Nostoc 39
Nothofagus 98, 215, 217

【O】
Ophiostoma spp. 214

【P】
Phytophthora 209
Picea 36, 48
Pinus 37, 77, 109, 189, 204
Plantago 81, 153
Pleurozium schreberi 10, 38, 39
Poa pratensis 134
Pontoscolex corethurus 211
Populus 76, 77, 79, 177

Pringleophaga marioni 212
Prunus serotina 96, 207, 240

【Q】
Quercus 132, 186

【R】
Rhinanthus minor 33, 34
Rhizobium 35, 208
r 選択 102

【S】
Salix glauca 176
Scottnema lindsayae 59, 60
Solidago altissima 76, 77

【T】
Trifolium repens 45
Tsuga 214

【U】
Ulmus 214

【V】
Vaccinium myrtillus 73, 176, 193, 194
Vaccinium vitisidaea 194

【あ】
アカシカ 127, 137-139, 144, 158
アシナガキアリ 218
新しい生育地への種の分布拡大 221
アーバスキュラー菌根菌 10, 37-42, 57, 73, 84, 85, 140, 187, 208
アブラムシ 48, 154, 188, 214
アミノ酸 21, 22, 24, 25, 57, 110
アリエブローグ島 106
アリ塚 45, 48
アリの巣による植生に対する正の効果 47
アレロパシー 207
安定性 8, 80, 111, 158, 165, 183, 188, 195, 211
アンモニア 25, 49, 78, 161

【い】
異常気象 57, 58, 61, 67, 110, 157, 245
一次生産量の勾配に対する腐食食物網 72
移入種 13, 63, 90, 92, 109, 113, 206, 246
移入植物と土壌生物のフィードバック関係 242

イネ科 9, 28, 37, 38, 41-43, 45, 46, 71, 73, 85, 96, 97, 109, 114, 116, 118, 120, 131, 132, 137, 140, 146, 147, 173, 176, 187, 192, 218, 223, 224

【う】
ウサギ 131, 137, 145, 157, 214
ウシの踏みつけを実験的に模倣した処理 141
ウシの放牧 135, 157, 173
馬 157
海鳥 163, 164, 166, 167, 179, 218, 219, 241

【え】
永久凍土 62, 67
影響の程度 149, 189, 238
エリコイド菌根菌 10, 38, 84
栄養カスケード 8, 29-31, 48, 53, 126, 151-154, 156, 178, 223
栄養カスケードの効果 30
栄養相互作用 220
栄養素の空間分布 131, 179
栄養素の構成比 242
栄養動態理論 7
エルク 127, 131, 153, 158, 159, 177, 199

【お】
大型植食者による攪乱 126
大型草食動物の絶滅 182, 200
大型土壌動物 28, 44, 49, 52, 53, 102, 163, 216
大型哺乳類の絶滅が与える影響 199
オオカミの再導入 199
オサムシ 222
オジロジカ 160, 199
オダム 3, 80
温室効果ガス 15, 57, 58, 62-64, 224

【か】
外生菌根菌 10, 38-42, 56, 73, 84, 101, 140, 187, 209, 210
外来植物 182, 201, 205, 206, 212, 215
化学量論 93
火災 47, 103, 106, 113, 114, 117, 118, 205, 223, 224
火災による影響 103
火災による炭素消失 114
火災の耐性 113
火災レジーム 205, 227
ガゼル 131, 159
加速作用 128, 129

家畜の放牧　168
ガチョウ　137
カニ　218
過放牧　141, 145, 146, 223
カリブー　147, 176, 227
間接効果　29, 30, 129, 177, 233, 242
間接的影響　18, 58
旱魃の頻度や強度の増加　61
灌木の分布域拡大　112
灌木類が極地に分布域を拡大　114

【き】
気温　12, 22, 55, 57-61, 63, 67, 110, 175, 227, 243-245
気候エンベロープモデル　220
気候変動が間接的に生態的プロセスに影響を与える　220
気候変動が駆動する分布拡大　222
気候変動が生態系の炭素収支におよぼす影響　57
気候変動が地下のサブシステムに与える影響　245
気候変動が土壌生物とそれらの生物間相互作用に与える影響　57
気候変動疑似実験　115
気候変動に対する生態系の応答　128, 178, 180
気候変動に対する分解過程の応答　59
気候変動による植生変化　112
気候変動の影響を緩和　178, 180, 180
気候変動予測のシナリオ　50
キツネの導入　218
機能的冗長性　53
機能的相違性　53, 54
キノコのフェノロジー　60
共生　4, 10, 36, 41, 42, 46, 47, 55, 70, 84, 95, 101, 207-209
共生微生物　31, 35
局所絶滅　190, 197, 199
菌：細菌比　33, 34
菌系のエネルギー経路　31, 32, 34, 35, 63, 130, 236, 243
菌根菌　10, 21, 35, 37, 38, 40-42, 51, 55, 57, 64, 65, 70, 75, 84, 95, 96, 101, 107, 111, 113, 114, 140, 189, 190, 207, 208, 211, 231-233, 238
菌根菌が植物群集の多様性に与える影響　42
菌根菌が植物群集の動態に果たす役割　65
菌根菌と植食者との間の負の関係　140

菌根菌の影響　189
菌根菌の菌糸ネットワーク　37, 57, 96
菌根菌の多様性　41, 190
菌根菌のネットワーク　107
菌糸　17, 55-57, 60
菌類の優占度　33, 211

【く】
クイーンズランド州のCooloola　104, 106
空間的・時間的変動　78
空間パターン　78, 79, 156-159, 179
駆動要因　6, 9, 17, 19, 53, 66, 86, 125, 126, 233, 234
クマ　165, 166, 180
クモ　29-31, 48, 156, 196, 216, 222, 242
クリ胴枯病　214
グレイシャーベイ　37, 106
クロノシーケンス　3, 33, 103-106
空間スケールでの不均一性　241
群集生態学　4
群集の遺伝率　77, 122
群集レベルの植物形質　89, 122

【け】
K選択　102
景観スケール　144, 145, 159, 160, 179
形質　6, 7, 12, 13, 53, 83-86, 88-91, 93, 110, 116-118, 121-123, 126, 130, 148-151, 182, 198, 201, 205, 228, 230, 234-237, 240, 244, 246, 247
原生動物　26, 28, 53, 195, 210, 240
減速作用　128, 129

【こ】
高位捕食者　29, 140
高山帯　22, 23, 26, 62, 75, 115, 222
降水パターン　112
コケ　10, 38, 86, 88-90, 112, 118, 131, 132, 143, 146, 147, 173, 175, 192, 193, 200, 235
コメツキムシ　43, 44
コモンガーデン分解実験　86
根圏生物が植物群集や生態系プロセスに与える影響　35
根圏の生物　19, 69, 73, 231
根圏微生物　55, 57, 80
根食　108, 187
根滲出物　26, 27, 32, 66, 71, 128, 133, 150, 168, 169, 184, 237
昆虫糞　132, 133

【さ】

細菌系のエネルギー経路　32, 35, 66, 130, 169, 243
細菌の多様性　187, 234
採食の効果　175
細胞外酵素　13, 21, 39, 40, 52, 64
サケ　165, 180
サケの死体由来の窒素　165
砂漠化　141, 223
サンショウウオ　29, 196

【し】

シアノバクテリアによる窒素固定　193
シカ　14, 137, 153, 199, 214, 215, 226, 227, 229
シカ類の分布拡大　226, 227
時間的変動　78, 80, 188
資源獲得　7, 83, 241
資源獲得戦略　7
資源節約戦略　7
資源の空間的な移動　156
資源配分　133, 151, 177
資源パルス　160, 237
嗜好性　148-150, 153, 163, 165, 166, 169, 199
自身のリター分解を促進する分解者を選別する植物　73
シダ　86, 88, 89, 203, 235
死体として　157, 241
死体の影響　159
死体の空間分布　160, 169
集約的農業　32
種内変異　6, 75, 89, 235, 236
種の置き換わり　100, 107, 108, 210, 238
種の消失　120, 181-183, 190, 195, 197-200, 220, 227-229
種の消失と加入　228, 229
種の増加　182, 231, 237
種の優占度で重み付けした群集レベルの植物形質　89, 122
純生態系交換　171, 174
硝化　21, 22, 25, 26, 38, 139
消化管内微生物　46
硝化作用　22, 187
状況依存　140, 242
植物の多様性が分解系に与える影響　184
消失した種・しなかった種の特性の違い　195
除去実験　90, 190-193, 196-199, 228
植食者による菌根菌へ影響　140
植食性昆虫　38, 43, 133, 196

植生構成　227
植生遷移　19, 36, 43, 46, 47, 70, 100-102, 107, 109, 122, 138, 238, 239, 242
植生動態　10, 35, 43-46, 49, 157, 159
植生動態への影響　45
植物から土壌生物への影響　70
植物群集　2, 4, 6, 8-10, 13, 18-20, 24, 26, 28, 32, 35, 37, 41-44, 46, 49, 50, 57, 65, 66, 70, 74, 77, 78, 80, 89, 91, 94, 99, 101, 102, 109, 118-123, 137, 150-152, 156, 191, 196, 198, 201, 209, 231-233, 236, 238, 240, 246
植物形質データベース　7
植物種間の形質の違い　86
植物-土壌フィードバック　94, 96, 99, 100, 107, 108, 121-123, 128, 148, 205, 206, 232, 238, 242
植物と分解者の関係　97
植物の空間分布　78
植物の形質　7, 12, 83-86, 89, 93, 116-118, 123, 126, 148-151, 234-236, 244
植物の形質がリター分解に与える影響　84
植物の形質と土壌分解系の生物との関係　84
植物の除去実験　90
植物の成長　10-12, 18-20, 22, 24, 28, 35, 36, 42, 44, 47, 49, 57, 83, 94, 96, 97, 99, 110-112, 119, 120, 126, 135, 150, 164, 167, 177, 185, 187, 189, 190, 208, 211, 237
植物の多様性　8, 33, 41-43, 82, 100, 122, 156, 183-185, 188, 190
食物網　5, 18-20, 26-32, 35, 53, 63, 64, 66, 71, 84, 85, 101, 102, 119, 153, 154, 156, 177, 203, 218, 241
シロアリ　45, 46, 52, 241
人為的搾取　190
新奇防衛仮説　207, 229
真菌　185, 186
侵入種　201, 205, 208, 209, 220, 228, 229
侵入植物　201, 203, 205-209, 229, 230
侵入植物は菌根共生を破壊する　207
侵入マツ　203
森林火災　47, 224
森林生態系　39, 84, 99, 133, 160, 165, 186, 193, 205, 212, 214, 215, 218

【す】

水圏生態系から陸上生態系への資源移動　160
衰退期の生態系におけるリター分解速度の低下　107
水溶性窒素　49

数理モデル　5
スピッツベルゲン島　135

【せ】
生態系エンジニア　19, 44, 46, 66
生態系エンジニアとその構造物　45
生態系間の差異　242
生態系サービス　15, 16, 117, 235, 247
生態系生態学　2-5, 9, 15, 247
生態系の駆動要因としての地上と地下の相互作用　9
生態系の時間的変動　188
生態系の衰退　102-105, 107, 239
生態系の生産性　8, 25, 33, 136, 137, 140, 149, 197, 244
生態系の抵抗性　188
生態系への影響　5, 8, 82, 137, 165, 167, 198, 211, 215, 240
成長ホルモン　9, 28
正の影響　28, 71, 82, 103, 123, 128, 133, 135, 140, 149, 154, 171, 179, 185, 207, 215, 222
正のフィードバック　4, 8, 12, 95-97, 99, 107, 108, 116, 119, 130, 133, 205, 206, 233, 239, 240
生物多様性がもつ生態系プロセスへの影響の程度　189
生物多様性と生態系機能　4, 8
生物多様性の喪失　11
世界規模での比較　243
脊椎動物　49, 160, 191, 196, 197, 221
摂食に対する補償成長　133
絶滅　147, 181-183, 190, 195, 197-201, 214, 218, 229, 237, 239, 241, 244, 246
絶滅による種の消失が生態系機能にどう影響するか　197
絶滅のしやすさに関係する形質　182
絶滅の重要な原因　181
絶滅の生態学的影響　183
絶滅速度　181
セミ　160, 162, 237
遷移と攪乱　100
全球大気循環モデル　5
蘚苔類　38, 163
選択的摂食　128, 136, 137, 147, 150
戦略理論　3
蘚類のリター分解　86

【そ】
草原　127, 131, 134, 135, 139, 141, 142, 144, 145, 158-160, 168, 170-172, 197, 205
促進作用　100

【た】
大気候と土壌動物の関係　55
体サイズ　28, 31, 83, 94, 105, 145, 195-197, 200, 215, 236, 241, 243
代替安定状態　145, 146, 238, 241
脱窒　21, 25, 49, 62, 131
多様性-機能問題　188
多様性の重要性　8
タンズレー　3
炭素循環　1, 2, 4, 5, 12, 15, 46, 50, 53, 55, 57, 59-61, 64, 66, 67, 113, 122, 123, 125, 167-169, 175, 178, 180, 221-224, 244-247
炭素循環に関するモデル　5
炭素貯留　7, 13, 15, 62-63, 67, 109-111, 116, 117, 123, 172, 223, 227
炭素動態　4, 15, 19, 44, 50, 55, 57, 59, 61, 63-67, 109-111, 114, 116, 167, 168, 175, 180, 224, 245, 246
炭素の無機化　52, 55, 59, 110
炭素配分パターン　12, 75, 113

【ち】
地下の侵入者　209
地下の生物間相互作用　1, 2, 247
地下のプロセス　73, 76, 82, 109, 121, 133, 135, 150, 176, 180, 185, 193, 229, 232, 233, 241, 242, 246
地下への影響　82, 127, 187, 195, 196, 205, 207-209, 211, 215, 224, 240
地球温暖化　112, 171, 230
地球規模の変化　13, 109, 125, 167
リグニン　7, 51, 71, 74, 75, 83, 86, 91, 130
地上と地下の相互作用　1-3, 9, 11, 14, 15, 232, 233, 243, 245, 247
地上の消費者と炭素動態　167
地上の消費者と炭素動態，地球規模の環境変動　167
地上の消費者の侵入　214, 215
地上の消費者の多様性によって生じる地下への影響　187
地上の生物群集　12, 18, 19, 26, 66, 70
地上の動物が地下のサブシステムへ与える影響　154
地上部の消費者が生態系に与える影響　125
窒素：リン比　93, 94, 104, 106, 242, 243
窒素吸収　9, 11, 22, 36, 37, 39, 134, 166, 180,

　　　　　　　　　　187
窒素固定　　10, 36, 38, 47, 48, 63, 103, 139, 165, 187, 193, 203
窒素固定細菌　　6, 10, 35, 36, 38, 46, 47, 70, 95, 101, 107, 208
窒素固定性のシアノバクテリア　　10, 38, 39
窒素循環　　5, 10, 21, 25, 26, 36, 38, 39, 65, 112, 119-121, 130-132, 139, 144, 145, 148, 157, 193
窒素添加　　112, 120, 121, 163
窒素の形態変化　　38
窒素配分　　134
窒素負荷　　13, 38, 63, 64, 109, 117-122, 190, 244, 245
窒素負荷と気候変動の相互作用　　13
窒素負荷は分解過程に大きな影響を与える　　13, 121
窒素無機化　　11, 135, 137, 139, 154, 187, 199
窒素の利用性　　158
窒素レベル　　120
窒素をめぐる植物と微生物の間の競争　　111
直接的影響　　18, 58, 199

【つ】
ツガカサアブラムシ　　214
土のクラスト化　　38
ツリーアイランド　　79, 240
ツンドラ　　24, 26, 33, 50, 89, 112, 117, 118, 131, 132, 146, 147, 174-176, 200, 221, 226, 227, 235

【て】
泥炭の分解　　63
泥炭地　　60, 61, 89, 173, 192, 193

【と】
土壌窒素の空間分布　　159
凍結融解　　62
動的全球植生モデル　　5
土壌生物相の空間分布　　78
土壌構造　　78, 144
土壌呼吸　　13, 15, 50-57, 61-63, 66, 67, 75, 111, 171, 173, 245
土壌資源の不均一性　　223
土壌食物網　　5, 29-31, 50, 66, 71, 84, 85, 97, 101, 102, 105, 110, 130, 140, 188, 219, 236, 243
（Huntの）土壌食物網モデル　　5
土壌食物網モデル　　5

土壌生物　　5, 12, 17-19, 29, 35, 41, 44, 48, 53, 55-59, 61-63, 67, 69-71, 76, 78, 79, 95, 99, 101, 102, 110, 112, 116, 123, 126, 128, 131, 138, 140, 148, 150, 151, 168, 178, 185, 187, 195, 196, 199, 200, 206, 208, 215, 218, 220, 222, 227, 232, 234, 236, 238-243, 245
土壌生物による気候変動への寄与　　58
土壌生物の応答を決定する植物形質　　150
土壌炭素　　5, 78, 169, 172, 175, 224
土壌炭素蓄積　　5, 168, 171, 172
土壌炭素動態　　167
土壌窒素　　37, 111, 133, 135, 159, 160, 180
土壌中の生物間相互作用　　17, 20, 50, 231
土壌動物が分解過程や植物に与える影響　　28
土壌動物相　　28, 30, 105, 113, 135, 184
土壌動物の除去　　196
土壌の性質　　244
土壌の炭素動態が気候変動に与えるフィードバック　　61
土壌微生物　　7, 11, 12, 17, 20-22, 29, 49, 51, 61, 63-67, 79, 110, 114, 120, 131-135, 139, 140, 144, 165, 176, 191, 193, 214, 228, 237, 242, 247
土壌病原菌　　42, 96
土壌有機炭素　　51, 111, 118
土地利用の変化　　63, 109, 143, 220, 221
トナカイ　　127, 131, 132, 135, 141, 144, 146, 147, 175, 177, 223
トビムシ　　26, 27, 30, 51-53, 57, 76, 141, 142, 166, 186, 210, 216, 219
トビムシによる選択的な摂食　　53
トビムシの個体数と種数　　76

【な】
南極　　163, 215

【に】
二酸化炭素交換　　171-174
二酸化炭素動態　　175, 176, 180
二酸化炭素の濃度上昇　　111
二次代謝物質の蓄積　　138
ニュージーランドの捕食性扁形動物　　212

【ね】
ネズミ　　14, 153, 212, 218, 219, 233
ネズミの侵入　　218, 219
根と微生物間の相互作用　　1
根の生産性と植食
根のバイオマス　　9, 111, 134, 170, 173

根雪面積の減少　61, 62

【の】
農業生態系　11, 44, 96
農業の集約化　63
ノンランダムな種の除去　198

【は】
排除実験　145, 195-197
排泄物　20, 27, 50, 126, 128-132, 135, 136, 152, 157, 169, 237
排泄物の効果　136
バイソン　127, 131, 159, 199
バイソンを再導入　197
ハキリアリ　10, 47-49, 52, 153, 154
バタタシンIII　73, 74
ハワイ島　6, 75

【ひ】
微生物群集の季節変動　22
微生物食者　19, 20, 29, 44, 53, 110, 231, 233
微生物食の線虫　9, 30
微生物体からの養分の放出　26
非生物的要因の影響　51
微生物による窒素吸収　22
微生物による養分の不動化　26, 66
微生物による養分の無機化　20
微生物の呼吸　12
微生物のリター分解能　114
微生物バイオマスの季節変化　22
微生物ループ　26
ヒツジ　127, 131, 173
ビーバー　14, 143, 215, 217, 220, 229
ヒメミミズ　26, 28, 51, 59, 80, 85, 130, 141, 216, 219
ピューマ　153, 199
病原菌　10, 11, 19, 35, 38, 42, 43, 49, 70, 73, 96, 100, 123, 187, 209, 214
肥沃な島　79, 240

【ふ】
フィードバックシステム　77
フェノール　61, 73-75, 83
復元力　188, 195
腐食食物網　18-20, 69, 71, 72, 186
腐生性微生物　12, 57, 58, 75, 110
ブタ　143, 215, 220
負の影響　12, 21, 27, 61, 71, 96, 126, 135, 136, 138-141, 143, 144, 150, 153, 154, 165, 171, 176, 179, 207, 215, 218, 223
負のフィードバック　4, 8, 10, 11, 42, 63, 70, 95-97, 99, 100, 107, 111, 114, 130, 206, 232, 238, 240, 242
フランツ・ジョゼフ氷河　105
プレーリードッグ　134
プロングホーン　127, 131, 159
分解者が地上の群集や生態系プロセスに与える影響　19
分解者群集に気候変動が与える影響　60
分解者群集の選択　98
分解と温度の関係　12
分散能力　195, 221
糞虫　45, 48, 49, 52
分布拡大　208, 221-224, 226, 227, 229, 230, 232, 246
分布変化　227

【へ】
(アデリー) ペンギン　163
【ほ】
捕食者　7, 8, 14, 18-20, 26, 27, 29-32, 48, 66, 71, 113, 125, 126, 140, 151-154, 156, 162, 166, 169, 177-179, 181, 187, 196, 199, 212, 215, 218, 227, 233, 246
捕食者の影響　30, 179
捕食性ダニ　27, 29, 30, 242
捕食性扁形動物　212, 213
北極　113-115, 118, 131, 147, 177, 239, 246
哺乳類　131, 137, 154, 155, 160, 199, 200, 216, 222
掘り返し　141, 143, 146, 173, 175

【み】
ミミズ　17, 28, 44-46, 49-52, 59, 73, 80, 85, 130, 155, 191, 196, 211-213, 220, 229, 241, 243
ミミズの侵入　211
ミミズの糞塊　46
ミミズの役割　44

【む】
ムース　136, 153, 160, 161, 164, 177, 199
ムースによる選択的摂食　136, 137
ムースの死体　160, 161
無脊椎動物　84, 85, 94, 102, 113, 131-133, 138, 154, 155, 160, 163, 166, 178, 185, 210, 212, 215, 221, 237, 240
無脊椎動物の死体　160

【や】
ヤギ　137, 214, 215

【ゆ】
ユスリカ　166, 167

【よ】
養菌シロアリ　46
溶脱　25, 35, 49, 58, 62, 63, 119, 131, 132, 157
養分の移動　49, 50, 66, 179

【り】
陸上生態系間の資源移動　156
リター混合実験　82, 90, 185
リターの化学量論比　93
リターの質　7, 9, 70, 71, 73, 74, 83, 86, 89, 102, 105, 107, 110, 111, 118, 119, 126, 128, 135, 136, 138, 139, 153, 170, 180, 195, 234, 239, 240
リターの質が種内で大きく異なる　235
リターの質が生態系に与える影響　7
リターの質が低く植食者の好まない植生　153
リターの質に対するシカ類の効果　153
リターの質の向上　119
リターの質を低下　139
リターの重量減少率に影響を与える生物的・非生物的要因　115
リター分解速度　33, 76, 77, 89-91, 102, 107, 203, 223, 235, 243, 244
リター分解に与えるカスケード効果　30
リター分解における土壌動物の役割　243
リター分解に関わる化学的・物理的制御要因　7
リター分解に適した分類群の分解者　11
リター分解の温度に対する応答　59
リン　15, 24, 26, 33, 36, 39, 41, 49, 65, 71, 87, 93, 94, 100, 102-104, 106, 107, 137, 158, 161, 167, 169, 201, 203, 239, 243, 244
林冠ギャップ　102
輪作　11, 70, 96
リンデマン　3
リン可給性　137
リンの無機化　52

【れ】
レッドフィールド比　106

訳者略歴

深澤　遊（ふかさわ　ゆう）
東北大学大学院農学研究科　助教。
京都大学大学院農学研究科博士課程修了。
著書：『微生物の生態学』（分担執筆，共立出版，2011）．"Wood: types properties and uses"（分担執筆，Nova science publishers, 2011）．『教養としての森林学』（分担執筆，文永堂出版，2014）
訳書：『枯死木の中の生物多様性』（分担翻訳，京都大学学術出版会，2014）

吉原　佑（よしはら　ゆう）
三重大学大学院生物資源学研究科　准教授。
東京大学大学院農学生命科学研究科博士課程修了。
著書：『草原生態学－生物多様性と生態系機能』（分担執筆，東京大学出版会，2015）．『最新畜産ハンドブック』（分担執筆，講談社，2014）

松木　悠（まつき　ゆう）
株式会社ダナフォーム　研究員。
京都大学大学院農学研究科博士課程修了。
著書："Single-Pollen Genotyping"（分担執筆，Springer, 2011）

地上と地下のつながりの生態学　生物間相互作用から環境変動まで

2016年9月20日　第1版第1刷発行

訳　者　深澤　遊・吉原　佑・松木　悠
発行者　橋本敏明
発行所　東海大学出版部
　　　　〒259-1292　神奈川県平塚市北金目4-1-1
　　　　TEL 0463-58-7811　　FAX 0463-58-7833
　　　　URL http://www.press.tokai.ac.jp/
　　　　振替　00100-5-46614
印刷所　港北出版印刷株式会社
製本所　誠製本株式会社

Ⓒ Yu FUKASAWA, Yu YOSHIHARA and Yu MATSUKI, 2016　ISBN978-4-486-02107-0

Ⓡ〈日本複製権センター委託出版物〉
本書の全部または一部を無断で複写複製（コピー）することは，著作権法上の例外を除き，禁じられています．本書から複写複製する場合は日本複製権センターへご連絡の上，許諾を得てください．日本複製権センター（電話 03-3401-2382）